水域环境生理学研究方法

Research Methods in Aquatic Environmental Physiology

高坤山　主编

科 学 出 版 社

北　京

内 容 简 介

水域环境生理学，主要探讨水生生物对环境变化的生理学响应，是解析生态系统过程变化及其演变机制的基础。本书主要介绍了水域初级生产者和次级生产者的环境生理学研究方法，着重于环境变化与生理过程关系的研究，并简述了相关的生化与分子生物学方法。

本书可供水域环境生理学、生态学相关领域的研究生、教师和科研人员阅读参考。

章节引用：

章节作者. 2018. 章节名称[M]//高坤山. 水域环境生理学研究方法. 北京: 科学出版社: 页码范围.

图书在版编目(CIP)数据

水域环境生理学研究方法 / 高坤山主编. —北京：科学出版社，2018.6

ISBN 978-7-03-057400-8

Ⅰ. ①水… Ⅱ. ①高… Ⅲ. ①水环境-环境生理学-研究方法 Ⅳ. ①X143

中国版本图书馆 CIP 数据核字(2018)第 096198 号

责任编辑：王海光 / 责任校对：郑金红

责任印制：赵 博 / 封面设计：刘新新

科 学 出 版 社 出版

北京东黄城根北街 16 号

邮政编码：100717

http://www.sciencep.com

三河市骏杰印刷有限公司印刷

科学出版社发行 各地新华书店经销

*

2018 年 6 月第 一 版 开本：787×1092 1/16

2025 年 1 月第三次印刷 印张：14 3/4

字数：342 000

定价：108.00 元

（如有印装质量问题，我社负责调换）

《水域环境生理学研究方法》编著者名单

（按姓氏汉语拼音排序）

陈善文　汕头大学，swchen@stu.edu.cn

陈雄文　湖北师范大学，xwcheng@email.hbnu.edu.cn

成慧敏　华中师范大学，usccheng@gmail.com

戴国政　华中师范大学，daigz@mail.ccnu.edu.cn

董云伟　厦门大学，dongyw@xmu.edu.cn

冯媛媛　天津科技大学，yfeng@tust.edu.cn

付飞雪　美国南加利福尼亚大学，ffu@usc.edu

高　光　淮海工学院，biogaoguang@126.com

高坤山　厦门大学，ksgao@xmu.edu.cn

关万春　温州医科大学，gwc@wmu.edu.cn

韩国栋　厦门大学，hangd@xmu.edu.cn

韩志国　慧诺瑞德（北京）科技有限公司，david.han@phenotrait.com

胡晗华　中国科学院水生生物研究所，hanhuahu@ihb.ac.cn

黄开耀　中国科学院水生生物研究所，huangky@ihb.ac.cn

姜海波　华中师范大学，haibojiang@mail.ccnu.edu.cn

金　鹏　广州大学，photosynpengjin@aliyun.com

柯文婷　华中师范大学，kwt_2006@163.com

李　刚　中国科学院南海海洋研究所，ligang@scsio.ac.cn

李　伟　黄山学院，livilike@hsu.edu.cn

李晓旭　厦门大学，xxli@stu.xmu.edu.cn

李亚鹤　宁波大学，liyahe@nbu.edu.cn

林　昕　厦门大学，xinlinulm@xmu.edu.cn

刘翠敏　中国科学院遗传与发育生物学研究所，cmliu@genetics.ac.cn

柳　欣　厦门大学，liuxin1983@xmu.edu.cn

吕中贤　上海泽泉科技股份有限公司，john.lyu@zealquest.com

马增岭　温州大学，mazengling@wzu.edu.cn

米华玲　中国科学院上海生命科学研究院植物生理生态研究所，hlmi@sibs.ac.cn

邱保胜　华中师范大学，bsqiu@mail.ccnu.edu.cn

王小琴　华中师范大学，38163783@qq.com

王晓杰　上海海洋大学，xj-wang@shou.edu.cn

吴红艳　鲁东大学，why-z-z@hotmail.com

吴亚平　河海大学，ypwu@hhu.edu.cn

夏建荣　广州大学，jrxia@gzhu.edu.cn

徐　魁　中山大学，xukui@mail.sysu.edu.cn

徐　敏　中国科学院上海生命科学研究院植物生理生态研究所，mxu@sibs.ac.cn

徐大鹏　厦门大学，dapengxu@xmu.edu.cn

徐军田　淮海工学院，xjtlsx@126.com

徐智广　山东省海洋生物研究院，bigwide@163.com

许　凯　集美大学，kaixu@jmu.edu.cn

杨义文　华中师范大学，wenzi6337@163.com

尹衍超　华中师范大学，yinyanchao411@163.com

翟惟东　山东大学，wdzhai@sdu.edu.cn

张　锐　厦门大学，ruizhang@xmu.edu.cn

邹定辉　华南理工大学，dhzou@scut.edu.cn

David Hutchins　美国南加利福尼亚大学，dahutch@usc.edu

Douglas A. Campbell　加拿大蒙特爱立森大学，dcampbel@mta.ca

前　言

水域初级生产者与次级生产者主要生活在海洋、湖泊与河流中，在水生态系统中发挥着重要作用。初级与次级生产力，关系到生源要素循环、物质生产及能量传递，与生物地球化学过程密切相关，决定生态系统的稳定性与演替趋势。水生生物，不仅受自然环境变化的影响，还受人类活动的影响。例如，人类活动排放的 CO_2，在大气中不断积累的同时，还导致海水溶解 CO_2 浓度升高、pH 下降，引起海洋酸化。这种全球性的海水酸化问题与区域性的海水 pH 振荡叠加，影响种种海洋生物的代谢。因此，研究海洋及湖泊环境变化生理学问题，对认知水域物质生产过程与环境变化的关系或预测生态系统过程响应宏观与微观环境变化的机制非常重要。然而，迄今还没有水域环境生理学研究方法方面的专著。

为此，厦门大学近海海洋环境科学国家重点实验室海洋环境变化生理学组于 2016 年 6 月组织召开了“水域环境生理学研究方法”研讨会。参加会议的学者共 19 人，来自 3 个国家（中国、美国、澳大利亚）、12 所大学和科研院所（厦门大学、中国科学院上海生命科学研究院植物生理生态研究所、中国科学院水生生物研究所、汕头大学、宁波大学、河海大学、华中师范大学、集美大学、淮海工学院、黄山学院、澳大利亚莫纳什大学、美国南加利福尼亚大学），与会学者达成共识，撰写本书。经 47 位同仁的共同努力，本书按计划顺利完成撰写。全书分为 8 章，涵盖藻类、浮游动物、贝类的生理、生化、生态观测及分子生物学等相关实验方法，所有方法都有详尽描述，并提供了方法优缺点分析。

在本书的撰写过程中，各章节作者都尽了最大努力完善书稿，并相互校阅。但必须指出的是，由于参与者写作风格各异，难免存在不协调、不统一或不全面等问题。因此，如各位专家、同行、读者发现疏漏之处，敬请指出，以便再版时修正。

高坤山

2018 年 5 月 22 日

目　录

CONTENTS

第一章　化学与物理环境参数测定

第一节　海洋化学环境特征及海水碳酸盐体系参数测定与分析

摘要　海洋化学环境的变化影响生物，也受生物活动的影响，在很大程度上决定着生态系统的演变过程与产出。本节简要介绍海水的化学成分、常量元素恒比定律及营养盐的分布与调控，着重介绍海水碳酸盐体系各参量(包括溶解无机碳、总碱度、pH、CO_2 分压和碳酸钙饱和度)的定义、分析测定及其生物地球化学调控。

天然海水是多相、多介质、具有缓冲作用的、包含生物的动态平衡体系，离子强度约为0.7 mol/L。海水组成中绝大部分都是水，其他大多属于盐分(图 1-1)。海水盐分与地球的起源、海洋的形成及演变过程有关，一般认为盐分主要来源于地壳岩石风化产物及火山喷出物，还来源于海底热液喷出物。因此，地球上的所有元素在海洋环境中均应存在，只是由于含量差异或技术手段限制，有些元素在海水中尚未被检测出来。

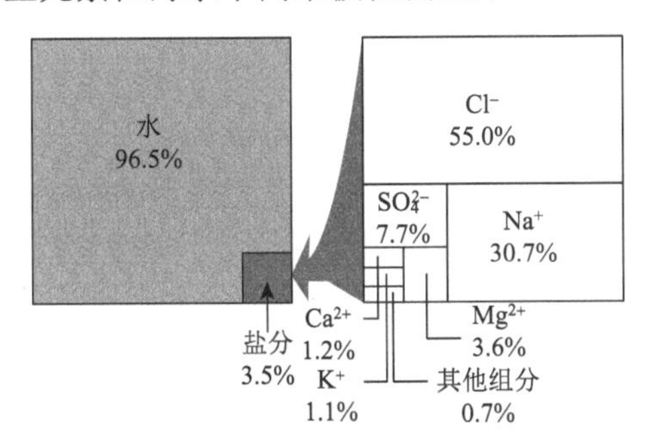

图 1-1　盐度为 35 的开阔大洋的海水化学组成

海水盐分中的不同元素，由于其输入海洋的通量及地球化学行为存在差异，它们在海水中的含量存在差异，含量高的与含量低的元素其浓度可相差 10^9 倍或更多(表 1-1)。

表 1-1　海水及其中颗粒物化学成分的量级

类别	示例	浓度量级
常量元素	Cl^-、Na^+、Mg^{2+}、SO_4^{2-}、Ca^{2+}、K^+、HCO_3^-、CO_3^{2-}、Br^-、Sr^{2+}、F^-、H_3BO_3	mmol/L
溶解气体	N_2、O_2、Ar、CO_2、N_2O、$(CH_3)_2S$、CH_4	nmol/L～mmol/L
营养盐	NO_3^-、NO_2^-、NH_4^+、HPO_4^{2-}、$Si(OH)_4$	nmol/L～μmol/L
痕量金属	Li、Ni、Fe、Mn、Zn、Pb、Cu、Co、U、Hg	pmol/L～μmol/L
溶解有机物	氨基酸、腐殖酸	ng/L～mg/L

续表

类别	示例	浓度量级
胶体	多糖、蛋白质	≤mg/L
颗粒物	沙、黏土、海洋微型生物	μg/L～mg/L

海水中的各种物质可按颗粒大小区分为几类：①粒径不到 1 nm 的真溶解物质，包括海水中的各种无机盐、无机分子和小分子有机物，也包括惰性气体(Ar、Xe、He 等)、准保守性气体(N_2)、生物活性气体[O_2、CO_2、N_2O、CH_4、$(CH_3)_2S$、H_2S、H_2]等溶解气体成分；②颗粒物，粒径通常超过 0.7 μm，包括海洋微生物及生源碎屑形成的颗粒有机物和各种矿物所构成的颗粒无机物；③胶体物质，粒径为 1 nm～0.7 μm，包括由多糖、蛋白质等构成的胶体有机物和 Fe、Al 等形成的无机胶体。对于海水中的各种离子和分子，常根据其含量区分为常量元素和微量或痕量元素(表 1-1)。常量元素在海水中的浓度一般超过 50 μmol/L，包括 Na^+、Mg^{2+}、Ca^{2+}、K^+、Sr^{2+} 5 种阳离子和 Cl^-、SO_4^{2-}、HCO_3^-(含 CO_3^{2-})、Br^-、F^- 5 种阴离子，以及 H_3BO_3 分子，它们占海水盐分的 99%以上。微量或痕量元素在海水中的浓度一般低于 50 μmol/L，包括 Li、Ni、Mn、Zn、Pb、Cu、U、Hg 等金属元素，有些痕量金属元素如 Fe、Co、Cd 等，在开阔大洋表层海水中的浓度可低至 pmol/L 量级。此外，与海洋浮游植物生长密切相关的一系列元素，如 N、P、Si、Mn、Fe、Cu、Zn、Mo 等，都被称为营养盐，并按照它们的含量高低分为主要营养盐(N、P、Si)和微量营养盐(Mn、Fe、Cu、Zn、Mo 等)。

大量调查分析表明，海水中常量元素的含量比值基本上是不变的，这称为海水常量元素恒比定律。该规律之所以存在，从全球或洋盆尺度来讲是因为水体在海洋中的迁移速率快于海水中地球化学过程输入或迁出这些元素的速率。由于水的输入或迁出并不改变海水中盐分的总量，因此常量元素浓度的变化与盐度的变化同步，导致它们之间的比值基本保持恒定。这一规律说明，海水中的常量元素对海域的生物过程和一般的地球化学过程不敏感，基本上只受控于海水的物理混合过程，也就是说，这些元素具有比较保守的性质。需要指出的是，尽管常量元素恒比定律说明海水中的这些组分比较保守，但这并不意味着常量组分在海水中不会经历任何化学变化。在很多局部海域发生的实际情况常常是，常量元素的浓度足够高，以至于生物过程或其他一些地球化学过程的影响均被掩蔽。例如，钙化生物在生长过程中会利用海水中的 Ca^{2+}、Sr^{2+}等离子，海冰冻融也会对 Na^+和 SO_4^{2-}造成影响。而在河口区域、海底热液喷口附近海域，以及受沉积物间隙水影响的水体，其常量元素含量比值则往往并不恒定。

海水中主要营养盐的浓度变化幅度很大。从垂直分布来看，表层海水真光层受到阳光的作用，在温暖季节有浮游植物生长和繁殖，导致表层海水营养盐消耗殆尽，那些沉降到真光层以下的生物残骸和排泄物，会在中层或深层水中被细菌分解，从而再生出营养盐，进而通过上升流或冷季的对流混合回到表层海水真光层之中，被上层浮游植物循环利用。就营养盐的水平分布而言，由于深海环流与沉降颗粒物矿化过程的相叠加，从大西洋深处向太平洋深处发生营养盐富集的现象。近岸海区受到河流冲淡水和大气沉降的影响，表层海水的营养盐含量往往高于邻近的开阔大洋海域。另外，有些近岸富营养化海区的氮磷比在过去几十年中升高了数十倍。

在海水化学中，pH 和碳酸盐体系都是非常重要的，这是因为 pH 决定着海水中很多物质的化学反应、平衡状态及生物毒性。在天然海水的正常 pH 变化范围内，碳酸盐体系的一系列化学平衡(图 1-2)贡献了海水化学缓冲容量的 95%。开阔大洋的 pH 主要受控于海水碳酸盐体系。由于海水中溶解无机碳(DIC)的短期变化主要由海洋中光合和呼吸作用所引起，因此研究海水碳酸盐体系变化可以获取有关生物活动的信息，特别是有关海洋中碳酸钙沉淀与溶解的研究高度依赖于对海水碳酸盐体系的了解。此外，海水碳酸盐体系也是调节大气 CO_2 浓度的重要因素。事实上，海洋无机碳储库比大气 CO_2 储库大得多，仅海洋冬季混合层以浅的无机碳储库就与大气 CO_2 储库相当，因此，影响海洋无机碳储库的各种过程发生任何微小变化，都可能对大气 CO_2 浓度造成深远影响。可见，海水碳酸盐体系是与全球变化相关的海洋碳循环研究的重要部分。

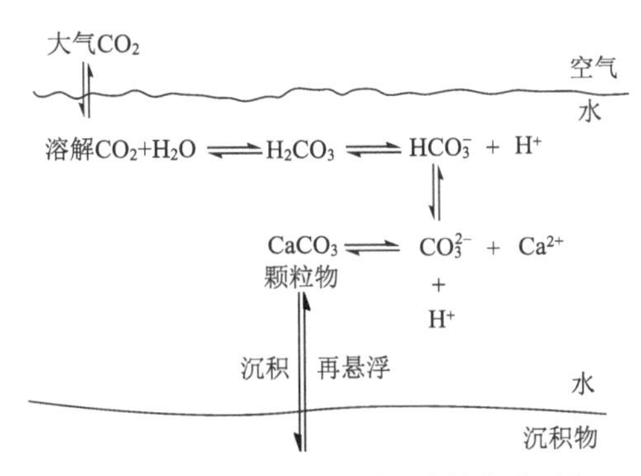

图 1-2　海水碳酸盐体系相关的化学平衡

海水碳酸盐体系研究中涉及 4 个实际可测定的参量：DIC、总碱度(TA)、pH 和 CO_2 分压(pCO_2)，其中前两个都具有浓度的量纲，单位是 μmol/kg，pH 没有单位，而 pCO_2 具有压强的量纲，其单位是 Pa 或者 μatm①。当讨论钙化生物对海水酸化的响应问题时，海水的碳酸钙饱和度也十分重要，但这个参量还不能直接观测，只能通过碳酸盐体系互算来得到。这些参量的定义、分析测定及其生物地球化学调控分别简介如下。

一、海水的溶解无机碳

海水的溶解无机碳指的是海水中各种溶解形态的无机碳含量的总和，也称为总二氧化碳(T_{CO_2})，有的文献以$\sum CO_2$ 或 C_T 来表示。主要包括分子形态的溶解气体 $CO_{2(aq)}$、CO_2(水)和产物 H_2CO_3，以及两种阴离子 HCO_3^-和 CO_3^{2-}，其中两种中性分子 $CO_{2(aq)}$和 H_2CO_3 又经常统称为游离二氧化碳 CO_2^*，因此，

$$DIC = [CO_2^*] + [HCO_3^-] + [CO_3^{2-}] \tag{1-1}$$

① 1 μatm ≈ 0.101 Pa

在通常海水的pH范围内，DIC绝大部分都以HCO_3^-形式存在，并且CO_3^{2-}的浓度比CO_2^*高很多(图1-3)。例如，开阔大洋的表层海水中HCO_3^-和CO_3^{2-}分别占DIC的88.5%和11%，而CO_2^*仅占DIC的0.5%左右。

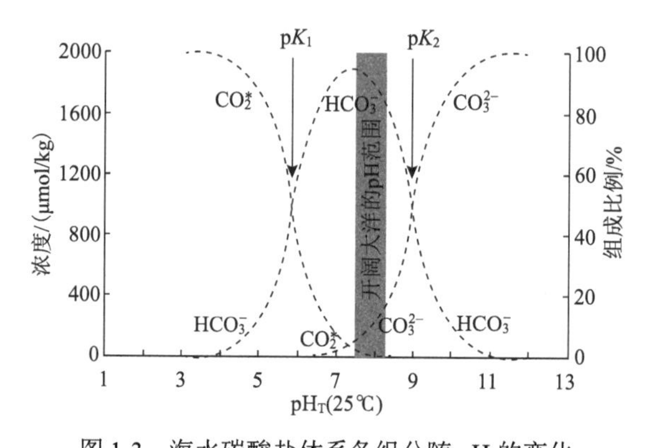

图1-3　海水碳酸盐体系各组分随pH的变化

盐度35，DIC为2000 μmol/kg，pK_1和pK_2分别为碳酸一级、二级离解常数的负对数

海水中DIC的测定，通常是将水样用磷酸酸化，随后在N_2的吹扫下将CO_2收集于气体捕集器中，再用气相色谱仪、非分散红外光度计或库仑电量计检测、定量。目前海水DIC常规分析测定的数据质量已经可以保证，在质控良好的实验室，最高精密度可达1 μmol/kg，准确度可达2 μmol/kg。

作为海水常量元素之一，DIC一方面会受到降雨、蒸发、海冰冻融、水团混合等各种物理过程的影响，从而与盐度和生物生产力表现出一定程度的相关性；另一方面海水DIC含量的高低，也受控于光合作用、有机物再矿化，以及$CaCO_3$的沉淀与溶解等生物过程。进行光合作用的海洋光合生物，利用太阳能，将无机碳同化为有机碳，同时放出氧气；而有机物的再矿化，则是与光合作用相反的异化作用，消耗水中溶解氧，同时释放CO_2。式(1-2)的正过程以经典的Redfield比表示出海水中光合作用的近似化学计量关系，其逆过程则显示生源有机物在溶解氧充足的海水环境中再矿化的大致化学计量关系：

$$124CO_2 + 16NO_3^- + HPO_4^{2-} + 140H_2O \longleftrightarrow C_{106}H_{263}O_{110}N_{16}P + 18HCO_3^- + 138O_2 \quad (1\text{-}2)$$

除此以外，海洋中钙化生物在其生长过程中必须利用海水中的HCO_3^-或CO_3^{2-}，以合成$CaCO_3$壳体或骨骼，由此导致海水中DIC含量下降；而当这些$CaCO_3$壳体或骨骼溶解的时候，又会导致海水中DIC含量的增加：

$$Ca^{2+} + CO_3^{2-} \longrightarrow CaCO_3 \quad (1\text{-}3)$$

$$Ca^{2+} + 2HCO_3^- \longrightarrow CaCO_3 + CO_2 + H_2O \quad (1\text{-}4)$$

$$CaCO_3 + CO_2 + H_2O \longrightarrow Ca^{2+} + 2HCO_3^- \quad (1\text{-}5)$$

开阔大洋的表层海水DIC含量通常为1840～2220 μmol/kg，平均为2000 μmol/kg左右，高纬度海区比较高而赤道附近比较低。深层海水由于物理混合、生源有机物再矿化、$CaCO_3$溶解等自然过程的综合作用，其DIC含量可高达2200～2400 μmol/kg。近50年来，随着人

为来源的 CO_2 通过海-气交换输送入海，全球平均表层海水 DIC 含量正以每年 1 μmol/kg 左右的速率升高。

二、海水的总碱度

海水的总碱度指的是海水中质子受体超过质子供体的量，即

$$TA = [HCO_3^-] + 2[CO_3^{2-}] + [B(OH)_4^-] + [OH^-] + [HPO_4^{2-}] + 2[PO_4^{3-}] + [SiO(OH)_3^-] + [NH_3] + [HS^-] - [H^+] - [HSO_4^-] - [HF] - [H_3PO_4] \quad (1\text{-}6)$$

有的文献以 A_T 来表示总碱度。在天然海水当前正常的 pH 范围内，通常 TA 的 99.5% 都由 HCO_3^-、CO_3^{2-}、$B(OH)_4^-$ 和 OH^- 贡献，因此，对于绝大多数海洋水体，实际的 TA 可以近似表述为碳酸碱度（$[HCO_3^-] + 2[CO_3^{2-}]$）、硼酸碱度（$[B(OH)_4^-]$）和水碱度（$[OH^-] - [H^+]$）三者之和。但对于河口、污染水域或缺氧的水体，常常还需考虑硫化物、氨和磷酸盐对总碱度的贡献。

在实际操作层面，以标定过的稀盐酸精确滴定海水水样，将水样中的 HCO_3^- 向 CO_2^* 转化过程中发生突跃时设为滴定终点，据此利用酸碱滴定的原理计算水样的 TA。由于海-气界面上的 CO_2 交换，以及海洋生物对 CO_2 的吸收和释放都不会影响 TA 的数值，海水 TA 在一定程度上具有准保守性质。在开阔大洋，表层海水 TA 为 2110～2450 μmol/kg，其数值经常可以通过盐度和水温估计出来，误差只有 0.5%左右，表明其分布主要受控于各种物理混合过程。在南海和受黑潮影响的东海外大陆架海域，校正到盐度 35 时 TA 几乎恒定，为（2300±10）μmol/kg。

海水 TA 的准保守性质可以从地球化学的角度来分析。实际上海水中保守性阳离子与保守性阴离子的电荷总量是存在差别的，该差别正好由式（1-6）所定义的 TA 来补偿。因此，海水 TA 的准保守性质并不依赖于分析操作，根本原因是海水中保守性离子的浓度及保守性阴、阳离子的电荷差别不会因海-气 CO_2 交换，以及海洋生物对 CO_2 的吸收和释放而发生改变。

尽管海水 TA 经常是准保守的，但仍然有一些环境因子和生物地球化学过程会对海水 TA 产生影响（图 1-4）。首先，海水 TA 与盐度密切相关，所有影响盐度的过程，如降雨、蒸发、河流冲淡水、海冰冻融等，都会引起海水 TA 的变化。其次，$CaCO_3$ 的形成与溶解会导致海水中 Ca^{2+} 浓度改变，由此带来保守性阳离子与保守性阴离子之间电荷数发生变化，进而引起海水 TA 的改变。在海洋钙化生物合成 $CaCO_3$ 壳体或骨骼的海域，海水 TA 可能显著偏低，然而当这些生物死亡之后沉降到深海，$CaCO_3$ 壳体或骨骼会发生溶解，造成深层海水 TA 在同等盐度条件下显著高于表层海水。按照式（1-3）～式（1-5），每当 1 mol $CaCO_3$ 沉淀出来，将使海水 DIC 下降 1 mol，TA 降低 2 mol；反之，1 mol 的 $CaCO_3$ 溶解将使海水 DIC 增加 1 mol，TA 升高 2 mol。需要指出的是，这些变化与海洋生物利用何种碳源（HCO_3^- 或者 CO_3^{2-} 或者 CO_2）进行钙化没有关系。此外，海洋生物对各种氮源的吸收利用，以及与生源有机物再矿化释放溶解无机氮过程相关的硝化作用等，也对海水 TA 有一定影响。

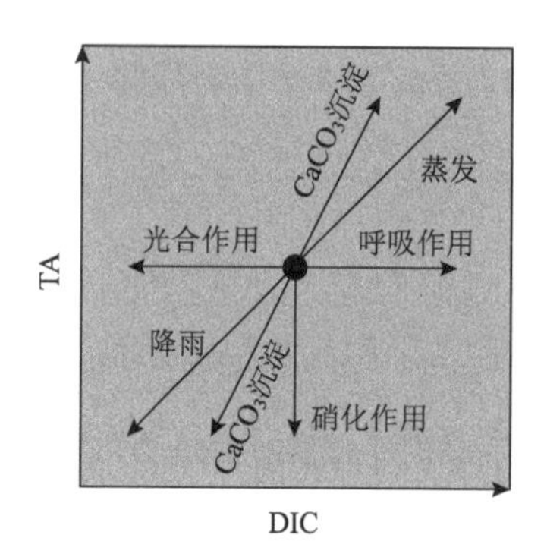

图 1-4　海洋中一些生物地球化学过程对海水 DIC 和总碱度的耦合影响

按照式(1-6)，氨氮、磷酸盐、硅酸盐等形态的营养盐也是影响总碱度的因素，但本图忽略这些因素的影响

三、海水的 pH

pH 是水溶液最重要的理化参数之一。凡涉及水溶液的自然现象和化学变化都与 pH 有关。水溶液 pH 的原始定义是 H^+离子活度的负对数，对于极稀的溶液，H^+活度约等于 H^+浓度，即$[H^+]\approx 10^{\{-pH\}}$。这个关系表明，每当 pH 下降 0.3，就意味着水环境中的 H^+浓度升高一倍。

pH 测量通常有比色法(pH 试纸或比色皿)、玻璃电极法和分光光度法，所有这些 pH 测量方法都是相对测量。由于实际应用的 pH 都是根据所采用的操作来定义的，因此，为了达到数据具有可比性的目的，必须建立 pH 标度。pH 标度的含义可表达为：根据 pH 的定义，在 pH0～14 内选择若干个 pH 标准缓冲溶液作为 pH 标度的固定点，并且采用能达到的最准确的方法确定它们的 pH。报告 pH 测定结果时，都必须注明采用的是哪种标度。

对于常用的 pH 精密测定方法——玻璃电极法而言，其实际测量的是玻璃电极与参比电极之间的电位差。测定前需要先测定一系列 pH 标准缓冲溶液，对所用仪器进行校准。其中最常见的 pH 标准缓冲液是美国国家标准与技术研究院提供的系列标准缓冲液(NBS 标度)。这种 pH 标准缓冲液使用方便，也很便宜，但是其离子强度很低，与海水 pH 测定所处的高离子强度环境不相匹配。

离子强度并不直接影响水体 pH，但会影响参比电极与待测溶液(无论是标准缓冲溶液还是海水样品)之间的液体接界电位。因此，按照 NBS 标度测定海水样品得到的 pH 当中包含了离子强度变化导致的液接电位差。该液接电位差重现性不好，并且无法定量计算，因此采用 NBS 标度的 pH 测量稳定性不好，实际精度甚至达不到±0.01 水平，很难用于细致的定量计算。

此外，天然海水由于其中的 HSO_4^-和 HF 分子均不能完全解离，综合表征其酸碱性需要采用总 H^+标度的 pH(pH_T)或海水 H^+标度的 pH(pH_{sw})：

$$pH_T = -\log_{10}\{[H^+] + [HSO_4^-]\} \tag{1-7}$$

$$pH_{sw} = -\log_{10}\{[H^+] + [HSO_4^-] + [HF]\} \tag{1-8}$$

在 25℃下，盐度 35 的海水中所含有的 HSO_4^-引起 pH 下降约 0.11 单位，而其所含的 HF 分子又进一步引起 pH 下降约 0.01 单位。因此，海水 pH 的标度问题必须引起重视，务必要在实验过程中详细记录并在发表时据实报告，避免在数据比较与交换过程中发生混乱。目前海洋化学家测量海水 pH 时经常采用的标准缓冲溶液是 Tris 缓冲溶液和 2-氨基吡啶缓冲溶液，它们在 25℃时的 pH_T 分别为 6.7866 和 8.0936。其组成包含适当盐度的人工海水，以使海水水样与标准缓冲溶液的离子强度基本相同，从而尽量减小液接电位的影响。具体组成可参阅相关的手册。

海水 pH_T 常为 7.5～8.5，呈弱碱性。其中开阔大洋表层的 pH_T 常稳定在 8.0～8.2，而深层海水的 pH_T 可低至 7.5 左右，近海藻华期间的表层海水 pH_T 则可高达 8.5 甚至 9.0。这些分布特征和变化既与海水缓冲体系有关，也受控于海水中的各种生物及其代谢活动。在近岸养殖区，pH 的变化幅度很大，有时日变化就可超过 1.0。

四、海水 CO_2 分压

海水 CO_2 分压（pCO_2）指的是海水中的 CO_2^* 在所处的状态下发生分子逃逸的趋势，也就是 CO_2^* 在气-液两相间迁移的推动力或逸散能力。在实际测定过程中，往往采取强制措施使海水与一个封闭的气体空间快速达到平衡，此时气相中 CO_2 的分压就是与之平衡的海水的 pCO_2。该参数在分析海洋对大气 CO_2 的源汇作用时特别有用，因为海-气界面 CO_2 气体交换的直接驱动力正是表层海水与上覆大气之间的 CO_2 分压差。从化学成分来讲，海水 pCO_2 表征的是海水中 CO_2^* 的浓度，二者通过亨利定律关联起来：

$$pCO_2 = [CO_2^*]/K_H \tag{1-9}$$

式中，K_H 代表 CO_2 在海水中的亨利系数，单位 mol/(kg·Pa) 或者 μmol/(kg·μatm)，是温度、盐度和水压的函数。考虑到 CO_2 的行为与理想气体有一定差别，有时也会用到与 pCO_2 具相同量纲、相同单位的 CO_2 逸度（fCO_2）。在表层海水或浅海的温度、压力条件下，pCO_2 比 fCO_2 略高 0.3%左右，二者之间的差值并不显著。

表层海水 pCO_2 可采用配有水气平衡器的连续流动式系统来测定，精密度与可靠性都能令人满意。而对于表层以下及深海的 pCO_2，则通常需要通过碳酸盐体系互算得出。表层海水 pCO_2 的空间分布比较复杂，实测数据既可低至近岸藻华暴发区域的 4 Pa，也可高达东赤道太平洋受秘鲁上升流影响区域的 80 Pa，甚至在某些河口上游区域可测到达 800 Pa 这样的水体 pCO_2，后者已超过大气平衡水平的 20 倍。一般而言，极低的海水 pCO_2 指示出浮游植物的光合作用强烈，而河口上游区域的极高 pCO_2 则说明当地的呼吸作用很强，或者有显著的地下水输入；深层海水由于生源有机物矿化的影响，往往具有 80～160 Pa 的较高 pCO_2，这种富含 CO_2 的深层海水如能涌升到表层，就会导致局部海域向大气释放 CO_2。式（1-3）和式（1-4）表明，形成 $CaCO_3$ 的化学反应要么大量消耗 CO_3^{2-}，要么大量放出游离 CO_2，都导致海水 pH 下降和 pCO_2 升高，因此，$CaCO_3$ 形成也是一个向大气释放 CO_2 的过程。此外，海水 pCO_2 的温度效应也非常显著，升温过程会导致海水 pCO_2 显著升高，而降温过程则会使海水 pCO_2 显著降低，因此，有时候单纯的季节转换就会导致单一水团对大气 CO_2 的源汇作用发生改变，换句话说，局部海域特定时间对大气 CO_2 的源汇作用并不简单对应于当地生态系统的代谢状况。

在未来大气 CO_2 浓度持续升高的情境下发生的海洋酸化，是以海水总碱度保持稳定为特征的，海水 pCO_2 随大气 CO_2 升高而同步升高，其中碳酸盐体系各组分将发生如图 1-5 所示的变化。当 pCO_2 超过 200 Pa，海水中 CO_2^* 浓度将超过 CO_3^{2-}；而当 pCO_2 超过 550 Pa，海水将从偏碱性转为偏酸性。

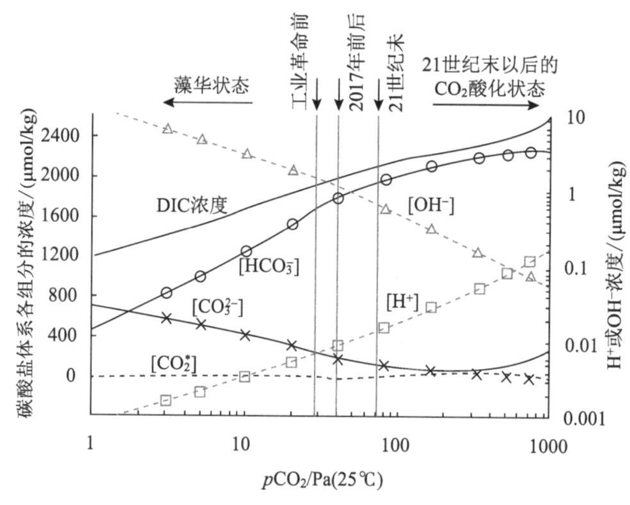

图 1-5　海水碳酸盐体系各组分随 pCO_2 的变化

盐度 35，总碱度 2300 μmol/kg，灰色竖线指示各个时期的大气平衡状态

五、海水的碳酸钙饱和度

这一参数表征的是海水中钙化生物形成 $CaCO_3$ 骨骼或外壳的化学势，通常以符号 Ω 来表达。其定义为：海水中钙离子浓度和碳酸根离子浓度的乘积与表观溶度积(K_{sp}^*)的比值，即

$$\Omega_{arag} = [Ca^{2+}] \times [CO_3^{2-}]/K_{sp}{}^*{}_{arag} \tag{1-10}$$

$$\Omega_{cal} = [Ca^{2+}] \times [CO_3^{2-}]/K_{sp}{}^*{}_{cal} \tag{1-11}$$

式中，下标 arag 和 cal 分别代表文石型 $CaCO_3$ 和方解石型 $CaCO_3$。在化学上，$\Omega_{arag}>1$ 或 $\Omega_{cal}>1$ 表示相应的 $CaCO_3$ 矿物在海水中是稳定的，而 $\Omega_{arag}<1$ 或 $\Omega_{cal}<1$ 则表示相应的 $CaCO_3$ 矿物在海水中不能稳定，将发生如式(1-5)所示的 $CaCO_3$ 溶解。

海洋环境中的实际情况远比上述化学定义式复杂。生物形成的 $CaCO_3$ 在海洋环境中主要有方解石、文石和含镁方解石 3 种形态。纯的方解石比文石更稳定，在 25℃下，海水的 Ω_{cal} 约为 Ω_{arag} 的 1.5 倍。而当 $MgCO_3$ 与 $CaCO_3$ 的物质的量比超过 1∶8，所形成的含镁方解石则比文石更容易溶解。由于浅海环境中文石是最丰富的 $CaCO_3$ 矿物，因此通常采用 Ω_{arag} 这一单一指标来统一表征海水酸化对生物钙化作用的影响。通常，珊瑚、球石藻、贝类等海洋钙化生物需要 $\Omega_{arag}>1.5$ 的条件才能进行正常的钙化活动，而有的实验表明一些珊瑚的钙质骨骼在 Ω_{arag} 高达 3.0～3.2 时就表现出些许溶解的现象，这至少可部分地归因于当前海水的 Ca 与 Mg 的物质的量比只有大约 1∶5，所以钙化生物所形成的碳酸盐矿物包含有许多不太稳定的含镁方解石成分。可能也是由于这个原因，通常海水 Ω_{arag} 下降会导致钙化生物中钙质成分的含量下降。

海水的 Ω 通常可通过碳酸盐体系互算来间接获取。在碳酸盐体系数据质量控制比较严密的实验室，通过 DIC 与 TA 计算 Ω，与通过 pH 与 TA 计算 Ω，二者可在±0.1 的水平上高度吻合。太平洋海区当前表层海水 Ω_{arag} 分布格局为：高纬度海域比较低(1～2)，而低纬度海域比较高(3～4.5)。在高纬度海区，表层海水因水温低而从大气吸收更多的 CO_2，导致 Ω_{arag} 较低。需要注意的是，常用的碳酸盐体系互算软件并不需要输入 Ca^{2+}浓度数据，而是基于常量元素恒比定律，通过大洋表层的 Ca^{2+}浓度与盐度之间的比例关系来计算，这一简化处理在有些河口、近岸海域会造成较大误差，因为这些水域的 Ca^{2+}浓度并不符合开阔大洋的常量元素恒比定律，甚至严重偏离。在这种情况下，只能自行测定符合当地海水特点的钙盐关系，再根据式(1-10)和式(1-11)计算，从而得到比较准确的 Ω 数据。

六、海水碳酸盐体系参数测定注意事项

从采样要求来讲，DIC 和 pH 是气体型参数，都要遵循像溶解氧采样那样的通底溢流式采样方式，并且要采用窄口瓶，尽量避免在采样和运输过程中发生水-气交换，导致数据偏差；而总碱度则是非气体型常量元素，采样方式与其他常量元素一样，只要避免采样过程中发生蒸发与稀释就可以。

DIC 和总碱度的测定都涉及水样与强酸的化学反应，因此，一旦可以酸溶的颗粒态物质被引入测试体系，就会造成测定失败。这两个参数的数据质量保证要点是，采样之后立即加入 0.05%～0.10%体积的饱和氯化汞溶液，旋紧瓶盖或塞紧瓶塞之后混匀，确保所有微型生物都被杀灭；然后在室温条件下于阴凉处保存，测试之前在仪器附近静置过夜；最后取样品瓶中部的澄清水样分析测试。测试过程中如果意外地引入可酸溶的颗粒物，则通常可直观地发现数据偏歧，此时必须重复测试，以确认或排除表观异常的数据。

海水 DIC 和总碱度的测定及应用过程中还需要注意单位换算的问题。通常的分析测试都以体积单位为量纲进样，然而国际公认的标准参考物质都以 μmol/kg 来表达 DIC 和总碱度。所以，测试标准参考物质之前需要根据盐度和当时的水温计算出密度，换算出标准参考物质中 DIC 和总碱度的体积摩尔浓度，这样才能根据进样体积计算出仪器响应的 DIC 和总碱度的物质的量。当利用碳酸盐体系软件通过 DIC 和总碱度计算其他参数时，也只有输入以 μmol/kg 来表达的 DIC 和总碱度，才能得到正确的结果。所以，仪器直接报告的以体积摩尔浓度表达的 DIC 和总碱度仅仅是中间结果，还得换算成质量摩尔浓度，进而对之前加入氯化汞所引起的稀释效应进行校正，之后才可以最终报告和应用。

海水的 pH 受温度影响很大，在测定过程中要格外注意温度的控制，应用时也要注意将数据从测定温度条件下校正到所应用的温度条件。基于玻璃电极法的很多高精度 pH 计可以读数到±0.002(对应于±0.1 mV 的电极电位响应)，然而其测定往往受制于液接电位、电极效率等影响因素，实际的测定误差可能高达±0.01 甚至±0.05。所谓电极效率，指的是仪器在一定温度下测量系列标准缓冲溶液的电极电位响应，得到工作曲线斜率，进而与在该温度下通过能斯特方程计算得出的 pH 电极电位响应斜率的理论值作比较的百分比。如果电极效率低于 98%，则该电极应该抛弃或重新活化。玻璃电极法受仪器漂移的影响通常也是比较严重的，

在测量每批水样的前后，都应该同步测量系列标准缓冲溶液的电极电位响应，以确保仪器漂移对 pH 数据的影响处于可控范围内。

玻璃电极法测量 pH 的关键在于电极。目前通常将 pH 玻璃电极和参比电极组合在一起，这种电极就是 pH 复合电极。pH 复合电极的结构主要由电极球泡、玻璃支持管、内参比电极、内参比溶液、外壳、外参比电极、外参比溶液、液接界、电极帽、电极导线、插口等组成。电极球泡是由具有氢功能的锂玻璃熔融吹制而成，呈球形，膜厚在 0.1～0.2 mm，电阻值<250 MΩ；玻璃支持管是支持电极球泡的玻璃管体，由电绝缘性优良的铅玻璃制成，其膨胀系数应与电极球泡玻璃一致；内参比电极为银/氯化银电极，主要作用是引出电极电位，要求其电位稳定，温度系数小；内参比溶液是中性磷酸盐和氯化钾的混合溶液，玻璃电极与参比电极构成电池建立零电位的 pH，主要取决于内参比溶液的 pH 及氯离子浓度；电极塑壳是支持玻璃电极和液接界、盛放外参比溶液的壳体，由聚碳酸酯塑压成型；外参比电极也是银/氯化银电极，作用是提供与保持一个固定的参比电势，要求电位稳定，重现性好，温度系数小；外参比溶液为 3.3 mol/L 的氯化钾凝胶电解质，不易流失，无须添加；砂芯液接界是沟通外参比溶液和被测溶液的连接部件，要求渗透量稳定；电极导线为低噪声金属屏蔽线，内芯与内参比电极连接，屏蔽层与外参比电极连接。

pH 电极使用前必须浸泡，因为 pH 球泡是一种特殊的玻璃膜，在玻璃膜表面有一很薄的水合凝胶层，它只有在充分湿润的条件下才能与溶液中的 H^+有良好的响应。同时，玻璃电极经过浸泡，可以使不对称电势大大下降并趋向稳定。pH 玻璃电极一般可以用蒸馏水或 pH 为 4 的缓冲溶液浸泡。通常 pH 为 4 的缓冲液更好一些，浸泡时间根据球泡玻璃膜厚度、电极老化程度而定，一般为 8～24 h 或更长。同时，参比电极的液接界也需要浸泡，因为如果液接界干涸会使液接界电势增大或不稳定。参比电极的浸泡液必须和参比电极的外参比溶液一致，即 3.3 mol/L 氯化钾溶液或饱和氯化钾溶液，浸泡时间一般几小时即可。因此，对 pH 复合电极而言，必须浸泡在含氯化钾的 pH 为 4 的缓冲溶液中，这样才能对玻璃球泡和液接界同时起作用。这里要特别注意的是，因为过去人们使用单支的 pH 玻璃电极，已习惯用去离子水或 pH 为 4 的缓冲液浸泡，后来使用 pH 复合电极时依然采用这样的浸泡方法，甚至在一些 pH 复合电极的使用说明书中也会进行这种错误的指导。这种错误的浸泡方法引起的直接后果就是使一支性能良好的 pH 复合电极变成一支响应慢、精度差的电极，而且浸泡时间越长性能越差，因为经过长时间的浸泡，液接界内部如砂芯内部的氯化钾浓度已大大降低，使液接界电势增大和不稳定。当然，只要在正确的浸泡溶液中重新浸泡数小时，电极还是会复原的。

另外，pH 电极也不能浸泡在中性或碱性缓冲溶液中，长期浸泡在此类溶液中会使 pH 玻璃膜响应迟钝。为了使 pH 复合电极使用更加方便，一些进口的 pH 复合电极和部分国产电极，都在 pH 复合电极头部装有一个密封的塑料小瓶，内装电极浸泡液，电极头长期浸泡其中，使用时拔出洗净就可以，非常方便。这种保存方法不仅方便，而且对延长电极寿命是非常有利的，只是塑料小瓶中的浸泡液不要受污染，要注意更换。

要正确使用 pH 复合电极，第一，球泡前端不应有气泡，如有气泡则应用力甩去。第二，电极从浸泡瓶中取出后，应在去离子水中晃动并甩干，不要用纸巾擦拭球泡，否则由于静电感应电荷转移到玻璃膜上，会延长电势稳定的时间，更好的方法是使用被测溶液冲洗电极。第三，pH 复合电极插入被测溶液后，要搅拌晃动几下再静止放置，这样会加快电极的响应。尤其是使用塑壳 pH 复合电极时，搅拌晃动要激烈一些，因为球泡和塑壳之间有一个小小的空腔，电极浸入溶液后有时空腔中的气体来不及排出会产生气泡，使球泡或液接界与溶液接触不良，因此必须用力搅拌晃动以排出气泡。第四，在黏稠性试样中测试之后，电极必须用去离子水反复冲洗多次，以除去黏附在玻璃膜上的试样。有时还需先用其他溶液洗去试样，再用水洗去溶剂，浸入浸泡液中活化。第五，避免接触强酸、强碱或腐蚀性溶液，如果测试此类溶液，应尽量减少浸入时间，用后仔细清洗干净。第六，避免在无水乙醇、浓硫酸等脱水性介质中使用，它们会损坏球泡表面的水合凝胶层。第七，塑壳 pH 复合电极的外壳材料是聚碳酸酯(PC)塑料，PC 塑料在有些溶剂中会溶解，如四氯化碳、三氯乙烯、四氢呋喃等，如果测试中接触以上溶剂，就会损坏电极外壳，此时应改用玻璃外壳的 pH 复合电极。

pH 电极的寿命通常有限，一般使用时间为半年至一年，工业 pH 电极的寿命可能更短一些。

如果水样的浊度不是太高，则推荐采用分光光度法测定 pH，这种方法以间甲酚紫为显色试剂，测定 578 nm 和 434 nm 两个波长下的吸光度，然后以这两个吸光度的比值为基础来计算 pH。分光光度法通常可应用的 pH_T 为 7.2～8.2，但根据间甲酚紫试剂的变色范围，该方法也可扩展到 pH_T 为 9.0 左右。分光光度法测定海水 pH 的方法精密度优于±0.0004，但市售间甲酚紫试剂的纯度往往只有 90%，其中一些有色杂质可干扰测定结果。人们已经发现，间甲酚紫试剂的来源不同，可能导致高达±0.02 的数据差异。这种试剂在使用之前需要经过提纯处理。

（翟惟东）

第二节 可见光与紫外辐射测定

摘要 太阳光照驱动着浮游植物的光合作用过程，是影响海洋初级生产的最主要的环境因子之一。因此，准确测定光照强度(intensity)和剂量(dose)是海洋生态学及浮游植物光生理学研究的关键。本节介绍了室外和室内可见光与紫外辐射的测定与换算方法。

光是驱动光合作用的能源，受光质与光强的影响，藻类的光合作用活性与固碳量会发生变化。不同类型的光源，如白炽灯、荧光灯和阳光，发出不同的能量光谱(不同波段或波长的辐射能)，可影响藻类的光合过程与初级生产。因此，光的测定是藻类研究中的重要环节之一。

一、光照强度测定

室内光源如白炽灯、钨灯等，它们的发光波段多为 400～700 nm 的可见光，以及 700 nm 以上的红外光，其强度通常用照度计进行测量，单位常用 μE/(m^2·s)或 μmol photons/(m^2·s)，有些照度计还以 lx 为单位。太阳辐射的波段不仅包括波长较长的可见光(PAR，400～700 nm)

和红外光(>700 nm)，还包括波长较短的紫外光(UV-B，280～315 nm；UV-A，315～400 nm)。UV 辐射强度通常用多波段阳光辐射检测仪(如 ELDONET，Real Time Computer，Mohrendorf，Germany)、波谱分析仪(如 OceanOptics，SpectroRadiometers，StellarNet Inc.)等仪器进行测量，常用单位为 W/m^2 或 $\mu W/cm^2$。不同单位之间的换算关系为：1 E =1 mol photons；1 μmol photons/($m^2 \cdot s$) = 51.2 lx = 0.217 W/m^2(这些换算系数会因光源不同而异)。

目前，市售测光仪有很多(图 1-6)，根据所测定的光源不同(室外阳光辐射、室内人工光源)，选用较为适合的测光仪，如太阳可见光(PAR)辐射可选用室外测光仪(图 1-6A，图 1-6E)进行测定，水下 PAR 辐射可选用水下测光仪测定(图 1-6A)；若测定室外大气或水体内太阳 PAR 和紫外(UV-A、UV-B)辐射，可选用陆地和水下多波段阳光辐射仪(图 1-6B，图 1-6F)进行测定；同样，太阳辐射可选用波普分析仪(图 1-6D)进行测定。室内光照则可选用照度计进行测定(图 1-6C，图 1-6G，图 1-6H)，特别是在测定培养箱内某一位置的光照强度时，由于光源通常分布于侧面或上下面，因此需测定不同方向的光照强度后进行加和，得到测定位置的光照强度,，若要精确测定培养容器内的光照强度还需用如图 1-6H 所示的球面测光仪，伸入培养溶液内精确测定溶液内光照强度。

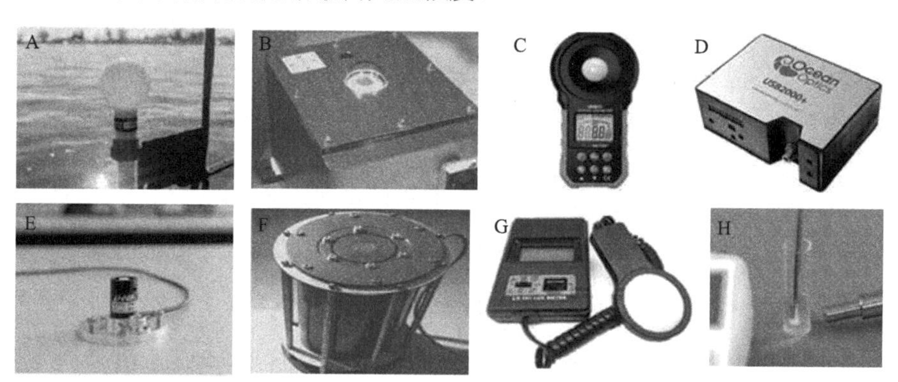

图 1-6 不同规格的测光仪

A、B、C、H. 球面测光仪；E、F、G. 平面测光仪；D. 光谱分析仪器

二、光照强度与消光系数的计算

受海水本身及其中溶解物、悬浮物颗粒等的吸收、散射的影响，透射到水体内光照强度的变化遵循比尔朗伯定律(Beer-Lambert law)，呈指数性衰减。因此，在水下不同深度的光照强度可用式(1-12)计算：

$$I_Z = I_0 \times e^{-kz} \tag{1-12}$$

式中，I_Z 代表水深 Z 米处光照强度；I_0 代表表层光照强度；k 代表消光系数；Z 代表测定深度。消光系数(k)具有波长的特异性，受水体悬浮物浓度及其种类差异的影响，不同海域 k 值差异较大(图 1-7)(李刚，2009；Gao et al.，2007；Wu et al.，2010；Li et al.，2011)。

水体中光照强度随水深增加而降低(图 1-7)，通常，水下阳光辐射可用水下 PAR 测光仪(图 1-6A)测定，还可用多波段水下阳光辐射仪(图 1-6F)进行测定，该仪器可同时测定 PAR、

UV-A、UV-B 三个波段的光强，还配有温度和深度探头，可同时测定温度随水深的变化。水下阳光辐射强度还可以用波谱分析仪(如 SpectroRadiometers，StellarNet 或 Ocean Optics)测定，该类仪器可以测定单波长阳光辐射的能量，然后通过积分的方法获得不同波段的阳光辐射强度。

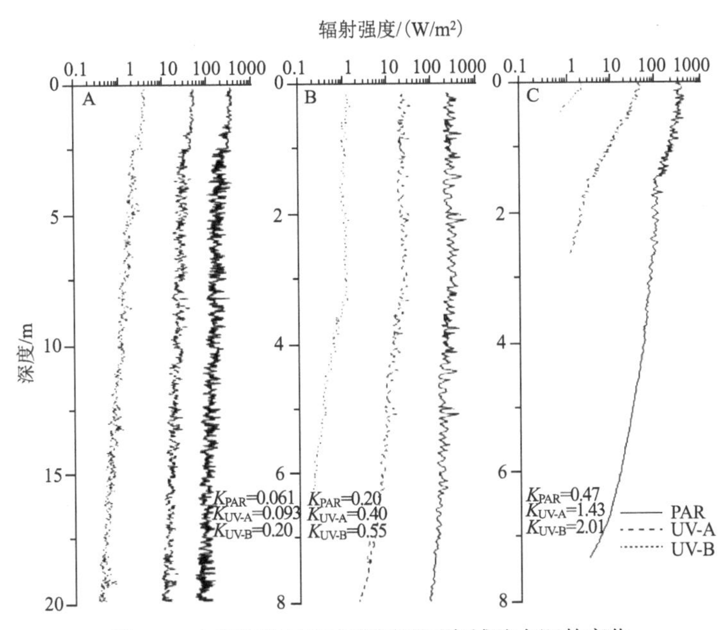

图 1-7 太阳和紫外光在我国不同海域随水深的变化

可见光 PAR 为 400～700 nm，紫外光 UV-A 为 315～400 nm，UV-B 为 280～315 nm；A. 南海外海海域(14°15′N，111°45′E)；B. 珊瑚礁海域(16°51′N，112°20′E)；C. 近岸海域(23°24′N，117°07′E)

自然环境中，当光能驱动浮游植物合成的有机物与其自身呼吸代谢消耗的有机物相等时，浮游植物停止生长，此时的光强为该浮游植物生长的光补偿强度，而该光强所到达水体的深度为浮游植物生长所需的光补偿深度。在海洋生态系统中，光补偿深度通常被认为是光强衰减至表层 1%时所对应的深度，光补偿深度以上的水层定义为真光层(euphotic zone，EU)；而把真光层深度(Z_{EU})与可见光消光系数的乘积($Z_{EU}×K_{PAR}$)定义为水体的光学深度(optical depth)。水体中溶解物、悬浮物浓度及种类的差异，导致阳光辐射在水体中的消减程度存在差异，致使不同海域水体真光层的深度变化很大；与可见光相比，波长较短的紫外光更易被水体本身及其中的悬浮物吸收、散射而迅速消减(图 1-7)(李刚，2009；Gao et al.，2007；Wu et al.，2010，Li et al.，2011)。

三、方法优缺点分析及测定误区

市售光照强度测定仪探头的受光面有两种：平面与球形，当测定直射光如平行光源发出的光或正午的阳光辐射时，使用这两类仪器测定，测定值差别不大。但是，当光源发出的光非垂直照射于仪器探头的受光面时(如球形光源发出的光或早晨、傍晚的太阳辐射)，由于反射会引起部分光能损失，用探头受光面为平面的测光仪测得的光照强度偏低。球形测光仪的探头受光面呈球形，非直射光无论从什么方向发出均会垂直到达测光仪探头的受光面，这就避免了反射引起的能量损失。因此，探头受光面为平面的测光仪如图 1-6E～图 1-6G 所示，适用于测定室内（如培养箱内）平行光源发出的光的强度；而探头受光面为球形的测定仪如图 1-6A～图 1-6C 和图 1-6H 所示，更适用于测定室外太阳辐射或室内点光源发出的光的强度。因此，在测定光照强度时需根据光源的不同（点光源、面光源）及光源入射方向的差异（直射、斜射）选择合适的测光仪。另外，测定水体内光照强度时，由于水介质和仪器探头保护罩介质的折射率相近，界面反射引起的能量损失很小，可以忽略，因此在测定水体内阳光辐射强度随水深变化时，也常用探头受光面为平面的测光仪（李刚，2009；Gao et al.，2007；Wu et al.，2010；Li et al.，2011）。

光敏元件是测光仪用于感光的部分，为仪器最主要的部件之一，而光敏元件在使用一定时间后会老化，从而导致所测得的光照强度偏高或偏低，造成测量误差，因此测光仪在使用一定时间后必须进行校准。通常，测光仪在使用一定时间后要用标准光源进行校准：首先用测光仪测定标准光源（如 DH-2000-CAL）的光照强度，然后对照仪器测定的光照强度和标准光源的实际光照强度的差异，修改系统软件中的校正系数或对数据进行手工校准。

（李　刚　高坤山）

参 考 文 献

李刚. 2009. 中国南海浮游植物光合固碳与太阳紫外辐射关系的研究[D]. 汕头: 汕头大学博士学位论文.

Gao K, Li G, Helbling E W, et al. 2007. Variability of UVR-induced photoinhibition in summer phytoplankton assemblages from a tropical coastal area of the South China Sea[J]. Photochemistry and Photobiology, 83: 802-809.

Li G, Gao K, Yuan D, et al. 2011. Relationship of photosynthetic carbon fixation with environmental changes in the Jiulong River estuary of the South China Sea, with special reference to the effects of solar UV radiation[J]. Marine Pollution Bulletin, 62: 1852-1858.

Wu Y, Gao K, Li G, et al. 2010. Seasonal impacts of solar UV radiation on the photosynthesis of phytoplankton assemblages in the coastal water of the South China Sea[J]. Photochemistry and Photobiology, 86: 586-592.

第二章　培养系统调控与方法

第一节　碳酸盐体系调控

摘要　藻类培养方法不同，会导致培养容器中物理(光)与化学环境的不同。光照期的光合和黑暗期的呼吸作用，会影响培养体系的碳酸盐体系(pH、各种无机碳形式、总碱度)稳定性。细胞浓度较高的情况下，通常在光照期会看到 pH 升高，黑暗期 pH 下降。这种变化的大小取决于培养方法，也依赖于藻类在水体中的生物量或细胞密度。单位水体的固碳量越大，则碳酸盐体系的变化就越大。在研究其他环境因子对藻类固碳或生长等影响的实验中，控制培养系统中 pH 及其他碳酸盐体系参数稳定，是获得可靠数据的关键。本节介绍了现有的几种碳酸盐体系调控方法，并提供了海洋酸化模拟实验的参考数据。

海水碳酸盐体系包括 CO_2(水)(CO_2 和 H_2CO_3 的总和)、HCO_3^-、CO_3^{2-}、H^+、OH^-和其他几种弱酸碱体系(主要是硼酸盐体系)。在一定的温度、盐度和压力下，知道碳酸盐体系中的两个要素和主要的营养盐浓度，就可以计算出海水中其他碳酸盐体系参数值。溶解无机碳(DIC)是所有溶解的无机碳组分的总和；而总碱度(TA)= $[HCO_3^-] + 2[CO_3^{2-}] + [B(OH)_4^-] + [OH^-] - [H^+] +$ 微量组分，反映的是质子受体超过质子供体的量。TA 通过用强酸滴定来测定，因此也可以视为衡量溶液缓冲能力的指标。碳酸盐体系中任何一种组分发生变化，都会引起其他至少几种组分的改变，也就是说，保持其他组分不变，而仅仅改变其中一种组分的量是不可能的。碳酸盐体系中各种组分的这种相互依赖性，在进行 CO_2 扰动实验时，是需要考虑的一个重要方面。

当 CO_2 溶入海水时，与水结合形成碳酸，碳酸解离释放出 H^+，形成碳酸氢根离子(HCO_3^-)，再进一步解离形成碳酸根离子(CO_3^{2-})和 H^+，但这第二步解离也许不会发生，反而逆向发生。例如，大气 CO_2 浓度升高引起的海洋酸化，导致海水碳酸盐体系变化，$[CO_2]$、$[HCO_3^-]$和$[H^+]$升高，而$[CO_3^{2-}]$下降，$CaCO_3$ 饱和度下降。大气 CO_2 浓度加倍(400～800 ppmv[①])的情况下，表层海水 pCO_2 将增加一倍(水-气间交换达到平衡状态)，HCO_3^-浓度增加 11%，DIC(总无机碳)浓度增加 9%，CO_3^{2-}浓度将下降 45%。CO_3^{2-}浓度降低的原因在于，$[H^+]$增高，推动第二次解离反应向左进行，如式(2-3)所示。

$$CO_2 + H_2O \longrightarrow H_2CO_3 \tag{2-1}$$

$$H_2CO_3 \longrightarrow H^+ + HCO_3^- \tag{2-2}$$

$$HCO_3^- \longleftarrow H^+ + CO_3^{2-} \tag{2-3}$$

① 体积浓度，1 ppmv=1×10^{-6}

一、藻类培养时碳酸盐体系的变化

藻类培养过程中，通常会测定 pH 的变化，即使在充气或高 CO_2 浓度情况下，也会看到 pH 在光照期升高，而黑暗期下降的现象(Gao et al.，1991)。这是因为水中光合固碳(即水中光合固碳去除 CO_2)的速率超过充气时 CO_2 向海水中溶入的速率，若前者与后者相当，pH 会稳定下来，海水碳酸盐体系也就稳定了。在黑暗期或晚上，呼吸作用导致 CO_2 释放，pH 下降。另外，硝酸盐和磷酸盐的同化，也会导致水中$[H^+]$的变化。

$$106CO_2 + 16NO_3^- + HPO_4^- + 122H_2O + 18H^+ = C_{106}H_{263}O_{110}N_{16}P + 138O_2 \quad (2\text{-}4)$$

$$106CO_2 + 16NH_4^+ + HPO_4^- + 108H_2O = C_{106}H_{263}O_{110}N_{16}P + 107O_2 + 14H^+ \quad (2\text{-}5)$$

从浮游植物元素比值(Redfield ratio)来看，N 和 P 同化导致的 pH 变化较小。藻类培养过程中 pH 的昼夜变化，取决于水中生物量的密度，若生物量密度足够低，则 pH 会较稳定(如生物量密度很低的外海)。因此，在藻类培养过程中，培养方法与细胞浓度或生物量与水量比例，是决定碳酸盐体系或 pH 稳定的关键。在进行许多生理实验或 CO_2 扰动(酸化)实验时，控制碳酸盐体系稳定，使细胞处于稳定的对数生长期，对获取可靠的数据至关重要。值得注意的是，不管是单细胞还是多细胞的个体，在进行光合作用或对营养盐吸收时，细胞周边都会存在碳、氧或营养盐的浓度梯度(扩散界层)，这个浓度梯度会影响细胞周边的微环境。也就是说，确保溶液中碳酸盐体系稳定是不够的，还需要确保细胞周边的碳酸盐体系稳定。充气或振荡可减少或消除细胞周边的扩散界层，稳定细胞周边的碳酸盐体系。

二、碳酸盐体系的调控

有几种方法可以改变海水中 CO_2、HCO_3^-和 H^+的浓度。一是，保持总碱度 TA 不变，改变 DIC 浓度，如充含有设定 CO_2 浓度的空气，注射 CO_2 饱和海水，或先加 $NaHCO_3$ 或 Na_2CO_3 然后加 HCl；二是，保持 DIC 浓度不变，改变 TA，加 NaOH 或 HCl。不同的实验有不同的要求，这取决于实验持续时间、培养方式、培养容积或取样间隔。通常，直接向水中充入含调整 CO_2 浓度的空气(O_2、N_2 浓度恒定)或在培养液的上方让特定浓度的 CO_2 空气通过(有些种类如鞭毛藻类易受充气动力的影响)是被广泛认同的调控方法。

(一) 改变溶解无机碳浓度

1. 调控充气的 CO_2 分压

传统上，某些生理学实验或藻类大规模养殖(如螺旋藻)过程中，高浓度的 CO_2 气体(1%～100%)被充入培养液或养殖池中，能够缓解水中碳限制并降低 pH，但难以稳定 pH 或碳酸盐体系，而且 O_2 浓度也不稳定。若要探讨 CO_2 浓度变化引起的生理变化，则需要控制 pH，稳定碳酸盐体系，同时需要稳定溶解氧浓度。在自动调控 pH 系统(pH 感应并自动调节)中，当 pH 超过或低于设定的值时，控制阀就会打开或关闭，输送或停止送气。这种方式，因为系统感应与水体响应(碳酸盐体系平衡)之间有时间差，只能保证 pH 在一定范围内波动，pH 呈横向“Z”形变化。因变化幅度较大，这种自动调控方式在研究海洋酸化效应时并不适用。

这种系统较适合于模拟近岸海域的酸化状态，同时展现昼夜或不同时间尺度上的 pH 波动。充入含恒定 CO_2 浓度的空气，在控制培养方式和细胞浓度(见下)时，可使得日 pH 变化小于 0.05 个单位以下。混合空气和一定量的高 CO_2 气体，可通过如下方式实现：①空气和纯 CO_2；②去除 CO_2 的空气和纯 CO_2。同时，对照通常用空气。因为室内空气中 CO_2 的浓度，受人和仪器等的影响，所以需要从室外远离人为干扰的地方取气。将空气与纯 CO_2 气体混合，可人工操作完成，并通过 CO_2 浓度测定仪确认实际浓度；也可采用市场化的 CO_2 加富器(武汉瑞华仪器设备有限责任公司)。该 CO_2 加富器既可用于实验室，也可用于室外或航次(Gao et al.，2012)。另外，也可从 CO_2 植物培养箱中抽取一定 CO_2 浓度的气体，直接充入培养系统。需要提醒的一点是，不能因为调控 CO_2 浓度而改变水中 O_2 的浓度，否则难以区分是哪种气体浓度变化引起的生理变化。

若采用无 CO_2 的空气(需保证空气中氧气浓度没有变化)，需要用分子筛或碱石灰吸收柱或 NaOH 和 $Ca(OH)_2$ 液体，去除 CO_2。去除 CO_2 的空气和纯 CO_2 混合时，最好采用质量流量计进行测点，这样可以准确地设定所需要的 CO_2 浓度。充气的方法，可以弥补由光合作用或呼吸作用或水源的化学变化而造成的碳酸盐体系的变化。总体来说，在培养系统中，维持碳酸盐体系稳定，可以将 pCO_2 控制在目标值±10 μatm(水中 CO_2 分压通常用 μatm，相当于空气中的 ppmv)以内。

海水进行充气培养时应该考虑两个方面。其一，充气会增加藻类释放的有机物在培养液面的凝聚(Gattuso et al.，2010)。这个缺点可以这样解决：①设置低细胞浓度且增加半连续培养频率；②将藻体置于透析袋，然后将其放在一个充含目标 CO_2 浓度空气的溶液中，气体与小分子物质可以透过透析袋(Gattuso et al.，2010)。若运行连续培养或半连续培养，这种有机物凝聚的现象基本不会出现。用透析袋时，需检测膜是否是化学中性的，因为有些材料释放有毒的化学成分。其二，充气的动力会对游动的浮游植物产生不良影响，如甲藻。应对这种情况，可将细胞浓度调至很低，以至于在一定时间内，即使不充气，进行静止培养，也能维持碳酸盐体系稳定；或将气体充在液体的上方，保持气相 CO_2 浓度恒定，让水-气间 CO_2 交换维持碳酸盐体系稳定。

2. 添加 CO_2 饱和海水

当两个水团混合时，混合物中溶质的量等于两个起始水团的溶质量之和。例如，在一个封闭的系统里，通过将总碱度相同的低 CO_2 浓度海水和一定量的 CO_2 饱和海水混合，可获得设计 CO_2 分压的海水。具体推算，可参考 Gattuso 等(2010)的研究结果。德国基尔大学海洋科学研究所的科学家，通过向 60 m^3 的中型实验生态系统(mesocosm)中加入 200 L 的 CO_2 饱和海水，可以使 CO_2 分压达到 1300 μatm。采用这种方法时，由于海水有极高的 CO_2 分压，在混合和处理过程中，必须极为小心，以防止气体泄漏。

3. 加强酸和 CO_3^{2-} 或/和 HCO_3^-

加 CO_3^{2-} 或/和 HCO_3^- 将 DIC 提升到想要的水平，之后加酸就精确地抵消了加 CO_3^{2-} 或/和 HCO_3^- 所引起的总碱度的改变。加 HCl 使总碱度还原至目标水平而不影响 DIC 浓度(操作在封闭的环境下进行以防止气体交换)。两步添加步骤之后所有的碳酸盐体系参数都会达到目标值。需要注意的是，在有细胞存在的液体中，不能如此进行碳酸盐体系调控。

(二)改变总碱度

1. 加强酸和强碱

在一个封闭的系统中加强酸如盐酸，或强碱如 NaOH，不改变溶解无机碳的浓度，但改变溶液的总碱度。加酸减少总碱度，加碱增加总碱度。加酸或碱导致的总碱度的改变，封闭与开放系统是相同的。由加酸或碱引起的盐度的改变很小，因此可以忽略不计。然而，这种方式因为改变海水的总碱度 TA，在模拟海洋酸化引起的碳酸盐体系变化时并不理想。

2. 加 CO_3^{2-}或/和 HCO_3^-

DIC 和总碱度，在添加 Na_2CO_3 或/和 $NaHCO_3$ 时都会增加，在封闭的系统中，由这种添加导致的 DIC 浓度增加与 CO_3^{2-}和 HCO_3^-浓度的改变成比例(1∶1)。这些负离子对总碱度含量的贡献与其所带电荷数和浓度成比例，因此，每增加 1 mol CO_3^{2-}，总碱度增加 2 mol；每增加 1 mol HCO_3^-，总碱度增加 1 mol。由总碱度改变引起的碳酸盐体系的改变，因此就取决于所加 CO_3^{2-}和 HCO_3^-的量。这种方法可以用来维持 pH 恒定或结合加酸来维持总碱度的恒定。

3. 控制 Ca^{2+}的浓度

改变碳酸盐体系参数，如碳酸钙饱和度，也可以通过控制钙离子的浓度来实现。像珊瑚、贝类和钙化藻类等钙化生物的钙化与海水碳酸钙饱和度(Ω)有关(阮祚禧和高坤山，2007)。$\Omega = [Ca^{2+}][CO_3^{2-}]/K_c$，其中$[Ca^{2+}]$和$[CO_3^{2-}]$分别为海水中 Ca^{2+}和 CO_3^{2-}的浓度，K_c 为 $CaCO_3$ 溶液达到饱和时 Ca^{2+}与 CO_3^{2-}浓度的积，与 $CaCO_3$ 的晶体类型(如方解石、霰石等)有关。可以看出，由海洋酸化引起的 CO_3^{2-}的减少进而导致的 Ω 下降，可以用改变$[Ca^{2+}]$来模拟(Xu et al.，2011；Xu and Gao，2012)。

三、藻类细胞密度或生物量的控制

藻类培养时，光下由于光合作用同化 CO_2 为有机物，培养液中的溶解无机碳(DIC)浓度会下降，pH 升高。这种现象即使在充气或充含高 CO_2 浓度的空气的情况下也会发生(Gao et al.，1991)。假定培养系统中光合固碳量为 X_1，充气向水中输入的无机碳(CO_2)量为 X_2，X_1 大于 X_2 情况下，pH 升高，DIC 浓度下降；X_1 等于 X_2 的时候，碳酸盐体系稳定，pH 和 DIC 浓度不变。为此，要想保证光下培养系统中 X_1 等于 X_2，需要加速碳酸盐体系达到平衡或降低单位水体的细胞或藻量。加速碳酸盐体系平衡的方法是，使用缓冲液或加碳酸酐酶。缓冲液本身对藻类生理有影响，加碳酸酐酶成本高，也会产生额外影响。因此，最理想的办法是控制细胞密度，使得单位水体中细胞量足够低，降低水中 X_1，使其小于或等于 X_2。在充气时，CO_2 浓度恒定的情况下，X_1 小于 X_2，会使得藻类固碳引起的培养液中 CO_2 的减少马上得到补充，水-气间 CO_2 分压达到平衡，pH 稳定，其他碳酸盐体系参数也稳定。

为了控制培养液的碳酸盐体系，保持 pH 稳定(如日变化小于 0.05)，可采用半连续或连续培养的方法。若接种浓度很低，如每毫升 100 个细胞，也可进行短期的使细胞处于对数生成期间的静止培养。充气或不充气、不同光强水平等条件，都会不同程度地影响碳酸盐体系的稳定性。为此，要控制细胞浓度范围，需根据种类生长速率或固碳速率、培养条件等对 pH 的影响，探讨具体稀释频率，控制生物量密度。例如，在 5%～50%太阳光辐射条件下，充气(约 300 mL/min)培养三角褐指藻、中肋骨条藻及假微型海链藻时，每 24 h 稀释一次，稀释后的细胞浓度控制在 5 万 cells/mL 左右，再次稀释前，细胞浓度不超过 30 万 cells/mL，可以控制碳酸盐体系参数在表 2-1 所示的范围内(Gao et al.，2012)。若采用处于对数生长期的细胞，接种浓度很低(如 100 cells/mL)，可以密闭培养，3～5 d(具体时间取决于细胞生长速率)时间后(小于 1.5 万 cells/mL)，碳酸盐体系也会相对稳定。若培养钙化的颗石藻类，通常不充气，稀释前细胞浓度控制在 4 万 cells/mL，可维持 pH 在一定时间内稳定(因光强不同，稳定时间不同)。颗石藻类在光合固碳提升 pH 的同时，钙化作用会影响碳酸盐体系，下调 pH，与固碳作用提升的 pH 部分相抵，pH 变化不像培养硅藻时变化那么大。

表 2-1　不同 CO_2 浓度下藻液中碳酸盐体系的参数

培养方式	pCO_2/μatm	pH_T	DIC/(μmol/kg)	HCO_3^-/(μmol/kg)	CO_3^{2-}/(μmol/kg)	总碱度 TA/(μmol/kg)
实验室半连续培养	390	8.02±0.01[a]	1913.6±57.4[a]	1739.7±48.5[a]	161.2±8.9[a]	2155.3±68.3[a]
	1000	7.68±0.01[b]	2116.3±72.8[b]	2000.5±67.2[b]	83.1±5.5[b]	2217.9±79.6[a]
航次中原位海水培养	385	8.04±0.01[a]	1889.7±38.6[a]	1700.8±32.0[a]	176.3±6.6[a]	2134.0±46.5[a]
	800	7.76±0.01[b]	1981.8±34.7[b]	1854.7±34.7[b]	101.0±3.8[b]	2102.8±43.2[a]
	1000	7.69±0.01[b]	2097.2±40.5[b]	1973.3±37.0[b]	91.5±3.4[b]	2196.1±44.7[a]

注：表中数据表示在室外阳光下，半连续培养硅藻或航次中原位海水培养浮游植物群落时，充室外空气或充 CO_2 加富空气情况下，碳酸盐体系参数的情况；充气流量为 310 mL/min，实验室培养中细胞浓度每 24 h 稀释至 5 万 cells/mL；同列不同上标字母表示差异显著，下同

四、方法优缺点分析

1)充气向海水中加富 CO_2，加酸、结合加碳酸盐或碳酸氢盐，都增加 DIC 浓度、降低 pH，没改变总碱度。其中，充气是最容易做到的，可以用来长期维持恒定的条件。要注意的是，生物过程(如光合作用、呼吸作用、钙化作用、营养盐的吸收等)可改变总碱度和 DIC 浓度，改变碳酸盐体系的参数(Gao et al.，1991；Rost et al.，2008)。假设 CO_2 的溶解量超过光合固碳消耗量，那么充气可以维持 DIC 浓度和 pH 的恒定，但不能补偿总碱度 TA 的漂移。除了总碱度之外，当藻量高或培养的时间过长时，钙化作用(限于钙化藻类)也会消耗大量 Ca^{2+}，导致 TA 变化；另外，营养盐的消耗会改变 TA。所以，采用连续或半连续方式开展低生物量密度的培养较为理想。

2)加碳酸盐或/和碳酸氢盐的方法并不实用。由于水-气界面的气体交换，只有充气可以成功地调控开放系统中碳酸盐体系的稳定。但是，充气带来的搅拌力往往影响某些藻类(如鞭毛藻类)的生长。不充气的情况下，低细胞浓度半连续培养也能维持培养液碳酸盐体系稳定，但难以消除细胞周边的物质扩散界层(光照期越贴近细胞 pH 越高，而黑暗期则相反)。当然，可以通过摇动来减少或消除扩散界层。

3)加酸的方法，在封闭的系统中可以很精确地控制 pCO_2，但它改变了总碱度。

五、注意事项与建议

海水的碳酸盐体系与大气 CO_2 浓度变化的关系，以及海洋酸化生态效应研究方法等，可参

考有关海洋酸化的研究手册(*Guide to Best Practices for Ocean Acidification Research and Data Reporting*)。在此，仅提供几点关键的建议，便于藻类培养过程中对碳酸盐体系进行调控。

(一)海水过滤及灭菌

因为过滤会改变海水的碳酸盐体系的平衡，所以应该在过滤之后再对其进行调整。如果条件不允许，应该在过滤之后取样测定碳酸盐体系参数。同时应该用温和的暗盒过滤，因为真空或高压会改变 pCO_2 和 DIC 浓度，还会导致细胞破裂，这反过来又会影响总碱度。

海水进行高压灭菌应该在调整碳酸盐体系之前进行。因为煮沸驱除海水中的气体，碳酸盐体系参数被彻底改变，大部分的 DIC 丢失，总碱度也会改变。总之，高压灭菌后海水的 pCO_2 相对较低，而 pH 则较高。当海水冷却时部分 DIC 可能会从上部空间重新溶解到水相中。当对天然海水进行高压灭菌时，建议在灭前和灭后都对海水进行采样测定，以确定灭菌对碳酸盐体系的影响。如果是人工海水，在加 $NaHCO_3$ 或 Na_2CO_3 之前灭菌，就不会改变其碳酸盐体系。

(二)维持碳酸盐体系

在实验之前，可通过充含一定 CO_2 浓度的气体调节碳酸盐体系，但必须确保 pH 达到稳定(水-气 CO_2 分压达到平衡)。达到平衡所需要的时间取决于很多因素，如生物量、pCO_2、气体流量、气泡大小、烧瓶的体积与形状及温度等。由于气体混合物中不含水蒸气或其含量很低，充气时让其通过蒸馏水瓶并湿润，不会引起盐度的变化。碳酸盐体系参数达到目标值后，海水应该密闭保存，防止海水与空气的气体交换。当然，开放系统充气培养时例外。

当用高浓度的细胞实验时，光合、呼吸或钙化过程可以改变碳酸盐体系参数。这个问题在封闭系统中最为突出，在持续充气的开放系统中也必须要考虑，缓解或消除的主要途径是降低细胞密度。

(三)溶解有机物、溶解无机营养盐及 pH 缓冲剂对总碱度 TA 的影响

藻类进行光合作用时，会释放溶解性有机物。这些有机物含有一些基团，在滴定海水时，容易与氢离子反应，因此对总碱度有影响。溶解有机物对总碱度的影响程度取决于其种类及培养时间长短。这种情况在 pH 扰动实验中应该避免，但若采用每 24 h 稀释一次的半连续或连续培养方式，这个问题就可以忽略，特别是在室内低光强培养时。

营养盐浓度或缓冲剂会影响海水的 TA。pH 缓冲剂的使用，使碳酸盐体系严重偏离自然状态，将 TA 提升到无法精确测定的水平，因此，这种情况下不能使用总碱度推算其他碳酸盐体系参数，只能用 DIC 浓度或 pCO_2 或 pH 取而代之。添加或生物消耗无机营养盐都会改变 TA。PO_4^{3-} 常以钠盐 $NaH_2PO_4·H_2O$ 的形式添加到海水中，它溶解的瞬间产生 Na^+ 及 $H_2PO_4^-$，所以不增加总碱度。然而，如果磷是以磷酸的方式添加，每添加 1 mol 磷酸就会减少 1 mol 的总碱度。因此，当用总碱度计算碳酸盐体系的参数时，必须考虑磷酸盐的贡献。然而，如果磷酸盐的浓度低于 1 μmol/kg 的话，可以忽略。

硝酸盐通常以 $NaNO_3$ 的形式加入海水中，它并不改变海水的总碱度，所以当用总碱度来

计算碳酸盐体系参数时就不需要考虑硝酸盐的影响。但是，如果加 HNO_3 的话，就会减少总碱度。因为 NH_3 对总碱度有影响，所以在计算碳酸盐体系参数时，就要将之考虑在内。实际上，在大多数情况下它是可以被忽略的，因为它的浓度相对较低。

硅通常以其钠盐 $Na_2SiO_3 \cdot 9H_2O$ 的形式加入到海水中，它会改变总碱度，因为 SiO_3^{2-} 会结合水形成 $H_2SiO_4^{2-}$，而后者会迅速地通过消耗一个质子形成 $H_3SiO_4^-$，而在海水 pH 条件下大多数 $H_3SiO_4^-$ 又会吸收一个质子形成 H_4SiO_4，所以每添加 1 mol 的 Na_2SiO_3，总碱度就会增加 2 mol。无论是向天然海水还是人工海水中添加硅，其添加量都相对较高(约 100 μmol/kg)。这种情况下，应该加盐酸以抵消它所提升的 TA。既然 $H_3SiO_4^-$ 对 TA 有影响，在碳酸盐体系参数的计算中，应该考虑这种影响。但是，在普通海水中，$H_3SiO_4^-$ 的浓度相对较低，为此通常可以忽略其影响(Zeebe and Wolf-Gladrow，2001)。

(四)同位素无机碳的处理

使用 ^{13}C 或 ^{14}C 标记 DIC 时，准备和操作时要非常小心，以免同位素标记的 C 以气体形式漏出。由于水-气界面的 CO_2 气体交换会减少碳同位素的浓度，因此应该避免容器有任何的空隙。即使海水的 pCO_2 与大气一样，加入的 ^{13}C 或 ^{14}C 也会随时排出，因为它们各自在大气中的分压都接近于 0，^{13}C 为 4 μatm，^{14}C 为 10^{-13} μatm。

(五)碳酸盐体系参数的测定

测定总碱度的样品，不受气体交换的影响。假设没有水汽蒸发，盐度不会改变，即使受温度影响，海水中的 pCO_2 分压变化，也不会影响总碱度。若分析 DIC 或 pH，则需要注意避免漏气。在测定前，先杀死藻细胞，并保存在低温下，且保证 DIC 或 pH 样品试管中没有空隙。测定 TA 或 DIC 浓度，应该用去除细胞的溶液，因为细胞释放出的碳或其他物质会产生影响。

(六)pH 的测定

从 $pH = -\log[H^+]$ 式子中可以看出，pH 微小的变化，代表着氢离子浓度较大的变化，如海水 pH 从 8.1 到 7.8，氢离子浓度增加一倍。为此，pH 的测定很关键，即使同一溶液，在不同温度下测定也是不同的。另外，pH 计多种多样，其测定的准确度随校正后时间的长短而发生不同程度的漂移，因此，需要频繁、多点校正。pH 计也显示电位，电位比较稳定，为此，多数化学分析实验室先测定电位，再用其换算成 pH(根据测定的 pH 与电位的标准曲线)。在测定 pH 时，注意 pH 计给出的 pH 是否是测定温度下的 pH，还是内设的 25℃下的 pH。实验报告的 pH，通常应该是培养或实验温度下的 pH。另外，pH 的表示有三种，即 pH_t、pH_{nbs}、pH_{sw}，同一种溶液，三种 pH 的绝对值是不同的。

(高坤山)

第二节　微藻连续与半连续培养

摘要　微藻培养方式的选择，是影响实验结果的关键环节；采用连续或半连续培养方法，具有很多优越性。采用连续培养，使微藻生长的物理和化学环境都保持恒定；采用半连续培养，简单易行，也能使微藻长时间保持指数生长状态，其生长的化学环境相对稳定。不同的培养方式，生长速率算法不同，且各有优缺点，可依研究的需要进行选择或优化。

不同的微藻培养方法，影响培养系统的化学(气体浓度、pH 及营养盐浓度等)与物理(细胞的受光性)特性，是影响实验结果的关键因素。较常用的培养方式就是分批培养(batch culture)及稀释(或补给)型分批培养(fed-batch culture)。这两种方式简单、省事，但培养瓶或系统中的物理化学环境因子变化幅度较大。例如，营养盐随微藻生长不断减少，单位细胞受光量随着藻细胞浓度增加而减少，光照期 pH 与溶解氧浓度升高，CO_2 浓度下降，黑暗期则相反，导致黑暗与光照期间化学环境发生逆转性变化。为此，同一藻种在不同处理条件下，生理活性或生长速率均会表现出较大差异，所获得的结果是否能反映实验目的有相当大的不确定性。另外，生长速率的差异导致同一时点的细胞所处的生理状态不同，使所测到的数据或参数很难具备可比性。也就是说，表面上材料和环境(培养系统外)条件都相同，却得到难以对比的实验结果。另外，这种培养方法也无法模拟寡营养盐区域的化学环境(LaRoche et al.，2010)。可见，很多以微藻为材料的研究，采用分批培养具有很大的局限性，采用连续(continuous culture)或半连续培养(semi-continuous culture)能维持较稳定的物理与化学环境，具有很多优越性。

一、微藻连续培养

连续培养的基本原理是，在保持培养容器中培养液体积恒定的前提下，通过调节新鲜培养基的加入速率和旧培养液的流出速率，来实现培养液的浊度或营养盐浓度等保持相对恒定，主要有恒浊培养和恒化培养两大类型(LaRoche et al.，2010)。连续培养装置，需配流速控制与检测器，根据实验需求，配备浊度、叶绿素荧光、pH、DO(溶解氧)等的监测装置。连续培养系统可自行组装，也可根据需要购置现成的连续培养器。连续培养装置，形式上多样化，但基本原理是相同的。图 2-1 就是德国阿尔弗雷德·魏格纳极地与海洋研究所 Engel 教授研究组研究海洋酸化时用到的恒化培养器。这种微藻连续培养系统由透光良好的培养容器、pH 检测器及与容器相连的液体流入流出控制器、新鲜培养基供给装置、无菌空气通气系统等组成(Borchard et al.，2011)。有的还配有搅拌器或具翻转功能的装置，以防微藻沉底(如美国南加利福尼亚大学 David Hutchins 实验室船载连续培养系统)。在实际研究工作中，可利用连续培养的基本原理，自行组建连续培养系统(图 2-1)(Chen and Gao，2011；陈善文，2012)。

图 2-1 阿尔弗雷德·魏格纳极地与海洋研究所内的 5 个大型恒化培养器

(一) 恒浊培养

恒浊培养(turbidostat)是通过调节新鲜培养基流入和旧培养液流出的速率来保持浊度基本恒定的一种连续培养方法(Lee and Ding，1994；LaRoche et al.，2010)。在每个培养系统中，流入和流出速率是相同的，通常采用溢出控制法，只要调节输入速率即可。对于微藻而言，可以通过测定细胞浓度、叶绿素荧光或吸光度(OD，如 OD_{730})来确定其浊度是否恒定。在很多实验中，细胞浓度恒定是关键，因不同条件处理之间藻细胞生长速率往往不同，这就要调节新鲜培养基流入速率，使培养系统在不同条件下，甚至各处理之间及平行处理之间的细胞密度保持恒定。生长快的培养系统中，营养盐的消耗多，代谢产物的积累也多，培养基流入也多，流出物也多，因此，不同条件下的培养液成分也并不会产生显著的差异，也就是说，保证恒浊也基本上达到了恒化培养(chemostatic culture)。

图 2-2 是我们按照连续培养原理设计的一套简易的恒浊培养系统，用它顺利地完成了球形棕囊藻对光强、光质等因子的响应研究(Chen and Gao，2011；陈善文，2012)。整个系统由培养容器、培养基供给及调控装置、通气和溢出液收集装置三大部分组成。培养容器为可透过全部太阳光辐射的石英管；用最好的一次性医用输液器控制新鲜培养基的供给速率；两个入气口都配有孔径为 0.2 μm 的滤器，以确保整个培养系统始终保持无菌状态。根据定期取样(一般每隔 1 h 1 次)测得的细胞浓度，调节新鲜培养基的流入速率，使细胞浓度较稀并维持在一定的范围内(如 0.9×10^5～1.1×10^5 cells/L)，以实现恒浊培养(Chen and Gao，2011；陈善文，2012)。另外，测定叶绿素荧光比测定细胞浓度更快更方便，但预实验显示，研究目标因子对细胞大小没有显著影响，而对光合色素有影响。因此，实际应用中恒浊参考标准需依具体情况选择。

(二) 恒化培养

恒化培养是以保持化学特征(如 pH、营养盐等)基本恒定为标准，调节新鲜培养基流入和旧培养液流出速率的一种连续培养方法(Novick and Szilard，1950)。在经典的恒化培养系统中，配备有与流速调控器相连的 pH、氮(N)或磷(P)等化学因子监测装置，以自动调节培养基流入或流出的速率，保证培养液化学特征的相对恒定。

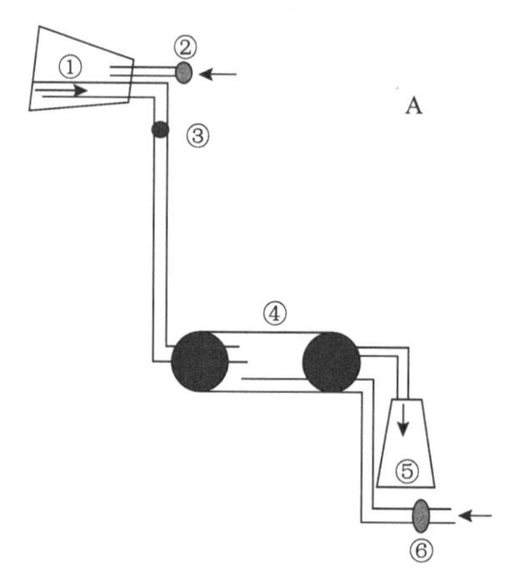

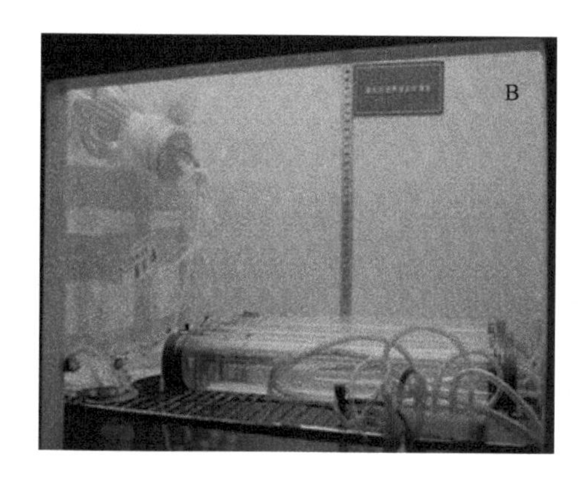

图 2-2　人工气候箱内连续培养系统示意图(A)和实物图(B)(陈善文，2012)

① 培养液容器；②孔径为 0.2 μm 的滤器；③流入调节阀；④培养容器；⑤溢出液收集瓶

图 2-3 是一套可在航船上进行原位研究的恒化连续培养系统(Hutchins et al.，2003)。为适应航行中的复杂变化，所有容器都使用了不易破碎的聚碳酸酯类瓶，连接管都采用了柔韧性好的特氟龙类材料管，恒化培养瓶都固定在透明的有机玻璃槽内，培养基用孔径为 0.2 μm 的滤器过滤除菌。我们用图 2-3 所示的装置顺利地完成了球形棕囊藻对酸化、N 限制和 P 限制等因子的响应研究(Chen and Gao，2011；陈善文，2012)。根据定期取样(每隔 1 h1 次)测得的 pH，N 或 P 等化学因子的浓度，调节新鲜培养基的流入速率，使相应目标因子的变动在合适的范围之内(如 pH 的变动在 0.03 以内)，以实现恒化培养。有趣的是，细胞浓度也保持相对恒定，各处理之间基本一致。这种简易的连续培养系统，可采用医院输液时的流量控制套件。

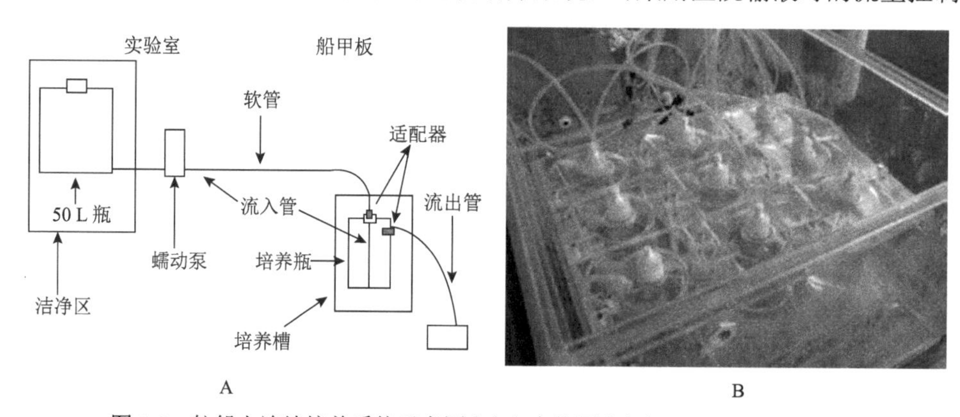

图 2-3　航船上连续培养系统示意图(A)和实物图(B)(Hutchins et al.，2003)

二、微藻半连续培养

半连续培养是介于分批和连续培养之间的一种培养方法，它通过用新鲜培养基进行定期稀释来提供充足的营养盐，使细胞长时间保持指数生长状态(Hutchins et al.，2003)。稀释频率由生长速率决定，大多每隔 24 h 更新部分培养基。为保证稀释后各培养容器中的细胞浓度相同，稀释前需测定各容器中的细胞浓度，算出稀释比例。先摇匀，量取相应体积的藻液，倒掉剩下的，再将所取藻液与适量的新鲜培养基装回，使其体积与稀释前相同，以保证每次稀释前后的细胞浓度都基本维持在一定范围内(如 0.5×10^5～1×10^5 cells/L)。细胞浓度必须尽可能稀，且应控制在较小的变动范围内，以保证水中化学环境因子(如 pH)的变动较小(如溶解氧或溶解无机碳浓度变化<5%)。稀释时间，最好选在黑暗期(如进入黑暗期 2 h 后)。对于较敏感的微藻，最好备两套相同的培养容器轮换用，以免壁上黏附细菌过多。

三、比生长率计算

1. 分批培养

选指数生长期的两个时点(理想状态：生物量呈直线性变化)分别测定细胞浓度(或其他相应参数)，然后用式(2-6)计算比生长率(μ)：

$$\mu = (\ln D_n - \ln D_{n-1}) / (t_n - t_{n-1}) \tag{2-6}$$

式中，D_n 和 D_{n-1} 分别代表在 t_n 和 t_{n-1} 时的生物量(通常用细胞浓度表示，也可用干重或能代表生物量的指标表示)。

2. 半连续培养

将每次稀释前和稀释后所测得细胞浓度代入式(2-7)计算比生长率(μ)(Hutchins et al.，2003)：

$$\mu = (\ln B_n - \ln A_{n-1}) / \Delta t \tag{2-7}$$

式中，B_n 和 A_{n-1} 分别代表第 n 次稀释前和第 $n-1$ 次稀释后的细胞浓度，Δt 代表相邻两次稀释之间的间隔时间。

3. 连续培养

因整个培养过程中细胞浓度始终保持恒定，故其比生长率(μ)按式(2-8)计算(Monod，1950；Burmaster，1979)：

$$\mu = F/V \tag{2-8}$$

式中，F 和 V 分别代表单位时间内流出培养液的量和培养容器中始终保持的培养液的量。

四、方法优缺点分析与优化建议

(一)连续培养的优缺点

微藻在连续培养中基本接近其自然生存状态，连续培养具有明显的优点。首先，在整个培养过程中，微藻能保持一种稳定的生理状态；其次，可重复性强；再次，微藻生长稳定，对于营养盐限制条件下的生长研究有特别的优势；最后，对于研究生长过程中代谢产物的变化特别有用(Novick and Szilard，1950；LaRoche et al.，2010)。其主要缺点是设备复杂、培养基需要量大、微生物污染控制难度大(LaRoche et al.，2010)。图 2-3 所示的简易连续培养系统的最大缺点是自动化程度低，需不分昼夜定时检测调控，或需通过预实验把握所用微藻的细胞周期，选其生长但很少分裂的时段暂停调控，只在细胞的主要分裂时段定时检测调控。

(二) 半连续培养的优缺点

微藻半连续培养的主要优点有：①在培养过程中，微藻能保持一种相对稳定的生理状态；②生长速率可维持在指数期，而且可在同样培养条件下进行多次重复，易从中发现最大比生长率；③相对连续培养简单易行；④可用于进行微量营养盐限制的研究。其主要缺点是：比分批培养麻烦；稀释往往产生与刚接种时类似的短暂停滞现象，特别是不同处理之间的稀释率不同时，会严重影响可比性；不宜用于生命力脆弱的微藻(LaRoche et al.，2010)。

(三) 培养优化建议

微藻培养看起来简单，通常没有引起研究人员的足够重视。实际上，它是实验成功的基础，不仅关系到实验结果的可靠性，而且关系到所得结果的可比性，甚至实验的成败。为此，提出如下优化培养建议。

1. 培养基

微藻作为光能自养生物，培养基的成分主要是无机物，但各种藻对培养基的成分要求也是有差异的。尽管目前的许多实验常选用各类藻的通用培养基(如淡水蓝藻的 BG11、淡水真核藻的 HB4、海洋微藻的 f/2 等)，但还是采用每种藻的专用培养基更科学。这些培养基的配方可在中国科学院水生生物研究所等相关科研单位的网页中找到。

2. 配制和灭菌

在微藻培养基配制中，除了严格按照配方和程序配制外，在以自然海水作为主要基本培养液时，整个实验中应用同一次获得的海水(因海水的成分不仅随空间变化，也随时间变化)。如果是中长期实验，应一次配好灭菌后低温保存或将待用海水保存在不透光的容器中，以保证整个实验中所用的培养基尽可能一样。灭菌不仅可能会产生沉淀，而且会使溶解无机碳(特别是 CO_2)及 pH 等发生显著变化(LaRoche et al.，2010)，因此，培养基灭菌后，应用无菌空气充气，水水-气气间 CO_2 或 O_2 分压平衡后才能接种。有些培养基的配制应分项配制母液(stock medium)，分别灭菌后，再在无菌条件下配培养液。

3. 预培养

正式实验前的预培养也是相当重要的。首先，预培养的各种条件(如光、温度、营养盐等)都必须与正式实验时对照组的相同；其次，预培养的细胞浓度最好不要太高(如细胞直径 10 μm 以下的，不超过 50 000 cells/mL)，并培养到生理状态稳定(一般经过 8～10 代)后开始实验。

4. 培养过程

①培养液所占容器体积比例适当(一般大于其容积的 1/2，小于 2/3)；②需充气培养时，通入气体最好做到无菌(通常做法是：用中间夹脱脂棉的纱布盖住气泵的入气口，再让气体

经过孔径为 0.2 μm 的滤器进入培养器内，并及时更换或清洗滤器)；通气不宜太猛烈，以免对藻细胞造成机械损伤(对于脆弱的微藻，通气要小且温和，同时维持低细胞浓度)；③在做一个只改变研究目标因子的类似实验时，最好从头开始(即保存种→预培养→正式实验)，不要从前一个实验的对照组藻液开始，特别是中长期实验(因藻种经太多次快速繁殖，往往已严重退化，活力降低不少)；④取样时间必须适当，而且最好整个实验过程的取样时点始终保持一致，因为微藻的生理状态是随光暗时间及其循环呈周期变化的(van Bleijswijk et al.，1994；Zondervan et al.，2002)。

(陈善文　高坤山)

第三节　桡足类浮游动物的培养方法

摘要　浮游动物作为水域生态系统次级生产力的主要贡献者，在食物链能量、物质的流动过程中起到关键作用。桡足类是种类及数量较多、分布范围较广(淡咸水及海水)的一个浮游动物类群，其生理、生态、分类等相关研究，或者渔业生产上使用桡足类作为鱼虾贝蟹的开口饵料，都需要能够长期、持续、大量获取一定数量的个体。因此，无论是开展科学研究还是进行水产养殖，都需要对桡足类的繁殖与培养有一定了解。本节简要介绍有关桡足类培养的方法。

桡足类广泛分布于海水、咸水及淡水生态系统，在经典食物链能量、物质的流动过程中起到关键作用。无论是室内/野外生理、生态研究还是水产养殖业，能够对浮游动物进行多世代培养并且可以稳定获得足够多的可收获个体都是至关重要的(Zillioux，1969；Di et al.，2015)。然而，因对浮游动物进行培养需具备分类鉴定知识，同时需熟练掌握其分离、纯化、培养(饵料选择、浓度设置、理化条件控制等)及繁殖等各种技术，故当前一些桡足类的培养技术还不够成熟，能够长期大量培养的种类较少(Di et al.，2015；郑重，1980)。同时，桡足类具有种间差异性，导致开发桡足类培养技术更加具有难度。自 20 世纪 60 年代以来，有关桡足类培养的研究逐渐增多，如关于汤氏纺锤水蚤(*Acartia tonsa*)、日本虎斑猛水蚤(*Tigriopus japonicus*)等的研究(Heinle，1969；Kline and Laidley，2015)，但数量非常局限，能够成功进行人工培养的种类仍然不多。这部分内容在 Perumal 等(2015)的文章中已做了很好的综述(表 2-2)，本节将简要介绍桡足类的培养方法及相关步骤。

表 2-2　世界各国有关桡足类培养条件的综述(Perumal et al.，2015)

属/种	鉴定类型	地理来源	培养条件(温度/盐度/光照/食物)
Acartia grani	形态	巴塞罗那港，西班牙(西北地中海)	19℃/38/12L:12D/*Rhodomonas salina*
Acartia sinjiensis	形态	汤斯维尔，昆士兰(澳大利亚)	27～30℃/30～35/18L:6D/*Tetraselmis chuii* 和 T-Iso
Acartia southwelli	形态	屏东，台湾，中国	25～30℃/15～20/12L:12D/*Isochrysis galbana*、
Acartia tonsa	形态	未知	未知

续表

属/种	鉴定类型	地理来源	培养条件(温度/盐度/光照/食物)
Acartia tonsa	形态及遗传	厄勒地区，丹麦	17℃/30/0L:24D/*Rhodomonas salina*
Acartia tonsa	形态	埃斯特角城，乌拉圭	25～30℃/17/间接自然光/T-Iso-Tetraselmis
Ameira parvula	形态	基尔海湾，德国	18℃/17/12L:12D/不同藻类
Amonardia normani	形态	基尔海湾，德国	18℃/17/12L:12D/不同藻类
Amphiascoides atopus	形态	美国	25℃/盐度未知/12L:12D/浮游植物
Apocyclops royi	形态	屏东，台湾，中国	25～30℃/15～20/12L:12D/*Isochrysis galbana*
Centropages typicus	形态	那不勒斯湾，意大利	19～21℃/38/12L:12D/*Prorocentrum minimum*、*Isochrysis galbana*、*Tetraselmis suecica*
Eurytemora affinis	形态	塞纳河河口，法国	10～15℃/15/12L:12D/*Rhodomonas marina*
Eurytemora affinis	形态	吉伦特河河口，法国	10～15℃/15/12L:12D/*Rhodomonas marina*
Eurytemora affinis	形态	卢瓦尔河河口，法国	10～15℃/15/12L:12D/*Rhodomonas marina*
Eurytemora affinis	形态	加拿大	10～15℃/15/12L:12D/*Rhodomonas marina*
Euterpina acutifrons	形态	地中海	19℃/38/12L:12D/*Rhodomonas salina*
Eurytemora affinis	形态	吉伦特河河口，法国	10～15℃/15/12L:12D/*Rhodomonas marina*
Euterpina acutifrons	形态	地中海	19℃/38/12L:12D/*Rhodomonas salina*
Eurytemora affinis	形态	吉伦特河河口，法国	10～15℃/15/12L:12D/*Rhodomonas marina*
Eurytemora affinis	形态	加拿大	10～15℃/15/12L:12D/*Rhodomonas marina*
Euterpina acutifrons	形态	地中海	19℃/38/12L:12D/*Rhodomonas salina*
Gladioferens imparipes	形态	天鹅河，珀斯，西澳大利亚	23～27℃/18/黑暗/T-Iso 和 *Chaetoceros muelleri*
Mesocyclops longisetus	形态	佛罗里达，美国	http://edis.ifas.ufl.edu/IN490(尚未公开)
Microcyclops albidus	形态	佛罗里达，美国	http://edis.ifas.ufl.edu/IN490(尚未公开)
Oithona davisae	形态	巴塞罗那港，西班牙(西北地中海)	20℃/30/自然光/Oxhris
Pseudodiaptomus annandalei	形态	屏东，台湾，中国	25～30℃/15～20/12L:12D/*Isochrysis galbana*
Tachidius discipes	形态	基尔海湾，德国	18℃/17/12L:12D/不同藻类
Temora longicornis	形态	北海	15℃/30/0L:24D/*Thalassiosira weissflogii*、*Rhodomonas salina*、*Heterocapsa*、*Prorocentrum minimum*
Temora longicornis	形态	普利茅斯，德文郡，英国	温度根据实时海水温度设置/30～36/12L:12D/*Isochrysis galbana*、*Rhodomonas*、*Oxyrrhis*
Temora stylifera	形态	那不勒斯湾，意大利	19～21℃/38/12L:12D/*Prorocentrum minimum*、*Isochrysis galbana*、*Rhodomonas baltica*

一、桡足类培养方法

根据培养系统的容量、产量及培养场所(室内、室外)，可将桡足类的培养技术分为三种类型：即半粗放式(semi extensive)(一般为室外培养，如池塘)、半集约式(semi intensive)及集约式(intensive)(一般为室内培养系统)，具体特点见表 2-3(Imelda et al.，2015)。

表 2-3　桡足类培养技术类型及特征(Imelda et al.，2015)

培养方法	培养体系体积	生产力/[卵/(d·L)]
半粗放式	大型池塘(200～10 000 m^3)	<50
半集约式	储水池(200～300 m^3)	<100
集约式	烧瓶或小型容器(5～110 L)	500～6 000

有关桡足类集约式培养系统早在 20 世纪六七十年代就已有报道。例如，Zillioux 等设计的浮游动物连续循环培养系统用于克氏纺锤水蚤(*Acartia clausi*)及汤氏纺锤水蚤(*A. tonsa*)的培养(图 2-4)(Zillioux，1969；Zillioux and Lackie，1970)。采用流水体系，并辅以一定浓度的饵料藻类，同时不断对培养水体中碎屑及细菌进行过滤、处理(过滤装置、泡沫吸收塔、抗生素使用等)，保证培养系统水体环境理化参数的稳定，实现对桡足类的连续培养。

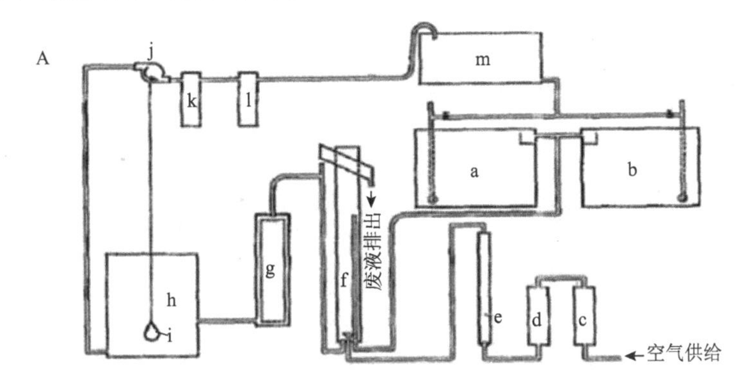

B

图 2-4　桡足类循环培养系统(Zillioux，1969；Zillioux and Lackie，1970)

A.模式图；B.实物图

A 图中 a、b 为容积为 100 L 的水槽，c 为干燥管，d 为活性炭管，e 为水化器，f 为泡沫吸收塔，g 为玻璃棉过滤器，h 为低位储水罐，i 为水位开关，j 为抽水机，k 为 15 μm 筒式过滤器，l 为 0.45 μm 筒式过滤器，m 为高位储水罐

表 2-4　集约式培养系统下镖水蚤、猛水蚤及剑水蚤的产量（Kline and Laidley，2015）

桡足类种类	水槽体积/L	产量/[10^6个/(m^3·d)]	参考文献
镖水蚤 Calanoid species			
Acartia tonsa	450	0.20	Støttrup et al.，1986
	1 000	0.25	Schipp et al.，1999
	70 000	0.12	Ogle et al.，2005
Gladioferens imparipes	500	0.88	Payne and Rippingale，2001
	1 000	0.52	Payne and Rippingale，2001
Parvocalanus crassirostris	400	4	Shields and Laidley，2003
	400	3.75	Shields et al.，2005
	1 500	18	本研究
Pseudodiaptomus pelagicus	1 800	>1	Cassiano，2009
猛水蚤 Harpacticoida species			
Amphiascoides atipus	1 440	1.94	Sun and Fleeger，1995
Tisbe holothuriae	10	7.14	Gaudy and Guerin，1982
	150	1.53	Støttrup and Norksker，1997
Tisbe biminiensis	4.5	28	Ribeiro and Souza-Santos，2011
剑水蚤 Cyclopoida species			
Apocyclops panamensis	40		Phelps and Sumiarsa，2005
	4.45		

半集约式或半粗放式培养桡足类，一般在露天或室外进行，其培养系统容积更大，培养条件的控制相对集约式培养来说要粗放，对外界环境条件无法做到集约式培养那样的精确调控。

除上述几种大体积培养方式外，根据实验规模需要，还可将桡足类个体放入规模更小的细胞培养板中培养（图 2-5）。例如，使用 6 孔、12 孔或 24 孔细胞培养板，加入一定体积的培养液（5 mL、2 mL、1 mL），每孔内放入 1 只或 2 只桡足类个体，若是成体，则可将一雌一雄放入一个孔内进行交配，若是单独培养无节幼体，则可每孔 1 只个体。这种小规模培养较易对培养对象整个生长发育过程（生活史的各个阶段）进行监测，一般可用于实验研究特定环境因子的改变对桡足类生理、生化等过程的影响。例如，图 2-5 显示的即为在实验室内，使用 12 孔细胞培养板培养的太平洋纺锤水蚤（*Acartia pacifica*）。使用细胞培养板培养的优点在于培养系统体积较小，培养液更换简单、易操作，培养系统的温度、盐度、饵料类型、浓度等条件较易控制。

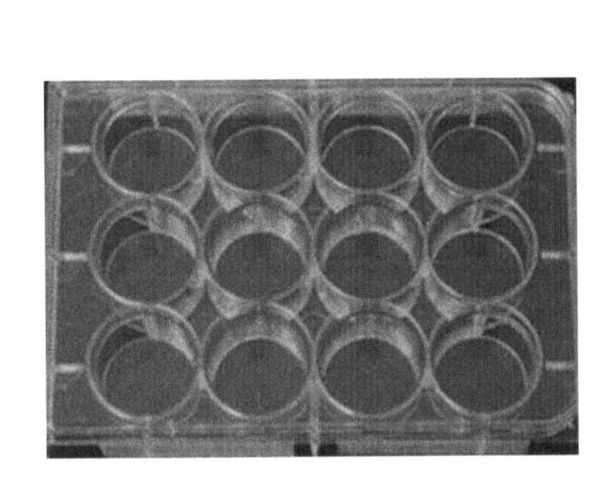

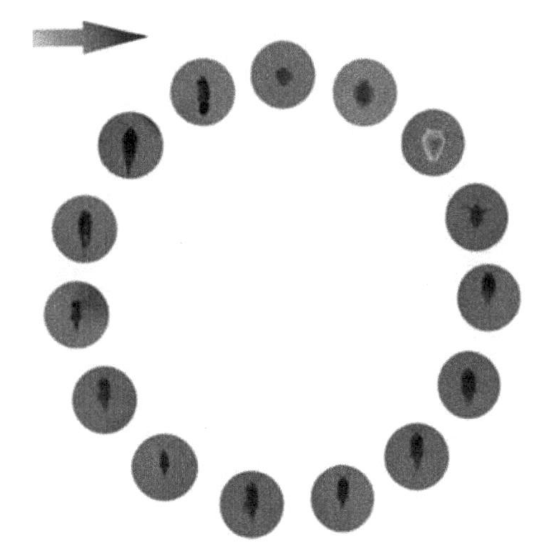

图 2-5 使用 12 孔细胞培养板培养的太平洋纺锤水蚤(*Acartia pacifica*)的各发育阶段

二、桡足类培养的过程步骤

(一)种源桡足类采集

浮游桡足类一般使用浮游生物网通过水平或垂直拖网获得。依据所采集浮游桡足类大小的不同，一般可选择 25 号网(200 目，网孔 64 μm)、13 号网(125 目，网孔 112 μm)，也可根据需求，使用不同网目定制 6～1000 μm 各种型号。近岸浮游桡足类一般可选择晨昏涨大潮期间在表层水体中水平拖网或垂直拖网采集。底栖桡足类(如猛水蚤类：日本虎斑猛水蚤 *Tigriopus japonicus*)，常可直接使用取水器皿或吸管采集于潮间带低洼水体或岩石缝内。

(二)桡足类实验室分离、纯化与培养

将从野外获取的浮游动物迅速转移至实验室内，使用筛网(如 500 μm)先将鱼、虾等幼体过滤去除，然后再使用孔径为 200 μm 的筛网将小型浮游动物、轮虫等过滤去除。因不同季节桡足类的类型不同，所以在进行拖网前需提前了解研究水体桡足类群落组成及季节变动情况，有针对性地获取目的物种。

经过筛绢初步过滤后，在余下的浮游桡足类成体或桡足幼体中挑出目标种类。分离出的目标种类可转移至不同培养系统(表 2-2)，进行扩大培养。对桡足类进行培养时要对密度进行控制，以防止密度过大导致的拥挤效应，以及随之导致的个体死亡率升高及产卵率降低(Kline and Laidley，2015)。

(三)饵料浮游植物培养

进行桡足类的培养，需要根据桡足类的食性特征(植食性、杂食性和肉食性)，选择合适的饵料作为食物(植物性饵料如硅藻；动物性饵料如轮虫、卤虫等)。饵料生物可根据桡足类培养方法(半粗放式、半集约式、集约式)选择合适的培养体系：室内小体积(1～10 L)、中等体积(10～100 L)和大体积(>100 L)。

饵料的选择对桡足类的培养至关重要。常用的饵料生物包括硅藻、鞭毛藻、轮虫类、浮游幼虫类及菌类(如酵母)。具体选择何种饵料需要对以往文献报道的情况进行回顾，如金藻 *Isochrysis* sp.、骨条藻 *Skeletonema costatum*、角毛藻 *Chaetoceros muelleri*、小球藻 *Chlorella* sp.、扁藻 *Platymonas* sp.等都已被应用作为饵料(郑重，1980；Perumal et al.，2015；Fukusho，1980)，如有必要则需要通过系列培养实验确定哪种饵料最合适。可使用单种饵料，也可使用混合饵料。有研究表明使用混合饵料投喂桡足类，其培养效果相比于单种饵料要好(郑重，1980)。

(四)水质控制

培养过程中，随桡足类的排泄物和浮游植物代谢产物的不断积累，浮游动物密度的增加，水体理化环境将会逐渐改变。细菌、氨氮等的含量将逐渐升高，溶解氧、pH 也将发生较大变化。因此，培养期间需对水体上述理化参数进行监测。培养过程中如何控制培养体系理化参数的稳定性是培养能否成功的关键。培养用水可根据需要加入一定体积的次氯酸进行消毒处理，然后加入硫代硫酸盐进行脱氯，通过使用一定浓度的抗生素(如盘尼西林、硫酸链霉素等)可控制细菌过量增殖。一般可通过定期对培养液进行更换，以及虹吸、过滤、筛网过滤等方式将碎屑去除；若培养期间溶解氧浓度降低，可通过气石进行充氧，但要避免充气流量过大对浮游动物造成损伤(Perumal et al.，2015)。

(五)收获

在摸索出最佳培养条件后，可实现对桡足类个体以一定数量进行稳定收获。根据培养系统容积的大小，可通过使用吸管以虹吸的方式获取桡足类，也可根据其趋光性这一特点，给予单侧光照处理后进行收集或者使用一定网目的浮游生物网获取。收集过程中若导致培养水体减少，可通过更新培养液进行恢复。

三、方法优缺点分析及注意事项

使用粗放式或半粗放式培养方式，因对培养条件的控制相对较弱，故培养体系中浮游桡足类的群落结构组成和产量易受环境条件改变的影响(Lemus et al.，2004；Lindley and Phelps，2009)。粗放式培养条件下，收获目标桡足类个体时可能会同时获取其他类型浮游生物，从而引起干扰；此外，粗放式培养的桡足类较易受病原菌的感染(Lahnsteiner et al.，2009)。与此相反，集约式培养系统可以较好地对培养桡足类的结构组成、可获取性及生物安全性进行控制。虽然集约式培养技术仍然处于早期发展阶段，规模化应用于商业生产仍然有较多技术、方法需要进一步改进(Schipp et al.，1999；Stottrup and Nell，2000)，但这种培养方式，通过对培养系统条件的优化和控制，可连续、稳定地获取具有一定生物安全性的目标桡足类个体，而这是粗放式培养体系所不具备的优点。

桡足类的人工培养需要考虑的问题较多。无论使用何种培养方式，首先需要掌握的是桡足类本身的特征(食性、摄食机制、生态习性等)及外界条件(温度、盐度、溶解氧、pH、细菌、饵料类型、浓度、品质等)的优化设置，这些因素都将会对桡足类的生长、发育及繁殖产生重要影响，从而最终决定其能否实现长期、稳定培养。因此，在进行桡足类规模化培养前，可通过文献查阅、预实验等方式充分掌握上述基础信息，之后方可开展规模化培养。

（李　伟　柳　欣　马增岭）

参考文献

陈善文. 2012. 赤潮棕囊藻生态生理学研究[D]. 汕头: 汕头大学博士学位论文.

阮祚禧, 高坤山. 2007. 钙化藻类的钙化过程与大气中 CO_2 浓度变化的关系[J]. 植物生理学通讯, 43: 773-778.

郑重. 1980. 海洋浮游动物的培养研究——海洋浮游生物学的新动向之五[J]. 自然杂志, 3: 134-138.

Borchard C, Borges A V, Händel N, et al. 2011. Biogeochemical response of *Emiliania huxleyi* (PML B92/11) to elevated CO_2 and temperature under phosphorous limitation: a chemostat study[J]. Journal of Experimental Marine Biology and Ecology, 410: 61-71.

Burmaster D E. 1979. The continuous culture of phytoplankton: mathematical equivalence among three steady state models[J]. American Naturalist, 113: 123-134.

Chen S W, Gao K S. 2011. Solar ultraviolet radiation and CO_2-induced ocean acidification interacts to influence the photosynthetic performance of the red tide alga *Phaeocystis globosa* (Prymnesiophyceae) [J]. Hydrobiologia, 1: 105-117.

Di L, Marco C, Cecilia F. 2015. A protocol for a development, reproduction and population growth test with freshwater copepods[R]. Birmingham: International Conference on Groundwater in Karst.

Fukusho K. 1980. Mass production of a copepod, *Tigriopus japonicus* in combination culture with a rotifer *Brachionus plicatilis*, fed omega-yeast as a food source[J]. Nsugaf, 46: 625-629.

Gao K S, Aruga Y, Asada K, et al. 1991. Enhanced growth of the red alga *Porphyra yezoensis* Ueda in high CO_2 concentrations[J]. Journal of Applied Phycology, 3: 355-362.

Gao K S, Xu J T, Gao G, et al. 2012. Rising CO_2 and increased light exposure synergistically reduce marine primary productivity[J]. Nature Climate Change, 2: 519-523.

Gattuso J P, Gao K, Lee K, et al. 2010. Approaches and tools to manipulate the carbonate chemistry[M]. *In*: Riebesell U, Fabry V J, Hansson L, et al. Guide to Best Practices for Ocean Acidification Research and Data Reporting. Belgium: European Commission.

Heinle D R. 1969. Culture of calanoid copepods in synthetic sea water[J]. Journal of the Fisheries Board of Canada, 26: 150-153.

Hutchins D A, Pustizzi F, Hare C E, et al. 2003. A shipboard natural community continuous culture system for ecologically relevant low-level nutrient enrichment experiments[J]. Limnology and Oceanography Methods, 1: 82-91.

Imelda J, Sarimol C N, Binoy B. 2016. Course Manual Winter School on Technological Advances in Mariculture for Production Enhancement and Sustainability[M]. Kochi: Central Marine Fisheries Research Institute: 228-231.

Kline M D, Laidley C W. 2015. Development of intensive copepod culture technology for *Parvocalanus crassirostris*: optimizing adult density[J]. Aquaculture, 435: 128-136.

Lahnsteiner F, Kletzl M, Weismann T. 2009. The risk of parasite transfer to juvenile fishes by live copepod food with the example *Triaenophorus crassus* and *Triaenophorus nodulosus*[J]. Aquaculture, 295: 120-125.

LaRoche J, Rost B, Engel A. 2010. Bioassays, batch culture and chemostat experimentation[M]. *In*: Riebesell U, Fabry V J, Hansson L, et al. Guide to Best Practices in Ocean Acidification Research and Data Reporting. Belgium: Luxembourg Press: 81-94.

Lee Y K, Ding S Y. 1994. Cell cycle and accumulation of astaxanthin in *Haematoccoccus lacustris*

(Chorophyta) [J]. Journal of Phycology, 30: 445-449.

Lemus J T, Ogle J T, Lotz J M. 2004. Increasing production of copepod nauplii in a brown-water zooplankton culture with supplemental feeding and increased harvest levels[J]. North American Journal of Aquaculture, 66: 169-176.

Lindley L C, Phelps R P. 2009. Production and collection of copepod nauplii from brackish water ponds[J]. Journal of Applied Aquaculture, 21: 96-109.

Monod J. 1950. La technique de culture continue théorieet applications[J]. Annales de l'Institut Pasteur, 79: 390-410.

Novick A, Szilard L. 1950. Description of the chemostat[J]. Science, 112: 715-716.

Perumal S, Ananth S, Nandakumar R, et al. 2015. Intensive Indoor and Outdoor Pilot-Scale Culture of Marine Copepods[M]. Berlin: Springer-Verlag: 33-42.

Rost B, Zondervan I, Wolf-Gladrow D. 2008. Sensitivity of phytoplankton to future changes in ocean carbonate chemistry: current knowledge, contradictions and research directions[J]. Marine Ecology Progress Series, 373: 227-237.

Schipp G R, Jmp B, Marshall A J. 1999. A method for hatchery culture of tropical calanoid copepods, *Acartia*spp[J]. Aquaculture, 174: 81-88.

Stottrup J G, Nell J A. 2000. The elusive copepods: their production and suitability in marine aquaculture[J]. Aquaculture Research, 31: 703-711.

van Bleijswijk J D L, Kempers R S, Veldhuis M J, et al. 1994. Cell and growth characteristics of types A and B of *Emiliania huxleyi* (Prymnesiophyceae) as determined by flowcytometry and chemical analyses[J]. Journal of Phycology, 30: 230-241.

Xu K, Gao K S. 2012. Reduced Calcification decreases photoprotective capability in the Coccolithophorid *Emiliania huxleyi*[J]. Plant and Cell Physiology, 53: 1267-1274.

Xu K, Gao K S, Villafañe V E, et al. 2011. Photosynthetic responses of *Emiliania huxleyi* to UV radiation and elevated temperature: roles of calcified coccoliths[J]. Biogeosciences, 8: 1441-1452.

Zeebe R E, Wolf-Gladrow D A. 2001. CO_2 in Seawater: Equilibrium, Kinetics, Isotopes[M]. Amsterdam: Elsevier: 346.

Zillioux E J. 1969. A continuous recirculating culture system for planktonic copepods[J]. Marine Biology, 4: 215-218.

Zillioux E J, Lackie N F. 1970. Advances in the continuous culture of planktonic copepods[J]. Helgoländer Wissenschaftliche Meeresuntersuchungen, 20: 325-332.

Zondervan I, Rost B, Riebesell U. 2002. Effect of CO_2 concentration on the PIC/POC ratio in the coccolithophore *Emiliania huxleyi* grown under light-limiting conditions and different daylengths[J]. Journal of Experimental Marine Biology and Ecology, 272: 55-70.

第三章　关键酶的测定

第一节　碳 酸 酐 酶

摘要　碳酸酐酶(carbonic anhydrase，CA)是藻类无机碳浓缩机制的重要组成部分，在细胞内外无机碳浓度的调节过程中起重要作用，有利于无机碳在藻类光合作用过程中的高效利用。本节描述了藻类碳酸酐酶的定量与活性分析技术，为相关研究提供技术支持。

碳酸酐酶(CA)是一种含 Zn^{2+}的金属酶，在 CO_2 和 HCO_3^-相互转化的可逆反应中起催化作用；在水合作用时，CO_2 在酶活性中心与 Zn-OH 反应，而在脱水作用时，HCO_3^-与 Zn-H_2O 反应。此酶最初是在哺乳动物的红细胞中发现的，随后在鱼类、无脊椎动物、植物和微生物中相继发现。CA 是藻类无机碳浓缩机制的重要组成部分，其通过调节细胞内外 CO_2 浓度维持细胞内稳定的 CO_2 流给核酮糖-1,5-二磷酸羧化/氧化酶(Rubisco)，以维持细胞在 CO_2 浓度受限环境中具有较高的光合作用效率(Rawat and Moroney，1995；Reinfelder，2011)，所以碳酸酐酶在藻类植物碳运输和碳代谢中起着非常重要的作用。

一、碳酸酐酶的定量分析(免疫化学法)

(一)实验材料

莱茵衣藻。

(二)试剂与耗材

1)蛋白质提取缓冲液：20 mmol/L(pH7.5)吗啉丙磺酸缓冲液(MOPS)，10 mmol/L NaCl，1 mmol/L EDTA，5 mmol/L DTT，1 mmol/L 苯甲基磺酰氟(PMSF)，1 mmol/L 苄脒(benzamidine)(Fett and Coleman，1994)。

2)10% 三氯乙酸(TCA)。

3)变性胶(十二烷基硫酸钠-聚丙烯酰胺凝胶电泳，SDS-PAGE)。

4)2×SDS loading buffer：125 mmol/L Tris-HCl(pH6.8)，20%甘油，4% SDS，10% β-巯基乙醇(BME)，0.005%溴酚蓝(bromphenol blue)。

5)蛋白质分子质量标准。

6)纯化的 CA 标样。

7)Western blot 转膜液：50 mmol/L Tris，200 mmol/L 甘氨酸，20%乙醇。

8)丽春红染液：0.1%丽春红溶解在 5%乙酸中。

9)一抗：CA 抗体。

10）二抗：根据第一抗体的制备，选择辣根过氧化物酶（HRP）偶联的二抗。

11）10×PBS（磷酸缓冲盐）溶液：26.8 mmol/L KCl，14.7 mmol/L KH_2PO_4，1.37 mmol/L NaCl，100 mmol/L Na_2HPO_4。

12）蛋白质免疫印迹洗液（PBS-T）：0.1%吐温 20 溶解在 1×PBS 缓冲液中。

13）蛋白质免疫印迹封闭液：5%的脱脂奶粉溶解在 PBS-T 溶液中。

14）PVDF（聚偏二氟乙烯膜）膜。

（三）仪器

蛋白质电泳系统，蛋白质半干转印仪，化学荧光检测仪。

（四）实验过程

1. 收集碳酸酐酶蛋白质样品

取培养至对数期的 50 mL 莱茵衣藻培养液，细胞密度约 1×10^7 cells/mL；15 000×*g* 离心 5 min，弃上清液。加入适量蛋白质提取缓冲液充分悬浮细胞。在 4℃冰浴中超声波破碎细胞，然后离心 30 min（20 000×*g*）去除未破碎的细胞，上清液加入 TCA 使其最终浓度达到 10%，离心收集。蛋白质可以放在−20℃冰箱里保存，或者直接加样到 SDS-PAGE 变性胶中。

用 BSA（牛血清白蛋白）作蛋白质标准品，用 Bradford 试剂盒测量总蛋白质浓度。

2. 电泳（Bailly and Coleman，1988；赵永芳，2008）

（1）样品处理

在收集的蛋白质样品中加入适量浓缩的 SDS-PAGE 蛋白质上样缓冲液，100℃或沸水浴加热 3～5 min。

（2）上样与电泳

冷却到室温后，把蛋白质样品直接上样到 SDS-PAGE 胶加样孔内即可。为了便于观察电泳效果和转膜效果，以及判断蛋白质分子质量大小，最好使用预染蛋白质分子质量标准。通常把电压设置在 100 V，然后设定时间为 90～120 min。电泳时溴酚蓝到达胶的底端处附近即可停止，或者可以根据预染蛋白质分子质量标准的电泳情况，预计目的蛋白已经被适当分离后即可停止电泳。

3. 转膜

选用 PVDF 膜。用丽春红染液对膜进行染色，以观察实际的转膜效果。

4. 封闭

转膜完毕后，立即把蛋白膜放置到预先准备好的 PBS-T 洗涤液中，漂洗 1～2 min，以洗去膜上的转膜液。将膜浸在蛋白质免疫印迹封闭液中，于摇床上缓慢摇 1 h。

5. 一抗孵育

用微型台式真空泵或滴管等吸尽封闭液，立即加入稀释好的碳酸酐酶一抗，室温或 4℃下在侧摆摇床上缓慢摇动孵育 1 h。用 PBS-T 溶液冲洗膜两次，然后在 PBS-T 溶液中摇荡洗涤 15 min，换溶液后连续再洗涤两次，每次 5 min。

6. 二抗孵育

按照适当比例用 Western 二抗稀释液稀释辣根过氧化物酶(HRP)标记的二抗。用微型台式真空泵或滴管等吸尽洗涤液，立即加入稀释好的二抗，室温或 4℃下在侧摆摇床上缓慢摇动孵育 1 h。用 PBS-T 溶液冲洗膜两次，然后在 PBS-T 溶液中摇荡洗涤 15 min，换溶液后连续再洗涤两次，每次 5 min。

7. 蛋白质检测

用化学发光剂(ECL)检测转印膜上靶蛋白信号。用可以检测化学荧光的成像系统直接检测膜上的信号。用软件分析化学荧光成像系统图片的信号强弱，并依据标准品 CA 的量，计算样品中 CA 的量。

二、碳酸酐酶的活性测定(Willbur and Anderson，1948；夏建荣和黄瑾，2010)

(一)实验材料

莱茵衣藻。

(二)试剂

20 mmol/L 巴比妥缓冲液(pH8.3)，CO_2 饱和水(向 4℃双蒸水中通入高纯度 CO_2 气体，直至 pH 小于 4.0，即得 CO_2 饱和水)。

(三)仪器

超级恒温水浴，反应槽，pH 计，超声破碎仪。

(四)胞外碳酸酐酶测定

将莱茵衣藻用 Bristol's 培养液培养至对数期，5000×*g* 离心收获，悬浮于 8 mL(pH8.3)巴比妥缓冲液中，使藻细胞密度接近 1×10^7 cells/mL。在 4℃下迅速加入 4 mL 4℃的 CO_2 饱和水，加至底部(慢慢注入)，以免 CO_2 泄露，用 pH 计监测反应体系中 pH 变化，记录 pH 从 8.3 降至 7.3 所需的时间。

碳酸酐酶活性(EU)的计算公式为

$$\mathrm{EU} = 10 \times (T_0/T - 1) \tag{3-1}$$

式中，T_0 代表反应体系中未加藻细胞情况下 pH 下降所需的时间；T 代表反应体系中加藻细胞时 pH 下降所需的时间。

(五)胞内碳酸酐酶测定

将离心收获的细胞在冰浴中超声破碎，取细胞破碎液按上述胞外碳酸酐酶活性测定方法测定细胞总碳酸酐酶活性。胞内碳酸酐酶活性=总碳酸酐酶活性−胞外碳酸酐酶活性。碳酸酐酶活性单位(以单位细胞或叶绿素含量表示)为 EU/cell 或 EU/mg。

三、方法优缺点与测定注意事项

（一）优点

1）碳酸酐酶定量测定用的是常规方法，操作简便，灵敏度高。
2）碳酸酐酶活性测定方法操作简便，对仪器设备的要求低。

（二）缺点

1）定量测定方法中涉及的 CA 抗体不易获得，且价格昂贵。
2）活性测定中需要较多的样品。

（三）注意事项

1）碳酸酐酶定量测定中，电泳上样量要适中；收集的蛋白质样品尽快使用，不要放置过久。
2）活性测定方法中，CO_2 饱和水的 pH 必须小于 4，加入时需注入反应杯底部。

（夏建荣　陈雄文）

第二节　固碳关键酶 Rubisco

摘要　Rubisco 催化的固碳反应是减少大气中 CO_2 含量的主要途径，是植物（包括藻类）生物量与生物能源产生的基础。在很多条件下，Rubisco 催化的固碳反应是光合作用的限速步骤。科学家一直致力于改善 Rubisco 的催化能力，以期提高植物的光合作用能力。目前，生物技术的发展，特别是系统生物学和合成生物学的应用，使得实现这一目标成为可能。本节描述了藻类中 Rubisco 的定量与活性分析技术，为分析 Rubisco 特性提供技术支持。

一、前言

核酮糖-1,5-二磷酸羧化酶/加氧酶近年来已经被人们广泛认识，其英文缩写为 Rubisco，是藻类及高等植物的固碳关键酶。Rubisco 利用 CO_2 将底物 1,5-二磷酸核酮糖（RuBP）羧化，产生两分子的三磷酸甘油酸，这是自然界中最主要的将无机碳转变为有机碳的过程。Rubisco 是自然界中目前已知存量最多的酶，在合成过程中需要大量的氮与能量。一般认为，如此多的含量是为补偿其低的催化效率，以满足光合作用的需要。Rubisco 的固碳效率非常低，而且 Rubisco 催化的加氧反应与固碳反应竞争相同的反应中心与底物，也降低了其固碳效率。大部分酶每秒钟催化上千个反应，但 Rubisco 每分子每秒钟固定 3～9 个 CO_2 分子。藻类具有 CO_2 浓缩机制，即提高了单位体积内 CO_2 的浓度，继而提高了 Rubisco 的固碳效率。但在一些条件下，Rubisco 的固碳能力依然是藻类进行光合作用的限速步骤。

本节描述如何测定藻类中 Rubisco 的含量，包括藻类的收集、变性蛋白质与可溶性蛋白质的提取、Rubisco 的活化与定量等步骤。定量的方法包括免疫化学方法与同位素方法。本节也描述了两种测定 Rubisco 活性的方法，这两种方法都需要高浓度的 CO_2 与适量的 1,5-二磷酸核酮糖底物。一种是采用 $H^{14}CO_3^-$ 同位素，用液闪仪检测 Rubisco 固碳的能力。另一种是 NADH 酶联反应方法，用分光光度计检测。最后，我们将比较不同方法的优劣。

二、实验材料与方法

(一) 蛋白质提取

1. 变性总蛋白质的提取

所有的化学药品都是高纯度商业化产品，首选 SIGMA 公司的产品。实验用水是过滤器(Sartorius Stedium，arium 611UF)产的超纯水。

(1) 材料

实验室自己培养的藻类(绿藻、红藻、蓝藻等)。培养莱茵衣藻用 TAP 培养基(Harris et al.，1998)，蓝藻用 BG11 培养基(Allen，1968)。我们将以莱茵衣藻为例，描述细胞与提取液的比例。

(2) 试剂

1) 变性蛋白质悬浮液：0.1 mol/L Na_2CO_3，0.1 mol/L 二硫苏糖醇(dithiothreitol，DTT)溶液。

2) 变性蛋白质溶液：5% SDS，30%蔗糖溶液。

(3) 仪器

显微镜，离心机。

(4) 方法

1) 30 mL TAP 培养液，培养莱茵衣藻至大约 6×10^6 cells/mL,(细胞在显微镜下计数)。

2) 16 000×g 离心 5 min，弃上清液。

3) 加入 40 μL 变性蛋白质悬浮液，充分悬浮细胞。

4) 加 55 μL 变性蛋白质溶液，充分混匀细胞。

5) 用最细的超声波探头，低温下破碎细胞。

6) 然后离心 30 s(10 000×g)去除未破碎的细胞，上清液含有总变性蛋白质。

7) 将总变性蛋白质放入 95℃金属浴中变性 2 min。蛋白质可以放在−20℃冰箱里保存，或者直接加样到 SDS-PAGE 变性胶中。

2. 可溶性天然蛋白质的提取

所有的化学药品都是高纯度商业化产品，实验用水是自己实验室过滤器(Sartorius Stedium，arium 611UF)产的超纯水。

(1) 材料

实验室自己培养的藻类(绿藻、红藻、蓝藻等)。以莱茵衣藻为例，描述细胞与提取液的比例。

(2) 试剂

1) 蛋白质提取原液: 50 mmol/L Tris-HCl (pH7.6), 20 mmol/L $MgCl_2$, 20 mmol/L $NaHCO_3$, 0.2 mmol/L EDTA。

2) 蛋白质提取液：1 mmol/L PMSF，5 mmol/L DTT，溶解在蛋白质提取原液中。

3) 蔗糖垫：50 mmol/L Tris-HCl (pH7.6)，0.6 mol/L 蔗糖溶液。

(3) 仪器

显微镜，离心机，超声破碎仪。

(4) 方法

1) 1 L 莱茵衣藻培养液，培养所需藻类大约至 6×10^6 cells/mL (细胞在显微镜下计数)。

2) 10 000×g、4℃离心 10 min，弃上清液。

3) 加入 3 mL 预冷的蛋白质提取液充分悬浮细胞。

4) 用超声破碎仪破碎细胞 90 s，注意溶液温度不能超过 25℃。

5) 在 Beckman Ti50 离心管内加入 8 mL 的蔗糖垫。

6) 将破碎的细胞液小心地加在蔗糖垫上。

7) 将离心机预冷，152 000×g、4℃离心 30 min。

8) 小心吸取上清液，得到可溶性天然蛋白质。蛋白质可以分装，用液氮快速冷冻，保存在−80℃冰箱。

备注：实验目的不同，制备蛋白质的方法不同。提取的总变性蛋白质可以直接用免疫化学方法定量检测。可溶性天然蛋白质保持了蛋白质的天然状态，可以进行下一步的蛋白质活性分析。

(二) Rubisco 含量测定

1. 免疫化学方法定量 Rubisco

原理：此方法根据蛋白质的免疫化学荧光检测目标蛋白。利用特异性抗体与目标蛋白结合，辣根过氧化物酶 (HRP) 偶联的二抗与第一抗体结合，并催化发光试剂产生荧光，根据荧光信号的强弱定量目标蛋白。通常，免疫化学荧光信号强弱与目标蛋白的量并不总是呈线性关系，而且不经过坐标原点。所以，要用蛋白质标准品作图，进而准确测定目标蛋白的含量。

所有的化学药品都是高纯度商业化产品，实验用水是自己实验室过滤器 (Sartorius Stedium，arium 611UF) 产的超纯水。

(1) 材料

提取的变性总蛋白质，或者在可溶性天然蛋白质中加入等量的 2×SDS loading buffer。

(2) 试剂与耗材

1) 所需的变性胶 (SDS-PAGE) 一般由实验室自己制备。也可以从 Bio-Rad 等公司购买预装胶。

2) 2×SDS loading buffer：125 mmol/L Tris-HCl (pH6.8)，20%甘油，4% SDS，10% β-巯基乙醇，0.005%溴酚蓝；也可从 Promega 等公司购买。

3) 蛋白质分子质量标准：从 Promega 等公司购买。

4）纯化的 Rubisco 标样：从 Agrisera 公司购买。

5）Western blot 转膜液：50 mmol/L Tris，200 mmol/L 甘氨酸，20%乙醇。

6）丽春红染液：0.1%丽春红溶解在 5%乙酸中。

7）RbcL 抗体：自己实验室制备，或者从 Agrisera 公司购买。

8）二抗：根据第一抗体的制备，选择辣根过氧化物酶（HRP）偶联的二抗。

9）10×PBS 溶液：26.8 mmol/L KCl，14.7 mmol/L KH_2PO_4，1.37 mol/L NaCl，100 mmol/L Na_2HPO_4。

10）蛋白质免疫印记洗液（PBS-T）：0.1%吐温 20 溶解在 1×PBS 缓冲液中。

11）蛋白质免疫印记封闭液：5%的脱脂奶粉溶解在 PBS-T 溶液中。

12）PVDF 膜或者硝酸纤维素膜，用前裁剪成与胶大小一致。

13）Whatman 滤纸，剪成与胶大小一致。

（3）仪器

1）蛋白质电泳系统：购自北京六一生物科技有限公司或者 Bio-Rad 公司。

2）蛋白质半干转印仪：购自 Bio-Rad 公司。

3）化学荧光检测仪：Bio-Rad 公司、GE 公司与 UVP 公司都有此功能产品。

（4）方法

1）将变性的总蛋白质解冻，或者将可溶性蛋白质解冻后，加入等体积的 2×SDS loading buffer。

2）检测总蛋白质浓度，一般用 BSA（牛血清白蛋白）作标准品，用 Bradford 等试剂盒测量蛋白质浓度。

3）准备样品，加入 loading buffer 后，样品的浓度为 0.01～0.1 μg/μL。

4）将样品放在 95℃的金属浴中加热 45 s，然后放在冰上冷却，并短时间离心。

5）上样 10 μL，即 0.1～1 μg 总蛋白质，并将购买的 Rubisco 标样上样，上样的蛋白质量在 0.01～0.5 μg。有条件的话，做浓度梯度，最大限度地降低试验误差。

6）电泳（电泳仪购于北京六一生物科技有限公司），恒压 160 V，80 min。

7）准备 PVDF 膜或者硝酸纤维素膜与滤纸，根据产品说明书使用膜。

8）转膜，根据转膜系统的说明书，将蛋白质转到膜上。

9）将膜浸泡在丽春红染液中 1 min，回收染液，并用蒸馏水将膜脱色，检查转膜效率。

10）将膜浸在蛋白质免疫印记封闭液中，于摇床上缓慢摇 1 h。

11）丢弃封闭液，稀释 Rubisco 第一抗体 10 000～20 000 倍至蛋白质免疫印记封闭液中，于摇床上缓慢摇 1 h。

12）用 PBS-T 溶液冲洗膜两次，然后在 PBS-T 溶液中摇荡洗涤 15 min，换溶液后连续再洗涤两次，每次 5 min。

13）稀释第二抗体 20 000～50 000 倍至蛋白质免疫印记封闭液中，于摇床上缓慢摇 1 h。

14）洗涤如同步骤 12）。

15）现在比较常用的是用化学发光剂（ECL）检测转印膜上靶蛋白信号。在暗室中用膜对 X 光片曝光，用显影液与定影液得到 X 光片上的信号。但现在很多实验室都用可以检测化学荧光的成像系统，可以直接检测膜上的信号。

16）将 X 光片扫描，或者是化学荧光成像系统的图片，用 Bio-Rad 的 Quantity one 软件分析信号强弱，并依据标准品 Rubisco 的量，作信号强弱与蛋白质上样量对应的线性图，依据此线性图计算样品中 Rubisco 的量。

2. 利用 ^{14}C-CABP（2-羧-3-酮-D-阿拉伯醇-1,5 二磷酸）定量 Rubisco

原理：CABP 是 Rubisco 催化的固碳反应的六碳中间产物 2-羧-3-酮-D-阿拉伯醇的类似物，可以紧紧地结合在 Rubisco 的活性中心，一个活性中心结合一分子 CABP。通过放射性同位素含量计算出活性结合位点，进而计算 Rubisco 的含量。

所有的化学药品都是高纯度商业化产品，实验用水是自己实验室过滤器（Sartorius Stedium，arium 611UF）产的超过滤水。

（1）材料

提取的可溶性天然蛋白质。

（2）试剂与耗材

1）Na^{14}CN 或者 K^{14}CN，从 MP Boimedical 公司购买。

2）BME 溶液：100 mmol/L Bicine-NaOH（pH8.2），20 mmol/L $MgCl_2$，1 mmol/L Na_2-EDTA。

3）BMEC 溶液：100 mmol/L $NaHCO_3$ 溶解在 BME 溶液中。

（3）仪器

同位素液闪仪。

（4）方法

1）合成 ^{14}C-CABP：将 1 mCi 的 ^{14}CN 溶解在 10 mmol/L Na_2CO_3（pH10.0），得到 100 mmol/L ^{14}CN，加入 3 mL 10 mmol/L Na_2CO_3（pH10.0），150 μL 100 mmol/L RuBP，混匀过夜。加入 500 μL 2 mol/L HCl 停止反应，40℃干燥溶液后加入大约 7 mL BME 溶液溶解。^{14}C-CABP 的浓度大约是 2 mmol/L。分装 200 μL 并保存在−20℃冰箱。

2）活化 Rubisco：将提取的可溶性蛋白质与 BMEC 溶液以 9∶1 的比例混合，并在 25℃反应 10～20 min，使提取的 Rubisco 活化。

3）取 2 μL ^{14}C-CABP，20 μL 活化的蛋白质提取液，充分混匀，在 25℃反应 20～30 min。然后放在冰上直到做分子筛层析。

4）准备分子筛层析柱：用低压力层析柱 Sephadex G50 Fine（Pharmacia）（30 cm×0.7 cm）。用含有 20 mmol/L EPPS-NaOH、75 mmol/L NaCl、pH8.0 溶液平衡层析材料，溶液流至层析材料上面大概 0.5 cm 关掉阀门。

5）轻轻加入步骤 3）的样品，注意尽量不要搅动层析材料。打开阀门，让样品流入层析材料中。用 200 μL 柱液洗柱子。

6）加入柱液，并收集 7 个 750 μL 样品。

7）在每个样品中加入 100 μL 液闪溶液，混匀，放入液闪仪中计数。通常，第一个样品是背景数字，第二个和第三个是 ^{14}C-CABP 结合的 Rubisco，其余的是没有结合 Rubisco 的 ^{14}C-CABP。

8）计算 Rubisco 活性结合位点：将第二个与第三个样品的液闪计数值除以 ^{14}C-CABP

的特异活性得到 Rubisco 的活性结合位点，53.3 mCi/mmol $K^{14}CN$ 的 ^{14}C-CABP 特异活性是 118 319 DPM/nmol 结合位点。每个 Rubisco 分子有 8 个结合位点，从而计算出 Rubisco 含量。

备注：免疫化学方法在常规实验室中可以应用，不产生同位素垃圾，而 ^{14}C-CABP 方法更精确。^{14}C 是β射线同位素，放射性很小，通常一张白纸能够阻挡 90%放射性。但 ^{14}C 的半衰期长达 5730 年，很难处理同位素废品。

（三）Rubisco 活性测定

1. 利用 $NaH^{14}CO_3$ 测定 Rubisco 活性

原理：此方法是根据 Rubisco 的固碳能力将 $^{14}CO_3^{2-}$固定到底物 RuBP 上，并形成酸性条件下稳定的化学产物。根据产物中同位素的含量检测 Rubisco 的活性。

所有的化学药品都是高纯度商业化产品，实验用水是自己实验室过滤器（Sartorius Stedium，arium 611UF）产的超纯水。

（1）材料

提取的可溶性天然蛋白质及 Rubisco 标准样。

（2）试剂与耗材

1）$NaH^{14}CO_3$ 从 Perkin 公司购买。

2）RuBP 从 Sigma 公司购买。

3）乙酸：国产。

4）BME 溶液：100 mmol/L Bicine-NaOH（pH8.2），20 mmol/L $MgCl_2$，1 mmol/L Na_2-EDTA。

5）Pre-mix 溶液：在 BME 溶液中加入 1 mmol/L DTT，300 mmol/L $NaHCO_3$，50 mmol/L $MgCl_2$，2 μCi $NaH^{14}CO_3$。

（3）仪器

同位素液闪仪。

（4）方法

1）取标准样 Rubisco（0.5 μmol/L 单体）30 μL 或者提取的可溶性天然蛋白质 30 μL。

2）加入 10 μL Pre-mix 溶液，混匀，室温反应 5 min 活化 Rubisco。

3）加入 4.5 μL 25 mmol/L RuBP，反应 5 min。

4）加入 10 μL 乙酸停止反应。

5）打开试管盖子，将试管放到 90℃金属浴中，在通风橱内将样品干燥。

6）加入 100 μL 水溶解干燥的样品。

7）加 1 mL 液闪溶液，混匀，放入液闪仪中计数。

2. 酶联反应法测定 Rubisco 活性

原理：在磷酸甘油酸激酶(PGK)与甘油醛-3-磷酸脱氢酶(GAPDH)的作用下，Rubisco 的固碳产物 3-磷酸甘油酸转变为甘油醛-3-磷酸。此过程消耗还原力 NADH 与能量 ATP。通过检测还原力 NADH 的变化，计算 Rubisco 的活性。每两分子 NADH 氧化成 NAD^+，对应

1 个 Rubisco 分子固定一个 CO_2 分子。

所有的化学药品都是高纯度商业化产品，实验用水是自己实验室过滤器（Sartorius Stedium，arium 611UF）产的超纯水。

（1）材料

提取的可溶性天然蛋白质及 Rubisco 标准样。

（2）试剂与耗材

1）RuBP：Sigma 公司产品。

2）ATP：Sigma 公司产品。

3）NADH-2Na：Merck 公司产品。

4）phosphocreatine：Sigma 公司产品。

5）creatine phosphokinase：Sigma 公司产品。

6）GAPDH：Sigma 公司产品。

7）PGK: Sigma 公司产品。

8）BME 溶液：100 mmol/L Bicine-NaOH（pH8.2），20 mmol/L $MgCl_2$，1 mmol/L Na_2-EDTA。

9）BMEC 溶液：100 mmol/L $NaHCO_3$ 溶解在 BME 溶液中。

（3）仪器

可控温的紫外-可见分光光度计。

（4）方法

1）取标准样 Rubisco（0.5 μmol/L 单体）30 μL 或者提取的可溶性天然蛋白质 30 μL。

2）加入 10 μL BMEC 溶液，混匀，室温反应 5 min 活化 Rubisco。

3）加入 10 mmol/L phosphocreatine，20 U/mL creatine phosphokinase，0.25 mmol/L NADH，20 U/mL GAPDH，40 U/mL PGK，2 mmol/L ATP，充分混匀。

4）加入 2.5 mmol/L RuBP，开始反应。混匀后立即放入分光光度计中，检测 OD_{340} 在 25℃的吸收值 5 min。

5）计算 Rubisco 活性：每两分子 NADH 氧化成 NAD^+，对应 1 个 Rubisco 分子固定一个 CO_2 分子。

备注：$NaH^{14}CO_3$ 方法快速，灵敏。酶联反应法不产生同位素垃圾，但反应步骤比较多，涉及的酶也多，容易造成实验的失败。

三、优缺点分析及误区

在本节中，我们详细介绍了固碳关键酶 Rubisco 的定量与活性分析方法。在定量方法方面，第一种是直接利用 Western blot 来测定 Rubisco 中大亚基的含量，所用的材料可以是变性蛋白质，这种方法操作简单，几乎所有的生化和分子实验室都能完成，但操作步骤比较多。第二种是利用 Rubisco 的活性结合位点测定 Rubisco 含量，需要同位素底物和同位素液闪仪，需要提取非变性样品，在操作过程中要避免蛋白质的降解，这种方法灵敏度比第一种高。在 Rubisco 活性分析方面，我们也为读者提供了两种方法，酶联反应方法易于掌握，同位素方法快速、灵敏。研究者可根据研究的目的和所具备的条件加以选择。

虽然本节是以藻类细胞为实验材料来介绍测定方法的，但只要改变起始材料和破碎细胞的方法，就可直接用于高等植物细胞中 Rubisco 的定量和活性测定。通过简单的优化，这些方法还可用来筛选藻类固碳作用的突变体。

（刘翠敏　黄开耀　夏建荣）

第三节　磷酸烯醇丙酮酸羧化酶

摘要　本节简单介绍了磷酸烯醇丙酮酸羧化酶（phosphoenolpyruvate carboxylase，PEP carboxylase、PEPCase 或 PEPC；EC 4.1.1.31）的特性及其在微藻 C_4 路径中的作用，并详细叙述了该酶的提取及利用苹果酸脱氢酶偶联法测定活性的方法和步骤。

磷酸烯醇丙酮酸羧化酶是在 Mg^{2+} 存在下催化磷酸烯醇丙酮酸（phosphoenolpyruvate，PEP）与 HCO_3^- 反应生成四碳化合物草酰乙酸不可逆反应的酶。

$$\text{PEP} + HCO_3^- \longrightarrow \text{草酰乙酸} + \text{Pi} \qquad (3\text{-}2)$$

PEP 羧化酶广泛存在于所有光合生物包括维管植物、藻类和光合细菌中，还存在于很多非光合细菌和原生动物中，而动物及丝状霉菌中缺乏此酶（Izui et al.，2004）。PEP 羧化酶最主要的功能是在 C_4 和具景天酸代谢（CAM）植物中作为 C_4-二羧酸循环和景天酸代谢两个代谢途径的关键酶，发挥着提高光合固碳效率的作用。另外，PEP 羧化酶催化的反应为三羧酸循环补充四碳二羧酸，从而调节回补反应。它还在植物的正常发育及根对胁迫的响应方面起着重要的作用（Feria et al.，2016）。在植物中发现有两种类型 PEP 羧化酶——植物型和细菌型，前者存在比较保守的磷酸化区（Ser 残基），后者没有。植物型 PEP 羧化酶是一个典型的同源四聚体，4 个相同亚基的分子质量为 95～110 kDa，而细菌型 PEP 羧化酶是一个异源八聚体，包括了细菌和植物型亚基各 4 个（O'Leary et al.，2009）。大多数 PEP 羧化酶是变构酶，其变构作用的调节过程往往与代谢产物的反馈调节作用相关，也受到光、温度、pH、盐度及干旱等外界环境因子的影响。不同生物种类的 PEP 羧化酶有多种变构效应物。植物中的 PEP 羧化酶通常认为存在于胞质中，最近的研究表明叶绿体中也含有植物型 PEP 羧化酶，它在铵盐的同化中起着重要的作用（Masumoto et al.，2010）。

一、PEP 羧化酶与 C_4 路径

尽管在多个已经完成测序的微藻基因组中均鉴定出 PEP 羧化酶的基因，然而它在微藻细胞碳固定中发挥作用尚缺乏充分的证据（Parker et al.，2008）。除在威氏海链藻（*Thalassiosira weissflogii*）中已被证实 PEP 羧化酶对藻细胞碳浓缩有重要贡献外（Reinfelder et al.，2000，2004；Roberts et al.，2007），其他藻类均没有直接证据表明是否具有 C_4 代谢途径。对于微藻细胞可能存在的 C_4 代谢途径，其过程可以简单总结为：无机碳在 PEP 羧化酶作用下与 PEP 生成草酰乙酸，草酰乙酸直接或在天冬氨酸氨基转移酶作用下生成天冬氨酸后经特异转运体转运至质体中，随后在天冬氨酸氨基转移酶和/或苹果酸脱氢酶作用下生成苹果酸，再经苹果

酸酶脱羧释放出 CO_2，然后 CO_2 被 Rubisco 固定(Parker et al.，2008)。基因组测序显示一种绿枝藻类(*Ostreococcus tauri*)具有 C_4 代谢途径所必需的各种酶，然而有关这些酶在细胞中的定位还不明确，因而其碳浓缩机制尚不清楚。已有多种证据证明威氏海链藻存在类似的 C_4 代谢途径，而对两个已完成全基因组测序的硅藻伪矮海链藻(*Thalassiosira pseudonana*)和三角褐指藻(*Phaeodactylum tricornutum*)的生物信息学分析显示，硅藻中不存在 C_4 代谢途径所必需的、定位于质体中的脱羧酶，质体中也不含草酰乙酸或苹果酸转运体。硅藻的脱羧酶如磷酸烯醇丙酮酸羧激酶(phosphoenolpyruvate carboxykinase，PEPCK)和两个苹果酸酶均被预测定位于线粒体中(Kroth et al.，2008)。通过荧光蛋白标记对三角褐指藻 PEPCK 的定位研究显示其位于线粒体中，且其可能不涉及 C_4 代谢途径(Yang et al.，2016)。尽管三角褐指藻 PEP 羧化酶基因的转录水平不受 CO_2 浓度调控(McGinn and Morel，2008)，但代谢流分析显示三角褐指藻存在 C_4 光合作用(Huang et al.，2015)。对假微型海链藻是否存在 C_4 代谢途径同样存在争议(Roberts et al.，2007)，有人提出，经 PEP 羧化酶作用生成的草酰乙酸进入质体后发生的脱羧反应可能由通常认为催化不可逆反应的丙酮酸羧化酶(pyruvate carboxylase，PYC)来完成(Kustka et al.，2014)。

二、酶活性测定方法

作为 C_4 代谢途径中最关键的酶，通过测定 PEP 羧化酶在无机碳或锌离子限制下的活性，可以初步推测其是否在无机碳浓缩中起作用(Reinfelder et al.，2000)。根据反应原理，通常采用苹果酸脱氢酶偶联法测定 PEP 羧化酶的活性。

(一)测定反应原理图

苹果酸脱氢酶偶联法测定 PEP 羧化酶活性的原理见图 3-1。

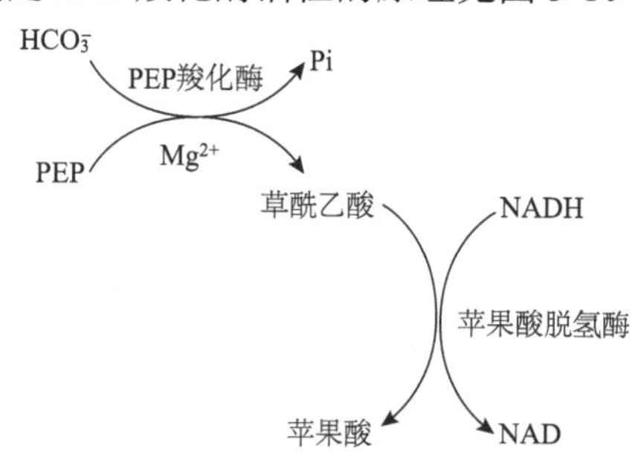

图 3-1　苹果酸脱氢酶偶联法测定酶活性原理图

NAD 的形成速度可用分光光度计在波长 340 nm 处进行测定，并以 OD 值下降 0.01 作为一个酶活性单位。

(二)试剂配制

1) 0.03 mol/L 磷酸钾缓冲液。

pH6.9：555 mL 溶液 A + 445 mL 溶液 B。

pH8.0：833 mL 溶液 A + 167 mL 溶液 B。

溶液 A：0.03 mol/L K_2HPO_4(5.23 g K_2HPO_4 定容于 1000 mL 蒸馏水中)。

溶液 B：0.03 mol/L KH_2PO_4(4.08 g KH_2PO_4 定容于 1000 mL 蒸馏水中)。

2) 0.03 mol/L 磷酸钾-0.55 mol/L 山梨糖醇缓冲液：将 99.0 g 山梨糖醇溶于 0.03 mol/L pH 为 6.9 的磷酸钾缓冲液中，并用同样的缓冲液定容至 1 L。

3) 0.06%溶菌酶：0.06 g 溶菌酶在室温下搅拌溶于 100 mL 的 0.03 mol/L 磷酸钾-0.55 mol/L 山梨糖醇缓冲液中(pH6.9)。

4) 0.15 mol/L Tris-HCl 缓冲液(pH8.5)：用 20% NaOH 调节 pH。

5) 0.3 mol/L $MgCl_2$。

6) 0.6 mol/L $NaHCO_3$，需使用前配。

7) 3.0 mmol/L NADH，需使用前配。

8) 0.1 mol/L 磷酸烯醇丙酮酸，需使用前配。

9) 15 mmol/L 乙酰辅酶 A，需使用前配。

10) 10 000 U/mL 苹果酸脱氢酶。

(三) 酶的提取

由于通过研磨或匀浆制备细胞悬液的方法会破坏酶活性，因此通常采用更为温和的溶胞法制备酶提取液，具体步骤如下。

1) 适量对数期藻细胞(500～800 mg 干重)经离心(5000×*g*，20 min)收获(对大型藻类而言，先用液氮研磨成粉末状后再处理)，蒸馏水快速洗 1～2 次(注意：在高离子强度下，PEP 羧化酶的活性受影响)。

2) 经洗涤的藻细胞重悬在 100 mL 含 0.06%溶菌酶的 0.03 mol/L 磷酸钾-0.55 mol/L 山梨糖醇缓冲液(pH6.9)中，置于摇床(100 r/min)于暗中、30℃下温育 2～3 h。

3) 然后将上述温育后的液体离心(5000×*g*，20 min)，去上清液，用 100 mL 0.03 mol/L 磷酸钾-0.55 mol/L 山梨糖醇缓冲液(pH8.0)洗 2 次，去上清液，加入 20 mL 0.03 mol/L 磷酸钾缓冲液(pH8.0)，缓慢摇动后，离心(12 000×*g*，20 min)，取上清液用于分析酶活性。

(四) 测定步骤

1) 按表 3-1 在冰上依次向比色皿中加入各种溶液制备反应混合液。

表 3-1　反应混合液的制备

溶液	体积/μL	
	对照组	实验组
H_2O	190	140
0.15 mol/L Tris-HCl 缓冲液(pH8.5)	1000	1000
0.6 mol/L $NaHCO_3$	25	25
0.3 mol/L $MgCl_2$	25	25
3.0 mmol/L NADH	50	50

续表

溶液	体积/μL	
	对照组	实验组
15 mmol/L 乙酰辅酶 A	50	50
10 000 U/mL 苹果酸脱氢酶	10	10
0.1 mol/L 磷酸烯醇丙酮酸	0	50

2) 反应混合液配制好后，从冰上取出直接放于分光光度计的卡槽中。
3) 等待约 10 min，使得比色皿中温度与室温平衡。
4) 向比色皿中加入 150 μL 酶提取液，并用移液器混匀反应液。
5) 340 nm 下记录两个比色皿 OD 值下降的速率。
6) 酶活计算公式:

$$酶活性(U/mg) = [\Delta A_{340}/min(实验组) - \Delta A_{340}/min(对照组)]/[6.22 \times mg/mL]$$

(五) ^{14}C 同位素法

反应体系中，除用 1 μmol/L 的 $NaH^{14}CO_3$ 替换 $NaHCO_3$ 和不加 NADH、苹果酸脱氢酶外，其余与上述反应混合液中的物质组成相同。5～10 min 后，加入 4 倍体积浓度为 0.5 mol/L 的 HCl 溶液终止反应，通气以除去剩下的 $H^{14}CO_3^-$，取出一定体积溶液用液闪仪测定放射活性。

三、方法优缺点分析及误区或注意事项

新鲜制备的酶提取液，需要立即进行反应，通常反应速率在 5～8 min 内可维持恒定，且与蛋白质浓度成正比。通常认为用分光光度法测定更为精确，用 ^{14}C 同位素法测定易受外来 HCO_3^-的影响，因而对仪器和实验者的要求更高。

（胡晗华）

第四节　硝酸还原酶

摘要　硝酸还原酶(NR)是一种普遍存在于细胞质内的胞内酶，是硝酸盐同化中的限速酶，其活力的大小直接影响硝酸盐的生物利用度。本节以大型海藻龙须菜为实验材料，详细地描述了活体法测定藻体硝酸还原酶活性的过程，以及测定过程的注意事项，此外，还比较了活体法与另一种硝酸还原酶活性方法(离体法)的优缺点。

自然水体中无机氮主要以 NO_3^-形式存在，藻类对氮营养盐的吸收大多数也是以 NO_3^-为主要形式(邹定辉和夏建荣，2011)。NO_3^-进入细胞后，必须还原为 NH_4^+才能被利用。NO_3^-被还原分两个步骤进行：第一步，在硝酸还原酶(NR；EC 1.7.1.3)的作用下被还原成 NO_2^-，NR 通常以 NAD(P)H 作为电子供体，把硝酸盐催化还原成亚硝酸盐；第二步，NO_2^-在亚硝酸还原酶(NiR)的作用下进一步被还原成 NH_4^+，最终进入同化过程。第一步反应是整个硝态氮还

原过程的限速反应，而 NR 是整个反应的限速酶，它一般位于胞质内，也可能与质膜相连。NR 活性受到许多环境与内在生理因素的调节(Lopes et al.，1997；Zou，2005；徐智广等，2007)，可作为评价藻类对 NO_3^-利用能力的一个关键生理指标。

一、材料与方法

(一)实验材料

大型海藻龙须菜。

(二)试剂

实验所需试剂包括：磺胺、α-萘乙二胺、Na-EDTA、磷酸二氢钾、葡萄糖、硝酸钾、氮气、亚硝酸钾、盐酸，均为分析纯。

试剂配制如下。

1)反应介质配制：称取 0.1871 g Na-EDTA，0.0018 g 葡萄糖，20.2200 g 硝酸钾溶于110.1 mol/L 磷酸二氢钾缓冲液中(pH7.5)。

2)1%磺胺溶液配制：称取 1.0000 g 磺胺溶于 100 mL 3 mmol/L 盐酸溶液中(25 mL 浓盐酸加入纯水定容至 100 mL 即为 3 mmol/L 盐酸)。

3)0.1% α-萘乙二胺溶液配制：称取 0.1000 g α-萘乙二胺溶于 100 mL 纯水中，储存于棕色瓶中。

4)亚硝酸钾标准液配制：称取 3.6999 g 亚硝酸钾溶于 1000 mL 纯水中，然后再取 5 mL 定容至 1000 mL，即为亚硝态氮 1 μg/mL 的标准溶液。

(三)仪器

紫外分光光度计，恒温光照培养箱。

(四)测定方法

通常用比色法测定亚硝酸盐的产生速率来确定 NR 活性(NRA)。这里以藻类原位(活体)NR 活性为例介绍其测定方法：通过测定一定藻量在单位时间内于反应介质中产生的亚硝态氮(NO_2-N)的量来表示藻体的 NR 活性(Corzo and Niell，1991)。

具体操作如下：称取 0.1 g(鲜重)左右藻体(大型藻类)或藻提取液(具体用量根据 NRA 大小而灵活改变)，加入 10 mL 反应介质[0.1 mol/L KH_2PO_4缓冲液(pH7.5)；0.01 mmol/L 葡萄糖；0.5 mmol/L Na-EDTA；200 mmol/L KNO_3]，向反应液中持续充 N_2 2 min(赶出溶液中的氧气)；置于黑暗条件下反应 30 min，温度 25℃(或所要求的其他温度)，取出藻体终止反应。吸取反应液 2 mL 于 10 mL 试管中，并加入 1 mL 磺胺试剂(1%，*w*/*V*)，5 min 后加入 1 mL α-萘乙二胺试剂(0.1%，*w*/*V*)，混合均匀，静置 15 min，在 543 nm 处测定吸光度，对照标准曲线(用不同浓度的 KNO_2 标准溶液制作)根据回归方程计算亚硝态氮(NO_2-N)的含量，进而计算 NR 活性，通常以每克鲜重藻体每小时产生的 NO_2^-量(μmol)表示 NR 活性[抽提酶液 NR 活性则一般用每毫克蛋白质每小时产生的 NO_2^-量(μmol)表示]。

二、注意事项

NRA 测定并没有一个完全标准的方法或步骤，对于特定的藻种类，NR 活性测定的最适方法都具有差异。测定 NR 活性的方法还有另外一种即离体法，如果是测定离体 NR 活性，需进行 NR 抽提，即用含有 1 mmol/L EDTA，1～25 mmol/L 半胱氨酸和 25 mmol/L 磷酸钾(pH7.5)的介质在 4℃条件下提取，藻粗酶液在 30 000×*g* 下离心 15 min，得到酶上清液，同时需添加 NADH 作为电子供体。由于 NRA 强烈地受到 N 营养供应状态、光照及藻细胞内在生理状态(如昼夜生理节奏)等因素的影响，因此在考虑测定方法的同时，还需特别注意藻材料生理生态条件的选择，即要根据实验目的选择所期望的藻材料培养条件及测定的时期。另外，在测定过程中，一般反应时间为 30～60 min，即在此时间内产生的亚硝态氮的量与时间是呈线性关系的；而反应液的 pH 与温度也可根据实验目的进行灵活的调节。两种方法在进行 NRA 测定时各有利弊：运用离体法提取 NR 的过程时，因藻种不同，会造成某些藻 NR 的一些辅助因子(如 NADH 和 FAD)缺失，且缺失程度也会因为种属不同而存在差异；另外，提取液成分也会受到细胞中 NR 的提取效率及其活性保持程度的影响，从而可能会引起某些藻种 NRA 的测定值低于真实值。但离体法有利于各底物在酶促反应中充分接触及生成产物的及时释放，使实验的精密度提高。活体法是在增加细胞壁(膜)通透性、提高底物 NO_3-N、NADH 和反应产物 NO_2-N 进出藻细胞速率的基础上建立的，虽然不破坏 NR 的结构，但细胞壁(膜)通透性的提高程度，底物和反应产物进出藻细胞的速率，NO_2-N 生成后被藻细胞吸收、同化的速率都将对活体法对测定 NRA 有重要影响，导致活体法实验可控性差、重现性低(唐洪杰等，2006)。

(邹定辉)

第五节　抗氧化或活性氧自由基清除酶

摘要　活性氧自由基(reactive oxygen species，ROS)是需氧生物正常代谢的产物，包括超氧阴离子自由基($O_2^{\cdot-}$)、羟基自由基(·OH)、过氧化氢(H_2O_2)等。正常条件下，藻类同其他植物一样，细胞内活性氧的产生和清除处于一个动态平衡的状态，但在逆境胁迫条件下，活性氧的过量产生及藻体清除系统能力的下降，会导致细胞内活性氧的积累，从而对藻体产生损伤。藻类自身具有一定的抗逆性，整体来说，其抗氧化系统包括酶保护系统(抗氧化酶)和非酶保护系统(抗氧化剂)，前者主要包括起直接作用的超氧化物歧化酶(superoxide dismutase，SOD)、过氧化氢酶(catalase，CAT)、过氧化物酶(peroxidase，POD)、抗坏血酸过氧化物酶(ascorbate peroxidase，APX)、谷胱甘肽还原酶(glutathione reductase，GR)及抗坏血酸-谷胱甘肽循环酶系在内的为保持抗氧化物质还原性所必要的酶等，后者主要包括维生素 C(抗坏血酸)、还原型谷胱甘肽、类胡萝卜素、生育酚(维生素 E)及脯氨酸等，它们通过多条途径直接或间接地猝灭活性氧。本节主要介绍 SOD、CAT、POD 及 APX、GR 抗氧化酶的活性测定。

超氧化物歧化酶是一种特异性清除超氧阴离子自由基($O_2^{\cdot-}$)的酶，能催化2个$O_2^{\cdot-}$发生歧化反应，生成过氧化氢(H_2O_2)和分子氧(O_2)。过氧化氢酶主要存在于过氧化物酶体中，是一种包含血红素的同源四聚体酶，每一个亚基含有500多个氨基酸残基，该酶负责清除过过氧化物酶体中产生的H_2O_2，能迅速地将H_2O_2分解为H_2O和O_2。过氧化物酶是以铁卟啉为辅基的适应性氧化酶，可催化H_2O_2或烷基过氧化物的氧转移到受体分子上，避免其在藻类等体内积累，起保护作用，其抗氧化能力能够在一定程度上反映藻体生长、代谢程度及对环境的适应性。但也有研究表明，POD可在逆境或衰老条件下表达，参与活性氧的生成、叶绿素的降解，引发膜脂过氧化，表现为伤害效应，是机体衰老到一定阶段的产物，甚至可作为衰老指标。抗坏血酸过氧化物酶以过氧化氢为氧化剂催化抗坏血酸形成单脱氢抗坏血酸(MDHA)，是维生素C代谢过程中的主要酶类。在抗氧化体系中，APX是清除H_2O_2的主要酶类，但该酶也可受活性氧调节。谷胱甘肽还原酶可以将谷胱甘肽由氧化型(GSSG)还原成还原型(GSH)，GSH可以清除自由基和一些有机过氧化物，或者作为谷胱甘肽氧化酶(glutathione peroxidase，GPX)的底物清除一些过氧化物。

一、超氧化物歧化酶活性的测定(氮蓝四唑法)

1. 实验原理

1)在氧化物质存在的情况下，核黄素可被光还原，被还原的核黄素在有氧条件下极易再氧化而产生$O_2^{\cdot-}$，$O_2^{\cdot-}$可将氮蓝四唑还原为蓝色的甲腙，后者在560 nm波长下有最大的吸收度。

2)SOD可清除$O_2^{\cdot-}$，抑制氮蓝四唑在光下的还原反应，进而抑制甲腙的形成。

3)光化还原反应后，反应液蓝色愈深，说明酶活性愈低，反之酶活性愈高。

4)酶活单位：以抑制氮蓝四唑(NBT)光化还原50%所需的酶量为1个酶活单位(U)。

2. 实验材料

浒苔(*Ulva prolifera*)。

3. 实验试剂

1)PBS溶液(50 mmol/L，pH7.8)：首先用$Na_2HPO_4\cdot 12H_2O$(相对分子质量为358.14)配制0.2 mol/L的磷酸氢二钠溶液(A母液)，而后用$NaH_2PO_4\cdot 2H_2O$(相对分子质量为156.01)配制0.2 mol/L的磷酸二氢钠溶液(B母液)，最后取228.75 mL的A母液和21.25 mL的B母液，用蒸馏水定容至1000 mL，即为PBS溶液(若需更多量的PBS溶液，需将A、B母液的量按比例增加)。

2)甲硫氨酸(Met)溶液(130 mmol/L)：将1.9399 g Met溶解在PBS中，并定容至100 mL。

3)氮蓝四唑溶液(750 μmol/L)：用PBS溶解 0.061 33 g NBT，并定容至100 mL，该溶液需避光保存。

4)Na_2-EDTA(100 μmol/L)：用PBS溶解0.037 21 g Na_2-EDTA，并定容至1000 mL。

5)核黄素(20 μmol/L)：用蒸馏水溶解0.0753 g核黄素，并定容至1000 mL，该溶液需避光保存。

4. 仪器设备

紫外分光光度计、高速离心机、研钵、光照培养箱、移液枪。

5. 操作步骤

1) 粗酶液的获得：取浒苔约 0.1 g，置于预冷(冰箱−20℃中储存 24 h)的研钵中，加入 1.6 mL 预冷的PBS溶液，在冰浴上研磨成匀浆，加入提取液冲洗研钵，转入离心管中(终体积为3 mL)，在 4℃、10 000×g 条件下离心 15～20 min，上清液即为所需酶液。

备注：整个过程需在低温条件下进行。

2) 反应液的配制：混合液包括 Met、Na_2-EDTA、PBS 及 NBT 溶液，每个样品需 3 mL 混合液，根据样品数量计算所需的混合液总量，并按照一定比例进行配制，所需比例为 Met∶Na_2-EDTA∶PBS∶NBT∶核黄素 =270∶1∶9∶10∶10。

3) 显色反应：取 3 mL 混合液和 30 μL 酶液(酶液的量可根据结果进行调整，使得测定的值要接近最大光还原管的值的一半)进行混合，而后放置在光照培养箱中(温度为实验处理的培养温度，光照为饱和光强)反应 20 min。

备注：设置两支对照管，不加酶液，加对应量的 PBS 溶液，其中一支和样品管一样进行光反应，作为最大光还原管；另一支置于黑暗中(其他条件同样品管)用于测定时调零。

4) 测定：反应结束后，及时将所有试管置于黑暗中，终止反应。以处于黑暗条件下的对照管为对照，测定 560 nm 波长下的吸光度(A_{560})。

备注：测定过程中要避光。

6. 活性计算

$$\text{SOD 活性(U/g)}=(A_{CK}-A_E)\times V/(A_{CK}\times W\times V_t\times 0.5) \tag{3-3}$$

式中，A_{CK} 代表对照溶液在 560 nm 处的吸光度；A_E 代表样品在 560 nm 处的吸光度；V 代表酶液总体积(即加入的 PBS 溶液的量，mL)；V_t 代表测定时酶液的添加量(mL)；W 代表浒苔鲜重(g)；0.5 代表酶活定义中抑制氮蓝四唑光化还原 50%。

7. 方法分析

优点为对仪器配置的要求较低，操作简单、方便。缺点为粗酶液的获取过程中易造成酶活性的损失；显色反应的条件设置需要进行预实验确定。

二、过氧化氢酶(CAT)活性的测定(紫外吸收法)

1. 实验原理

1) 过氧化氢(H_2O_2)在 240 nm 波长下具有强烈的光吸收，CAT 能够分解 H_2O_2，使得反应溶液在 240 nm 波长下的吸光度(A_{240})随反应时间延长而降低，根据吸光度的变化速度测定 CAT 的活性。

2) 酶活单位：1 min 内 A_{240} 下降 0.1 所需的酶量为 1 个酶活单位(U)。

2. 实验材料

浒苔(*Ulva prolifera*)。

3. 实验试剂

1) PBS 溶液(50 mmol/L，pH7.8)：首先用 $Na_2HPO_4·12H_2O$(相对分子质量为 358.14)配制 0.2 mol/L 的磷酸氢二钠溶液(A 母液)，而后取 $NaH_2PO_4·2H_2O$(相对分子质量为 156.01)配制 0.2 mol/L 的磷酸二氢钠溶液(B 母液)，最后取 228.75 mL 的 A 母液和 21.25 mL 的 B 母液，用蒸馏水定容至 1000 mL，即为 PBS 溶液(若需更多量的 PBS 溶液，需将 A、B 母液的量按比例增加)。

2) H_2O_2(0.1 mol/L)：可直接购买，用 0.1 mol/L 的高锰酸钾进行标定。

4. 仪器设备

紫外分光光度计、高速离心机、研钵、恒温水浴、移液枪、秒表。

5. 操作步骤

1) 粗酶液的获得：取浒苔约 0.1 g，置于预冷(冰箱−20℃中储存 24 h)的研钵中，加入 1.6 mL 预冷的 PBS 溶液，在冰浴上研磨成匀浆，加入提取液冲洗研钵，转入离心管中(终体积为 3 mL)，在 4℃、10 000×*g* 条件下离心 15～20 min，上清液即为所需酶液。

备注：整个过程需在低温条件下进行。

2) 反应液的配制：按 PBS 溶液∶H_2O_2 = 5∶1 的比例配制反应液。

3) 测定：25℃预热后，取 3 mL 反应液和 0.1 mL 的粗酶液，迅速计时并倒入石英比色杯中测定 240 nm 波长处的吸光度(A_{240})，每间隔 1 min 读数 1 次，共测定 4 min。

备注：反应液和酶液的比例可根据预实验要求进行调整；整个测定过程要迅速。

6. 活性计算

$$\text{CAT 活性}[\text{U}/(\text{g}\cdot\text{min})] = \Delta A_{240} \times V/(0.1 \times V_t \times t \times W) \tag{3-4}$$

式中，ΔA_{240} 代表测定时间内吸光度的变化；V 代表酶液的总体积(mL)；V_t 代表测定时酶液体积(mL)；t 代表反应时间(min)；W 代表样品鲜重(g)；0.1 代表 A_{240} 每下降 0.1 个单位为 1 个酶活单位(U)。

7. 方法分析

优点为对仪器配置的要求较低。缺点为粗酶液的获取过程中易造成酶活性的损失；测定过程中对时间的要求较高。

三、过氧化物酶(POD)活性的测定(愈创木酚法)

1. 实验原理

1) 本实验采用愈创木酚法，POD 催化 H_2O_2 生成新生态氧，使无色的愈创木酚氧化，生成茶褐色物质，该物质在 470 nm 波长处有吸收峰。通过测定该波长下的吸光度测算生成物含量，根据吸光度的变化测定 POD 的活性。

2）酶活单位：1 min 内 A_{470} 升高 0.01 的酶量为 1 个酶活单位（U）。

2. 实验材料

浒苔（*Ulva prolifera*）。

3. 实验试剂

1）PBS 溶液（50 mmol/L，pH7.8）：首先用 $Na_2HPO_4 \cdot 12H_2O$（相对分子质量为 358.14）配制 0.2 mol/L 的磷酸氢二钠溶液（A 母液），而后用 $NaH_2PO_4 \cdot 2H_2O$（相对分子质量为 156.01）配制 0.2 mol/L 的磷酸二氢钠溶液（B 母液）。最后取 228.75 mL 的 A 母液和 21.25 mL 的 B 母液，用蒸馏水定容至 1000 mL，即为 PBS 溶液（若需更多量的 PBS 溶液，需将 A、B 母液的量按比例增加）。

2）H_2O_2 溶液（30%；*V*/*V*）：H_2O_2 容易水解，需临时配制。

3）愈创木酚原液：直接购买，纯度>99%。

4. 仪器设备

紫外分光光度计、高速离心机、研钵、移液枪、秒表。

5. 操作步骤

1）粗酶液的获得：取浒苔约 0.1 g，置于预冷（冰箱−20℃中储存 24 h）的研钵中，加入 1.6 mL 预冷的 PBS 溶液，在冰浴上研磨成匀浆，加入提取液冲洗研钵，转入离心管中(终体积为 3 mL)，在 4℃、10 000×*g* 条件下离心 15～20 min，上清液即为所需酶液。

备注：整个过程需在低温条件下进行。

2）反应液的配制：每个样品取 3 mL 混合液，根据样品数确定混合液的总体积。按 15 个样品计算，取 50 mL PBS 溶液，加入 28 μL 愈创木酚溶液，缓慢加热搅拌直至愈创木酚完全溶解，冷却之后加入 19 μL H_2O_2，混合均匀保存在冰箱中。

3）测定：取 3 mL 反应混合液，加入 1 mL 酶液，立即计时并测定 470 nm 波长处的吸光度，每隔 30 s 读数一次，连续测定 4 min。

备注：反应液和酶液的比例可根据预实验要求进行调整；整个测定过程要迅速。

6. 活性计算

$$\text{POD 活性}[\text{U}/(\text{g}\cdot\text{min})] = \Delta A_{470} \times V/(0.01 \times V_t \times t \times W) \tag{3-5}$$

式中，ΔA_{470} 代表测定时间内吸光度的变化；V 代表提取酶液总体积（mL）；V_t 代表测定时酶液体积（mL）；t 代表反应时间（min）；W 代表样品鲜重（g）；0.01 代表 A_{470} 每升高 0.01 个单位为 1 个酶活单位（U）。

7. 方法分析

优点为对仪器配置的要求较低。缺点为粗酶液的获取过程中易造成酶活性的损失；测定过程中对时间的要求较高。

四、抗坏血酸过氧化物酶(APX)活性的测定

1. 实验原理

1)抗坏血酸过氧化物酶(APX)以抗坏血酸(ascorbic acid，AsA)为电子供体，在氧化 AsA 的同时将 H_2O_2 还原为 H_2O，其活性直接影响 AsA 的含量，即 APX 与 AsA 有一定的负相关性。

2)酶活单位：以 1 min 内氧化 1 μmol AsA 的酶量作为 1 个酶活性单位。

2. 实验材料

浒苔(*Ulva prolifera*)。

3. 仪器设备

紫外分光光度计、高速离心机、移液枪、研钵。

4. 实验试剂

1)PBS 溶液(50 mmol/L，pH7.8)：用 $Na_2HPO_4 \cdot 12H_2O$(相对分子质量为 358.14)配制 0.2 mol/L 的磷酸氢二钠溶液(A 母液)；用 $NaH_2PO_4 \cdot 2H_2O$(相对分子质量为156.01)配制 0.2 mol/L 的磷酸二氢钠溶液(B 母液)，最后取 228.75 mL 的 A 母液和 21.25 mL 的 B 母液，用蒸馏水定容至 1000 mL，即为 PBS 溶液(若需更多量的 PBS 溶液，需将 A、B 母液的量按比例增加)。

2)抗坏血酸(0.3 mmol/L)：取 0.0264 g AsA(相对分子质量为 176.13)，定容在 50 mL PBS 溶液中(现用现配)。

3)H_2O_2 溶液(30%；*V*/*V*)：H_2O_2 容易水解，需临时配制。

5. 操作步骤

1)粗酶液的获得：取浒苔约 0.1 g，置于预冷(冰箱−20℃中储存 24 h)的研钵中，加入 1.6 mL 预冷的 PBS 溶液，在冰浴上研磨成匀浆，加入提取液冲洗研钵，转入离心管中(终体积为 3 mL)，在 4℃、10 000×*g* 条件下离心 15～20 min，上清液即为所需酶液。

备注：整个过程需在低温条件下进行。

2)反应液的配制：根据样品数量(每个样品需 2.9 mL 混合液)，按照 PBS∶AsA∶H_2O_2 = 1.7∶0.1∶0.1 的比例配制混合液。

3)测定：取 1.9 mL 混合液，加入 0.1 mL 粗酶液，立即计时并测定 290 nm 波长处的吸光度(A_{290})，每隔 10 s 读数一次，连续测定 1 min。

备注：测定过程要迅速。

6. 活性计算

$$\text{APX 活性}[\text{U}/(\text{g}\cdot\text{min})] = \Delta A_{290} \times V/(V_t \times t \times W) \tag{3-6}$$

式中，ΔA_{290} 代表测定时间内吸光度的变化；V 代表提取酶液总体积(mL)；V_t 代表测定时酶液体积(mL)；t 代表反应时间(min)；W 代表样品鲜重(g)。

7. 方法分析

优点为对仪器配置的要求较低。缺点为粗酶液的获取过程中易造成酶活性的损失；测定过程中对时间要求较高。

五、谷胱甘肽还原酶(GR)活性的测定

1. 实验原理

1)谷胱甘肽还原酶(GR)可利用还原型烟酰胺腺嘌呤二核苷酸磷酸(NADPH)催化氧化型谷胱甘肽反应生成还原型谷胱甘肽，NADPH 在 340 nm 波长处有吸收峰，可通过测定该波长处吸光度的减少计算 GR 的活性。

2)酶活单位：以 1 min 内 OD_{340} 下降 0.1 的酶量为 1 个酶活单位(U)。

2. 实验材料

浒苔(*Ulva prolifera*)。

3. 仪器设备

紫外分光光度计、高速离心机、移液枪、研钵。

4. 实验试剂

1)PBS 溶液(50 mmol/L；pH7.8)：首先用 $Na_2HPO_4 \cdot 12H_2O$(相对分子质量为 358.14)配制 0.2 mol/L 的磷酸氢二钠溶液(A 母液)，而后用 $NaH_2PO_4 \cdot 2H_2O$(相对分子质量为 156.01)配制 0.2 mol/L 的磷酸二氢钠溶液(B 母液)，最后取 228.75 mL 的 A 母液和 21.25 mL 的 B 母液，用蒸馏水定容至 1000 mL，即为 PBS 溶液(若需更多量的 PBS 溶液，需将 A、B 母液的量按比例增加)。

2)NADPH 溶液(2 mmol/L)：将 1.5 mg NADPH 溶解到 0.9 mL 蒸馏水中，混合均匀，留足实验所需，剩余的立即分装，−70℃保存。

3)GSSG 溶液：在装有 GSSG(14.2 mg)的瓶中加入 10 mL 双蒸水，溶解并混合均匀，留足实验所需，其他的立即分装，−20℃保存。

5. 操作步骤

1)粗酶液的获得：取浒苔约 0.1 g，置于预冷(冰箱−20℃中储存 24 h)的研钵中，加入 1.6 mL 预冷的 PBS 溶液，在冰浴上研磨成匀浆，加入提取液冲洗研钵，转入离心管中(终体积为 3 mL)，在 4℃、10 000×*g* 条件下离心 15～20 min，上清液即为所需酶液。

备注：整个过程需在低温条件下进行。

2)反应液的配制：根据测定样品的数量(每个样品需 1.8 mL)，按照 GSSG 溶液∶PBS 溶液∶NADPH 溶液= 10∶7∶1 的比例配制反应液。

3)测定：取 1.8 mL 反应液，加入 0.2 mL 粗酶液(对照组加入 0.2 mL PBS 溶液)，之后立即计时并测定 340 nm 波长处的吸光度，每隔 1 min 读数 1 次，连续测定 4 min。

6. 活性计算

$$\text{GR 活性(U/g)} = \Delta A_{340} \times V / (0.1 \times V_t \times t \times W) \quad (3\text{-}7)$$

式中，ΔA_{340} 代表测定时间内吸光度的变化；V 代表提取酶液总体积（mL）；V_t 代表测定时酶液体积（mL）；t 代表反应时间（min）；W 代表样品鲜重（g）；0.1 代表 A_{340} 每下降 0.1 个单位为 1 个酶活单位（U）。

7. 方法分析

优点为对仪器配置的要求较低。缺点为粗酶液的获取过程中易造成酶活性的损失；测定过程中对时间要求较高。

六、方法优缺点分析及注意事项

测定植物抗氧化能力的方法有很多种，本节针对每一种抗氧化酶只列出一种测定方法。所涉及的方法对仪器配置要求较低，但在制备粗酶液的过程容易造成样品的损失，个别酶活性的测定对操作时间的要求较高。同时，因样品差异，在实际操作过程中要经过预实验确定样品及药品的用量，不能一概而论。此外，在市面上已经有相应的试剂盒可以使用，可根据实际情况进行自主选择。

（李亚鹤　马增岭）

参 考 文 献

侯福林. 2015. 植物生理学实验教程[M]. 北京: 科学出版社: 107-108.

李合生. 2000. 植物生理生化实验原理和技术[M]. 北京: 高等教育出版社: 164-165.

李合生. 2002. 现代植物生理学[M]. 北京: 高等教育出版社: 415-420.

鹿宁, 臧晓南, 张学成, 等. 2012. 逆境胁迫对藻类抗氧化酶系统的影响[J]. 武汉大学学报（理学版）, 58（2）: 119-124.

沈文飚, 徐朗莱, 叶茂炳, 等. 1996. 抗坏血酸过氧化物酶活性测定的探讨. 抗坏血酸过氧化物酶活性测定的探讨[J]. 植物生理学通讯, 32（3）: 203-205.

施海涛. 2016. 植物逆境生理学实验指导[M]. 北京: 科学出版社: 67-75.

史树德, 孙亚卿, 魏磊. 2010. 植物生理学实验指导[M]. 北京: 中国林业出版社: 127-133.

唐洪杰, 王修林, 祝陈坚, 等. 2006. 两种海洋微藻硝酸还原酶活性测定方法的比较研究[J]. 中国海洋大学学报, 36（6）: 981-986.

王学奎. 2006. 植物生理生化实验原理和技术[M]. 北京: 高等教育出版社: 167-169.

夏建荣, 黄瑾. 2010. 氮、磷对小新月菱形藻无机碳利用与碳酸酐酶活性的影响[J]. 生态学报, 30（15）: 4085-4092.

徐智广, 邹定辉, 张鑫, 等. 2007. 光照和不同形态氮营养盐供应对坛紫菜硝酸还原酶活性的影响[J]. 水产学报, 31（1）: 90-96.

赵永芳. 2008. 生物化学技术原理及其应用[M]. 4 版. 北京: 科学出版社.

邹定辉, 夏建荣. 2011. 大型海藻营养盐代谢与近岸海域富营养化的关系研究进展与展望[J]. 生态学杂志, 30（3）: 589-595.

Alam M N, Bristi N J, Rafiquzzaman M. 2013. Review on *in vivo* and *in vitro* methods evaluation of antioxidant activity[J]. Saudi Pharmaceutical Journal, 21: 143-152.

Allen M M. 1968. Simple conditions for the growth of unicellular blue-green algae on plates[J]. Journal of Phycology, 4: 1-4.

Andersson I. 2008. Catalysis and regulation in Rubisco[J]. Journal of Experimental Botany, 59 (7) : 1555-1568.

Bailly J, Coleman J R. 1988. Effect of CO_2 concentration on protein biosynthesis and carbonic anhydrase expression in *Chlamydomonas reinhardtii*[J]. Plant Physiology, 87: 833-840.

Butz N D, Sharkey T D. 1989. Activity ratios of ribulose-1,5-bisphosphate carboxylase accurately reflect carbamylation ratios[J]. Plant Physiology, 89 (3) : 735-739.

Chakrabarti S, Bhattacharya S, Bhattacharya S K. 2002. A nonradioactive assay method for determination of enzymatic activity of D-ribulose-1,5-bisphosphate carboxylase/oxygenase (Rubisco) [J]. Journal of Biochemical and Biophysical Methods, 52 (3) : 179-187.

Corzo A, Niell F X. 1991. Determination of nitrate reductase activity in *Ulva rigida* C. Agardh by the in situ method[J]. Journal of Experimental Marine Biology and Ecology, 146: 181-191.

Dalton D A, Hanus F J, Russell S A, et al. 1987. Purification, properties, and distribution of ascorbate peroxidase inlegume root nodules[J]. Plant Physiology, 83: 789-794.

Ellis R J. 1979. The most abundant protein in the world[J]. Trends in Biochemical Sciences, 4 (11) : 241-244.

Feria A B, Bosch N, Sánchez A, et al. 2016. Phosphoenolpyruvate carboxylase (PEPC) and PEPC-kinase (PEPC-k) isoenzymes in *Arabidopsis thaliana*: role in control and abiotic stress conditions[J]. Planta, 244: 901-913.

Fett J P, Coleman J R. 1994. Regulation of periplasmic carbonic anhydrase expression in *Chlamydomonas reinhardtii*by acetate and pH[J]. Plant Physiology, 106: 103-108.

Gurevitz M. 1985. Pathway of assembly of ribulosebisphosphate carboxylase/oxygenase from anabaena 7120 expressed in *Escherichia coli*[J]. Proceedings of the National Academy of Sciences, 82 (19) : 6546-6550.

Harris E H, Stern D B, Witman G. 1989. The Chlamydomonas Sourcebook[M]. Cambridge: Cambridge University Press.

Huang A, Liu L, Zhao P, et al. 2015. Metabolic flux ratio analysis and cell staining suggest the existence of C_4 photosynthesis in *Phaeodactylum tricornutum*[J]. Journal of Applied Microbiology, 120: 705-713.

Izui K, Matsumura H, Furumoto T, et al. 2004. Phosphoenolpyruvate carboxylase: anew era of structural biology[J]. Annual Review of Plant Biology, 55: 69-84.

Kroth P G, Chiovitti A, Gruber A, et al. 2008. A model for carbohydrate metabolism in the diatom *Phaeodactylum tricornutum* deduced from comparative whole genome analysis[J]. PLoS One, 3: e1426.

Kustka A B, Milligan A J, Zheng H, et al. 2014. Low CO_2 results in a rearrangement of carbon metabolism to support C_4 photosynthetic carbon assimilation in *Thalassiosira pseudonana*[J]. New Phytologist, 204: 507-520.

Lopes P F, Oliveira M C, Colepicolo P. 1997. Diurnal fluctuation of nitrate reductase activity in the marine red alga *Gracilaria tenuistipitata* (Rhodophyta) [J]. Phycologia, 33: 225-231.

Masumoto C, Miyazawa S I, Ohkawa H, et al. 2010. Phosphoenolpyruvate carboxylase intrinsically located in the chloroplast of rice plays a crucial role in ammonium assimilation[J]. Proceedings of the National Academy of Sciences of the United States of America, 107: 5226-5231.

McGinn P J, Morel F M M. 2008. Expression and inhibition of the carboxylating and decarboxylating enzymes in the photosynthetic C_4 pathway of marine diatoms[J]. Plant Physiology, 146: 300-309.

O'Leary B, Rao S K, Kim J, et al. 2009. Bacterial-type phosphoenolpyruvate carboxylase (PEPC) functions as a catalytic and regulatory subunit of the novel Class-2 PEPC complex of vascular plants[J]. Journal of Biological Chemistry, 284: 24797-24805.

Parker M S, Mock T, Armbrust E V. 2008. Genomic insights into marine microalgae[J]. Annual Review of Genetics, 42: 619-645.

Portis A R, Parry M A J. 2007. Discoveries in Rubisco (Ribulose 1,5-bisphosphate carboxylase/oxygenase) : a historical perspective[J]. Photosynthesis Research, 94 (1) : 121-143.

Rawat M, Moroney J V. 1995. The regulation of carbonic anhydrase and Ribulose-1,5-bisphosphate carboxylase/oxygenase activase by light and CO_2 in *Chlamydomonas reinhardtii*[J]. Plant Physiology, 109: 937-944.

Reinfelder J R, Kraepiel A M L, Morel F M M. 2000. Unicellular C_4 photosynthesis in a marine diatom[J]. Nature, 407: 996-999.

Reinfelder J R. 2011. Carbon concentrating mechanisms in eukaryotic marine phytoplankton[J]. Annual Review of Marine Science, 3: 291-315.

Reinfelder J R, Milligan A J, Morel F M M. 2004. The role of the C_4 pathway in carbon accumulation and fixation in a marine diatom[J]. Plant Physiology, 135: 2106-2111.

Roberts K, Granum E, Leegood R C, et al. 2007. C_3 and C_4 pathways of photosynthetic carbon assimilation in marine diatoms are under genetic, not environmental, control[J]. Plant Physiology, 145: 230-235.

Sage R F, Way D A, Kubien D S. 2008. Rubisco, Rubiscoactivase, and global climate change[J]. Journal of Experimental Botany, 59 (7): 1581-1595.

Spreitzer R J, Salvucci M E. 2002. Rubisco: structure, regulatory interactions, and possibilities for a better enzyme[J]. Annual Review of Plant Biology, 53: 449-475.

Willbur K M, Anderson N G. 1948. Electronic and colorimetric determination of carbonic anhydrase[J]. Journal of Biological Chemistry, 176: 147-154.

Yang J, Pan Y, Bowler C, et al. 2016. Knockdown of phosphoenolpyruvate carboxykinase increases carbon flux to lipid synthesis in *Phaeodactylum tricornutum*[J]. Algal Research, 15: 50-58.

Zou D H. 2005. Effects of elevated atmospheric CO_2 on growth, photosynthesis and nitrogen metabolism in the economic brown seaweed, *Hizikia fusiforme* (Sargassaceae, Phaeophyta) [J] . Aquaculture, 250: 726-735.

第四章　色素定量与分析

第一节　叶　绿　素

摘要　叶绿素参与光能的吸收传递和原初光化学反应，是最重要的一类光合色素分子。截至目前，人们已发现5类叶绿素，按发现的先后顺序，分别命名为叶绿素a(Chl a)、叶绿素b(Chl b)、叶绿素c(Chl c)、叶绿素d(Chl d)和叶绿素f(Chl f)。在光合作用研究和生态学等领域，准确测定叶绿素含量是一项极为重要的工作。本节概述了5类叶绿素在不同藻类类群中的分布、结构、光谱性质及定量分析，并比较了利用分光光度法和高效液相色谱(HPLC)法定量分析叶绿素的优缺点。

叶绿素是最重要的一类光合色素分子，目前已发现5类，按发现的先后顺序，分别被命名为叶Chl a、Chl b、Chl c、Chl d和Chl f(Chen，2014)。其中，Chl a、Chl b和Chl c三类叶绿素较为常见，在19世纪已被发现和鉴定(Govindjee and Krogmann，2004)。Chl d在1943年首次被报道(Manning and Strain，1943)，而Chl f是2010年才新发现的一类叶绿素分子(Chen et al.，2010)。50多年前，曾有文献报道过Chl e，不过只是很模糊地描述了这种色素，而没有进行后续深入研究，因此它的特性尚不清楚。由于2010年新发现的叶绿素分子的最大吸收峰不同于Chl e，为避免混淆和保持命名的连续性，因此将前者命名为Chl f(Chen et al.，2010)。叶绿素一方面可作为天线色素，参与光能的吸收和传递，另一方面少数叶绿素分子(Chl a和Chl d)可作为反应中心色素，被激发后能发生电荷分离。叶绿素分子以专一的非共价方式与相关多肽结合，形成叶绿素-蛋白质复合体，如光系统Ⅱ核心复合体和光系统Ⅰ核心复合体。

一、叶绿素的分布、结构和光谱特性

Chl a或其8-乙烯基衍生物几乎存在于所有的藻类中，并作为这些藻类的主要光合色素。Chl b分布于绿藻(包括轮藻)、裸藻及原绿藻中。Chl c是一个大家族，分布于甲藻、隐藻、定鞭藻、褐藻、针胞藻、硅藻、黄藻和金藻(表4-1)，迄今已发现超过11种此类化合物，其中以Chl c_2最为常见(Zapata et al.，2006)。Chl b或其8-乙烯基衍生物和Chl c是天线色素，仅存在于捕光色素复合体。Manning和Strain(1943)在从野外采集的红藻样品中发现了Chl d，但此后很长时间人们不清楚究竟是红藻还是其附生生物合成了Chl d。1996年，Miyashita等(1996)从海鞘群体中分离到以Chl d作为主要光合色素的蓝藻(*Acaryochloris marina*)，其含量占总叶绿素的95%～99%。2004年，Murakami等(2004)研究发现，红藻不合成Chl d，红藻中的Chl d来自附生的蓝藻*A. marina*。在*A. marina*中，Chl d不仅具有捕光色素复合体中Chl a的功能(Chen et al.，2002；Tomo et al.，2011)，还具有反应中心中Chl a的功能(Hu et al.，

1998; Chen et al., 2005; Tomo et al., 2007)。截至目前，已发现 6 株蓝藻 *A. marina*(MBIC11017、HICR111A、AWAJI-1、CRS、MPGRS1 和 CCMEE 5410)中大量存在 Chl d(Miyashita et al., 1996; Murakami et al., 2004; Miller et al., 2005; Mohr et al., 2010; Larkum et al., 2012; Behrendt et al., 2013)，而且已有研究推测具不同温度和盐度的海洋和湖泊中多有 Chl d 分布(Kashiyama et al., 2008; Behrendt et al., 2011)。Chl f 首先是在从西澳大利亚叠层石(stromatolite)分离的蓝藻 *Halomicronema hongdechloris* 中发现的(Chen et al., 2012)，之后又在许多地方发现了多株含有 Chl f 的蓝藻，其中几株同时含有少量的 Chl d，如 *Leptolyngbya* sp. JSC-1、*Synechococcus* sp. PCC 7335、*Chroococcidiopsis thermalis* PCC 7203 等(Gan et al., 2014; Gan et al., 2015)。

表 4-1　不同藻类类群中叶绿素的分布

<table>
<tr><th colspan="2" rowspan="2">类群</th><th colspan="5">叶绿素</th></tr>
<tr><th>a</th><th>b</th><th>c</th><th>d</th><th>f</th></tr>
<tr><td rowspan="5">蓝藻 Cyanobacteria</td><td>多数蓝藻</td><td>+</td><td></td><td></td><td></td><td></td></tr>
<tr><td>原绿藻类(Prochlorococcus、Prochlorothrix、Prochloron)</td><td>+</td><td>+</td><td></td><td></td><td></td></tr>
<tr><td>Acaryochloris marina</td><td>+</td><td></td><td></td><td>+</td><td></td></tr>
<tr><td>Halomicronema hongdechloris</td><td>+</td><td></td><td></td><td></td><td>+</td></tr>
<tr><td>Leptolyngbya sp. JSC-1</td><td>+</td><td></td><td></td><td>+</td><td>+</td></tr>
<tr><td>灰色藻门 Glaucophyta</td><td></td><td>+</td><td></td><td></td><td></td><td></td></tr>
<tr><td>红藻门 Rhodophyta</td><td></td><td>+</td><td></td><td></td><td></td><td></td></tr>
<tr><td>绿藻门 Chlorophyta</td><td></td><td>+</td><td>+</td><td></td><td></td><td></td></tr>
<tr><td>裸藻门 Euglenophyta</td><td></td><td>+</td><td>+</td><td></td><td></td><td></td></tr>
<tr><td>甲藻门 Dinophyta</td><td></td><td>+</td><td></td><td>+</td><td></td><td></td></tr>
<tr><td>隐藻门 Cryptophyta</td><td></td><td>+</td><td></td><td>+</td><td></td><td></td></tr>
<tr><td rowspan="11">异鞭藻门 Heterokontophyta</td><td>金藻纲 Chrysophyceae</td><td>+</td><td></td><td>+</td><td></td><td></td></tr>
<tr><td>黄群藻纲 Synurophyceae</td><td>+</td><td></td><td>+</td><td></td><td></td></tr>
<tr><td>真眼点藻纲 Eustigmatophyceae</td><td>+</td><td></td><td></td><td></td><td></td></tr>
<tr><td>脂藻纲 Pinguiophyceae</td><td>+</td><td></td><td>+</td><td></td><td></td></tr>
<tr><td>硅鞭藻纲 Dictyophyceae</td><td>+</td><td></td><td>+</td><td></td><td></td></tr>
<tr><td>浮生藻纲 Pelagophyceae</td><td>+</td><td></td><td>+</td><td></td><td></td></tr>
<tr><td>迅游藻纲 Bolidophyceae</td><td>+</td><td></td><td>+</td><td></td><td></td></tr>
<tr><td>硅藻纲 Bacillariophyceae</td><td>+</td><td></td><td>+</td><td></td><td></td></tr>
<tr><td>针胞藻纲 Raphidophyceae</td><td>+</td><td></td><td>+</td><td></td><td></td></tr>
<tr><td>黄藻纲 Xanthophyceae</td><td>+</td><td></td><td>+</td><td></td><td></td></tr>
<tr><td>褐藻纲 Phaeophyceae</td><td>+</td><td></td><td>+</td><td></td><td></td></tr>
<tr><td>定鞭藻门 Haptophyta</td><td></td><td>+</td><td></td><td>+</td><td></td><td></td></tr>
</table>

注：“+”表示存在该类叶绿素

叶绿素分子为脂溶性色素，含有 4 个吡咯环，它们与 4 个甲烯基连接成卟啉环，环中央为镁原子，与卟啉环上的 4 个氮原子相连，而 E 环和 D 环上的两个羧基分别被甲基和叶醇基酯化，各种叶绿素的结构式见图 4-1 和图 4-2。其中，Chl b、Chl d 和 Chl f 的结构与 Chl a 非常相似，仅仅是第 7、3 或 2 位碳原子上连接的甲基、乙烯基或甲基侧链分别变成了醛基(Li et al.，2012)。然而，Chl c 是含镁原子的原叶绿素酯类化合物，D 环 C-17 和 C-18 间为不饱和双键(Zapata et al.，2006；Green，2011)。所有极性 Chl c 的 D 环 C-17 与反式丙烯酸相连，后者不与植醇或其他长链脂肪醇酯化，但少数 Chl c (Chl c_{CS-170} 和 DV-Pchlide) 的 D 环 C-17 与丙酸相连，也有几种 Chl c 的 D 环 C-17 处丙烯酸酯化为大的脂侧链(Zapata et al.，2006)。

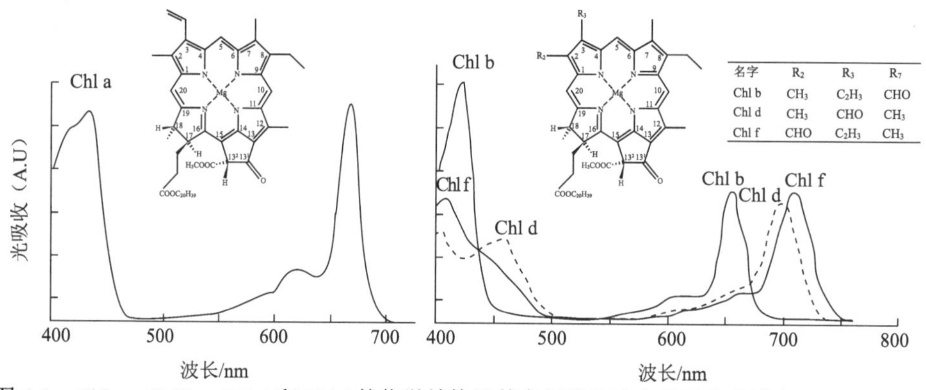

图 4-1　Chl a、Chl b、Chl d 和 Chl f 的化学结构及其在甲醇溶液中的吸收光谱(Li et al.，2012)

到达地表的太阳光辐射涵盖 280 nm 的紫外光到 2600 nm 的红外光，其中波长在 400～700 nm 的部分为可见光。Chl a、Chl b、Chl c、Chl d 和 Chl f 5 类叶绿素具有不同的吸收光谱(图 4-1，图 4-2)，Chl a 和 Chl b 在 430～450 nm 的蓝紫区和 640～660 nm 的红光区各有一个最大吸收区域。各种 Chl c 的最大吸收在约 450 nm 蓝紫区，另外在约 580 nm 和约 630 nm 处还有两个吸收峰(Chen and Blankenship，2011)。与 Chl a 相比，Chl d 和 Chl f 的吸收光谱向长波段方向偏移，Chl d 在 100%甲醇溶液中最大吸收峰位于 400 nm、455.5 nm 和 697 nm 处，而 Chl f 在 100%甲醇溶液中最大吸收峰位于 406.5 nm 和 707 nm 处(Li et al.，2012)。

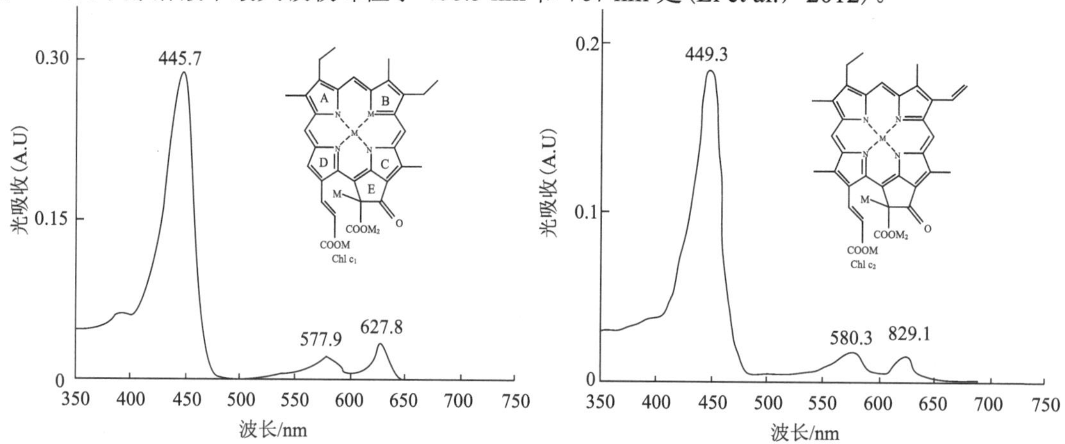

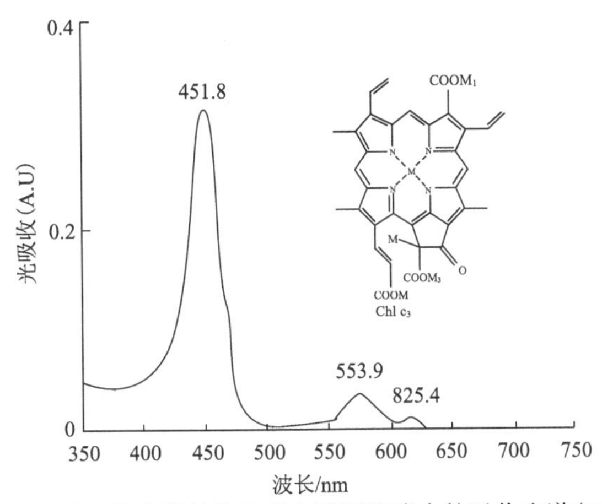

图 4-2　三种常见叶绿素 c 的化学结构及其在丙酮溶液中的吸收光谱(Zapata et al.，2006)

二、叶绿素的定量分析

准确定量叶绿素对藻类光合作用研究具有重要意义，常用测定方法有分光光度法和高效液相色谱法，其中前者应用最为广泛。

(一)分光光度法

由于提取叶绿素所用的溶剂不同，分光光度法又可细分为多种。以用 100%甲醇提取藻类叶绿素为例，具体操作见图 4-3。

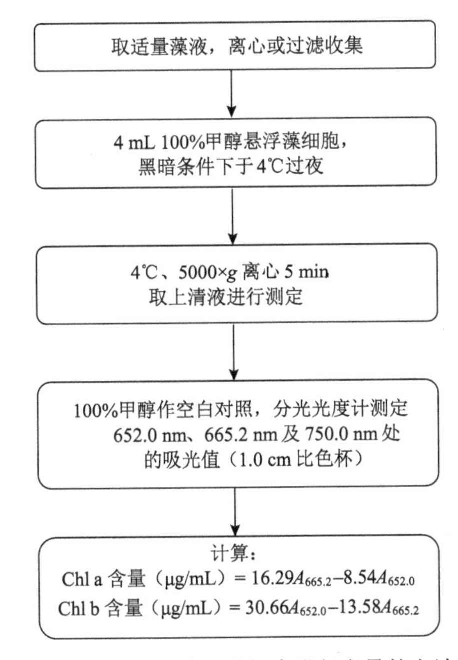

图 4-3　分光光度计法对叶绿素进行定量的方法流程
中的数值为测定波段的吸光值与 A_{750} 的差值

在用分光光度法测定叶绿素含量的过程中，根据抽提溶剂的不同，用来计算 Chl a、Chl b、Chl c 和 Chl d 含量的公式见表 4-2。利用这些公式计算叶绿素含量时，应尽量使用叶绿素提取液原液进行测定，若用稀释后的叶绿素提取液进行测定，会使偏差增大。关于 Chl f 的含量，可采用其在 100%甲醇溶液中的消光系数 $\varepsilon_{707\ \mathrm{nm}} = 71.11\times10^3$ L/(mol·cm) 进行计算(Li et al.，2012)。

表 4-2　不同溶剂抽提叶绿素时推荐使用的计算公式

所用溶剂	叶绿素含量/(μg/mL)	参考文献
90%丙酮	Chl a = $11.93A_{664} - 1.93A_{647}$ Chl b = $-5.5A_{664} + 20.36A_{647}$ Chl a = $11.43A_{664} - 0.40A_{630}$ Chl c_2 = $-3.80A_{664} + 24.88A_{630}$ Chl a = $11.47A_{664} - 0.40A_{630}$ Chl c_1+ Chl c_2 = $-3.73A_{664} + 24.36A_{630}$	Humphrey and Jeffrey，1997
100%甲醇	Chl a = $16.29A_{665.2} - 8.54A_{652.0}$ Chl b = $30.66A_{652.0} - 13.58A_{665.2}$	Porra et al.，1989
85%甲醇+1.5 mmol/L 连二亚硫酸钠	Chl a = $16.41A_{664.0} - 8.09A_{650.0}$ Chl b = $30.82A_{650.0} - 12.57A_{664.0}$	Porra，1990a
85%甲醇+ 2% KOH + 1.5 mmol/L 连二亚硫酸钠	Chl a = $21.87A_{640.0} - 8.88A_{623.0}$ Chl b = $60.14A_{623.0} - 21.74A_{640.0}$	Porra，1990b
95%乙醇	Chl a = $13.36A_{664.1} - 5.19A_{648.6}$ Chl b = $27.43A_{648.6} - 8.12A_{664.1}$	Lichtenthaler and Buschmann，2001
100%乙醇	Chl a = $13.70A_{665} - 5.76A_{649}$ Chl b = $-7.60A_{665} + 25.8A_{649}$	Rowan，1989
100%乙醚	Chl a = $9.92A_{663} - 1.15A_{688}$ Chl d = $-0.166A_{663} + 9.09A_{688}$	Ritchie，2006

(二)高效液相色谱法

采用高效液相色谱仪可以对藻类的各种叶绿素和类胡萝卜素进行分离和鉴定，并进行定量分析。经过不断改进，现在可以利用 HPLC 法简单快速地分离鉴定各种叶绿素。固定相选用 C_{18} 反相柱，流动相使用色谱级甲醇和去离子水。采用高效液相色谱法对光合色素有效分离之后，利用紫外-可见分光光度计等检测器对色素进行鉴定，再利用光谱结果和 HPLC 峰面积对每一种色素进行定量。利用反向 C_{18} 柱，以甲醇和水作为流动相，可以同时分离各种藻类中的叶绿素和类胡萝卜素。该方法具有很高的选择性，可有效分辨 Chl a、Chl d 和 Chl f。溶剂为 100%甲醇时，Chl a 的消光系数 $\varepsilon_{665.5\ \mathrm{nm}} = 70.20\times10^3$ L/(mol·cm)，Chl d 的消光系数 $\varepsilon_{697\ \mathrm{nm}} = 63.68\times10^3$ L/(mol·cm)，Chl f 的消光系数 $\varepsilon_{707\ \mathrm{nm}} = 71.11\times10^3$ L/(mol·cm) (Li et al.，2012)。

下面我们将以该例介绍高效液相色谱法(Chen et al.，2012)。

仪器：日本岛津 LC-20 高效液相色谱仪，包括二元高压梯度系统、紫外-可见光检测器和馏分收集器；反向色谱柱 C_{18}(Inersil ODS-SP，3.5 μm，4.6 mm×150 mm)。试剂：色谱纯甲醇、去离子水。流动相：洗脱液 A(甲醇)和洗脱液 B(去离子水)，洗脱梯度可根据实验情况调整。具体实验步骤如图 4-4 所示。

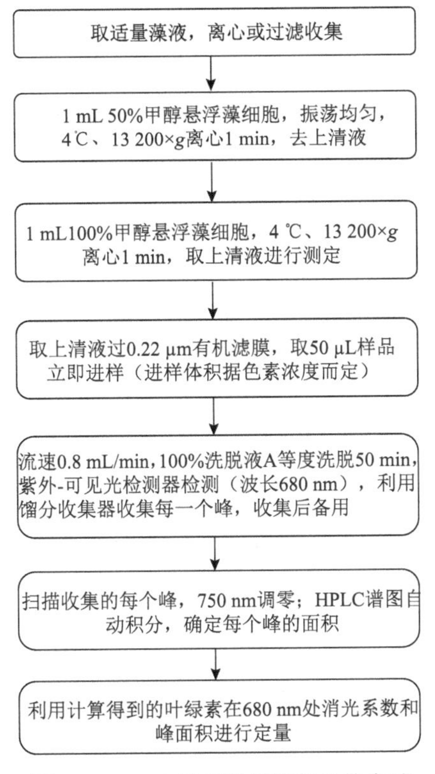

图 4-4　HPLC 法对叶绿素定量的步骤

按上述方法得到的高效液相色谱图如图 4-5 所示。此外，如果有标样，可以通过进样已知浓度的标样，用外标峰面积法测定峰面积和标样浓度之间的线性关系，然后得到工作曲线的线性范围和最低检出限，根据所测样品中色素的峰面积计算其浓度(Pocock et al.，2004)。

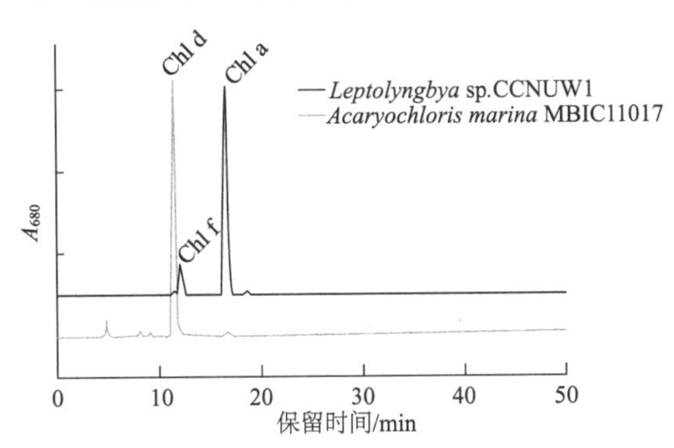

图 4-5　*Acaryochloris marina* MBIC11017 和 *Leptolyngbya* sp. CCNUW1 所含色素的高效液相色谱图

(三)方法的优缺点

使用分光光度法，我们可采用多种溶剂提取叶绿素，不同试剂各有其优缺点。①丙酮。在丙酮溶液中，叶绿素吸收峰的峰形尖，所以常用它提取叶绿素，但是丙酮抽提叶绿素的效果不太好，特别是用于提取藻类的叶绿素(Wright et al.，1997)。另外，丙酮高度易燃、易挥发，高浓度时具有麻醉作用，可引起头痛，对皮肤具有刺激作用，因此不是非常适合于教学实验中提取叶绿素。同时，丙酮会腐蚀塑料制品，用其提取叶绿素时不宜使用塑料比色皿(Ritchie，2006)。但是用 80%的丙酮溶液提取叶绿素还是一个不错的选择(Porra，2006)。②甲醇。甲醇是很好的叶绿素提取剂，特别是对于叶绿素难以提取的藻类(如 *Nannochloris atomus*)，也可用含 2% KOH 和 1.5 mmol/L 连二亚硫酸盐或仅含后者的 85%甲醇溶液抽提叶绿素，有关计算公式见表 4-2。另外，甲醇经常作为高效液相色谱法中抽提叶绿素的溶剂(Ritchie，2006)。甲醇的挥发性和易燃性低于丙酮，但甲醇也具有毒性，需要避免被操作者吸入。同时，甲醇可缓慢雾化聚苯乙烯比色皿，有可能导致错误读数。③乙醇。乙醇的安全性能高于丙酮和甲醇，在经济上也具有一定的优势，特别适合于教学实验中使用(Ritchie，2006)。同时，乙醇不腐蚀塑料，可用分光光度计的塑料比色皿进行比色。④乙醚。制备纯的叶绿素，可用乙醚作为提取溶剂(Porra et al.，1989；Porra，1991)。除了冻干的实验材料，乙醚不能直接作为叶绿素的提取剂。同时，乙醚和水不混溶，这有利于用乙醚从其他水溶液中分离叶绿素(Li et al.，2012)。常规的实验教学或一般的科学研究都不会选用乙醚提取叶绿素，因为乙醚极易挥发，易燃易爆，且具有麻醉作用。另外，乙醚也会腐蚀塑料比色皿和各种塑料器皿(Ritchie，2006)。

与分光光度法测定叶绿素含量相比，高效液相色谱法的灵敏度更高，而且可以对色素的种类进行鉴定，但是对仪器设备和试剂的等级要求较高。通常，分光光度法用于定量分析色素类型已知的藻类材料，而高效液相色谱法可对天然样品中的色素种类进行鉴定，鉴定不同藻类的色素组成。另外，高效液相色谱还可以与质谱或磁共振联用，提供叶绿素的结构信息，为发现新的色素提供基础。

（尹衍超　柯文婷　陈雄文　邱保胜）

第二节　藻 胆 蛋 白

摘要　藻胆蛋白是由藻胆素以共价键与多肽链相连而成的水溶性光合色素蛋白，它规则地聚集和排列成大分子复合物并有序地分布在类囊体膜上，是蓝藻、红藻、隐藻和某些甲藻的主要捕光天线蛋白。反复冻融法是实验室最常用的提取藻胆蛋白的方法，有研究表明反复冻融法结合超声波法提取效果会更好。本节同时介绍了离子交换层析法分离纯化藻蓝蛋白的步骤，并对各种提取及分离纯化方法进行了比较。

藻胆蛋白是分布于蓝藻、红藻、隐藻和某些甲藻中的水溶性光合色素蛋白，由藻胆素以共价键——硫醚键与多肽链相连而成。其中，藻胆素是一种开环的四吡咯化合物，具有收集和传递光能的作用。目前已知的藻胆素主要有 4 种(图 4-6)，即藻蓝胆素(phycocyanobilin，PCB)、藻红胆素(phycoerythrobilin，PEB)、藻尿胆素(phycourobilin，PUB)、藻紫胆素(phycoviolobilin，PVB)(周百成和曾呈奎，1990；Colyer et al.，2005；Blot et al.，2009)。这 4 种藻胆素是同分异构体，它们的基本化学结构相似，差异表现在双键位置不同。

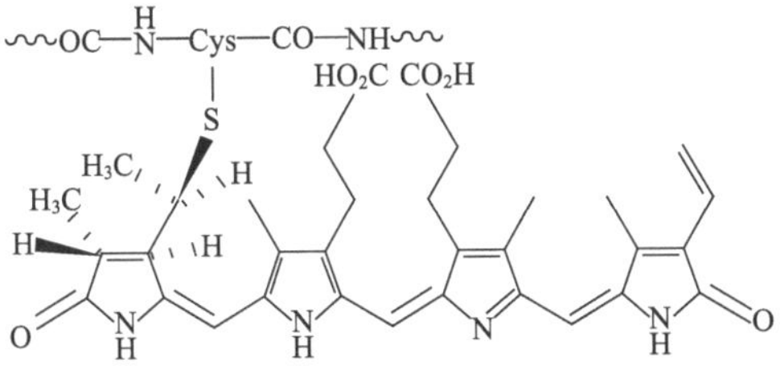

肽连藻蓝胆素 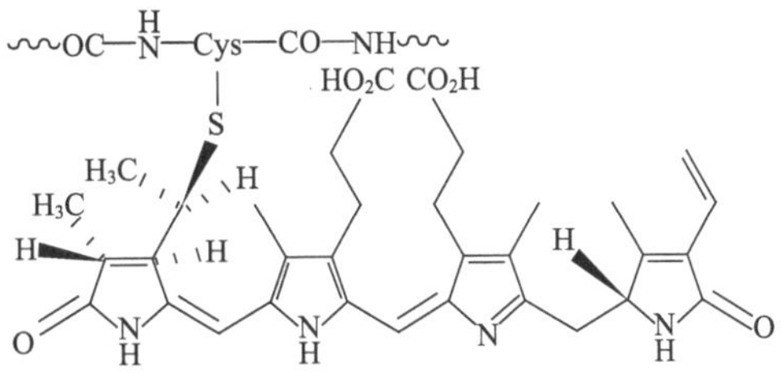　　肽连藻红胆素

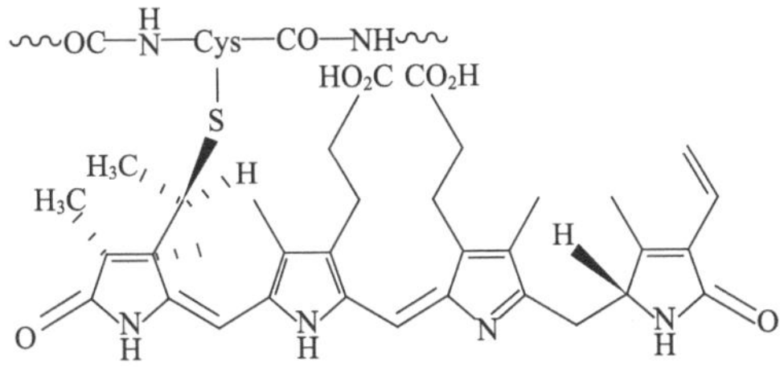

肽连藻尿胆素 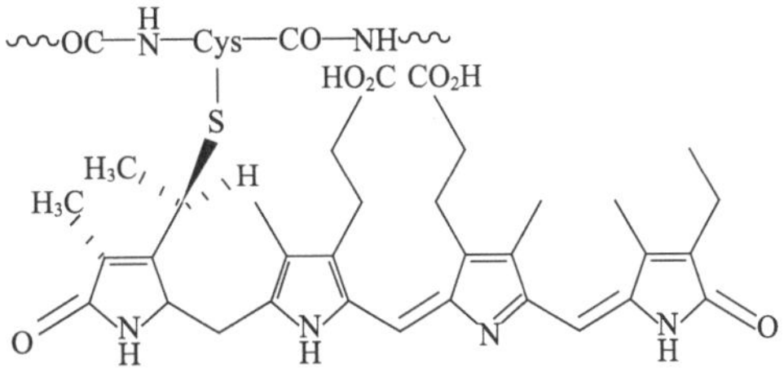　　肽连藻紫胆素

图 4-6　4 种与多肽相连的藻胆素

依据吸收光谱特征，藻胆蛋白分为藻红蛋白(phycoerythrin，PE)、藻红蓝蛋白(phycoerythrocyanin，PEC)、藻蓝蛋白(phycocyanin，PC)和别藻蓝蛋白(pllophycocyanin，APC)4 类(Colyer et al.，2005)。其中，藻红蓝蛋白较为少见，主要存在于某些缺乏藻红蛋白而具有异形胞的藻类中(王锋等，2008)。在不同的藻胆蛋白中，藻胆素的种类和含量均不同。藻蓝胆素存在于藻蓝蛋白、别藻蓝蛋白和藻红蓝蛋白，藻红胆素和藻尿胆素存在于藻红蛋白，藻紫胆素存在于藻红蓝蛋白(梁丽，1986；Glazer，1988)。藻胆蛋白的纯度一般用最大吸收峰时的吸光度和 280 nm 处的吸光度比值表示，藻红蛋白呈粉色，最大吸收峰位于 540～570 nm；藻红蓝蛋白呈紫色，最大吸收峰位于 570～590 nm；藻蓝蛋白呈蓝色，最大吸收峰位于 610～620 nm；别藻蓝蛋白呈蓝绿色，最大吸收峰位于 650～655 nm(Glazer，1988；Colyer et al.，2005)。常见藻胆蛋白的吸收光谱和荧光光谱如图 4-7 所示。每一类藻胆蛋白又因其所含藻胆素的种类和数量不同而使其光谱特征有细微差别，此种差别用 R-、C-和 B-等词头予以区分，如 C-藻蓝蛋白、R-藻蓝蛋白、B-藻红蛋白、R-藻红蛋白和 Y-藻红蛋白等(Viskari and Colyer，2002；Colyer et al.，2005)。

藻胆体是由藻胆蛋白规则地聚集和排列构成的大分子复合物，它有序地分布在类囊体膜上，行使捕光天线的功能，每个藻胆体可与一个或多个光系统反应中心相互作用。根据形态结构，藻胆体可以分为半圆盘状、半椭球状、束状和块状 4 种类型，其中研究得最清楚的是半圆盘状类型的藻胆体，这类藻胆体由别藻蓝蛋白组成的核与藻红蛋白或藻红蓝蛋白和藻蓝蛋白组成的杆两部分构成(图 4-8)。藻胆体的能量传递从 PE(或 PEC)到 PC 再到 APC，最后将能量传给光系统反应中心的叶绿素 a 分子，其效率接近 100%(张玉忠等，1999)。

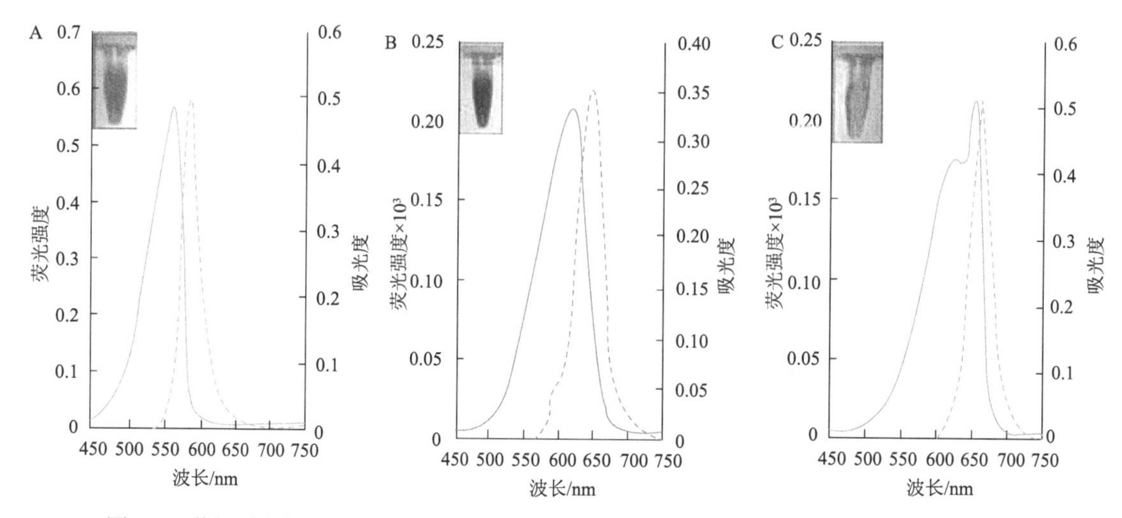

图 4-7　藻红蛋白(A)、藻蓝蛋白(B)和别藻蓝蛋白(C)的吸收光谱(实线)、荧光光谱(虚线)(Sonani et al.，2016)(彩图请扫封底二维码获取)

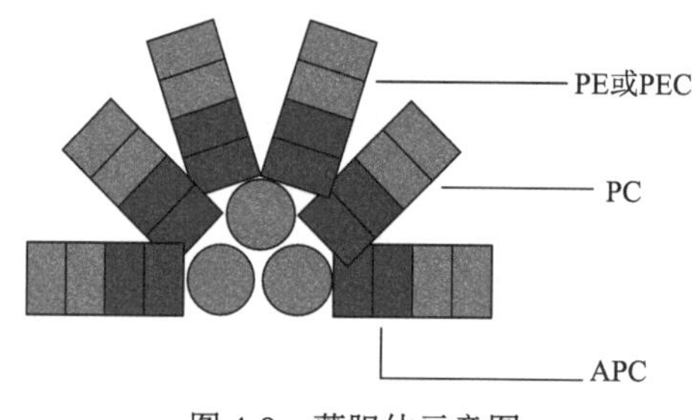

图 4-8　藻胆体示意图

一、藻胆蛋白的定量分析

藻胆蛋白是水溶性光合色素，要提取藻胆蛋白首先需要破碎藻细胞，使藻胆蛋白以溶解态释放出来。目前常用的方法有反复冻融法(Abalde et al.，1998；Qiu et al.，2004)、化学试剂处理法(张以芳等，1999)、超声波法(Patel et al.，2005)、压力破碎法(Patil and Raghavarao，2007)和机械研磨法(Beer and Eshel，1985)等，其中实验室常用反复冻融法(微藻)和机械研磨法(大型藻类)。反复冻融法的原理是，低温条件下细胞内外环境中的绝大多数水形成冰晶，产生膨胀压，导致细胞受到机械损伤。同时，由于冰晶的析出，胞内未发生冻结的残存液浓缩，电解质升高，渗透压改变。融解之后细胞发生溶胀，最终使细胞破碎。机械研磨法则是利用研磨棒与石英砂将藻细胞通过机械力量破碎，使水溶性的藻胆蛋白溶解到缓冲液中。

反复冻融法提取藻胆蛋白并进行定量分析的具体步骤如下(Soni et al.，2006)：通过离心(3000×*g*, 5 min)收集培养了 34 d 的 *Oscillatoria quadripunctulata* 藻细胞，用 1 mmol/L Tris-HCl 缓冲液(pH8.1)将藻细胞洗一遍；用 5 倍藻细胞体积的 1 mol/L Tris-HCl 缓冲液重悬藻细胞；将藻细胞在−25℃和 4℃条件下反复冻融数次使藻胆蛋白溶出；冷冻离心(4℃，17 000×*g*, 20 min)破碎的藻细胞，获得上清液，用分光光度计测定上清液在 562 nm、615 nm 和 652 nm 处的吸收值。根据式(4-1)～式(4-3)计算藻胆蛋白含量(mg/mL)(Bennett and Bogorad，1973)：

$$PE = (A_{562} - 2.41 \times PC - 0.849 \times APC)/9.62 \tag{4-1}$$

$$PC = (A_{615} - 0.474 \times A_{652})/5.34 \tag{4-2}$$

$$APC = (A_{652} - 0.208 \times A_{615})/5.09 \tag{4-3}$$

机械破碎法(以大型红藻为对象)提取藻胆蛋白并进行定量分析的步骤是：称取藻体0.05～0.50 g，在研钵内加入一定量的石英砂和少量的磷酸缓冲液(pH6.8)研碎藻体，继续加入约10 mL的磷酸缓冲液并匀浆，5000×g离心15 min，取上清液，将沉淀物继续研磨，并重复上面的步骤，最后将溶液定容至25 mL，然后用分光光度计测定A_{455}、A_{564}、A_{592}、A_{618}和A_{645}值。藻胆蛋白的含量(mg/mL)按式(4-4)和式(4-5)计算(Beer and Eshel，1985)：

$$PE = [(A_{564} - A_{592}) - (A_{455} - A_{592}) \times 0.2] \times 0.12 \tag{4-4}$$

$$PC = [(A_{564} - A_{592}) - (A_{455} - A_{592}) \times 0.51] \times 0.15 \tag{4-5}$$

现有研究显示，与磷酸缓冲液(pH6.8)相比，含0.3%(w/V)粗磷脂的3-[(3-胆固醇氨丙基)二甲基氨基]-1-丙磺酸[CHAPS，3%(w/V)]缓冲液提取藻胆蛋白的效果更好(Zimba，2012)。

二、藻蓝蛋白的分离纯化

研究表明，藻蓝蛋白具有抗癌、促进血细胞再生等功效，在分子生物学中常用作荧光试剂(Patel et al.，2005)。藻蓝蛋白多从螺旋藻中提取并分离纯化(Minkova et al.，2003；Patil et al.，2006)。通常用A_{620}/A_{280}来表示藻蓝蛋白的纯度，根据藻蓝蛋白纯度的不同可将其分为食品级(纯度0.7)、药品级(纯度3.9)和试剂级(纯度＞4.0)(Rito-Palomares et al.，2001)。常用的藻蓝蛋白纯化方法有盐析(Patel et al.，2005)、柱层析(Ramos et al.，2011)、利凡诺沉淀(Minkova et al.，2003)及双水相萃取(Patil et al.，2006)等，其中柱层析法使用较广，根据其纯化原理又可分为吸附层析法、凝胶层析法和离子交换层析法等。

离子交换层析法是以离子交换剂为固定相，依据流动相中组分离子与交换剂上平衡离子进行可逆交换时结合力大小的差别进行蛋白质分离的一种层析方法，常和盐析法结合使用，是纯化蛋白质的经典方法，具体过程如下(Sonani et al.，2014)。

1)离心并收集藻细胞，重悬在20 mmol/L磷酸钾缓冲液(pH7.2)中，用反复冻融法破碎藻细胞。将重悬液离心(4℃，17 000×g，20 min)，上清液为蛋白质粗提液。

2)向蛋白质粗提液中缓慢加入研细的硫酸铵粉末至饱和度为20%，4℃连续搅拌1 h。离心(4℃，17 000×g，20 min)，取上清液，继续加入硫酸铵粉末至饱和度为40%。

3)4℃、17 000×g条件下离心20 min，分别收集上清液和红色沉淀。其中红色沉淀为PE粗提物。向上清液中加入Triton X-100至终浓度为0.1%(w/V)，搅拌15 min，室温放置过夜。

4)室温、17 000×g条件下离心20 min，所得蓝色沉淀为PC粗提物。在上清液中加入硫酸铵粉末至饱和度为70%。室温、17 000×g条件下离心20 min，得到蓝绿色沉淀，为APC粗提物。

5)将3)和4)得到的藻胆蛋白沉淀分别用20 mmol/L磷酸钾缓冲液(pH7.2)溶解并过Sephadex G-150凝胶色谱柱，以20 mmol/L磷酸钾缓冲液为流动相洗脱藻胆蛋白，流速为

0.75 mL/min。收集 PE（红色）、PC（蓝色）和 APC（蓝绿）组分。

6）经凝胶色谱柱纯化的藻胆蛋白进一步用 DEAE-纤维素柱纯化。先用 20 mmol/L 磷酸钾缓冲液（pH7.2）平衡柱子，进样后，用 10 倍柱体积的磷酸钾缓冲液冲洗，最后用含 0～0.5 mol/L NaCl 的磷酸钾缓冲液梯度洗脱并收集藻胆蛋白。

三、优缺点

如表 4-3 所示，反复冻融法操作方便、简单，不需要特殊的设备，但耗时较长，适合实验室中少量材料的处理。有文献曾比较反复冻融法和超声波法，结果显示反复冻融法效果较好（Abalde et al.，1998）。超声波法提取耗时短，损失少，蛋白质含量高，主要缺点是超声强度和均匀度需要较好控制，否则容易引起蛋白质变性，提取液中细胞碎片和杂蛋白质较多，后期处理困难，且超声的同时产生大量的热量，需要冰浴，处理量小。若实验室条件允许，有文献显示反复冻融法结合超声波法提取效果更好（Lawrenz et al.，2011；Zimba，2012）。研磨也可以破碎藻细胞，但是操作过程中容易损失较多的材料，不利于定量分析，其效果也不如反复冻融法（Sarada et al.，1999）。化学试剂处理法的优势在于提取量大，适合大量藻蓝蛋白的制备，主要缺点是加入的化学试剂增加了后期纯化处理的难度，而且化学试剂容易引起蛋白质变性。

表 4-3 藻胆蛋白提取方法优缺点比较

方法		优点	缺点
细胞破碎方法	冻融法	条件温和；操作简单、方便；利于蛋白质溶出，易于放大体系	需要冷冻设备，能量消耗大，只适合实验室小规模实验
	超声波法	可大量提取；常作为辅助方法，可提高蛋白质溶出率	产热较大，易引起藻胆蛋白变性
	渗透压破碎法	操作简单；生产规模可线性扩大	提取时间较长；对样品要求高，不适用于大型藻类
	液氮研磨法	低温操作环境能够保持天然藻胆蛋白的活性，成本较低，耗时较少	操作过程中容易损失较多的材料，不利于定量分析
	化学试剂处理法	破壁率高，提取效率高，适用于大量制备样品	引入化学试剂，后期纯化难度大
蛋白质提取纯化方法	盐析法	简单方便，提纯的同时对样品进行了浓缩，有利于后续的处理	药品用量较多，并产生大量的废水
	柱层析法	纯化速度快，上样量大；能够快速实现大量产品的纯化处理	成本比较高；需要多种层析方法并用
	双水相萃取法	操作简单；耗时少，产量高，可实现规模化生产；分离和浓缩同时进行	构成双水相的成相组分价格昂贵；两相分层速率较低，因而需要施加电场、磁场等外界条件，增加了成本
	利凡诺沉淀法	纯化效率高，产量高；成本低，易于扩大	后续需要用柱分离，限制了规模化生产

盐析法的优点是在提纯目标蛋白的同时对其进行了浓缩，对后续的处理非常有利。但是药品用量较多，并产生大量的废水。柱层析法具有吸附容量高，易洗脱且稳定性好的优势，但仅用单一层析法较难得到高纯度的藻蓝蛋白，通常需要使用多步层析才能达到较好

的效果，而且层析操作较为烦琐、费时。利凡诺沉淀法虽然效率较高，但是后续需要用柱分离，限制了规模化生产。双水相萃取与传统的柱分离相比具有操作简便、耗时短、易于放大规模等优点。上述各类方法都有其优缺点，实际操作中往往结合使用，以达到最好的效果。

（杨义文 王小琴 徐军田 邱保胜）

第三节 类胡萝卜素

摘要 本节简单介绍了类胡萝卜素的种类及其在各种藻类中的分布，并详细叙述如何利用高效液相色谱法和分光光度法分析与定量测定藻类中的类胡萝卜素。

类胡萝卜素(carotenoid)广泛分布于植物、藻类及某些细菌和真菌中，不溶于水而溶于有机溶剂，是高度不饱和化合物(多烯)，含有一系列共轭双键和甲基支链。根据其分子组成，类胡萝卜素可分为含氧类胡萝卜素及不含氧类胡萝卜素两大类，前者称为叶黄素(xanthophyll)，后者称为胡萝卜素(carotene)。与叶绿素相比，类胡萝卜素的种类更多，目前已知超过 700 种，特别是叶黄素的种类繁多。胡萝卜素有 α-、β-、γ-、δ-、ε-、ζ-胡萝卜素和番茄红素等少数几种。而叶黄素的种类非常多，不同藻类含有的类胡萝卜素组分不同，主要是指所含叶黄素种类不同。光合生物中类胡萝卜素的主要功能包括吸收和传递光能，保护叶绿素，抵御叶绿素氧化及光保护(photoprotection)等。岩藻黄质(fucoxanthin)、多甲藻素(peridinin)和管藻黄素(siphonaxanthin)是三种常见的叶黄素，除结构不同外，在功能上与叶绿素 b、叶绿素 c 等类似，它们也是作为聚光色素与蛋白质结合在一起，在光能捕获中起着重要的作用(Rowan，1989)。

一、不同藻类的特征类胡萝卜素

藻类的光合色素丰富多样，在不同的门类中差别很大，因而光合色素可以作为藻类分类学和系统学的标记。藻类色素组成上的差异主要表现在叶黄素种类的不同。表 4-4 总结了一些主要门类的特征类胡萝卜素(Goodwin，1974；Rowan，1989；van den Hoek et al.，1995；Takaichi，2011)。

表 4-4 主要门类的特征类胡萝卜素及其最大吸收峰(Rowan，1989；胡晗华，2003)

	蓝藻纲	隐藻纲	甲藻纲	土栖藻纲	绿藻纲	裸藻纲	绿枝藻纲	红藻纲	硅藻纲	金藻纲	真眼点藻纲	褐藻纲	针胞藻纲	黄藻纲	在丙酮中的最大吸收峰/nm
α-胡萝卜素		+						+							422、445、474
β-胡萝卜素	+			+	+	+		+	+	+	+	+			452、476
多甲藻素			+												474
管藻黄素								+							450

续表

	蓝藻纲	隐藻纲	甲藻纲	土栖藻纲	绿藻纲	裸藻纲	绿枝藻纲	红藻纲	硅藻纲	金藻纲	真眼点藻纲	褐藻纲	针胞藻纲	黄藻纲	在丙酮中的最大吸收峰/nm
硅甲藻黄素			+	+					+					+	446、476
硅藻黄质				+					+						452、480
海胆酮	+														466、666
黄藻黄素														+	445、474
甲藻黄素			+												418、442、470
蓝藻叶黄素	+														451、476、509
无隔藻黄素											+			+	445、473
新叶黄素					+	+									418、440、468
岩藻黄质				+					+	+		+	+		447、469
叶黄素					+		+	+							445、473
异黄素		+													453、483
玉米黄质	+				+	+	+								442、470
紫黄质					+						+	+	+		418、440、470

注：此表显示色素的最大吸收峰，峰值范围仅供参考，波长可能随测定参数有小的波动；；“+”表示存在该类色素

二、类胡萝卜素种类分析——高效液相色谱法

分析光合色素的方法有许多种，经典的方法有纸层析和薄层层析，薄层层析又根据吸附剂不同而分成几种类型。吸附剂的类型有硅胶、硅藻土、糖类、纤维素和聚酰胺等。层析后剪下各个色素斑点并用相应的溶剂溶解后测定其吸收光谱，对照文献资料再确定色素的种类（潘俊敏和张宪孔，1990）。上述方法较简便，然而准确性不高。近十几年随着高效液相色谱技术的发展，有许多人已将它应用于植物色素特别是藻类色素的分析中（Wright et al.，1991；王海黎等，1999；胡晗华，2003）。尽管柱的规格不同，但通常用于色素分析的色谱柱均为反向 C_{18} 柱，也有少数其他类型的柱（Schmid and Stich，1995）。流动相差别不大，多为甲醇、丙酮、乙酸铵和乙酸乙酯等，采用二元或三元梯度洗脱系统。色素峰通过可见光（波长多设定为 440 nm）检测器或荧光检测器（用于检测叶绿素及其代谢产物）检测。色素的定性依据色谱图上的保留时间并和已知色素标准品对照确定。高效液相色谱法与经典的层析法相比具有快速、准确的特点。然而，藻类的色素种类繁多，根据色素的保留时间及色素标准品来确定色素种类不但在标准品数量上存在一定的局限性，而且对不常见色素分析的可靠性也受到怀疑。近年来，随着二极管阵列检测器的引入，色素的种类可以通过吸收光谱的特性来确定，大大提高了分析结果的可靠性。

采用反向色谱柱，分离过程中，极性强的色素最先被洗脱下来，出现在色谱图的前端（图 4-9）（胡晗华，2003）。这类色素依极性强弱顺序主要有脱植基叶绿素 b、脱植基叶绿素 a 和叶绿素 c（图 4-9 中的峰 1）等。谱图中部为中等极性的光合色素，主要是各门类的特征类胡萝卜素。其中极性最强的类胡萝卜素是多甲藻素（微小多甲藻的峰 2），然后依次为管藻黄素、

岩藻黄质、紫黄质(峰 3)、硅甲藻黄素(微小多甲藻的峰 4)、硅藻黄素(峰 8)和叶黄素等。谱图非极性一端，主要是叶绿素 b、叶绿素 a(峰 9)、脱镁叶绿素 b、脱镁叶绿素 a 和各种胡萝卜素等(Wright et al.，1991)。根据色素峰的保留时间及色素吸收光谱的特性来确定色素的种类有较高的准确性，至少可以作为藻类分类的一个手段。但是，从检测藻类色素组成的角度上来说，单单根据洗脱时间还不足以判断色素类别，因为色素峰的洗脱时间相同仅仅说明两者的极性相同(图 4-9 中微拟球藻的峰 4 为类紫黄素)。

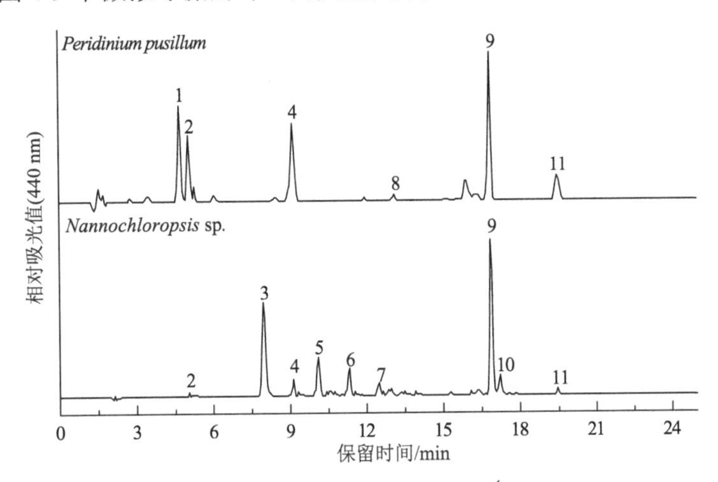

图 4-9 微小多甲藻(*Peridinium pusillum*)和微拟球藻(*Nannochloropsis* sp.)的色谱

在色素的定性方面，利用色素标准品或已知色素组成的纯种藻作为色素标准品是通常采用的方法，有一定的准确性。近年来，二极管阵列分光光度计逐渐成为采用 HPLC 法进行色素分析的标准配置检测器，它大大提高了色素分析的可靠性。根据色素吸收光谱的特性对藻类色素进行定性分析准确可靠，并具有很强的可操作性。对于单一一种色素的定量，根据出峰时间，通过外标(色素标准品)峰面积法来计算。

三、类胡萝卜素含量的测定

此处所指为总类胡萝卜素含量的测定。由于类胡萝卜素对氧、热、光和酸等敏感，实验操作应在低温(室温或更低)、偏碱性、暗中进行，储存在真空管及低温(−20～5℃)冰箱中。

1. 色素的提取

取新鲜藻细胞离心收集，加入丙酮或甲醇后通过研磨(大型藻类)或超声破碎细胞，于室温黑暗中提取，直至沉淀为灰白色。色素提取液可根据需要充 N_2 等惰性气体浓缩。

2. 除去叶绿素和脂类

通过上述操作得到的提取液中含有叶绿素及脂类，可干扰对类胡萝卜素的定量分析，需通过皂化法对类胡萝卜素分离。充 N_2 浓缩色素抽提液，去除所有有机溶剂，加入少量乙醚和等体积 10% KOH-甲醇溶液，室温黑暗下反应 1～2 h，加入 5% NaCl 中止反应并分相，水相加入乙醚重复抽提几次，混合所有乙醚相并用水洗涤 3 次去除碱和甲醇，得到的抽提液浓缩后用于类胡萝卜素含量的测定(Jensen，1978)。

$$C = (D \times V \times f \times 10)/2500 \quad (4\text{-}6)$$

式中，C 代表类胡萝卜素含量(mg)；D 代表提取液在 450 nm 下吸收值(1.0 cm 比色杯)；V 代表原始抽提液体积(mL)；f 代表稀释倍数；2500 代表类胡萝卜素的平均消光系数。

四、方法优缺点分析及注意事项

利用高效液相色谱法可以对单一一种色素进行定量分析，而分光光度法则只能对总类胡萝卜素的含量进行测定。两种方法相比，前者更为精确，但对仪器和使用者的要求较高，而后者仅可用于估算总类胡萝卜素的含量，但操作简便。对于不同的实验目的可以选用不同的方法。

（胡晗华）

第四节　苯酚类物质

摘要　*苯酚类物质是丰度最高的次级代谢产物，在植物应对生物和非生物逆境胁迫中扮演重要角色。因此在植物学和生态学领域，苯酚类物质的含量变化经常用于指示植物是否受到环境胁迫。本节概述了两种测定苯酚类物质的方法，即分光光度计法和高效液相色谱法，并比较了两种方法的优缺点。*

苯酚类化合物指芳香烃中苯环上的氢原子被羟基取代所生成的化合物，是芳烃的含羟基衍生物，广泛存在于高等植物、大型海藻和微藻中，它在植物应对生物与非生物逆境胁迫反应中起着重要的作用(Treutter，2006)。有研究表明，在重金属铁和铜的胁迫下，硅藻门三角褐指藻细胞中的苯酚类物质含量显著升高，用于修复重金属对其造成的损伤(Rico et al.，2013)。最近的一项研究表明，在海洋酸化条件下，赫氏颗石藻及浮游植物细胞中的苯酚类物质含量亦显著提高，内在机制是细胞通过产生更多的苯酚类物质，并通过苯酚羟化酶将其降解成其他不饱和脂肪酸或其他有机物形式，随后进入 β-氧化等代谢途径产生额外能量，以应对海洋酸化对浮游植物造成的扰动(Jin et al.，2005)。总之，苯酚类物质可以作为微藻对外界胁迫响应的一种重要指标，其测定方法主要有分光光度计法和高效液相色谱法。

一、分光光度计法

分光光度计法只能用来测定总的苯酚类物质含量，本研究采取 Shetty 等(1995)的方法进行测定。取一定体积的藻液样品，离心或过滤收集。在上述沉淀中加入 2.5 mL 95%乙醇，在 47℃恒温水浴锅中水浴 48 h。超声破碎，每次工作时间 3 s，间隙 5 s，破碎时间 3 min。破碎后于 4500×g 离心 10 min，取上清液。取 1.0 mL 上清液转移至含有 1.0 mL 95%乙醇、5.0 mL 蒸馏水、0.5 mL 50% Folin-Ciocalteu 的离心管中。在上一步骤中，加入不同浓度的没食子酸代替 1.0 mL 上清液用于作标准曲线。反应 5 min 后，加入 1.0 mL 5% Na_2CO_3，混匀倒置，放暗处 1 h。用紫外-可见分光光度计测定 725 nm 处 OD 值。根据所测样品的 OD 值，通过已知浓度没食子酸的标准曲线就可以计算其浓度。

二、高效液相色谱法

高效液相色谱法可以用于定量苯酚类物质的不同组分(如没食子酸、儿茶酚甲酸、儿茶酚、香草酸、丁香酸等)，因此可以用来测定不同胁迫条件下，不同苯酚类物质含量的变化。

1. 仪器

高效液相色谱仪，包括一个真空脱气器，一个二元泵，一个二极管阵列检测器；反向色谱柱 XRs C_{18}(250 mm×4.6 mm，5 μm)及 XRs C_{18}(10 mm×4.6 mm，5 μm)(Rico et al.，2013)。流动相：洗脱液 A(含有 0.1%甲酸的超纯水)、洗脱液 B(甲醇)。

2. 实验步骤

(1)苯酚类物质的提取

取一定体积的藻液样品，离心或者过滤收集，并冻干。取 1 g 左右冻干的微藻样品，加入 25 mL 甲醇搅拌提取 1 h。3500 r/min 离心 30 min 后，提取上清液，并蒸发。将蒸干后所剩样品(约 100 mg)与 4 mL 丙酮∶己烷溶液(1∶4)混合搅拌 10 min。去除上清液，加 5 mL 甲醇，并用振荡器振荡 10 min。3000 r/min 离心 5 min 后，去除上清液，加 5 mL 甲醇继续提取，再按上述方法离心，重复两次。在旋转蒸发器中(6800 r/min)蒸发掉所有的甲醇类化合物。离心管内所剩样品，加入 5 mL 盐酸(1 mol/L)重溶解。在室温、3800 r/min 条件下离心 30 min，使样品充分水解。水解产物用下述固相萃取方法进行纯化。

取 5 mL 水解物以 2.5 mL/min 的速率通过分离柱，随后用含 5%甲醇的 2%乙酸溶液润洗柱子。残留的分析物依次用 2 mL 的 5%、10%、20%甲醇溶液进行洗脱。在旋转蒸发器中(3500 r/min，25℃)蒸发干燥样品，随后溶解于 500 μL 甲醇溶液中，用注射器抽取，过 45 μm 针头滤膜，注入高效液相色谱柱进入下一步分析(进样体积 60 μL)。

(2)色谱分析及苯酚类物质的鉴定

柱温为 27℃。洗脱条件为 0～5 min，20%等渗洗脱液 B；5～30 min，20%～60%洗脱液 B 梯度洗脱；30～35 min，60%等渗洗脱液 B；35～40 min，60%～20%洗脱液 B 梯度洗脱。最后冲洗柱子。每种苯酚类物质的保留时间分别如下：没食子酸 5.3 min；儿茶酸 10 min；儿茶酚 12.7 min；绿原酸 14.9 min；龙胆酸 17.1 min；香草酸 17.7 min；表儿茶酸 17.9 min；咖啡酸 17.9 min；丁香酸 18.9 min；对香豆酸 23.4 min；芦丁 28.1 min；阿魏酸 24.3 min；杨梅黄酮 30.6 min；五羟黄酮 34.6 min。利用二极管阵列检测器在不同的检测波长进行持续监测(270 nm：没食子酸、儿茶酸、儿茶酚、香草酸、表儿茶酸、丁香酸。324 nm：绿原酸、龙胆酸、咖啡酸、对香豆酸、阿魏酸。373 nm：芦丁、杨梅黄酮、五羟黄酮)。

(3)各类苯酚物质的定量分析

通过进样已知浓度的标样，用外标峰面积法测定峰面积和样品浓度之间的线性关系，得到工作曲线的线性范围和最低检出限，根据所测样品中色素的峰面积计算其浓度。

三、方法优缺点分析及注意事项

利用高效液相色谱法可以对单一一种苯酚类物质进行定量分析，而分光光度计法则只能对总的苯酚类物质含量进行测定。两种方法相比，前者更为精确，但对仪器和使用者的要求较高，较为昂贵，而后者仅可用于估算总苯酚类物质的含量，而且在水浴过程中，部分苯酚类物质易挥发，造成对实验结果低估；此外，对于硅藻或其他难以破碎细胞壁的藻类，要适当延长破碎时间，使苯酚类物质被充分萃取；但此方法的优点是操作简便，成本较低。

（金 鹏 李亚鹤）

参 考 文 献

胡晗华. 2003. 测定浮游植物中色素的高效液相色谱与二极管阵列分光光度计联用的方法[J]. 植物生理学通讯, 39(6): 658-660.

梁丽. 1986. 藻胆蛋白晶体结构的研究[J]. 生物化学与生物物理进展, 13(3): 32-35.

潘俊敏, 张宪孔. 1990. 藻类叶绿素和类胡萝卜素的快速薄板层析[J]. 植物生理学通讯, 26(3): 51-53.

王锋, 周明, 赵金梅, 等. 2008. 藻红蓝蛋白 β 亚基体内重组及其色谱分析[J]. 水生生物学报, 32(1): 74-77.

王海黎, 洪华生, 徐立. 1999. 反相高效液相色谱法分离、测定海洋浮游植物的叶绿素和类胡萝卜素[J]. 海洋科学, (4): 6-9.

张以芳, 刘旭川, 李琦华. 1999. 螺旋藻藻蓝蛋白提取及稳定性试验[J]. 云南大学学报(自然科学版), 21(3): 230-232.

张玉忠, 陈秀兰, 周百成, 等. 1999. 钝顶螺旋藻中一种新的模型藻胆体[J]. 中国科学, 29(2): 145-150.

周百成, 曾呈奎. 1990. 藻类光合作用色素中译名考释[J]. 植物生理学通讯, 3: 57-60.

Abalde J, Betancourt L, Torres E, et al. 1998. Purification and characterization of phycocyanin from the marine cyanobacterium *Synechococcus* sp. IO9201[J]. Plant Science, 136: 109-120.

Beer S, Eshel A. 1985. Determining phycoerythrin and phycocyanin concentrations in aqueous crude extracts of red algae[J]. Marine and Freshwater Research, 36: 785-792.

Behrendt L, Larkum A W D, Norman A, et al. 2011. Endolithic chlorophyll d-containing phototrophs[J]. ISME Journal, 5: 1072-1076.

Behrendt L, Staal M, Cristescu S M, et al. 2013. Reactive oxygen production induced by near-infrared radiation in three strains of the Chld-containing cyanobacterium *Acaryochloris marina*[J]. F1000 Research, 2: 44.

Bennett A, Bogorad L. 1973. Complementary chromatic adaptation in a filamentous blue-green alga[J]. Journal of Cell Biology, 58: 419-435.

Blot N, Wu X J, Thomas J C, et al. 2009. Phycourobilin in trichromatic phycocyanin from oceanic cyanobacteria is formed post-translationally by a phycoerythrobilin lyase-isomerase[J]. Journal of Biological Chemistry, 284: 9290-9298.

Chen M. 2014. Chlorophyll modifications and their spectral extension in oxygenic photosynthesis[J]. Annual Review of Biochemistry, 83: 317-340.

Chen M, Blankenship R E. 2011. Expanding the solar spectrum used by photosynthesis[J]. Trends in Plant Science, 16: 427-431.

Chen M, Li Y Q, Birch D, et al. 2012. A cyanobacterium that contains chlorophyll f–a red-absorbing photopigment[J]. FEBS Letters, 586: 3249-3254.

Chen M, Quinnell R G, Larkum A W D. 2002. The major light-harvesting pigment protein of *Acaryochloris marina*[J]. FEBS Letters, 514: 149-152.

Chen M, Schliep M, Willows R D, et al. 2010. A red-shifted chlorophyll[J]. Science, 329: 1318-1319.

Chen M, Telfer A, Lin S, et al. 2005. The nature of the photosystem II reaction centre in the chlorophyll d-containing prokaryote, *Acaryochloris marina*[J]. Photochemistry and Photobiology, 4: 1060-1064.

Colyer C L, Kinkade C S, Viskari P J, et al. 2005. Analysis of cyanobacterial pigments and proteins by electrophoretic and chromatographic methods[J]. Analytical and Bioanalytical Chemistry, 382: 559-569.

Gan F, Shen G Z, Bryant D A. 2015. Occurrence of far-red light photoacclimation (FaRLiP) in diverse cyanobacteria[J]. Life, 5: 4-24.

Gan F, Zhang S, Rockwell N C, et al. 2014. Extensive remodeling of a cyanobacterial photosynthetic apparatus in far-red light[J]. Science, 345: 1312-1317.

Garrido J L, Zapata M. 2006. Chlorophyll analysis by new high performance liquid chromatography methods[M]. *In*: Grimm B, Porra R J, Rüdiger W, et al. Chlorophylls and Bacteriochlorophylls: Biochemistry, Biophysics, Functions and Applications. Berlin: Springer-Verlag: 109-121.

Glazer A N. 1988. Phycobiliproteins[J]. Methods in Enzymology, 167: 291-303.

Goodwin T W. 1974. Carotenoids and biliproteins[M]. *In*: Stewart W D P. Algal Physiology and Biochemistry. Berkeley: University of California Press: 176-192.

Govindjee R, Krogmann D. 2004. Discoveries in oxygenic photosynthesis (1727-2003): a perspective[J]. Photosynthesis Research, 80: 15-57.

Green B R. 2011. After the primary endosymbiosis: an update on the chromalveolate hypothesis and the origins of algae with Chlc[J]. Photosynthesis Research, 107: 103-115.

Hu Q, Miyashita H, Iwasaki I, et al. 1998. A photosystem Ⅰ reaction center driven by chlorophyll d in oxygenic photosynthesis[J]. Proceedings of the National Academy of Sciences of the United States of America, 95: 13319-13323.

Humphrey G F, Jeffrey S W. 1997. Test of accuracy of spectrophotometric equations for the simultaneous determination of chlorophylls a, b, c_1 and c_2[M]. *In*: Jeffrey S W, Mantoura R F C, Wright S W. Phytoplankton Pigments in Oceanography: Guidelines to Modern Methods. Paris: UNESCO Publ: 616-621.

Jensen A. 1978. Chlorophylls and carotenoids[M]. *In*: Hellebust J A, Craigie J S. Handbook of Phycological Methods: Physiological and Biochemical Methods. New York: Cambridge University Press: 59-70.

Jin P, Wang T F, Liu N N, et al. 2015. Ocean acidification increases the accumulation of toxic phenolic compounds across trophic levels[J]. Nature Communications, 6: 8714

Kashiyama Y, Miyashita H, Ohkubo S, et al. 2008. Evidence of Global Chlorophyll d[J].Science, 321: 658.

LarkumA W D, Chen M, Li Y Q, et al. 2012. A novel epiphytic chlorophyll d-containing cyanobacterium isolated from a mangrove-associated red alga[J]. Journal of Phycology, 48: 1320-1327.

Lawrenz E, Fedewa E J, Richardson T L. 2011. Extraction protocols for the quantification of phycobilins in aqueous phytoplankton extracts[J]. Journal of Applied Phycology, 23: 865-871.

Li Y Q, Scales N, Blankenship R E, et al. 2012. Extinction coefficient for red-shifted chlorophylls: chlorophyll d and chlorophyll f[J]. Biochimica et Biophysica Acta-biomembranes, 1817: 1292-1298.

Lichtenthaler H K, Buschmann C. 2001. Chlorophylls and carotenoids: measurement and characterization by UV-VIS spectroscopy[J]. Current Protocols in Food Analytical Chemistry, F431-F438.

Manning W M, Strain H H. 1943. Chlorophyll d, a green pigment of red algae[J]. Journal of Biological Chemistry, 151: 1-19.

Miller S R, Augustine S, Olson T L, et al. 2005. Discovery of a free-living chlorophyll d-producing cyanobacterium with a hybrid proteobacterial/cyanobacterial small-subunit rRNA gene[J]. Proceedings of the National Academy of Sciences of the United States of America, 102: 850-855.

Minkova K M, Tchemov A A, Tchorbadjieva M I, et al. 2003. Purification of C-phycocyanin from *Spirulina* (*Arthrospira*) *fusiformis*[J]. Journal of Biotechnology, 102: 55-59.

Miyashita H, Ikemoto H, Kurano N, et al. 1996. Chlorophyll d as a major pigment[J]. Nature, 383: 402.

Mohr R, Voß B, Schliep M, et al. 2010. A new chlorophyll d-containing cyanobacterium: evidence for niche adaptation in the genus *Acaryochloris*[J]. ISME Journal, 4: 1456-1469.

Murakami A, Miyashita H, Iseki M, et al. 2004. Chlorophyll d in an epiphytic cyanobacterium of red algae[J]. Science, 303: 1633.

Patel A, Mishra S, Pawar R, et al. 2005. Purification and characterization of C-phycocyanin from cyanobacterial species of marine and freshwater habitat[J]. Protein Expression and Purification, 40: 248-255.

Patil G, Chethana S, Sridevi A S, et al. 2006. Method to obtain C-phycocyanin of high purity[J]. Journal of Chromatography A, 1127: 76-81.

Patil G, Raghavarao K. 2007. Aqueous two phase extraction for purification of C-phycocyanin[J]. Biochemical Engineering Journal, 34: 156-164.

Pocock T, Król M, Huner N P A. 2004. The determination and quantification of photosynthetic pigments by reverse phase high-performance liquid chromatography, thin-layer chromatography, and spectrophotometry[J]. Methods in Molecular Biology, 274: 137-148.

Porra R J. 1990a. A simple method for extracting chlorophylls from the recalcitrant alga, *Nannochloris atomus*, without formation of spectroscopically-different magnesium-rhodochlorin derivatives[J]. Biochimica et Biophysica Acta, 1019: 137-141.

Porra R J. 1990b. The assay of chlorophylls a and b converted to their respective magnesium-rhodochlorin derivatives by extraction from recalcitrant algal cells with aqueous alkaline methanol: prevention of allomerization with reductants[J]. Biochimica et Biophysica Acta, 1015: 493-502.

Porra R J. 1991. Recent advances and re-assessments in chlorophyll extraction and assay procedures for terrestrial, aquatic and marine organisms, including recalcitrant algae[M]. *In*: Scheer H. Chlorophylls. BocaRaton: CRC Press: 31-57.

Porra R J. 2006. Spectrometric assays for plant, algal and bacterial chlorophylls[M]. *In*: Grimm B, Porra R J, Rüdiger W, et al. Chlorophylls and Bacteriochlorophylls: Biochemistry, Biophysics, Functions and Applications. Berlin: Springer-Verlag: 95-107.

Porra R J, Thompson W A, Kriedemann P E. 1989. Determination of accurate extinction coefficients and simultaneous equations for assaying chlorophylls a and b extracted with four different solvents: verification of the concentration of chlorophyll standards by atomic absorption spectroscopy[J]. Biochimica et Biophysica Acta, 975: 384-394.

Qiu B, Zhang A, Zhou W, et al. 2004. Effects of potassium on the photosynthetic recovery of the terrestrial cyanobacterium, *Nostoc flagelliforme* (Cyanophyceae) during rehydration[J]. Journal of Phycology, 40: 323-332.

Ramos A, Acién F G, Fernández-Sevilla J M, et al. 2011. Development of a process for large-scale purification of C-phycocyanin from *Synechocystis aquatilis* using expanded bed adsorption chromatography[J]. Journal of Chromatography B, 879: 511-519.

Rico M, López A, Santana-Casiano J M, et al. 2013. Variability of the phenolic profile in the diatom *Phaeodactylum tricornutum* growing under copper and iron stress[J]. Limnology Oceanography, 58: 144-152.

Ritchie R J. 2006. Consistent sets of spectrophotometric chlorophyll equations for acetone, methanol and ethanol solvents[J]. Photosynthesis Research, 89: 27-41.

Rito-Palomares M, Nuñez L, Amador D. 2001. Practical application of aqueous two-phase systems for the development of a prototype process for c-phycocyanin recovery from *Spirulina maxima*[J]. Journal of Chemical Technology and Biotechnology, 76: 1273-1280.

Rowan K S. 1989. Photosynthetic pigments of algae[J]. Quarterly Review of Biology, 30 (2) : 235.

Rowan K S. 1989. Photosynthetic Pigments of Algae[M]. New York: Cambridge University Press.

Sarada R, Pillai M G, Ravishankar G A. 1999. Phycocyanin from *Spirulina* sp: influence of processing of biomass on phycocyanin yield, analysis of efficacy of extraction methods and stability studies on phycocyanin[J]. Process Biochemistry, 34: 795-801.

Schmid H, Stich H B. 1995. HPLC-analysis of algal pigments: comparison of columns, column properties and eluents[J]. Journal of Applied Phycology, 7(5): 487-494.

Shetty K, Curtis O F, Levin R E, et al. 1995. Prevention of vitrification associated with the *in vitro* shoot culture of oregano（*Origanum vulgare*）by *Psuedomonas* spp.[J]. Journal of Plant Physiology, 147: 447-451.

Siegelman H W, Kycia J H. 1978. Algal biliproteins[M]. *In*: Hellebust J A, Craigie J S. Handbook of Phycological Methods: Physiological and Biochemical Methods. Cambridge: Cambridge University Press: 71-79.

Sonani R R, Rastogi R P, Patel R, et al. 2016. Recent advances in production, purification and applications of phycobiliproteins[J]. World Journal of Biological Chemistry, 7: 100-109.

Sonani R R, Singh N K, Thakar D, et al. 2014. Concurrent purification and antioxidant activity of phycobiliproteins from *Lyngbya* sp. A09DM: an antioxidant and anti-aging potential of phycoerythrin in *Caenorhabditis elegans*[J]. Process Biochemistry, 49: 1757-1766.

Soni B, Kalavadia B, Trivedi U, et al. 2006. Extraction, purification and characterization of phycocyanin from *Oscillatoria quadripunctulata*-isolated from the rocky shores of Bet-Dwarka, Gujarat, India[J]. Process Biochemistry, 41: 2017-2023.

Takaichi S. 2011. Carotenoids in algae: distributions, biosyntheses and functions[J]. Marine Drugs, 9: 1101-1118.

Tomo T, Allakhverdiev S I, Mimuro M. 2011. Constitution and energetics of photosystem Ⅰ and photosystem Ⅱ in the chlorophyll d-dominated cyanobacterium *Acaryochloris marina*[J]. Journal of Photochemistry and Photobiology B-biology, 104: 333-340.

Tomo T, Okubo T, Akimoto S, et al. 2007. Identification of the special pair of photosystem Ⅱ in a chlorophyll d-dominated cyanobacterium[J]. Proceedings of the National Academy of Sciences of the United States of America, 104: 7283-7288.

Treutter D. 2006. Significance of flavonoids in plant resistance: areview[J]. Environmental Chemistry Letters, 4: 147-157.

van den Hoek C, Mann D G, Jahns H M. 1995. Algae: An Introduction to Phycology[M]. New York: Cambridge University Press.

Viskari P J, Colyer C L. 2002. Separation and quantitation of phycobiliproteins using phytic acid in capillary electrophoresis with laser-induced fluorescence detection[J]. Journal of Chromatography A, 972: 269-276.

Wright S W, Jeffrey S W, Montoura F R C. 1997. Evaluation of methods and solvents for pigment analysis[M]. *In*: Jeffrey S W, Montoura R F C, Wright S W. Phytoplankton Pigments in Oceanography Guidelines to Modern Methods. Paris: UNESCO Publ: 261-282.

Wright S W, Jeffrey S W, Mantoura R F C, et al. 1991. Improved HPLC method for the analysis of chlorophylls and carotenoids from marine phytoplankton[J]. Marine Ecology Progress Series, 77(2-3): 183-196.

Zapata M, Garrido J L, Jeffrey S W. 2006. Chlorophyll c pigments: current status[M]. *In*: Grimm B, Porra R J, Rüdiger W, et al. Chlorophylls and Bacteriochlorophylls: Biochemistry, Biophysics, Functions and Applications. Berlin: Springer-Verlag: 39-53.

Zimba P V. 2012. An improved phycobilin extraction method[J]. Harmful Algae, 17: 35-39.

第五章　叶绿素荧光技术与方法

第一节　调制叶绿素荧光等相关方法关键参数的解析

摘要　通过测量叶绿素荧光变化探究光合作用活性已经成为一种广泛使用的技术。特点在于能够直接反映光系统活性，加之简便、快捷、可靠等特性，其已在国际上得到广泛应用。本节介绍叶绿素荧光的由来，回顾其发展历史，并着重介绍叶绿素荧光的原理及其相关参数的意义，旨在将叶绿素荧光技术的发展历程及原理、参数一一呈现。

荧光是物质吸收光照或者其他电磁辐射后发出的光。用于照射该物质的光称为激发光，该物质吸收激发光后发射出来的光称为荧光。荧光的波长比激发光要长，能量要低。

植物的叶绿素在接受激发光后也可以发出荧光，称为叶绿素荧光。常规物质发出的荧光强度依赖于激发光的强度，在相同的激发光照射下，荧光强度不变。而叶绿素荧光有意思的地方在于，在很多的激发光照射下，荧光强度有一个持续时间达几分钟(甚至十几分钟)的动态变化，这个动态变化过程和光合作用密切相关。利用叶绿素荧光探索光合作用的机制，起始于20世纪30年代，测量叶绿素荧光的变化作为研究光合作用快捷有效的方法，已经成为光合生物生理及生态研究领域功能强大、使用广泛的技术之一。由于常温常压下叶绿素荧光主要来源于光系统Ⅱ的叶绿素 a，而光系统Ⅱ处于整个光合作用过程的最上游，因此包括光反应和暗反应在内的多数光合过程的变化都会反馈给光系统Ⅱ，进而引起叶绿素 a 荧光的变化，也就是说几乎所有光合过程的变化都可通过叶绿素荧光反映出来。与其他测量方法相比，叶绿素荧光技术还具有不需破碎细胞、简便、快捷、可靠等特性，因此在国际上得到了广泛的应用。

一、叶绿素荧光的来源

藻细胞内的叶绿素分子既可以直接捕获光能，也可以间接获取其他捕光色素(如类胡萝卜素)传递来的能量。叶绿素分子得到能量后，会从基态(低能态)跃迁到激发态(高能态)。根据吸收能量的多少，叶绿素分子可以跃迁到不同能级的激发态。若叶绿素分子吸收蓝光，则跃迁到较高激发态；若叶绿素分子吸收红光，则跃迁到最低激发态。处于较高激发态的叶绿素分子很不稳定，会在几百飞秒(fs，1 fs=10^{-15} s)内通过振动弛豫向周围环境辐射热量，回到最低激发态，而最低激发态的叶绿素分子可以稳定存在几纳秒(ns，1 ns=10^{-9} s)。

处于最低激发态的叶绿素分子可以通过几种途径(图 5-1)释放能量回到基态(韩博平等，2003；Schreiber，2004)：①将能量在一系列叶绿素分子之间传递，最后传递给光反应中心叶绿素 a，用于进行光化学反应；②以热的形式将能量耗散掉，即非辐射能量耗散(热耗散)；③放出荧光。这三个途径相互竞争、此消彼长，往往是具有最大速率的途径处于支配地位。

一般而言，放出荧光发生在纳秒级，而光化学反应发生在皮秒级(ps，1 ps=10^{-12} s)，因此在正常生理状态下(室温下)，捕光色素吸收的能量主要用于进行光化学反应，荧光只占 3%～5%(Krause and Weis，1991；林世青等，1992)。

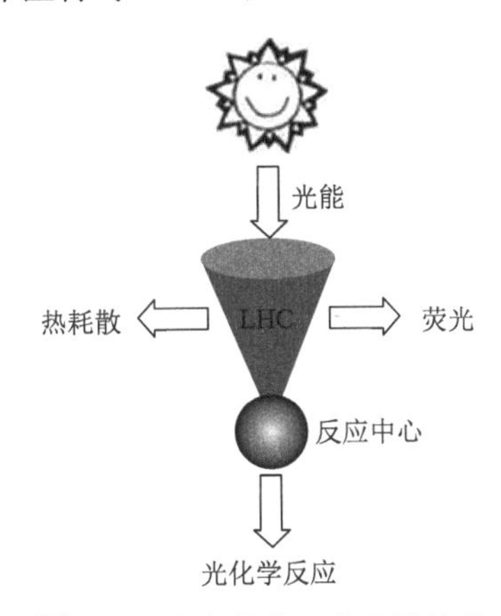

图 5-1　激发能的 3 种去激途径

LHC. light-harvesting complex，捕光色素蛋白复合体

在活体细胞内，由于激发能从叶绿素 b 到叶绿素 a 的传递几乎达到 100%的效率，因此基本检测不到叶绿素 b 荧光。在常温常压下，光系统 I 的叶绿素 a 发出的荧光很弱，基本可以忽略不计，对光系统 I 叶绿素 a 荧光的研究要在 77 K 的低温下进行。因此，当我们谈到活体叶绿素荧光时，其实指的是光系统 II 的叶绿素 a 发出的荧光。

二、叶绿素荧光的研究历史

在 19 世纪就有了关于叶绿素荧光现象的记载。最初是在 1834 年由欧洲传教士 Brewster 发现，当强光穿过月桂叶子的乙醇提取液时，溶液的颜色由绿色变成了红色。1852 年 Stokes 认识到这是一种光发射现象，并创造了“fluorescence”一词。

1931 年，德国科学家 Kautsky 和 Hirsch 用肉眼观察并记录了叶绿素荧光诱导现象，明确指出在暗适应处理的叶片照光后发生荧光诱导的过程中，叶绿素荧光强度的变化与 CO_2 固定呈相反的关系(Kautsky and Hirsch，1931；Govindjee，1995)，此后的 10 余年中，Kautsky 和他的学生 Franck 就这一现象做了系统的研究(Kautsky and Franck，1943)。在 Kautsky 研究的基础上，后人进一步对叶绿素荧光诱导现象进行了广泛而深入的研究，并逐步形成了光合作用荧光诱导理论，被广泛应用于光合作用研究。由于 Kautsky 的杰出贡献，叶绿素荧光诱导现象也称为 Kautsky 效应(Kautsky effect)。

20 世纪 60 年代到 80 年代早期，叶绿素荧光这一生物物理学特性被广泛用于光合作用基础研究，很多重要发现都与之有关，如光合作用存在两个光反应系统的理论就是基于这一现象提出的(Duysens and Sweers，1963)。但在那个年代，所有的叶绿素荧光的测量都只能在完全遮蔽环境光的“黑匣子”里进行，这大大限制了叶绿素荧光技术在植物胁迫生理学、生理生态学和植物病理学等领域的应用。因此，在很长一段时间中，叶绿素荧光技术在基础研究和应用研究之间存在一个鸿沟。尽管如此，情况还是在逐步好转。这是因为虽然叶绿素荧光信号复杂，但确实提供了可靠的、定量的信息，并且可以由越来越小型化的仪器来进行测量。

20 世纪 80 年代，德国乌兹堡大学的 Schreiber 提出了叶绿素荧光测量的饱和脉冲理论，并发明了脉冲-振幅-调制(pulse-amplitude-modulation，PAM)叶绿素荧光仪(Schreiber，1986；Schreiber et al.，1986)，也就是今天被广泛使用的调制叶绿素荧光仪。Schreiber 早年师从 Kautsky 的学生 Franck，在后者的指导下很早就开始进行叶绿素荧光的研究(Schreiber et al.，1971；Gielen et al.，2007)，并在 1975 年就设计出了科研界第一款便携式叶绿素荧光仪(Schreiber et al.，1975)。但受限于光电技术的发展，当时这款荧光仪只能测量叶绿素荧光诱导曲线，不能测量荧光的猝灭(消减)，直到调制叶绿素荧光仪的出现才解决了这个问题。

调制叶绿素荧光仪和调制叶绿素荧光测量技术在叶绿素荧光的研究历史上具有里程碑意义。其采用了调制技术进行测量，从而可以在有环境光照(甚至是很强的太阳光)的情况下记录叶绿素荧光信号；采用了饱和脉冲技术，使得对光化学猝灭和非光化学猝灭进行测量成为可能。

早期的调制叶绿素荧光仪主要在实验室内进行测量，到了 20 世纪 90 年代发展到可以非常方便地在野外现场测量。早期的仪器采用光电二极管作为检测器，只能测量叶片或细胞浓度很高的藻液，后来采用光电倍增管后可以直接检测大洋海水中的叶绿素荧光。随着技术的发展，陆续出现了叶绿素荧光成像、水下原位大藻测量、显微测量和利用叶绿素荧光对浮游植物进行分类的技术等，这些技术在藻类学、海洋与湖泊生态学的研究中得到了广泛应用。

除了调制叶绿素荧光技术之外，由 Strasser 和 Govindjee(1991，1992)研发的基于连续激发光的快速荧光诱导动力学 OJIP 技术在藻类测量中也得到了广泛应用，由 Falkowski 等(1984)研发的“泵和探针”荧光测量法、快速重复速率荧光测量法 FRRF(Kolber et al.，1998)、荧光诱导和弛豫测量法 FIRe(Gorbunov and Falkowski，2004)和荧光寿命测量法(Lin et al.，2016)等技术更是广泛应用于全球海洋光合作用测量中。

三、调制叶绿素荧光原理

为了更好地理解调制叶绿素荧光，首先要知道荧光强度(intensity)和荧光产量(yield)的区别。荧光强度的高低依赖于激发光的强度和仪器的信号放大倍数，其变化可以达到几个数量级的幅度。而荧光产量可以理解为固定仪器设置下的荧光强度，其变化不会超过 5～6 倍，是真正包含了光合作用信息的参数。例如，一个经过暗适应处理的样品，照射 0.5 μmol photons/(m^2·s)的测量光后，其荧光产量是非常稳定的。假设此时仪器的增益设置为 1，荧光强度为 300 mV；当仪器的增益设置改为 3 后，荧光强度变为 900 mV。但实际上由于激发光恒定，样品发出的荧光产量是恒定的，只是在不同的信号放大倍数下检测到的荧光强度不同而已。

理想的荧光仪必须能在不改变样品状态的情况下(即非破坏性)进行生理活性测量，需要满足如下几条要求(Schreiber，1986，2004；Schreiber et al.，1986)。

1)测量光的强度必须足够低，只激发色素的本底荧光而不引起光合作用，这样才能获得暗适应后的最小荧光值 F_o。

2）测量光由一系列微秒级的光脉冲组成，这些短光脉冲可以用不同的频率给出。在很低的频率下，即使单个微秒级光脉冲的强度比较高，也不会引起光合作用。

3）用反应迅速、线性范围大的光电二极管（或光电倍增管）来检测这些由微秒级光脉冲激发的微秒级荧光脉冲。

4）荧光脉冲信号首先由交流耦合放大器放大，然后进一步经选择性锁相放大器处理，只放大和调制测量光同频率的荧光信号，可以有效屏蔽环境中本身就存在的与叶绿素荧光同波长的背景噪声（这就好比选择调频收音机的某个频道，就可以在浩如烟海的无线电波噪声中选择性接收您需要的无线电波，采用调制技术，可以在大量的环境光背景噪声中选择性测量叶绿素 a 发出的荧光）。

5）当打开光化光或饱和脉冲时，可以自动提高测量光频率，以提高信号采点率，有效记录一些比较快速的荧光动力学（如荧光快速上升动力学）变化。

调制叶绿素荧光仪有两大核心技术，一个是上文提到的光调制技术，有了它我们才能在有环境光的情况下测量叶绿素荧光；另一个就是饱和脉冲技术。

所谓饱和脉冲技术，就是提供一个瞬间的强光脉冲来暂时打断光系统Ⅱ电子传递过程。我们已经知道，光合机构吸收的光能有 3 条去激途径：光化学反应（photochemistry，*P*）、叶绿素荧光（fluorescence，*F*）和热耗散（dissipation，*D*）。根据能量守恒原理，假设吸收的光能为常数 1，得到 $1=P+F+D$。叶绿素荧光产量可以测量出来，而我们希望得出 *P* 和 *D* 两个参数值。根据基本的数学原理，一个等式有两个未知数是无解的。此时如果给出一个饱和脉冲，暂时打断光化学反应过程，则 $P=0$，这个等式就可以求解了。由此可知，饱和脉冲技术的基本作用就是打断光合作用，用于求出光化学反应和热耗散分别用去了多少能量。

早期，科研人员只能通过人为加入农药敌草隆（DCMU）来阻断光系统Ⅱ的电子传递过程，从而获得最大荧光值 F_{m}，而这是不可逆的。后来，Schreiber 在光强倍增技术（Bradbury and Baker，1981；Quick and Horton，1984）的基础上，提出了饱和脉冲技术（Schreiber et al.，1986）。饱和脉冲技术的最大优点在于，它是暂时阻断光系统Ⅱ的电子传递过程，由于持续时间很短（一般 0.2～1.5 s），因此饱和脉冲关闭后光合电子传递过程会在极短的时间内恢复运转。所以说这是一个可逆的过程，正是有了饱和脉冲技术，我们才能在不破坏样品的完整性、不引起光抑制的基础上获得光合生理参数。

四、叶绿素荧光诱导曲线和典型参数

从 Kautsky 发现叶绿素荧光诱导现象并指出其与光合作用的关系以来，80 多年来，利用叶绿素荧光研究光合作用主要采用荧光诱导曲线。那么，什么是叶绿素荧光诱导曲线呢？测量叶绿素荧光诱导曲线能获得哪些生物信息呢？

所谓叶绿素荧光诱导，就是将样品在黑暗的状态下适应一段时间，然后照射光化光，观察样品的光合机构从暗转到光下的响应过程。为什么要进行暗适应呢？在光合电子传递链上有一个称为质体醌（PQ）的载体，位于整个电子传递过程的限速步骤，可以通俗称为电子门。在光合膜上，PQ 的数量与捕光色素吸收的光子数（微摩尔级）相比是微不足道的。因此光合作用进行时，光系统Ⅱ释放出的电子总是有部分会累积在电子门处，这部分处于还原态（累积电子）的电子门就处于关闭态，或者说光系统Ⅱ的反应中心处于关闭态。在暗适应过程中，光系统Ⅱ处没有连续的光能激发，因此不会继续释放电子，累积在电子门处的电子会继续往光系统Ⅰ传递，直到所有电子都传递完毕。当电子门处没有电子累积了，电子门就从还原态转变为氧化态。

暗适应结束后，就可以照光进行荧光诱导了。那么采用什么光进行诱导呢？只要能够引起光合作用的光，通常是波长在 400～700 nm 的可见光，都可以进行荧光诱导。在此，我们定义该光为光化光（actinic light），也有人称其为作用光。在光合作用研究领域，400～700 nm 的光也称为光合有效辐射（photosynthetic active radiation，PAR）。光化光可以为人工光，如来自日光灯、卤素灯或发光二极管的光，也可以为自然光（直接或间接的太阳光）。但为了使实验具有可重复性，多数荧光的测量采用仪器提供的恒定光强的人工光（新型仪器多以光强稳定的发光二极管为主）来诱导。只有保证测量条件一致，才能对不同材料或不同处理的样品进行直接比较。

图 5-2 是一条典型的叶绿素荧光诱导曲线，其测量步骤如下。

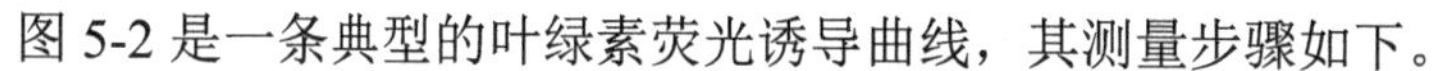
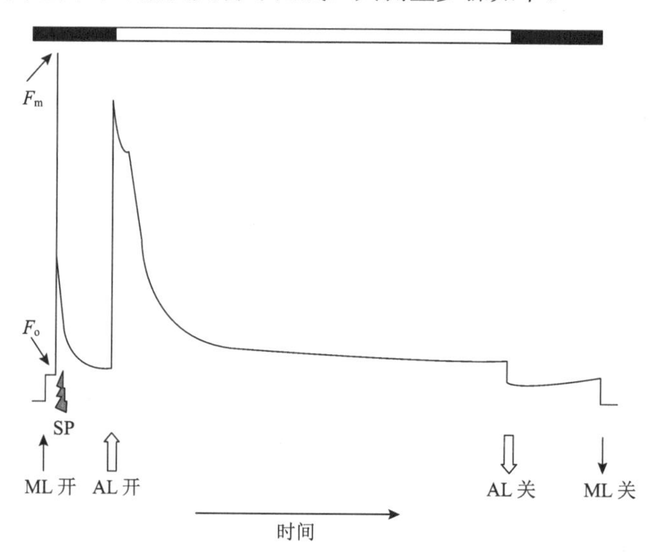

图 5-2　叶绿素荧光诱导曲线

SP. 饱和脉冲；AL. 光化光；ML. 测量光；F_o. 最小荧光值；F_m. 最大荧光值；整个测量过程中调制测量光需要一直打开

1）样品首先暗适应处理一段时间，以便累积在电子门处的所有电子都被传递走，光系统Ⅱ的所有反应中心都处于开放态。然后打开测量光（measuring light，ML），记录暗适应后的最小荧光值 F_o。测量光很弱[一般小于 1 μmol photons/(m^2·s)]，只激发色素的本底荧光，不足以引起任何光合作用。

2）紧接着打开一个持续时间仅为 0.2～1.5 s 的饱和脉冲（saturation pulse，SP），测量暗适应后的最大荧光值 F_m。饱和脉冲打开后，由光系统Ⅱ处释放的电子迅速将 PQ 全部还原（电子门全部关闭），光化学反应被打断，光能全部转化为叶绿素荧光和热量，荧光迅速达到最大值 F_m。饱和脉冲的强度非常大，高等植物一般要求达到 8000～10 000 μmol photons/(m^2·s)，藻类一般大于 4000 μmol photons/(m^2·s) 即可。

3）饱和脉冲关闭后，荧光迅速回到 F_o 附近，然后打开光化光（actinic light，AL），记录叶绿素荧光从黑暗转到光照的响应过程。如上所述，光合作用进行时，总是有部分电子门处于关闭态。这部分处于关闭态的电子门本该用于光合作用的能量就转化为了叶绿素荧光和热。饱和脉冲关闭后，电子门迅速全部打开，此时打开光化光，光系统Ⅱ瞬间释放出大量电子，导致许多电子门被关闭，因此实时荧光迅速上升。此时，光合器官会迅速启动调节机制来适应这种光照状态，光系统Ⅰ逐渐从 PQ 处获取电子。在恒定的光化光强度下，光系统Ⅱ释放的电子数是恒定的，因此随着时间的延长，处于关闭态的电子门越来越少，荧光逐渐下降并达到稳态。此时，处于关闭态的电子门数量达到动态平衡，也就是说光系统Ⅱ和光系统Ⅰ达到了动态平衡。

4）等荧光曲线达到稳态后关闭光化光，并结束整个测量过程。有时，为了精确获得光化光关闭后的最小荧光值 F_o'这个参数，会在关闭光化光的同时打开一个持续几秒的远红光（far-red light，FL），以加快电子从 PQ 向光系统Ⅰ的传递。

根据图 5-2 中的 F_o 和 F_m，可以计算出光系统Ⅱ的最大光合效率[$F_v/F_m = (F_m - F_o)/F_m$]（Kitajima and Butler，1975），它反映了植物的潜在最大光能转换效率。这是用得最广、使用频率最高的一个参数。早在 1987 年，科研人员就已经阐明多数健康维管植物的 F_v/F_m 值为 0.832±0.004（Björkman and Demmig，1987）。目前科研界已基本达成共识，在健康生理状态下，绝大多数高等植物的 F_v/F_m 值为 0.8～0.85，当 F_v/F_m 值下降时，代表植物受到了胁迫。因此，F_v/F_m 是研究光抑制或各种环境胁迫对光合作用影响的重要指标。

对藻类而言，由于其进化程度差异大，健康生理状态下的 F_v/F_m 没有很固定的值。但我们结合大量文献报道和实际经验，总结出了一些基本的规律。例如，绿藻门的最大 F_v/F_m 值一般为 0.7～0.75，种间差异性不大；硅藻门和甲藻门的最大 F_v/F_m 值一般为 0.65～0.7，种间差异性也不大。对蓝藻门和红藻门而言，由于其捕光结构为藻胆体，而藻胆体可以在光系统Ⅱ和光系统Ⅰ之间滑动，多数种类存在状态转换，造成不同的藻之间没有可以直接比较的最大 F_v/F_m 值。

若在打开光化光进行叶绿素荧光诱导的过程中，间隔一段时间打开一个饱和脉冲，则可以将光化学反应和热耗散计算出来。图 5-3 就是利用这种方法测量出的叶绿素荧光诱导曲线。

打开光化光进行光合诱导时，在 PQ 处会累积电子，只有部分电子门处于开放态。如果给出一个饱和脉冲，本来处于开放态的电子门将本该用于光合作用的能量转化为了叶绿素荧光和热，此时得到的叶绿素荧光峰值为 F_m'（图 5-3），而打开饱和脉冲之前记录的荧光值为 F。根据 F_m'和 F 可以求出在当前的光照状态下光系统Ⅱ（PSⅡ）的实际光合效率 $Y(\text{II}) = \Phi_{\text{PSII}} = \Delta F/F_m' = (F_m' - F)/F_m'$（Genty et al.，1989），它反映了光合机构目前的实际光能转换效率。

从图 5-3 中可以看出，在荧光诱导过程中，不仅 F 会逐渐达到稳态，F_m'也会逐渐达到稳态。实际上，只有 F 和 F_m'都达到稳态了，也就是 Y(Ⅱ)达到稳态了，才是真正地达到了光合作用稳态阶段。

如图 5-3 所示，在光化光照射下，只有部分电子门处于关闭态，因此实时荧光 F 比 F_m 要低，也就是说发生了荧光猝灭。如上文所述，根据能量守恒定律，$1 = P + F + D$，那么 $F = 1 - P - D$。也就是说，叶绿素荧光产量的下降（猝灭）可以由光化学反应的增加引起，也可以由热耗散的增加引起。由光化学反应的增加引起的荧光猝灭称为光化学猝灭（qP 或 qL），由热耗散增加引起的荧光猝灭称为非光化学猝灭(qN 或 NPQ)。光化学猝灭反映了植物光合活性的高低；非光化学猝灭反映了植物耗散过剩光能为热的能力，也就是光保护能力。

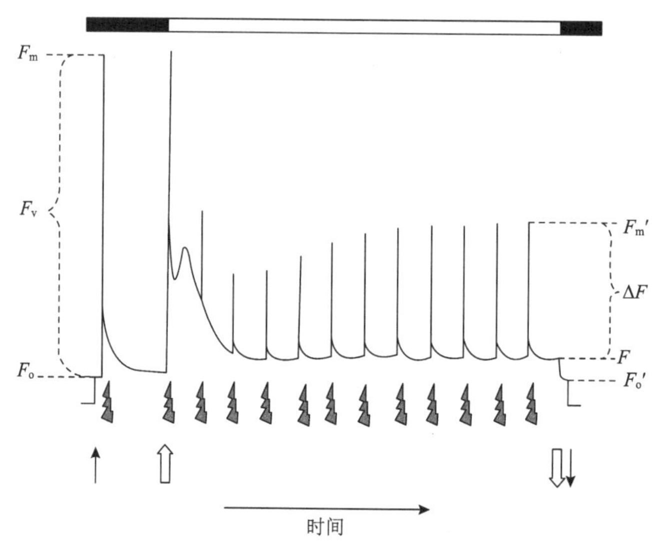

图 5-3　带猝灭分析的叶绿素荧光诱导曲线

光照状态下打开饱和脉冲时，电子门被完全关闭，光合作用被暂时抑制，也就是说光化学猝灭被全部抑制，但此时的荧光值还是比 F_m 低(图 5-3)，也就是说还存在荧光猝灭，这些剩余的荧光猝灭即为非光化学猝灭。猝灭系数的计算公式为(Schreiber et al.，1986; van Kooten and Snel，1990；Kramer et al.，2004)

$$\mathrm{qP}=(F_m'-F)/F_v'=1-(F-F_o')/(F_m'-F_o') \tag{5-1}$$

$$\mathrm{qL}=(F_m'-F)/(F_m'-F_o')F_o'/F=\mathrm{qP}\cdot F_o'/F \tag{5-2}$$

$$\mathrm{qN}=(F_v-F_v')/F_v=1-(F_m'-F_o')/(F_m-F_o) \tag{5-3}$$

$$\mathrm{NPQ}=(F_m-F_m')/F_m'=F_m/F_m'-1 \tag{5-4}$$

从公式中可以看出，qP、qL 和 qN 的计算都需要 F_o'这个参数，而 F_o'的测量需要打开远红光，在野外现场测量时不太方便。因此很多文献中采取用 F_o 代替 F_o'来计算猝灭系数(Jones et al.，1998；White and Critchley，1999)，或者用公式 $F_o'=F_o/(F_v/F_m+F_o/F_m')$ 来获得 F_o'后再计算猝灭系数(Oxborough and Baker，1997)的方法，尽管得到的参数值有轻微差异，但参数的变化趋势与利用 F_o'计算时是一致的。

对光化学猝灭而言，由基于光合单位的“沼泽”模型建立的 qP 参数已经被实践证明规律性不强，自从基于“湖泊”模型建立的 qL 出现后，qP 用得越来越少，而 qL 用得越来越多(Kramer et al.，2004)。对非光化学猝灭而言，qN 和 NPQ 两个参数都经常使用，由于 NPQ 的计算不需测量 F_o'，因此得到越来越多的应用(Ralph and Gademann，2005)。

1996 年，为了表征光系统Ⅱ吸收激发能的去向，Cailly 等(1996)、Genty 等(1996)提出了 3 个互补的量子产量参数：$\Phi_{PSII}=(F_m'-F)/F_m'$、$\Phi_{NPQ}=F/F_m'-F/F_m$ 和 $\Phi_{NO}=F/F_m$，即现

在通常所说的 $Y(\mathrm{II})$、$Y(\mathrm{NPQ})$ 和 $Y(\mathrm{NO})$，且 $Y(\mathrm{II})+Y(\mathrm{NPQ})+Y(\mathrm{NO})=1$。有意思的是，由于这 3 个参数是在两个学术会议上提出的，并没有在学术期刊上正式发表过，因此直到 2004 年才被引用。2004 年，Kramer 等基于光合单位的“湖泊”模型(一个光合单位含有数个反应中心，它们分布在一个天线色素库中。激发能可以从天线色素到达任何一个反应中心，反应中心之间也存在能量传递)，推演出了 qL、$\Phi_{\mathrm{NPQ}}=1-Y(\mathrm{II})-1/[\mathrm{NPQ}+1+\mathrm{qL}(F_m/F_o-1)]$ 和 $\Phi_{\mathrm{NO}}=1/[\mathrm{NPQ}+1+\mathrm{qL}(F_m/F_o-1)]$[即 $Y(\mathrm{NPQ})$ 和 $Y(\mathrm{NO})$]参数(Kramer et al.，2004)。在 Kramer 等(2004)的公式中，Φ_{NPQ} 和 Φ_{NO} 的计算都需要 qL，也就是需要测量 F_o'，这就增加了两个参数的测量难度。

2008 年，Klughammer 和 Schreiber(2008)撰文重新推导了 Genty 等(1989)提出的公式，发现 Genty 等的公式不仅适用于“湖泊”模型，也适用于“沼泽”模型(一个光合单位含有一个反应中心和相关的天线色素，激发能的传递只发生在光合单位内的天线色素和反应中心之间，而光合单位之间没有能量传递)，其适用性更强，且无须测量 F_o'参数，在实际应用中比 Kramer 等(2004)的公式更好用。那么这几个参数的生物学意义是什么呢？我们已经知道 $Y(\mathrm{II})$ 代表光系统Ⅱ吸光后用于光化学反应的那部分能量，剩余的未做功的能量可以分成两个部分 $Y(\mathrm{NO})$ 和 $Y(\mathrm{NPQ})$。$Y(\mathrm{NO})$ 代表的是被动的耗散为热量和发出荧光的能量，主要由关闭态的光系统Ⅱ反应中心贡献；$Y(\mathrm{NPQ})$ 代表的是通过调节性的光保护机制耗散为热的能量(Klughammer and Schreiber，2008)。在强光下当 $Y(\mathrm{II})$ 接近于零时，若 $Y(\mathrm{NPQ})$ 较高，说明藻细胞具有较高的光保护能力；若 $Y(\mathrm{NO})$ 较高，说明藻细胞失去了在过剩光下自我保护的能力。在给定的环境条件下，最理想的调节机制是通过保持尽量大的 $Y(\mathrm{NPQ})/Y(\mathrm{NO})$ 值来获得尽量大的 $Y(\mathrm{II})$。

需要额外指出的是，这种方法同样适用于光系统Ⅰ的 P700 差示吸收测量。为此，Schreiber 和 Klughammer(2008)提出了光系统Ⅰ的三个参数：$Y(\mathrm{I})$，光系统Ⅰ发生光化学能量转换的量子产量；$Y(\mathrm{ND})$，光系统Ⅰ由于供体侧限制引起的非光化学能量耗散的量子产量；$Y(\mathrm{NA})$，光系统Ⅰ由于受体侧限制引起的非光化学能量耗散的量子产量；且 $Y(\mathrm{I})+Y(\mathrm{ND})+Y(\mathrm{NA})=1$。由于这三个参数不属于叶绿素荧光测量范畴，本节将不展开描述，但将示意图(图 5-4)和计算公式(表 5-1)放在这儿，以供读者在使用时参考。

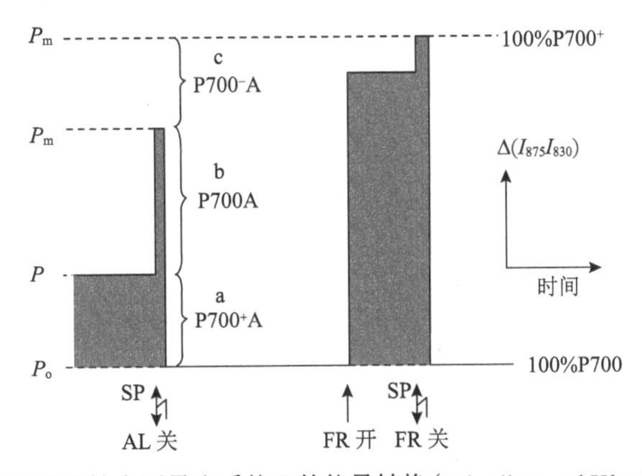

图 5-4　利用饱和脉冲技术测量光系统Ⅰ的能量转换(Schreiber and Klughammer，2008)

表 5-1 调制叶绿素荧光仪测量的常用参数

参数	简写	计算公式	生物学意义和其他叫法	参数来源文献
光系统Ⅱ的最大光合效率	F_v/F_m	$(F_m-F_o)/F_m$	光系统Ⅱ的最大光能转换效率、最大量子产量	Kitajima and Butler，1975
光系统Ⅱ的实际光合效率	$Y(\text{Ⅱ})$、$\Delta F/F_m'$、$\Phi_{PSⅡ}$、$\Phi_{Ⅱ}$	$(F_m'-F)/F_m'$	光系统Ⅱ的有效光合效率、实际光能转换效率、实际量子产量	Genty et al.，1989
光系统Ⅰ的实际光合效率	$Y(\text{Ⅰ})$	$(P_m'-P)/(P_m-P_o)$	光系统Ⅰ的有效光合效率、实际光能转换效率、实际量子产量	Klughammer and Schreiber，1994；Schreiber and Klughammer，2008
光化学猝灭	qP	$1-(F-F_o')/(F_m'-F_o')$	光系统Ⅱ吸收的能量用于进行光化学反应的比例，开放态的光系统Ⅱ反应中心所占的比例，反映了光合活性的高低	Schreiber et al.，1986；van Kooten and Snel，1990
	qL	$(F_m'-F)/(F_m'-F_o')F_o'/F$		Kramer et al.，2004
非光化学猝灭	qN	$1-(F_m'-F_o')/(F_m-F_o)$	光系统Ⅱ吸收的能量耗散为热量的比例，也就是植物耗散过剩光能为热量的能力，即光保护能力；qN 值为 0～1，NPQ 值为 0～4	Schreiber et al.，1986；van Kooten and Snel，1990
	NPQ	$F_m/F_m'-1$		Bilger and Björkman，1990
Q_A的还原状态	1 − qP	$(F-F_o')/(F_m'-F_o')$	Q_A的还原状态，关闭态的光系统Ⅱ反应中心所占的比例	Bilger and Schreiber，1986
光系统Ⅱ调节性能量耗散的量子产量	$Y(\text{NPQ})$、Φ_{NPQ}	$F/F_m'-F/F_m$	光系统Ⅱ吸收的激发能，通过调节性的光保护机制耗散为热的那部分能量	Cailly et al.，1996；Genty et al.，1996；Klughammer and Schreiber，2008
		$1-Y(\text{Ⅱ})-1/[\text{NPQ}+1+\text{qL}(F_m/F_o-1)]$		Kramer et al.，2004
光系统Ⅱ非调节性能量耗散的量子产量	$Y(\text{NO})$、Φ_{NO}	F/F_m	光系统Ⅱ吸收的激发能被动地耗散为热量和发出荧光的那部分能量，主要由关闭态的光系统Ⅱ反应中心贡献	Cailly et al.，1996；Genty et al.，1996；Klughammer and Schreiber，2008
		$1/[\text{NPQ}+1+\text{qL}(F_m/F_o-1)]$		Kramer et al.，2004
光系统Ⅰ由于供体侧限制引起的非光化学能量耗散的量子产量	$Y(\text{ND})$	$(P-P_o)/(P_m-P_o)$	光系统Ⅰ由于供体侧限制引起的非光化学能量耗散的量子产量	Schreiber and Klughammer，2008
光系统Ⅰ由于受体侧限制引起的非光化学能量耗散的量子产量	$Y(\text{NA})$	$(P_m-P_m')/(P_m-P_o)$	光系统Ⅰ由于受体侧限制引起的非光化学能量耗散的量子产量	Schreiber and Klughammer，2008
光系统Ⅱ的相对电子传递速率	rETR(Ⅱ)、ETR(Ⅱ)、ETR、rETR	$\text{PAR}\cdot Y(\text{Ⅱ})\cdot$ETR-factor	经过光系统Ⅱ的相对电子传递速率	Genty et al.，1989；Schreiber et al.，1994
光系统Ⅱ的绝对电子传递速率	$\text{ETR}(\text{Ⅱ})_\lambda$	$\text{PAR}(\text{Ⅱ})\cdot Y(\text{Ⅱ})/Y(\text{Ⅱ})_{max}$	经过光系统Ⅱ的绝对线性电子传递速率	Schreiber et al.，2011，2012
光系统Ⅰ的相对电子传递速率	rETR(Ⅰ)、ETR(Ⅰ)	$\text{PAR}\cdot Y(\text{Ⅰ})\cdot$ETR-factor	经过光系统Ⅰ的相对电子传递速率	Schreiber and Klughammer，2008
快速光响应曲线的初始斜率	α	曲线拟合	反映了光合器官对光能的利用效率	Ralph and Gademann，2005
潜在最大相对电子传递速率	rETR_{max}、ETR_{max}	曲线拟合	拟合出来的电子传递速率潜在最大值，适用于光系统Ⅱ和光系统Ⅰ	Ralph and Gademann，2005
耐受强光的能力	I_k、E_k	rETR_{max}/α	I_k越高，样品对强光的耐受力越强	Ralph and Gademann，2005

通过调制叶绿素荧光分析技术测量的荧光参数，除了上文提到的光合效率和猝灭系数外，还有一个参数也是使用非常广泛的，它就是光系统Ⅱ的相对电子传递速率［rETR(Ⅱ)= PAR · Y(Ⅱ) · ETR-factor］(Genty et al.，1989；Schreiber et al.，1994)，其中ETR-factor指光系统Ⅱ吸收的光能占总入射 PAR 的比例。在绝大多数已发表的文献中，均没有试图去测定ETR-factor，只是简单地假定其与“模式叶片”相同，即有50%的PAR分配到光系统Ⅱ，84%的PAR被光合色素吸收(Björkman and Demmig，1987)。因此，在已有的文献中，rETR一般是用式(5-5)计算(Schreiber，2004)。

$$\mathrm{rETR}(\mathrm{II}) = \mathrm{PAR} \cdot Y(\mathrm{II}) \times 0.84 \times 0.5 \tag{5-5}$$

同样的道理，光系统Ⅰ的相对电子传递速率计算公式如下：

$$\mathrm{rETR}(\mathrm{I}) = \mathrm{PAR} \cdot Y(\mathrm{I}) \times 0.84 \times 0.5 \tag{5-6}$$

然而，0.84是用高等植物叶片获得的吸光系数，不适合于藻类。因藻类的天线色素不同，且形态不同，所以其吸光系数(A)也不同。绿藻、石莼类的A是0.56 (Franklin and Badger，2001)，有了该值，绝对电子传递速率[μmol e/(m^2·s)]就可以求出(Xu and Gao，2012)。对于浮游植物而言，因是单细胞或丝状，吸光系数需表示为单位叶绿素的值方能使用，绝对电子传递速率[e/(mg Chl a·h)]可通过下式计算。

$$\mathrm{absETR} = \Phi_{\mathrm{PS\,II}} \times \mathrm{PAR} \times (\bar{a}^{*}/2) \tag{5-7}$$

式中，$\Phi_{\mathrm{PS\,II}}$代表有效光化学效率，PAR代表光化光光强[μmol photons/(m^2·s)]，$\bar{a}^{*}$代表单位叶绿素在可见光波段(矫正到实验光源)的平均吸光系数(m^2/mg Chl a) (Dimier et al.，2009)。需要注意的是，藻类生长的光环境与营养状态不同，其色素含量也不同，因此，已发表的吸光系数不一定准确反映实验藻体的情况。

近期，Schreiber 等(2011，2012)利用最新研制的多激发波长调制叶绿素荧光仪(MULTI-COLOR-PAM)，实现了对光系统Ⅱ的绝对电子传递速率ETR(Ⅱ)$_\lambda$的测量。首先需要利用MULTI-COLOR-PAM测定某个波长下光系统Ⅱ的功能性有效吸收截面积Sigma(Ⅱ)$_\lambda$(单位nm^2)(其中λ为波长)(详细测量方法见第六章第四节)，然后求出光系统Ⅱ的量子吸收速率［PAR(Ⅱ)= Sigma(Ⅱ)$_\lambda$· L · PAR = 0.6022 · Sigma(Ⅱ)$_\lambda$· PAR］。其中L为阿伏伽德罗常数，系数0.6022是将1 μmol quanta/m^2(即6.022×10^{17} quanta/m^2)转换为0.6022 quanta/nm^2，PAR(Ⅱ)的单位为quanta/(PSⅡ· s)。接下来就可以通过式(5-8)计算ETR(Ⅱ)λ。

$$\mathrm{ETR}(\mathrm{II})_{\lambda} = \mathrm{PAR}(\mathrm{II}) \cdot Y(\mathrm{II}) / Y(\mathrm{II})_{\max} \tag{5-8}$$

式中，$Y(\mathrm{II})_{\max}$代表经过暗适应处理达到稳态后的光系统Ⅱ的量子产量，也就是F_v/F_m。绝对电子传递速率ETR(Ⅱ)的单位为e/(PSⅡ· s)。

表5-1列出了文献中使用最广泛的一些用调制叶绿素荧光仪测量的参数，既包括主要的叶绿素荧光(光系统Ⅱ)参数，也包括主要的P700(光系统Ⅰ)参数，同时列出了常用的快速光曲线拟合参数。

五、光响应曲线和快速光响应曲线

光合速率随 PAR 变化的曲线就是光响应曲线(P-I 曲线，也称 P-E 曲线)，它不仅可以反映样品实验时的光合状态，也可以反映样品在不同光合环境下的潜在光合活性(Falkowski and Raven，1997)。利用光合放氧技术(光合放氧速率)、调制叶绿素荧光技术(相对电子传递速率 rETR)、气体交换技术(CO_2 固定速率)、无机碳去除技术或同位素标记技术(^{14}C 固定速率)得到的光合速率均可用于绘制光响应曲线。由于这几种技术基于的机制不同，得到的光响应曲线是有一定差异的。近年来，同步测量叶绿素荧光和光合放氧，同步测量叶绿素荧光和气体交换(针对高等植物或大型海藻)，以及同步测量叶绿素荧光和 P700，改进了生理生态学研究的手段和方法。利用叶绿素荧光技术和其他技术得出的结果进行比较表明，叶绿素荧光技术同样可以有效地反映光合器官内在的调节机制(Schreiber，2004)。

传统的光响应曲线测量要求在某一光强下适应一段时间(数分钟)达到稳态后，根据测定溶解氧或去碳的直线性变化关系，求得单位时间氧气或溶解无机碳浓度的变化速率，再根据细胞浓度或生物量，算出净光合速率。尽管同位素示踪法可以在几秒钟内获得固碳量数据，但后续的液闪定量及之前的处理，需要较长时间。利用调制叶绿素荧光技术，即使每个光强度下的适应时间很短(如 10～30 s)，也可得出典型的光响应曲线，这被称为快速光曲线(rapid light curve, RLC)(图 5-5)(White and Critchley，1999；Ralph and Gademann，2005)。这项技术最初是针对海草、珊瑚等的潜水原位测量设计的(Schreiber et al.，1997；Ralph et al.，1998)，由于测量时间短、不需提前暗适应、能够反映实时光合生理状态等优点，在很短的时间内就得到了广泛的应用(Ralph and Gademann，2005；Serôdio et al.，2005；Perkins et al.，2006；韩志国等，2006；Belshe et al.，2008)。然而，该光响应曲线反映的是电子传递速率，并不能反映光合固碳或放氧速率与光变的关系。。

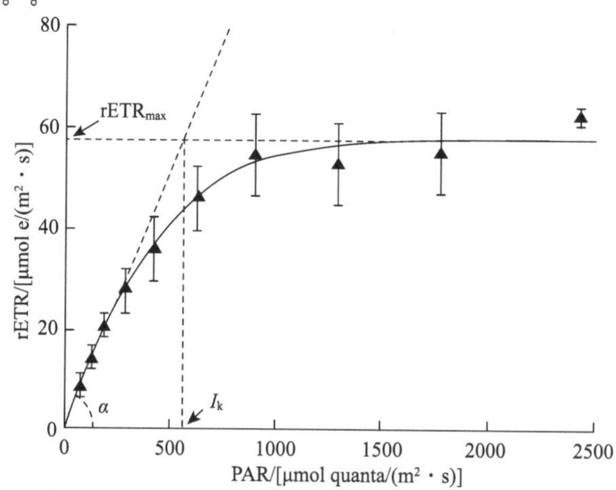

图 5-5 角毛藻(*Chaetoceros* sp.)快速光响应曲线(修改自韩志国等，2006)

该藻在 1000 μmol photons/(m^2·s)强光下培养 2 h 后测定，曲线拟合采用 Jasby 和 Platt(1976)的方程；图中数据来自三个平行样品

图 5-5 为一条典型的快速光响应曲线，为了对其进行定量化描述，一般需要进行非线性曲线拟合。光响应曲线的拟合，已有大量的数学模型可用(Jasby and Platt，1976；Platt et al.，1980；Eilers and Peeters，1988)，常被用来拟合快速光响应曲线的方程见表 5-2。图 5-5 是采

用 Jasby 和 Platt(1976)的方程进行的拟合。其中α为快速光响应曲线的初始斜率，反映了光合器官对光能的利用效率；$rETR_{max}$是拟合出来的潜在最大相对电子传递效率；I_k是初始斜率线和$rETR_{max}$水平线的交点在坐标横轴上的投影点，它反映了样品耐受强光的能力(Kühl et al.，2005；Ralph and Gademann，2005)。这些常用参数也列在表 5-2 中。

表 5-2　快速光响应曲线常用拟合方程

方程	来源文献
$P = \mathrm{PAR}/(a \cdot \mathrm{PAR}^2 + b \cdot \mathrm{PAR} + c)$	Eilers and Peeters，1988
$P = P_m \cdot (1 - e^{-\alpha \cdot \mathrm{PAR}/P_m}) \cdot e^{-\beta \cdot \mathrm{PAR}/P_m}$	Platt et al.，1980
$P = P_m \cdot \tanh(\alpha \cdot \mathrm{PAR}/P_m)$	Jasby and Platt，1976
$P = P_m \cdot \alpha \cdot \mathrm{PAR}/\mathrm{sqrt}[P_m{}^2 + (\alpha \cdot \mathrm{PAR})^2]$	Smith，1936

注：P即为 rETR，P_m为$rETR_{max}$；根据 Eilers 和 Peeters 公式获取拟合参数的公式为$\alpha = 1/c$，$rETR_{max} = \frac{1}{b + 2\sqrt{a \cdot c}}$，$I_k = \frac{c}{b + 2\sqrt{a \cdot c}}$；Platt 等公式中的$\beta$代表光抑制程度

由于快速光响应曲线测量时间短，测量过程对光合状态的影响小，因此基本反映了样品的原初光合状态。此外，在短时间内可以对多个样品进行试验，更加适合生态学研究，甚至被科研人员拿来用于计算初级生产力(Gilbert et al.，2000；Jakob et al.，2005)。

传统的光响应曲线测量一次需要 1～2 h，而快速光响应曲线一般仅需要数分钟，因此可以完成很多传统光响应曲线难以实现的研究。例如，图 5-6 是用快速光曲线研究底栖硅藻光合作用的 24 h 日变化，可以看出非常明显的日变化规律。

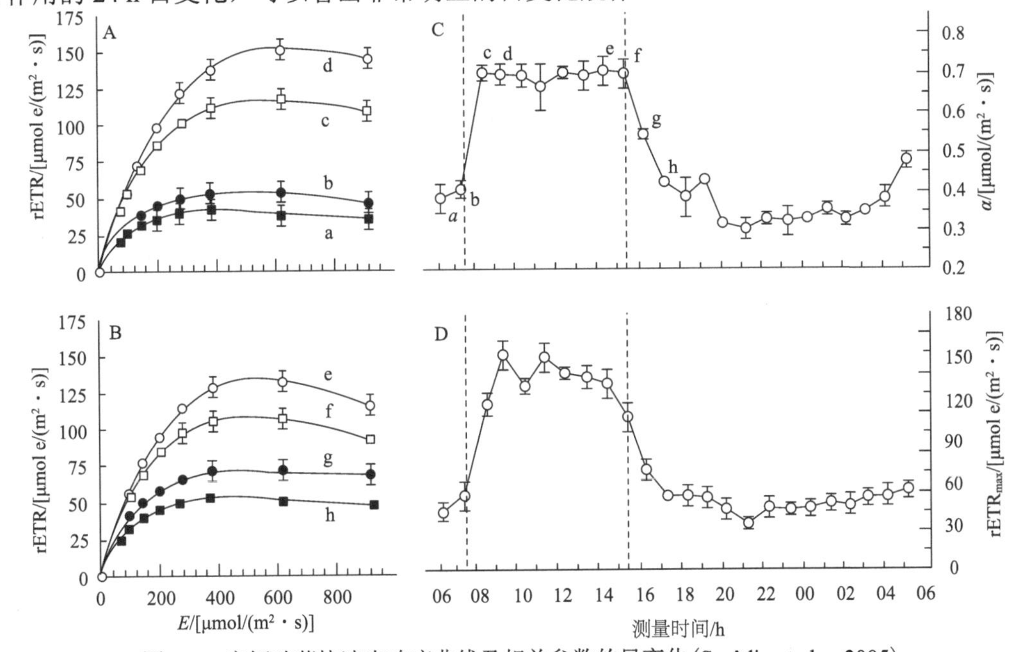

图 5-6　底栖硅藻快速光响应曲线及相关参数的日变化(Serôdio et al.，2005)

图中利用 WATER-PAM 测量了底栖硅藻 24 h 的快速光响应曲线变化，每隔 2 h 测量一次，每个测量重复 3 次；图 A 和图 B 分别示出了图 C 中 a～h 共 8 个时间点的快速光响应曲线变化；图 C 和图 D 分别示出了拟合参数α和$rETR_{max}$的日变化；图 A 和图 B 中 a～h 分别代表的时间点在图 C 中示出；图 A 和图 B 中的曲线拟合采用 Platt 等(1980)的模型

传统的调制叶绿素荧光仪一般只能提供一种或两种颜色的光源，如发出白光的卤素灯、发出蓝光的蓝色LED灯或发出红光的红色LED灯等。用不同颜色的光测量的结果可能会有不同，如图5-7A所示，用蓝光(440 nm)和红光(625 nm)测量绿藻小球藻的快速光响应曲线有非常显著的差别，蓝光照射下的$rETR_{max}$显著小于红光照射，且在较强的光强下$rETR_{max}$有轻微下降趋势，这说明蓝光更容易引发光抑制(Schreiber et al.，2011，2012)。由此可以推测，过去文献报道的很多实验结果，可能会存在由采用的激发光源不同而引起的错误理解。

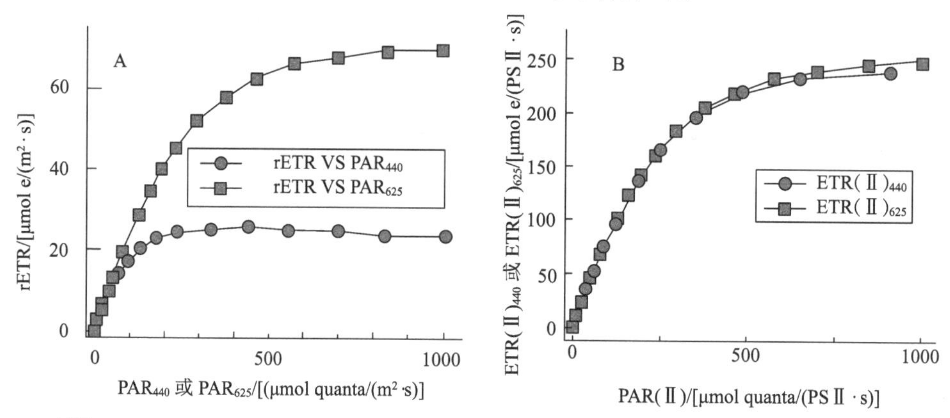

图5-7 利用MULTI-COLOR-PAM分别以蓝光(440 nm)和红光(625 nm)作为光化光光源测量的小球藻(*Chlorella* sp.)快速光响应曲线(Schreiber et al.，2012)

利用相对电子传递速率(A)和绝对电子传递速率(B)分别绘制的快速光曲线；图A中，rETR的计算采用0.42作为ETR-factor；图B中，蓝光和红光激发下获得的光系统Ⅱ功能性有效吸收截面积Sigma(Ⅱ)$_\lambda$分别为4.547 nm^2和1.669 nm^2，计算绝对电子传递速率ETR(Ⅱ)$_{440}$和ETR(Ⅱ)$_{625}$的F_v/F_m分别为0.68和0.66

如上文所述，利用最新的MULTI-COLOR-PAM，已经可以测量绝对电子传递速率ETR(Ⅱ)$_\lambda$。如果用ETR(Ⅱ)$_\lambda$来绘制快速光响应曲线会出现什么结果呢。图5-7B是将图5-7A的结果转换成绝对电子传递速率后得到的结果，可以看出无论是照射蓝光还是照射红光，其绝对电子传递速率是一致的。由此证明图5-7A中结果的差异是由不同波长下藻细胞的光系统Ⅱ的功能性有效吸收截面积Sigma(Ⅱ)$_\lambda$大小不同引起的(Schreiber et al.，2011，2012)。这种利用绝对电子传递速率ETR(Ⅱ)$_\lambda$绘制的快速光响应曲线在未来的科研中可能会发挥越来越重要的作用。

六、优缺点分析

调制叶绿素荧光技术经过30多年的发展已经非常成熟，在水域环境生理学领域得到了广泛的应用。该技术的优点在于能够快速无损测量，获取大量的反映内部光合生理的参数。但目前该技术对水体原位浮游生物的测量无法实现自动化监测，同时难以测量叶绿素浓度极低的大洋海水。

总之，调制叶绿素荧光技术更加适合偏生理的测量，而对于更加偏重原位分析的生态学测量，可以考虑快速重复速率荧光测量法FRRF、荧光诱导和弛豫测量法FIRe和荧光寿命测量法等技术。

(韩志国 吕中贤)

第二节　叶绿素荧光技术及其应用

摘要　叶绿素荧光技术具有灵敏、简便、快捷和无损伤等优点，在藻类光合特性研究方面具有强大功能。但是叶绿素荧光信号包含的光合作用信息非常复杂，且受到很多因素的影响，因而如何正确使用该技术并合理解释相应的荧光参数就显得至关重要。本节介绍了连续激发式荧光仪和单闪与多闪型荧光仪的工作原理、测定参数、特点与使用注意事项，同时简要介绍了叶绿素荧光在水生态系统中的原位应用。

1931 年，Kaustky 和 Hirsch 给经过暗适应处理的叶片照光，通过肉眼观察记录了叶绿素荧光强度随时间的变化(即叶绿素荧光诱导，也称 Kautsky 效应)，发现荧光诱导曲线的下降部分与 CO_2 同化速率的升高呈负相关(Govindjee，1995)。此后，随着叶绿素荧光理论与检测技术的不断发展，叶绿素荧光技术逐渐在光合作用研究、植物生态学和海洋科学等领域得到广泛应用。目前，商业化的叶绿素荧光仪主要有调制荧光仪(如 PAM 系列)、连续激发式荧光仪(如 PEA)、单闪与多闪型荧光仪(如 FIRe、PSI)等。调制荧光仪最大的优点是能够在背景光下(自然光下)研究植物的光合作用，相关内容已在前文中有详细介绍，本节将着重介绍后两类荧光仪及叶绿素荧光的应用。

一、连续激发式荧光仪

(一)工作原理

叶绿素荧光诱导是指给经过暗适应的实验材料(叶片、叶绿体、藻细胞或光合细菌)提供连续光照，其叶绿素的荧光强度随照光时间而产生变化的过程。叶绿素荧光诱导可以分为快相(时间为 1 s 左右，荧光从 O 点上升到 P 点的过程)和慢相(时间为数分钟，荧光从 P 点下降到 T 点的过程)两个部分，其中快相部分又可称为快速荧光诱导曲线或 OJIP 曲线。连续激发式荧光仪是最早出现且操作最简单的荧光仪，通过给实验材料提供连续强光照射，进而分析荧光信号的瞬时变化，以反映暗反应活化之前光系统Ⅱ的活性，即叶绿素荧光的快相部分。

目前商业化的连续激发式荧光仪以 Plant Efficiency Analyser(PEA，Hansatech)为代表，它通过 6 个平行排列的发光二极管提供最大波长为 650 nm、强度高于 3000 μmol photons/(m^2·s)的测量光。高强度的测量光确保可以准确地测量样品的最大荧光值，从而有效评价光系统Ⅱ的最大光化学效率。PEA 的检测装置是连接有放大器电路的针形光电二极管，其光学设计和过滤特性使 PEA 能很好地响应具长波长的荧光信号，而阻断发光二极管发出的短波长照射光。叶绿素荧光信号的记录速度随荧光诱导动力学的阶段不同而不同，如最初 300 μs 内的记录速度为 10 μs/次，运用 PEA Plus 软件处理数据可获得瞬时荧光的原始数值和 JIP-test 参数。

（二）OJIP 曲线

在对快速叶绿素荧光诱导曲线作图时，为了更好地观察 J 点（2 ms）和 I 点（30～50 ms），一般以对数形式表示横坐标时间轴，使之呈现 OJIP 诱导曲线。典型的 OJIP 曲线如图 5-8 所示，每个拐点分别代表光合电子传递链中质体醌传递体所处的不同氧化还原状态。OJIP 曲线可以用来快速检测光系统Ⅱ受体侧和供体侧的反应，质体醌库的异质性和大小，以及突变体和抑制剂对这些过程的影响。O-J 段上升荧光由 Q_A 的还原导致，此外放氧复合体的功能状态也能影响此阶段的荧光上升，因为这一阶段不受温度影响，所以称为“光化学相”。J-I 段上升荧光可能由 Q_A 全部还原和 Q_B 的部分还原所导致。I-P 段上升荧光可能由剩余电子受体全部还原所导致（Strasser et al.，1995），这一阶段也可能与非光化学猝灭有关（Vernotte et al.，1979）。荧光从 J 点上升到 P 点，由于在生理正常范围内受到温度的影响，因此称为“热相”（thermal phase）。此外，当光系统Ⅱ的供体侧（放氧复合体）受到破坏时，叶绿素荧光会比正常情况下上升更快，并在 200～300 μs 出现一个 K 点（图 5-8）。当植物或藻类受到干旱胁迫、氮限制、氨毒害等时，会使 OJIP 曲线出现 K 点（Strasser et al.，2004；Oukarroum et al.，2007；Dai et al.，2008）。

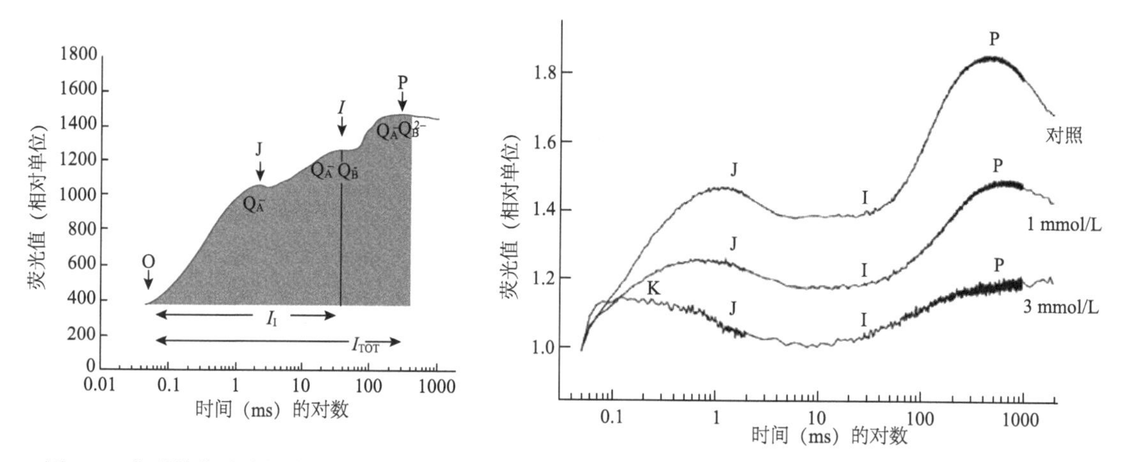

图 5-8　典型的快速叶绿素荧光诱导曲线（Juneau et al.，2007）与氨毒害对该曲线的影响（Dai et al.，2008）
葛仙米样品经 0 mmol /L（对照）、1 mmol /L 和 3 mmol /L 氯化铵处理 96 h

（三）JIP-test

Strasser B 和 Strasser R（1995）根据 OJIP 曲线记录的大量荧光信息，在生物膜能量流动理论的基础上提出了能量流理论，从而形成了一组荧光参数，这种定量化分析叶绿素荧光诱导的方法称为 JIP-test。能量流理论认为，天线色素吸收的光能（ABS）大部分被反应中心（RC）所捕获（TR）。在反应中心，激发能被转化为氧化还原能，将 Q_A 还原为 Q_A^-，Q_A^-随后可以被重新氧化，从而发生光合电子传递（ET），最终推动 CO_2 固定（图 5-9）。通过能量流理论，我们可以得到一系列反映植物、藻类或光合细菌的能量捕获效率和电子传递效率参数（表 5-3），这些参数在研究光合生物逆境应答机制中得到了广泛应用（Juneau et al.，2007）。

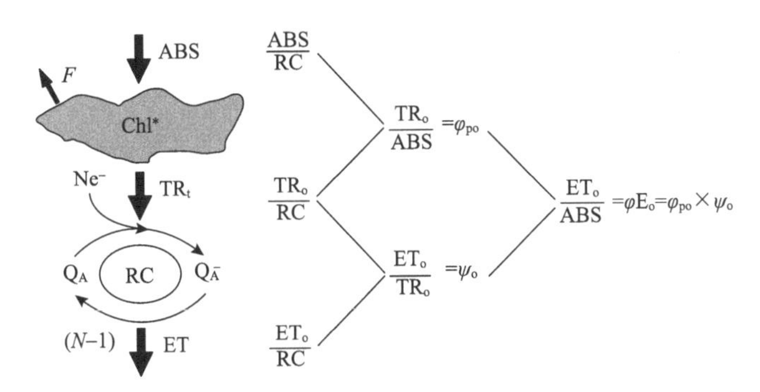

图 5-9　PS II 中能量流的模式简图(Strasser B and Strasser R，1995)。

表 5-3　JIP-test 参数的意义与计算公式(Force et al.，2003)

参数类型	参数与计算公式	意义
荧光测量值	O 点	50 μs 处的荧光强度
	J 点	2 ms 处的荧光强度
	I 点	30 ms 处的荧光强度
	P 点	F_m，最大荧光值
	$F_{300\ \mu s}$	300 μs 处的荧光强度
	$t(F_m)$	荧光上升到最大值所需的时间(ms)
计算的参数	$F_v=(F_m-F_{50\ \mu s})$	最大可变荧光
	$V_J=(F_{2\ ms}-F_{50\ \mu s})/(F_m-F_{50\ \mu s})$	2 ms 处的相对可变荧光或 2 ms 处反应中心关闭的比例
	$M_0=4\times(F_{300\ \mu s}-F_{50\ \mu s})/(F_m-F_{50\ \mu s})$	PS II 关闭的净速率
	Area	荧光诱导曲线和 F_m 之间的面积
	$S_m=\text{Area}/F_v$	标准化的面积
	$N=S_m\times(\text{TR}_0/\text{RC})$	Q_A 氧化还原的次数
概率参数	$\text{TR}_0/\text{ABS}=F_v/F_m$	捕获概率
	$\text{ET}_0/\text{TR}_0=1-V_J$	电子传递概率
反应中心参数	$\text{ABS/RC}=(\text{TR}_0/\text{RC})/(\text{TR}_0/\text{ABS})$	单位反应中心的有效捕光天线色素
	$\text{TR}_0/\text{RC}=M_0/V_J$	PS II 的最大捕获速率
	$\text{ET}_0/\text{RC}=(\text{TR}_0/\text{RC})\times(\text{ET}_0/\text{TR}_0)$	单位反应中心的电子传递
	$\text{DI}_0/\text{RC}=(\text{ABS/RC})-(\text{TR}_0/\text{RC})$	单位反应中心的有效耗散
捕光截面参数	ABS/CS_0	单位激活的 PS II 捕光截面所吸收的电子
	$\text{TR}_0/\text{CS}_0=(\text{ABS/CS}_0)\times(\text{TR}_0/\text{ABS})$	单位 PS II 捕光截面的最大捕获速率
	$\text{ET}_0/\text{CS}_0=(\text{TR}_0/\text{CS}_0)\times(\text{ET}_0/\text{TR}_0)$	单位 PS II 捕光截面的电子传递
	$\text{DI}_0/\text{CS}_0=(\text{ABS/CS}_0)-(\text{TR}_0/\text{CS}_0)$	单位 PS II 捕光截面的能量耗散

(四)PEA 的特点与使用注意事项

PEA 作为测量快速荧光诱导曲线的主要工具，具有很多优点，如获取信息量大、操作简单快捷、易于大量重复、便携、存储量大和价格便宜等。目前，Hansatech 公司生产的 PEA 有三种型号：Pocket PEA、Handy PEA 和 M-PEA。前两种 PEA 的功能基本相同，但 Handy PEA 在操作上增加了程序设计，能够同时存储 5 种操作程序，从单一测量到多次测量都可以通过设计程序来自动完成，因而在野外使用时避免了手动操作造成的误差。后者在前两者的功能基础上增加了测定 $P700^+$、弛豫荧光和叶片光吸收三种功能。

在使用 PEA 进行荧光测量前，样品均应经过一段时间(通常为 15～20 min)的暗适应，使反应中心最大程度处于氧化状态。但是，在实际应用中有时也会不经暗适应而直接进行测定，此时得到的荧光参数可视为光适应条件下的测定结果(如 F_m'和 F_v'/F_m')。在测定液体样品时，还需用培养基进行对照测量，以除去溶液中杂质对样品荧光信号的影响。

二、单闪与多闪型荧光仪

(一)工作原理

光合作用研究中时常会用到闪光(flash)，根据其持续时间长短可分为单闪(single-turnover，ST)光和多闪(multiple-turnover，MT)光。单闪光一般持续时间小于 100 μs，光强超过 50 000 quanta/(RCⅡ·s)(其中 quanta 代表光量子数，RCⅡ代表光系统Ⅱ反应中心)，而多闪光持续时间从 50 ms 到几秒钟，光强为 20～2000 quanta/(RCⅡ·s)。因此每个单闪光的累积激发能为 3～4 quanta/RCⅡ，而多闪光为 50～500 quanta/RCⅡ。所以单闪光主要引起 Q_A 的还原，对其他电子受体的影响较小，而多闪光会导致 Q_A、Q_B 和 PQ 等电子受体全部被还原(Kolber et al.，1998)。目前，一些商业化的荧光仪同时采用单闪光和多闪光技术测定实验材料的可变荧光，例如，FRR 荧光仪(Fast Repetition Rate Fluorometer，Chelsea Instruments Ltd.，West Molesey，England)、多激发波长调制叶绿素荧光仪 Multi-Color-PAM(Multiple Excitation Wavelength Chlorophyll Fluorescence Analyzer，WALZ，Germany)、PSI 荧光仪(Photon Systems Instruments，Brno，Czech Rep)和 FIRe 荧光仪(Fluorescence Induction and Relaxation Fluorometer，Satlantic Incorporated，Halifax，Nova Scotia，Canada)。其中，FRR 荧光仪通过一系列的亚饱和(subsaturating)光来诱导叶绿素荧光，这些亚饱和光的强度、持续时间和间隔均可独立控制。正是由于光源的灵活性，选择性还原 Q_A 和 PQ 成为可能，从而可以分别测量它们的氧化还原状态。Maxim Gorbunov 和 Paul Falkowski 基于 FRR 荧光技术的原理，与加拿大 Satlantic 公司合作，开发了荧光诱导与弛豫测量系统。

(二)FIRe 荧光仪的操作与测定参数

用 FIRe 荧光仪测量可变荧光时，首先给经过暗适应的样品提供单闪光，单闪光由一系列持续时间为 0.125～1.0 μs，间隔为 0.5～2.0 μs 的 80～120 个亚饱和光组成。由于单闪光的累计激发能为 3～4 quanta/RCⅡ，因此只引起 Q_A 的还原(图 5-10，ST1)。通过分析这一阶段瞬时荧光的动力学变化过程，可以得到参数 F_o、光系统Ⅱ的有效吸收截面积(σ_{PSII})和光合单位间的连接系数(ρ)。随后提供弱的调制光来记录 Q_A 再氧化过程中的荧光动力学过程，持续时间为 400 ms(图 5-10，Relaxation phase 1)。接着样品被照射持续时间更长、可以全部还原 Q_A 和 PQ 库的多闪光(图 5-10，MT phase)。这一阶段可以获得 F_m 参数。多闪光之后，提供弱的调制光来记录 PQ 库再氧化的荧光动力学过程，持续时间为 10 μs～10 s(图 5-10，Relaxation phase 2)。对单闪光和多闪光后的荧光弛豫阶段进行三组分指数动力学分析(three-components exponential kinetic analysis)，第一组分拟合得到的参数数值即为光系统Ⅱ

受体侧传递的时间（τ_{Q_A}）和电子在 PSⅡ与 PSⅠ之间传递的时间（τ_{PQ}）(Kolber et al.，1998)。在实际测量过程中，单闪光和多闪光的持续时间，荧光弛豫阶段弱调制光的数目和初始间隔都可根据样品的不同而单独进行设定。

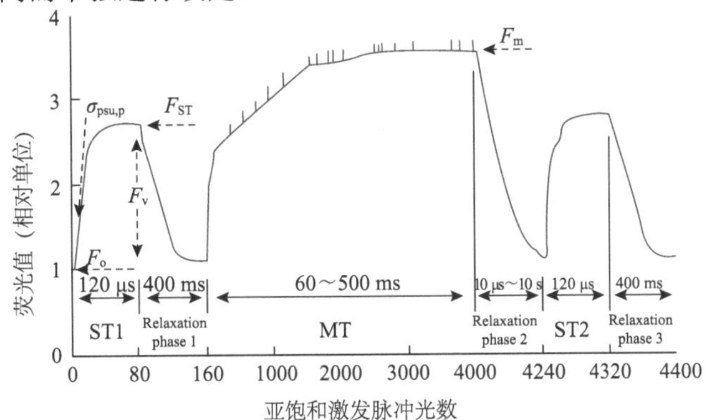

图 5-10　FIRe 测量瞬时荧光的原理示意图(Kolber et al.，1998)

有效吸收截面积（σ_{PSII}）指与有功能的 PSⅡ反应中心（RCⅡ）相连的捕光色素捕获光能的有效面积(Kolber et al.，1998；Falkowski and Raven，2007)，σ_{PSII}与激发能从天线色素向光反应中心传递的效率也有关系(Vassiliev et al.，1995)。藻细胞捕光天线的色素组成及包裹效应(package effect)（如类囊体的垛叠程度或叶绿体的大小）影响 σ_{PSII}的大小(Greene et al.,1992)；非光化学猝灭可以导致 σ_{PSII}降低(Olaizola et al.，1994)；叶黄素循环会导致 σ_{PSII}在几分钟至几小时的时间内持续减小(Babin et al.1996)；状态转换也会引起 σ_{PSII}的改变(Falkowski and Raven，1997；Behrenfeld and Kolber，1999)；营养限制及光抑制等胁迫条件导致有功能的光反应中心比例减小，从而引起 σ_{PSII}增加，并且通常伴随着 F_v/F_m 值的降低(Greene et al.，1992；Geider et al.，1993；Vassiliev et al.，1995；Steglich et al.，2001；Ragni et al.，2008)；不同藻类的有效吸收截面积差异较大，混合样品的有效吸收截面积与样品中的种群结构有关(Suggett et al.，2009)。

人们对荧光参数 σ_{PSII}有比较清晰的认识，相比之下对光合单位间的连接系数（ρ）的解释还需要更多的研究。Vredenberg 和 Duysens(1963)第一次在一种光合红细菌(*Rhodospirillum rubrum*)中观察到反应中心的关闭同时伴随着荧光的上升。Joliot 和 Joliot(1964)也在一种绿藻中观察到类似的现象。他们发现叶绿素荧光上升与关闭的反应中心并不呈线性相关，因此推断碰撞到关闭的反应中心的激发能（激子）会被另一个活性反应中心所吸收，并提出 ρ 的概念。连接系数的生理意义被认为是，在弱光条件下能帮助 PSⅡ吸收光能而维持正常的生长。因此在光照充足的条件下，其生理意义显得不重要。在生理逆境下，也会引起藻细胞 ρ 的数值变化。例如，在铁限制条件下，海洋聚球藻两个海岸株(*Synechococcus* PCC 7002 和 *Synechococcus* WH5701)的 ρ 值增加，而两个大洋株(*Synechococcus* WH7803 和 *Synechococcus* WH8102)的 ρ 值降低(Liu and Qiu，2012)。这表明，在铁限制条件下海岸株能将过多的激发能快速地转移到其他开放的光反应中心，从而比大洋株更能够避免反应中心被过度激发。

（三）FIRe 荧光仪的特点与使用注意事项

FIRe 荧光仪能检测叶绿素浓度很低的野外样品，可低到 0.05 mg Chl a/m³。FIRe 荧光仪配备 450 nm 蓝光（带宽 30 nm）和 530 nm 绿光（带宽 30 nm）两种激发光源，分别用于激发叶绿素与细菌叶绿素。相应的，该仪器配备了 680 nm 红色滤光片（带宽 20 nm）和 880 nm 远红光滤光片（带宽 50 nm），分别用于过滤叶绿素与细菌叶绿素的发射光。因此，利用该仪器测定各种藻类的叶绿素荧光时，需要同时选用蓝色激发光与红色滤光片，而绿色激发光与远红光滤光片用于测定光合细菌的叶绿素荧光。该仪器具有快速、易于操作的测量方案，选择性的光化光光源为测量荧光提供了条件，同时该荧光仪可配备光学光纤探测器，以及液体可流过的测量杯，因此在野外调查船上可通过软件控制方便地实现自动取样。

为了确保原初质体醌电子受体 Q_A 处于完全氧化状态，所有的藻样在测量之前都经过 20 min 暗适应处理。实际操作过程中，为了降低信噪比需要适当增加测量次数。每一次单闪或多闪过程中，藻样的荧光激发逐步达到饱和状态，荧光诱导曲线的最后部分应呈现出一个较高的平台（Liu and Qiu，2012）。每一次单闪或多闪结束后，藻样的荧光发射逐渐达到最低状态，荧光弛豫的最后部分应呈现出一个较低的平台。同时，所有测量得到的藻样荧光值都要减去空白对照（相应培养基）的背景荧光值。为了得到 τ_{Q_A} 和 τ_{PQ} 较好的统计分析结果，同一样品经过连续三次测量，然后将三次假重复的平均值用于后续的统计分析（Liu and Qiu，2012）。

（四）PSI 荧光仪的操作与测定参数

根据测量材料和测量目的的不同，PSI 荧光仪主要包括 FL3500 系列荧光仪、叶绿素荧光成像仪 FluorCam 和手持式藻类荧光仪 AquaPen。FL3500 系列荧光仪是目前测量悬浮样品（藻类、蓝细菌、叶绿体或内囊体及叶片碎片）功能非常强大的一种荧光仪。与 FIRe 荧光仪类似，FL3500 系列荧光仪（以 FL3500 标准型为例）也是通过一系列持续时间可控制的单闪光来测量荧光诱导曲线，然后提供弱的调制光（一般持续时间为 400 ms）来记录 Q_A 还原和再氧化过程中的荧光动力学过程。其单闪光可提供波长为 630 nm 的红光或 455 nm 的蓝光。此外，FL3500 系列荧光仪还可提供连续的红色（630 nm）或蓝色（455 nm）光化光，其最大光强可达 9500 μmol photons/(m^2·s)。FL3500 系列荧光仪通过 FluoWin 软件来控制，其单闪光和光化光的强度和持续时间都可通过软件来人为设定，大大拓展了测量方案的设计范围。通过对荧光诱导曲线的测定，可以获得常见的荧光参数，如 F_v/F_m、σ_{PSII}、ρ 和 NPQ 等。由于该仪器能够提供光化光，因此可以测定光响应曲线，获得电子传递速率等参数。同时该仪器支持脉冲调制测量，因此能够进行 JIT-test 并获得相应的荧光参数。

（五）PSI 荧光仪的特点与使用注意事项

FL3500 标准型荧光仪的测量方案非常强大，几乎可以测定目前常见的绝大部分荧光参数，同时该仪器可与测定光合放氧的仪器相结合，在测定样品荧光的同时测定光合放氧。同时 FL3500 系列荧光仪可以与温度控制装置连接，从而控制测量样品的温度而提高测量的准确性。

在使用 FL3500 标准型荧光仪测量样品时，准确地选择单闪光的光强很重要。单闪光的光强过强导致叶绿素荧光过快饱和，或者单闪光的光强过低导致叶绿素荧光没有饱和，这两种情况都会导致测量不准确。因此在正式测量之前，通过预测量及进行统计学分析来选择合适的单闪光光强显得尤为必要。

三、叶绿素荧光的应用

自从 Lorenzen(1966)用叶绿素荧光技术研究原位光合作用后，这一快速便捷的测量技术很快就在海洋和湖泊生态系统中得到应用。但是，这一时期的荧光测量系统体积还很庞大，且很难在高盐度和压力的海洋环境中使用。直到 20 世纪 70 年代，第一台真正便携的适于水体原位研究的荧光测量系统才被发展起来(Falkowski and Kolber，1995)。这一测量系统具有较小的体积及合理整合传感器排列的模式，到目前为止其仍然是很多水体科学家必不可少的基础研究工具之一。然而，这一时期的荧光测量系统仍然存在不足，受限于仪器的激发强度，它们还不能检测单一的叶绿素荧光产额，因此只能近似地测量原位的叶绿素荧光。直到随后的八九十年代，可变(瞬时)荧光技术的出现才使得原位评价浮游植物的光合生理，以及探测它们的初级生产力成为可能。可变荧光技术后来向两个方向发展，一种是脉冲调制荧光技术(PAM 系列)，另一种是 Pump and Probe 技术，后来又进一步发展为 FRR 技术。此后所有的可变荧光仪都必不可少地使用了其中一种技术或联合了两种技术。可变荧光技术的出现可以说在荧光技术的发展过程中起到了开创性的作用，它为叶绿素荧光技术在野外大量地进行原位应用(如藻类分布，初级生产力等)奠定了基础。到目前为止，随着研究目的的不同，根据原位研究环境而具体设计的便捷、高灵敏度的荧光仪在水体生态系统研究中发挥着越来越重要的作用。

海洋中存在一些高营养盐低叶绿素区域(HNLC)，早期虽然有科学家曾提出铁限制、硅限制等假说，解释了出现 HNLC 区域的原因，但一直缺乏有力的现场实验数据支持。在 20 世纪 90 年代，随着叶绿素荧光原位应用技术的成熟，为铁限制假说提供了可靠的原位荧光数据(Behrenfeld and Bale，1996；Behrenfeld and Kolber，1999；Sosik and Olson，2002)。Behrenfeld 和 Kolber(1999)在南太平洋区域的叶绿素荧光原位研究发现，浮游植物存在昼夜荧光变化的现象。而在现场添加铁后，这一荧光昼夜变化的现象很快消失了。后来他们再结合实验室的研究数据，指明这一海域的浮游植物受到了铁限制，而荧光昼夜变化现象是由缺铁导致藻类发生状态转换所引起的。

Behrenfeld 等(1998)运用荧光技术原位测量南太平洋藻类光抑制与光合碳固定的关系，发现强光所引起的光系统Ⅱ数量的降低，并不一定导致藻类光合碳固定能力的下降，原因是藻类能够提高剩余的光系统Ⅱ中电子的传递速率，从而避免在强光下光合固碳能力下降。这一结果提醒研究者在解释野外原位荧光数据时，需要更加小心。Timmermans 等(2001)运用荧光技术分别在实验室和野外进行研究，发现铁和光照同时影响藻类的生长和分布。他们发现，低铁浓度和低光强能够促进小型硅藻的生长，而当铁含量升高且光强适宜时，会导致大型硅藻的大量繁殖。

需氧的光能异养细菌通常含有较高类胡萝卜素、较低细菌叶绿素 a，多生长在有机质丰富的环境中，表现出异养的特性。它们在无机质含量较低的环境里，能通过光合作用固定 CO_2。Kolber 等(2000)发现在海洋中也存在着光能异养细菌，但对它们在海洋中的分布和含量还不清楚。Kolber 等(2001)运用红外快速重复(IRFRR)荧光瞬时技术来分析光能异养细菌的分布和含量，发现其在开阔大洋上层水体中的数量超过浮游植物总量的 11%，这一发现为研究海洋有机碳和无机碳的循环提供了重要信息。

珊瑚礁生态系统主要由珊瑚虫和共生的虫黄藻组成，珊瑚虫能分泌碳酸钙形成珊瑚礁骨架。珊瑚礁生态系统为种类繁多的海洋生物提供了适宜的生长环境，同时为人类提供了丰富的海洋食物资源，并直接影响着相关地区的旅游观光产业，是非常重要的生态系统（Cesar et al.，2003）。珊瑚礁白化是由于珊瑚虫失去共生的虫黄藻和/或共生的虫黄藻失去体内色素，珊瑚礁白化会破坏海洋生态系统的平衡，并给人类造成巨大的经济损失。温度升高、紫外辐射增强、化学污染和病害等均可引起珊瑚礁白化，因此该现象越来越严重（Wilkinson，2004）。叶绿素荧光技术为研究珊瑚礁白化现象提供了有效的工具，通过原位实时监测虫黄藻的光合作用，为分析珊瑚礁白化的成因提供了至关重要的信息（Manzello et al.，2009）。同时，荧光原位应用技术在探索珊瑚礁白化起因和探究虫黄藻光合生理机制方面发挥着重要作用（Franklin et al.，2006；Negri et al.，2011；Ralph et al.，2005）。

虽然叶绿素荧光技术在野外原位研究中已得到广泛应用，但在解释原位荧光数据时仍然要十分小心。目前，经实验研究所得到的影响叶绿素荧光的环境因子可能并不能完全解释野外的实验数据，特别是开阔大洋的荧光数据，因为其叶绿素浓度很低，所以叶绿素荧光变化的解释更需要谨慎。

四、不同荧光技术优缺点分析及误区

脉冲调制荧光技术（PAM 系列）能选择性地检测与测量光频率相同的荧光信号，提高了叶绿素荧光测量的准确性。相比于简单的连续光化光测量技术，脉冲调制荧光技术能较准确地测量最小荧光和荧光猝灭等，在荧光技术的发展史上具有里程碑的意义（见本章第一节）。但脉冲调制荧光技术的数据记录时间较长（可达几分钟），使得该技术较难测定电子传递链中电子传递和捕光截面的动态变化（这些变化发生在毫秒到分钟的时间范围）。此外，脉冲调制荧光技术在使用饱和光激发样品而获得最大荧光时，有可能改变电子传递体的氧化还原状态和非光化学猝灭的水平，从而使得测量的最大荧光出现误差（Kolber et al.，1998）。

FRR 荧光技术能够独立地设定单闪光和多闪光的强度和持续时间，可以选择性地激发不同的电子传递体，能够跟踪电子传递的动态变化及测定捕光截面。也正是由于测量方案的灵活性，可以避免在测量过程中由太高的光强对电子传递体的影响，以及非光化学猝灭的诱导，从而提高了最大荧光的测量准确性。但与此同时，灵活的测量方案需要在正式测量前做预实验来选定相应激发光的光强和持续时间，以获得较准确的荧光参数。此外，基于 FRR 荧光技术所获得的荧光参数，其后期的数据处理可能比基于脉冲调制荧光技术所获得的荧光参数的后期数据处理要复杂。不论是脉冲调制荧光技术还是 FRR 荧光技术，都是测量叶绿素荧光有效的方法。在实际的应用过程中，可根据测量对象和实验目的不同，选择使用相应的荧光技术。

（徐　魁　邱保胜　高坤山）

第三节　电子传递过程与叶绿素荧光技术

摘要　植物光合作用过程中，电子传递的活性直接影响光合作用是否能够正常进行。一般来说，在藻类和高等植物中存在着两种光合电子传递过程，一种称为线性电子传递，另一种则是围绕光系统Ⅰ的循环电子传递。两种电子传递过程在光合作用光反应过程中起着不同

的作用。近年来，随着对光合作用的深入研究，人们迫切地想了解光合电子传递过程中各种蛋白复合体所起的作用，以及不同电子传递过程对植物光合作用的影响。为了能够快速、准确地探究电子传递，尤其是光系统Ⅱ和光系统Ⅰ的活性，人们探索了不同的实验方法，其中叶绿素荧光技术，尤其是调制叶绿素荧光技术的应用，为人们研究光合作用中电子传递和两个光系统活性提供了一种既快速又精确的方法。本节旨在探究光合作用中电子传递过程及介绍调制叶绿素荧光技术在其中的应用。

藻类和高等植物等光合生物的光合作用是在两个光化学系统(光系统Ⅰ和光系统Ⅱ)的参与下进行的。光系统Ⅱ反应中心叶绿素 P680 被光激发后发生电荷分离，从水中夺取电子，导致水裂解放出氧气和质子。电子通过类囊体膜上的一系列电子递体向光系统Ⅰ传递，最终使 $NADP^+$还原成 NADPH，这种电子传递途径称为线性电子传递。另外，光系统Ⅰ受体侧的电子还可以向两个光系统之间的电子受体传递电子，形成闭环状电子传递，称为围绕光系统Ⅰ的循环电子传递。这些可以通过叶绿素荧光技术测量出来。

光系统Ⅰ反应中心 P700 的氧化态在 800～840 nm 显示吸收下降峰，当 P700 被光激发后，被其下游的电子递体光氧化，驱动电子传递给铁氧还蛋白(Fd)，使得 $NADP^+$还原。P700 的氧化态相对于 P680 的氧化态更加稳定。P700 可以被光系统Ⅰ色素优先吸收的远红光完全氧化，并且被来自水裂解的电子经过系统Ⅱ及其他电子递体再还原。P700 的氧化还原吸收变化可以为我们提供光系统Ⅰ电子受体和供体侧的状态等信息。这些均可以通过差示吸收技术反映出来。

一、光合电子传递过程

光合电子传递由两个光反应步骤串联组成。两个光系统的存在基于对 Emerson 红降现象与双光增益效应的发现，红降是指光的波长在 680 nm 以上(远红光)时，虽然尚在叶绿素有效吸收范围内，但光合效率急剧下降的现象。此时若添加一个短波光(红光)，则光合效率可以提高并有增益作用(即比分别照射红光和远红光时的光合效率之和还要高)，此即双光增益效应(Emerson，1958)。接着，Hill 和 Bendall(1960)发现红光和远红光对电子传递链上细胞色素的氧化和还原有拮抗作用，红光引起细胞色素的还原，而远红光引起细胞色素的氧化，他们根据电子传递的氧化还原电位高低顺序，提出了 Z-图。它既能解释双光增益作用，又正好容纳 Cyt b 和 Cyt f 的电位位置，使两个光系统串联起来。PSⅠ的最大吸收峰在 700 nm，能有效吸收远红光；PSⅡ的最大吸收峰在 680 nm，能有效吸收红光。当两个光系统协调运转时，光合效率最大。

图 5-11 所示的 Z-图详细阐述了线性电子传递的主要步骤。光照后，PSⅡ反应中心发生原初电荷分离产生强氧化剂 $P680^+$和一个相对稳定的还原剂 Q_A^-；PSⅠ反应中心电荷分离产生一个非常稳定的还原剂(还原型 Fe-S 蛋白，F_x^-)和一个弱氧化剂($P700^+$)。具强氧化势的 $P680^+$可以使水放出一个电子，而 Q_A^-具有的还原势驱动电子“下山”传递，最终传给 $P700^+$一个电子。电子传递过程中在光合膜两侧建立的质子梯度可以用来合成 ATP。P700 氧化的中间产物——还原型 Fd，是许多重要反应的电子供体，包括 $NADP^+$的还原、氮的同化及硫氧还蛋白的还原。

图 5-12 是 Z-图在光合膜上的组织方式，给出了放氧光合生物线性电子传递过程中各种

电子传递体的位置和电子与质子的运动方式。这种电子传递途径有 3 种基本产物：O_2、ATP 和 NADPH。两个光系统是通过包括 PQ、Cyt b_6/f 复合体和 PC 在内的一系列电子传递体连接在一起的。水的氧化，以及与电子传递偶联的质子跨膜转移使类囊体膜两侧形成质子电化学梯度，后者可以驱动跨膜 ATP 合酶合成 ATP。

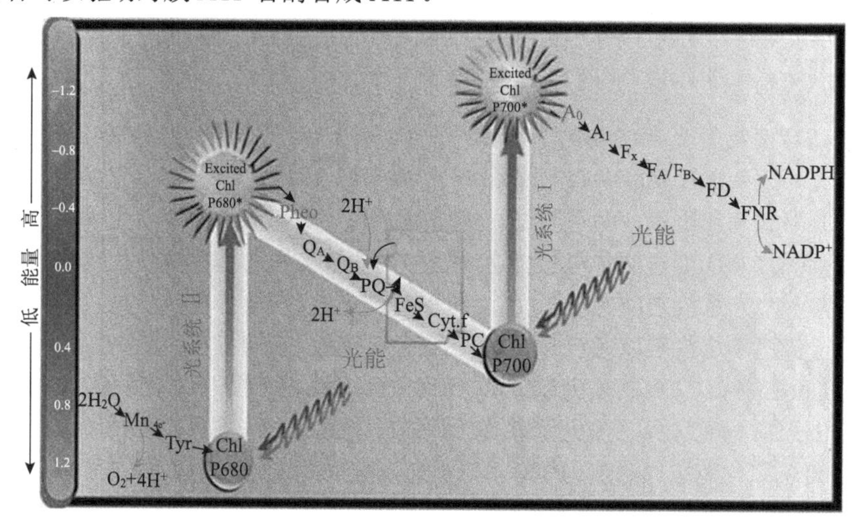

图 5-11　光合作用电子传递链的 Z-图(Orr and Govindjee，2007)

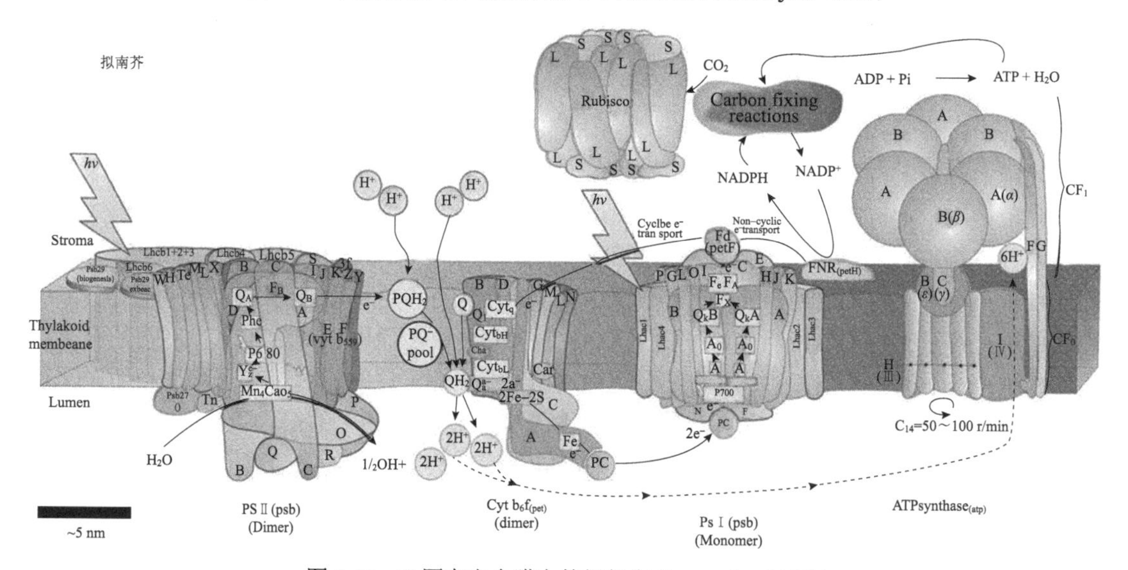

图 5-12　Z-图在光合膜上的组织(Allen et al.，2011)

PSⅠ和 PSⅡ分布在类囊体膜上的不同部位，而 Cyt b_6/f 复合体却是在垛叠区和非垛叠区均匀分布。这些复合体的分布意味着有一些可移动的电子传递体将这些复合体连接起来，PC 和 PQ 就是这类电子传递体。PC 和 PQ 均在垛叠区(具多数 PSⅡ)被还原，随后 PQ 可被处于垛叠区或非垛叠区的 Cyt b_6/f 复合体氧化，而 PC 必须要移到非垛叠区后才能被那里的 PSⅠ氧化。

由于从 H_2O 到 $NADP^+$的线性电子传递中 PSⅡ和 PSⅠ密切协作，因此很容易推论在类囊体膜上 PSⅡ和 PSⅠ的数目是相等的，但事实并非如此。PSⅠ和 PSⅠ的比值(photosystem stoichiometry)在不同的光合生物中是不同的，在不同的野生型光合生物中，如绿藻、红藻、蓝藻和植物中，这一数值在 0.4～1.7 内变化(Niyogi et al，2015)。该比值还受光的调节，如当聚球藻(*Synechococcus* 6301)生长在“光 2”(适合 PSⅡ吸收的光，$\lambda \leq 650$ nm)下时为 0.3，生长在“光 1”(适合 PSⅠ吸收的光，$\lambda > 700$ nm)下时为 0.7，而生长在太阳光下时则为 0.5。这说明光合生物可以通过改变其类囊体膜的组成来适应外界光质的变化(Malkin and Niyogi，2000)。

二、光系统Ⅱ和光系统Ⅰ电子传递的测量

光合电子传递从裂解水开始，依次经过光系统Ⅱ、$Cytb_6/f$、光系统Ⅰ等复合体，最后将电子交给 $NADP^+$。在光系统Ⅱ处的电子传递可以通过调制叶绿素荧光技术测量，在光系统Ⅰ处的电子传递可以通过 P700 差示吸收技术测量。

(一)任意光照状态下的实时电子传递的测量

以调制叶绿素荧光技术为例测量光系统Ⅱ的相对电子传递速率[rETR(Ⅱ)= PAR · *Y*(Ⅱ)· ETR-factor]，利用 P700 差示吸收技术可以测量光系统Ⅰ的相对电子传递速率[rETR(Ⅰ)= PAR · *Y*(Ⅰ)· ETR-factor]。采用双通道 PAM-100 测量系统 Dual-PAM-100，可以同时测量 rETR(Ⅱ)和 rETR(Ⅰ)这两个参数。

rETR(Ⅱ)和 rETR(Ⅰ)反映的是某一个光强下藻细胞光系统Ⅱ和光系统Ⅰ的电子传递速率。只要藻细胞的光合作用在进行(即有光照)，利用 Dual-PAM-100 对样品照射一个饱和脉冲，即可实时测量出该光照状态下两个光系统的实时电子传递速率。此时引起光合作用的光(即光化光)可以是自然光、来自 Dual-PAM-100 的光或来自其他光源的光。如果是采用其他型号的调制叶绿素荧光仪，就只能测量光系统Ⅱ处的电子传递速率 rETR(Ⅱ)。值得一提的是，目前已经可以利用 Multi-Color-PAM 测量光系统Ⅱ的绝对电子传递速率 $ETR(Ⅱ)_\lambda$。

(二)诱导曲线的测量

测量诱导曲线是所有调制叶绿素荧光测量系统的标准程序之一，它主要反映的是样品经过一段时间的暗适应让所有累积在 Q_B 处的电子都传递走后，打开一个强度恒定的光化光，观察样品的光合作用从黑暗到光照下的适应过程。在打开光化光进行光合诱导后，每一次打开饱和脉冲进行测量的同时，仪器的软件都会自动记录一个 ETR 值。在诱导曲线测量过程中，利用传统的调制叶绿素荧光仪只能测量 rETR(Ⅱ)，而利用 Dual-PAM-100 可以同时测量 rETR(Ⅱ)和 rETR(Ⅰ)。

诱导曲线一般的测量方法如下。

1)将样品(植物叶片或藻类等具有光合活性的样品)置于暗处进行暗适应处理。暗适应的目的是让光系统Ⅱ处于完全打开状态，以便于后续打开饱和脉冲测量最大荧光值 F_m。暗适应时间一般高等植物为 20～30 min，藻类 5～15 min，视样品而定(一般在高光强下生长的细胞，需要较长的暗适应)。对于需要测量 P700 的样品，我们建议其浓度不小于 20 μg/mL。对红光吸收能力比较弱的样品，建议采用蓝光作为光化光，甚至使用 DUAL-DB 这种蓝光作为测量光的检测器探头。

2) 在 PAM 设置菜单中调整相关参数。调整光强度(ML Int.)及光频率(ML frequency)至合适范围，视仪器型号而定，一般调整为 0.2～0.5 或 200～500。

选择实验需要的光化光强度(AL Int.)，除胁迫实验外，一般不建议使用过高光强，以避免在测量过程中对样品产生光抑制。

选择合适的饱和脉冲强度(SP Int.)及时间(Width)，一般而言，饱和脉冲强度设置为 10 左右，脉冲时间为 400～800 ms。

调整饱和脉冲间隔时间，一般为 20～30 s，视实验需求而定。

选择诱导曲线测量总时间，通常以 F_m'稳定为准。

3) 在 Slow Kinetics 界面中选择诱导曲线(Ind. Curve)，点击 Start 开始自动测量。

4) 测量结束后，保存曲线图形及荧光参数数据。

图 5-13 为利用 Dual-PAM-100 得到的光系统 I 和光系统 II 活性示意图，红色曲线代表叶绿素荧光曲线，蓝色曲线代表 P700 动力学曲线。上文中已经描述如何单独测量光系统 II 的诱导曲线，而光系统 I 曲线的测量方法与光系统 II 曲线类似，下文将会阐述。

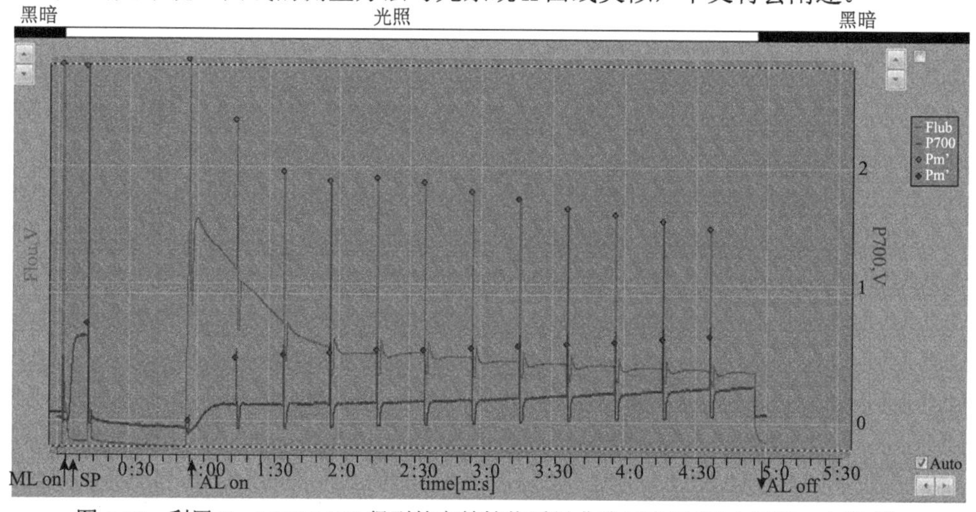

图 5-13　利用 Dual-PAM-100 得到的高等植物诱导曲线示意图(吕中贤等，未发表)

(彩图请扫封底二维码获取)

(三) 快速光曲线的测量

利用调制叶绿素荧光技术可以测量快速光响应曲线，也就是 rETR(II)随光强改变而变化的曲线。如果采用双通道 PAM-100 测量系统 Dual-PAM-100，还可以测量 rETR(I)随光强改变而变化的曲线，也就是光系统 I 的快速光响应曲线。在变化的光强环境中，通过快速光响应曲线，可以看出光系统 II 或/和光系统 I 的响应调节能力，特别是光系统 II 或/和光系统 I 处电子传递速率的变化情况。

PAM 型号不同，其所使用的软件并不完全相同，因此测量快速光响应曲线的方法也略有不同，主要有两种方法。

对于使用 WinControl 软件的 PAM 而言，快速光响应曲线测量方法如下。

1) 在设置菜单的 Light Curve 选项中选择起始光强的挡位，即 Int.的值。在 WinControl 中，选定起始光强后，程序默认从此挡位开始向上跑 8 个挡位的光强梯度。而初始光强的选择需通过预实验确定，如曲线最后结束时 ETR 能够稳定，此时的第一个光强挡位可作为初始光强；如曲线结束时 ETR 仍继续上升，则需要调高初始挡位的光强；如曲线结束时 ETR 有下降趋势，则可考虑降低初始挡位光强。

2) 选择照射时间。可通过调整照射时间来满足曲线结束时 ETR 达到稳定。例如，由于 WinControl 软件中光强有 0～12 共 13 个挡位，而程序默认每次跑 8 个挡位，即初始光强挡位最大值为 5。然而如果实验中发现初始挡位设置为 5 以后，曲线结束时 ETR 仍未稳定，仍有上升趋势，此时可通过增加光强照射时间来达到 ETR 的稳定。

3) 选择 Light Curve 界面，点击 Start 开始测量。

4) 测量结束后，可以对曲线进行两种不同的拟合，分别为 REG1 和 REG2，两种拟合参数也可随即得到。

对于非 WinControl 软件的其他 PAM 软件而言，快速光响应曲线测量方法如下。

1) 选择 Light Curve 界面，点击 Edit。与 WinControl 软件不同的是，别的版本软件均可以跑 20 个不同的光强梯度(Steps)，并且每一挡位的光强可根据内置光强列表自由设置。一般建议光强梯度从低到高排列，初始光强可设置略低，并且多设置几个低光强的挡位以提高初始斜率 α 的准确度，最高光强仍然以 ETR 能够稳定为准。设置完合适的光强梯度后，点击 OK。

2) 选择合适的照射时间(Time)。

3) 点击 Start 开始测量快速光响应曲线。

4) 测量结束后，可以对曲线进行两种不同的拟合，分别为 EP 和 Platt 等(1980)，两种拟合参数也随即可得到。

值得一提的是，无论哪种版本的软件，在选择拟合曲线时，任意一种都可以使用，但同一文章或报告中建议只使用一种拟合方法，这样才具有可比性，两种拟合方法之间不存在可比性。

图 5-14 为利用 Dual-PAM-100 得到的蓝藻快速光响应曲线示意图。红色曲线代表 ETR(Ⅱ)拟合曲线，蓝色曲线表示 ETR(Ⅰ)拟合曲线。利用上述方法可测量得到单独的 ETR(Ⅱ)拟合曲线或同时得到 ETR(Ⅱ)和 ETR(Ⅰ)拟合曲线，视使用仪器而定。

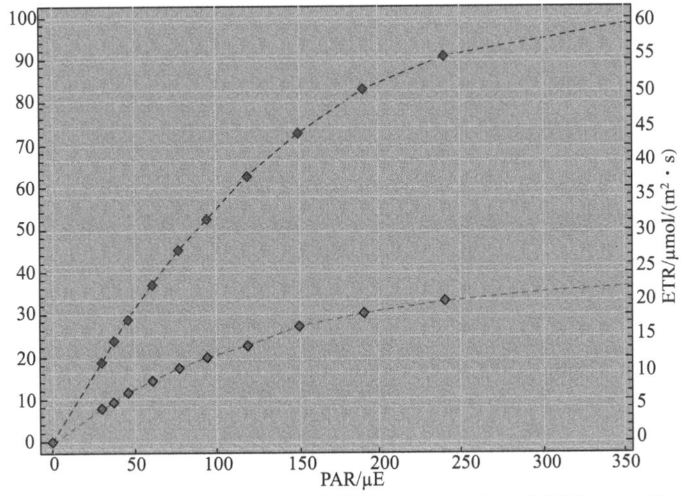

图 5-14 利用 Dual-PAM-100 得到的蓝藻快速光响应曲线示意图(吕中贤等，未发表)

三、两个光系统间的电子传递

电子从 Q_A 至 PQ 的传递，涉及 Q_A 的单电子载体行为与 Q_B 的双电子载体行为之间的转换。若 Q_A 至 PQ 的传递受阻，线性电子传递就会被抑制，从而影响 ATP 和 NADPH 等同化力的形成，抑制植物的生长。因此，Q_A 的氧化还原状态直接影响植物的光合效率。而 Q_A 的氧化还原可以用叶绿素荧光技术来测定。

上文已述，qL（或 qP）为可变叶绿素荧光的光化学猝灭，反映了光适应状态下 PSⅡ进行光化学反应的能力，即开放态的 PSⅡ反应中心所占的比例。研究发现，1−qL（或 1−qP）大致代表了 Q_A 的还原状态，反映了 PSⅡ反应中心关闭的程度。而 qL（或 qP）可通过诱导曲线确定。

四、循环电子传递

光系统Ⅰ还原侧的电子可以通过 Fd 返回到 PQ 而构成围绕光系统Ⅰ的循环电子传递。正常情况下，循环电子传递对植物生长所起的作用并不大；然而在胁迫条件下，由于线性电子传递的活性受阻，循环电子传递能够为植物提供额外的 ATP，用以修复损伤蛋白质或维持植物生长。本小节介绍两种测量循环电子传递的方法，即作用光关闭后的叶绿素荧光瞬时上升现象（post-illumination）和 $P700^+$ 的暗还原（re-reduction of $P700^+$）。

（一）作用光关闭后的叶绿素荧光瞬时上升——“鼓包”法

化光关闭后，荧光会瞬时上升（基础荧光 F_o 反映的是 Q_A 荧光水平，而 PSⅡ的 D1、D2 分别紧密地与 Q_A、疏松地与 Q_B 结合，它们都与质体醌相邻，当作用光关闭后，照光期间积累的还原力向 PQ 提供电子，使得 PQ 库还原，从而引起 Q_A 荧光水平的瞬时上升），可以利用这种现象测定循环电子传递的快慢。如图 5-15 所示，首先打开测量光 ML 获得基础荧光 F_o，信号稳定后打开光化光 AL，待荧光信号稳定后关闭光化光 AL。此时可根据关闭光化光后荧光信号上升的斜率来评定循环电子传递的快慢，斜率越大循环电子传递越快，反之越慢。

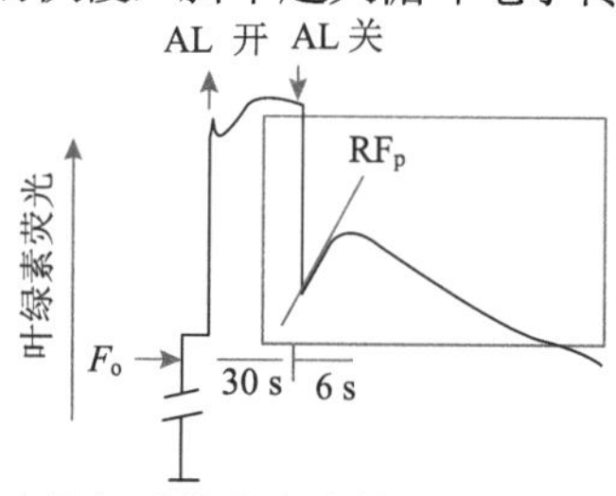

图 5-15　藻类光化光关闭后荧光上升的测量示意图（Deng et al.，2003）

（二）$P700^+$暗还原法

$P700^+$暗还原法是一种通过比较 $P700^+$还原速率从而判定循环电子传递活性的方法。如图 5-16 所示，打开 P700 信号，稳定后打开远红光（激发光系统Ⅰ的光，也可用蓝光代替），P700 信号上升，待稳定后关闭远红光，$P700^+$迅速还原直至信号平稳。一般而言，有两种方法可计算 $P700^+$暗还原的速率，分别称为初始斜率法和 $t_{1/2}$ 法。初始斜率法如图 5-17 所示，通过计算暗还原初始阶段的最大斜率来反映循环电子传递的快慢，斜率越大循环电子传递越快，反之越慢。$t_{1/2}$法如图 5-18 所示，通过计算暗还原曲线下降到一半时所需时间来反映循环电子传递的快慢，$t_{1/2}$越短循环电子传递越快，反之越慢。

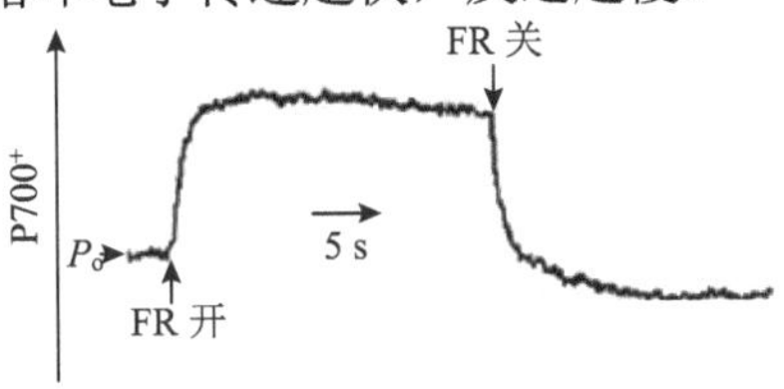

图 5-16　暗还原法得到的 P700$^+$还原速率示意图(吕中贤等，未发表)

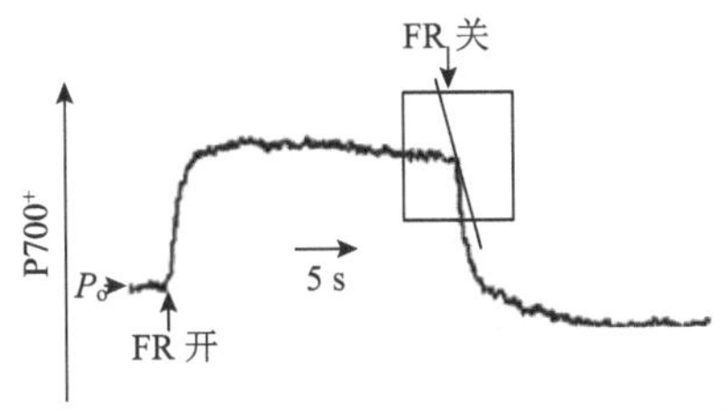

图 5-17　初始斜率法得到的 P700$^+$还原速率示意图(吕中贤等，未发表)

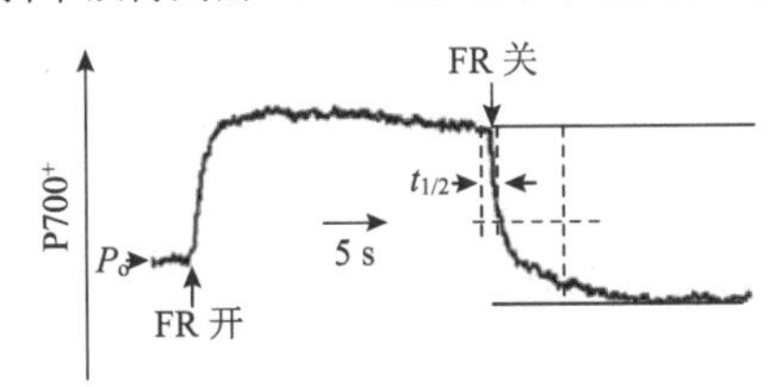

图 5-18　$t_{1/2}$法得到的 P700$^+$还原速率示意图(吕中贤等，未发表)

图 5-19 为蓝藻 P700 的快速动力学测定实例，将 1 mL 的细胞悬浮液(叶绿素浓度为 30 mg)加入样室中，在远红光(FR，710 nm，6 W/m^2)的照射背景下，照射一个 50 ms 的饱和闪光(MT)，测出 P700 的氧化还原快速动力学。利用不同的抑制剂可以研究电子传递的变化。例如，光系统Ⅱ中 Q_A 到 Q_B 的电子传递被抑制剂二氯苯基二甲基脲(DCMU)阻断的条件下，闪光后 P700 的暗还原速率仅是部分受抑制，在这基础上加上介导循环电子传递的 NDH 的抑制剂氯化汞，就能完全抑制 P700 的暗还原，这个实验证明了利用 P700 的快速动力学可以检测围绕光系统Ⅰ的循环电子传递(图 5-20)。

(三)P700 氧化还原法

P700 的氧化还原测定可以利用带有 ED-P700DW-吸收附件的调制叶绿素荧光仪 PAM-101/102/103 或新型双通道 PAM-100 测量系统 Dual-PAM-100(Walz，Effeltrich，德国)，通过检测 810 nm 与 830 nm 处光吸收的差值来实现(Klughammer and Schreiber，1998)。图 5-20 显示 P700 的慢动力学的测定，将 1 mL 的细胞悬浮液(叶绿素浓度为 30 mg)加入样室中，先用远红光(FR，710 nm，6 W/m^2)照射，P700 的氧化呈现快速的上升，到达稳态水平后打上一个 50 ms 的饱和闪光(MT)，P700 继续上升到最大值，然后出现一个先被还原，后被氧化的趋势，表明来自光系统Ⅱ的电子对 P700 进行还原，远红光关闭后，P700 被还原到暗中的水平。与前两种方法类似，我们可以通过氧化时上升曲线的斜率和还原时下降曲线的斜率反映 PSⅠ内部电子传递的速率，从而反映循环电子传递的活性。

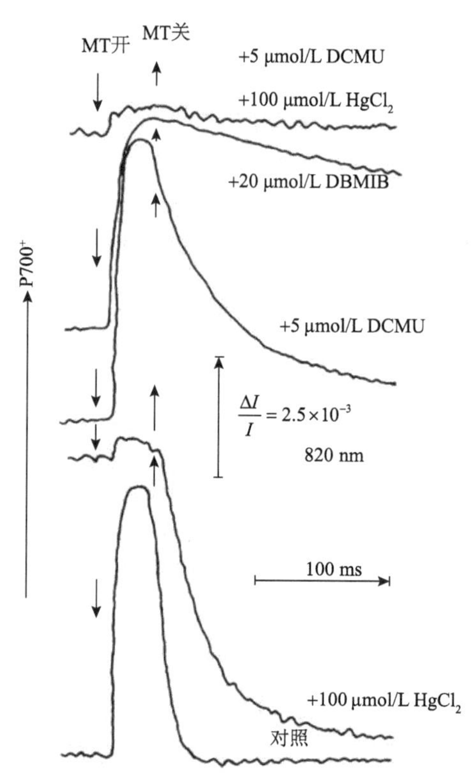

图 5-19　饱和脉冲光诱导的聚球藻 P700 氧化还原动力学的变化(Mi et al.，1992)

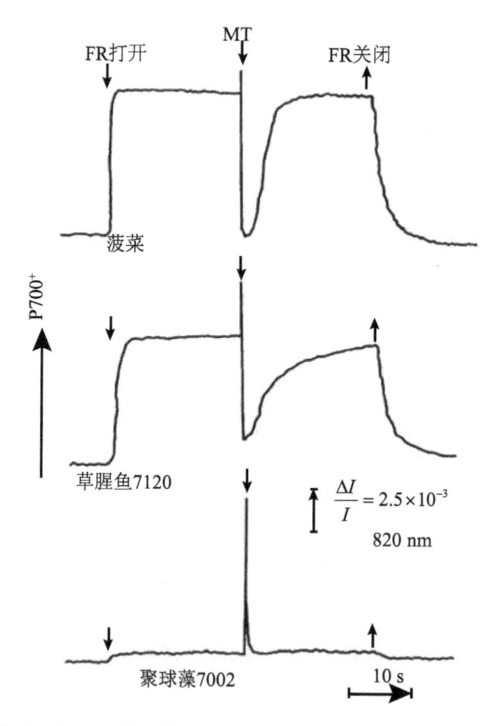

图 5-20　比较远红光和饱和脉冲光诱导的菠菜、鱼腥藻和聚球藻 P700 氧化还原动力学(Mi et al.，1992)

五、注意事项

利用调制叶绿素荧光技术研究藻类光合作用时，不同的 PAM 对藻类样本也有一些不同的要求，在使用的时候需加以注意和区分。

（一）不同 PAM 对藻类样品浓度的需求

大部分可用于藻类研究的 PAM，如 Phyto-PAM、Water-PAM、Mini-PAM（配备悬浮样品池）、PAM-2500（配备悬浮样品池）对藻类的浓度要求并不高，一般为 500～3000 μg/L。以 Phyto-PAM 为例，Phyto-PAM 的叶绿素分辨率可达到 0.1 μg/L，因此适用于测量海水水样等叶绿素含量很低的藻类样品。此外，Water-PAM 因为配备光电倍增管，利用光电倍增技术能够很好地测量低浓度藻类样品，因此也适用于水样研究。Mini-PAM 和 PAM-2500 本身更多地应用于高等植物，但如果配备悬浮样品池，也能应用于藻类研究，但它们均没有光电倍增技术，不建议用于研究自然水体样品，但可用于研究实验室培养的藻类样品，一般建议测量培养到对数期的样品。

与上述 PAM 不同的是，双通道调制叶绿素荧光仪 Dual-PAM-100 对藻类样品的浓度要求比较高。Dual-PAM-100 可以同时测量叶绿素荧光和 P700，如果单独测量叶绿素荧光，其对藻类样品浓度的要求与 Mini-PAM 和 PAM-2500 无异，但如果需要测量 P700，由于差示吸收技术对藻类浓度要求较高，我们一般建议样品浓度达到 20 000 μg/L。一般来说，将培养到对数期的样品放置在离心机中，常温离心，去上清液，用新鲜培养基重悬至相应浓度，重悬后放入培养箱恢复 20 min 即可测量。

（二）不同 PAM 对不同类型样品的适用性

藻类种类有很多，最常见的有微藻、丝状藻和大型藻类。对于微藻而言，一般被放入特制的样品杯或者悬浮样品池中进行测量；对于大型藻类，如紫菜、海带等，建议使用 Phyto-PAM 或 Water-PAM 的光纤探头进行测量，当然也可以直接用 Mini-PAM 或 PAM-2500 的光纤直接测量。上述两种样品测量方法较为简单，而对于丝状藻的测量，我们建议使用样品杯。以浒苔为例，由于浒苔的生理特性，藻丝盘根错节，很难将单独的藻丝挑出，对于这样的样品，建议测量其群体的光合活性。取适量（与样品杯测量微藻类似，样品量没过样品杯一半即可）样品于样品杯中，再加入适量海水或培养基，将样品杯放入相应的 PAM 中进行测量。需要注意的是，为了使测量数据重复性更高，建议每次取的样品量相对接近，一般可采用天平达到上述要求。

（三）藻类样品测量时是否一定需要搅拌

藻类样品与高等植物不同，很多藻类容易在短时间内沉到样品杯底部，使样品测量结果产生一定误差。为此，为 Phyto-PAM 和 Water-PAM 配备了专业的搅拌器，而 Dual-PAM-100 则配备微型磁力搅拌器。对于大部分藻类样品在测量叶绿素荧光时，建议启动搅拌器，使样品能够均匀悬浮在样品杯中，这样测量的参数更加稳定，重复性更好。但对于容易断裂的丝状藻类，如鱼腥藻 7120 等，如果搅拌剧烈，可能引起藻丝的断裂，因此建议使用低速搅拌或者等样品沉底稳定后进行测量，这样反而能够得到重复性更高的结果。使用 Dual-PAM-100 测量 P700 或 NADPH 时，由于对藻类样品进行剧烈搅动可能会影响数据的准确性，因此不建议使用搅拌器或使用低速搅拌，保证数据的可重复性。

（四）外界环境对藻类样品测量的影响

一般来说，外界环境对藻类样品的光合活性有较大的影响，主要以温度和光照影响最为普遍。一般测量藻类的 PAM 都有避光样品室，因此主要考虑温度对测量的影响。基于此，建议将 PAM 置于室温 25℃左右的稳定房间内，从而保证测量环境温度的统一。为了保证藻类从培养箱到测量设备这段路程中温度保持相对一致，建议测量前将泡沫盒放置于培养箱中预热，取样后将藻类样品放在泡沫盒中，保证测量前样品不受外界温度的影响，提高数据的准确性和可重复性。

（吕中贤　韩志国　米华玲）

第四节　碳转运能力与蓝绿荧光

摘要　光合电子传递的结果是产生同化力 NADPH，用于光合碳同化。光合碳同化的活力与 NADPH 的消长密切相关。本节简要地介绍一种利用叶绿素荧光仪检测蓝绿荧光动力学、分析藻类碳运转能力的方法。本方法利用 NADPH 具有发射蓝绿荧光（460 nm）的特性，通过分析 NADPH 荧光动力学来检测依赖光的 NADPH 消长规律，同时结合抑制剂和相关突变体研究，能够间接地反映藻类碳运转能力的变化。

在光合作用光反应中，光能被捕光天线色素分子（叶绿素、类胡萝卜素和藻胆素）吸收传递至光系统反应中心叶绿素 680，使之激发，引起电荷分离，从分子水中夺取电子，一方面导致水分子裂解而放出氧气和质子，另一方面来自分子水的电子通过类囊体膜中一系列电子递体，向光系统 I 传递，最终使 $NADP^+$还原为 NADPH，NADPH 继而被用于光合碳同化，因而被称为同化力。光合碳同化活力高时，NADPH 被利用掉，不会有还原力的积累，然而，当藻类处在环境胁迫条件下，如高温、高光强、高盐及无机碳受限等条件下，光合碳同化的关键酶的活性就会受到抑制，使得光合碳同化速率降低，造成光反应产生的 NADPH 大量积累。由此可见，NADPH 的代谢可以间接地反映光合碳同化的活性。通过在细胞水平上检测 NADPH 的动态变化，可以研究光合碳同化的转运状态。

早年，Duysens 和 Amesz（1957）在活体藻类和光合细菌细胞中观察到 NADPH 荧光，接着 Olsonet 等（1959）、Olson 和 Amesz（1960）、Cerovic 等（1993）也在叶绿体中观察到 NADPH 荧光，但都没有利用蓝绿荧光进行过光合作用机制研究，直到 2000 年 Mi 等利用 NADPH 荧光（蓝绿荧光）的动力学变化，结合突变体和光合碳同化抑制剂，对光合电子传递和光合碳同化的调控进行了研究。

一、光诱导的蓝绿荧光变化

NADPH 荧光可利用带有 US-370 发射装置（375 nm）和 PM-101/D 检测装置的 PAM 叶绿素荧光仪（HeinzWalz GmbH，Effeltrich，Germany）进行测量。标准的 650 nm 测量光由一个峰值为 440 nm 的蓝光源代替，波长在 440 nm 以上的光使用一张滤光片（2 mm UG11，Schott）来消除，产生的测量光在 380 nm 左右。为了提高信噪比，测定时，将测量光强调到最大，频率调至 100 kHz 的调制频率。为了保护光纤维管，消除 UV 测量光及叶绿素荧光的干扰，在检测探头侧，放置一张通透长波长光的滤光片（KV416，Schott）之后，再放置一张短波长的滤光片（DTCya，Balzers）和一张蓝绿滤光片（BG39，Schott）。将藻类细胞（20 μg Chl）置于 10 mm×10 mm 石英杯中，使用红色作用光照射 90 s 以诱导 NADPH 荧光的变化。由 PAM 荧光仪输出的信号经过 10 次以上的平均化，使用计算机进行记录。

图 5-21 是典型的由饱和红光诱导的集胞蓝藻 6803 野生型和 *ndh*B 缺失的突变体 M55（该突变体的 NADPH 脱氢酶复合体 NDH-1 介导的呼吸和围绕光系统 I 的循环电子传递是失活的）经 10 s 饱和脉冲的蓝绿荧光动力学。从图 5-21 中可看出光-暗-光诱导的瞬间蓝绿荧光信号变化，野生型表现出光诱导的快速荧光上升，之后呈现一个快速下降的小峰，接着是一个慢的上升过程，作用光关闭后，呈现一个迅速下降之后又缓慢回升的过程。相比之下，突变体 M55 表现出光诱导的小幅上升，之后也是呈现一个快速下降的小峰，并降至初始水平之下，作用光关闭后，呈现一个迅速下降后缓慢回升到原始水平的过程。

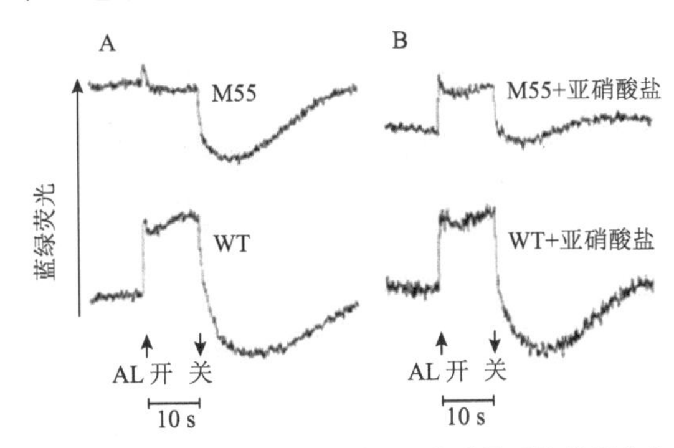

图 5-21　集胞蓝藻野生型（WT）和 *ndh*B 缺失突变体经暗-光-暗诱导后的蓝绿荧光动力学比较（Mi et al.，2000）

图 A 是在不存在人工电子受体情况下测定的；图 B 是在加入亚硝酸盐（5 mmol/L KNO_2）后测定的

已知亚硝酸盐可以被光系统 I 还原侧的电子还原，与 $NADP^+$竞争电子，在暗中，亚硝酸盐可以通过铁氧还蛋白-$NADP^+$氧化还原酶（ferredoxin $NADP^+$ oxidoreductase，FNR）还原铁氧还蛋白（ferredoxin，Fd）。图 5-21B 显示，光诱导的突变体 M55 的蓝绿荧光的上升高度已经接近野生型，但同样浓度的亚硝酸盐对野生型没有太大的影响。这些结果说明野生型因为有 NDH-1 介导的呼吸和循环电子传递消耗 NADPH，可产生足够的 $NADP^+$，而 NDH-1 缺失的突变体由于不能氧化 NADPH，引起 NADPH 的积累，缺乏足够的 $NADP^+$作为受体，观察不到 NADPH 的光还原过程，在加入电子受体的条件下，来自光系统 I 的部分电子流向 NO_2^-，减少 NADPH 的积累，同时 NADPH 被碳同化过程利用，从而产生了足够的 $NADP^+$作为受体，即可看到 $NADP^+$合成 NADPH 的过程。根据图 5-21 的结果，可以进行如下的分析。

1) 作用光诱导的快速上升(快相)：反映光驱动的 $NADP^+$的光还原，合成 NADPH 的过程。

2) 快速下降小峰：代表 NADPH 经过卡尔文循环活性的氧化，此时可能是处于 Rubisco 被活化和 ATP 充足的条件下。

3) 第二次上升(慢相)：反映 NADPH 合成变慢，此时卡尔文循环利用 NADPH 相对变慢，可能是 ATP 供给不足。

4) 稳态相：达到与光驱动的 $NADP^+$还原速率和卡尔文循环对 NADPH 的氧化速率匹配的速率。

5) 关光后的衰减(快相)：反映由卡尔文循环或其他电子受体，如活性氧引起的 NADPH 的暗氧化。

6) 关光后上升：由磷酸戊糖循环引起的 $NADP^+$的暗还原。此过程在野生型和 *ndh*B 缺失突变体 M55 中没有明显的区别。

二、NADPH 荧光动力学与碳同化的关系

图 5-22 显示的是，在卡尔文循环活性抑制剂碘乙酸存在下，无论是在野生型还是在 *ndh*B 缺失突变体 M55 中，$NADP^+$的还原都呈现倍增，表明这是由 NADPH 的消耗受到了抑制所致。

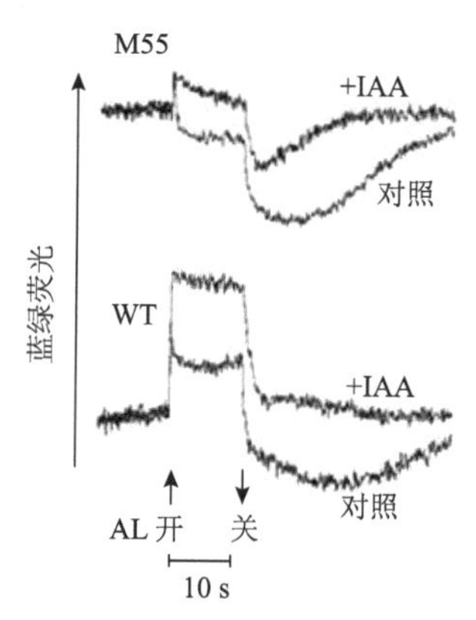

图 5-22 碘乙酸(IAA)对集胞蓝藻 6803 野生型(WT)和突变体细胞蓝绿荧光动力学的影响

(摘自 Mi et al.，2000)

因此，可以通过分析 NADPH 荧光动力学的变化，结合突变体、抑制剂等研究，间接地研究藻类的碳运转能力。

三、方法优缺点分析及注意事项

该方法的优点是迅速，可以用于评估各种生理状态下的碳运转能力，由于 NADPH 的消长与环境因素如光暗时间、温度、叶绿素浓度等密切相关，需要对测定条件进行严格控制。

(米华玲　邱保胜)

第五节　原位浮游植物光化学参数测定

摘要　叶绿素荧光技术不仅可以应用于室内光合作用的研究，也被广泛应用于原位海洋初级生产过程研究。该技术被用于测定浮游植物生物量、光化学(光反应)过程参数，估测光合固碳量，以及分析浮游植物光能利用和耗散途径等。本节简要介绍叶绿素荧光技术在海洋调查中的应用。

一、引言

叶绿素 a 是海洋生态系统中用来衡量光合生物量最常用的指标，而活体叶绿素荧光技术最先被用于估测叶绿素 a 的浓度。由于海洋中叶绿素 a 的浓度非常低，上层 200 m 水体浓度为 0.02～20 μg/L，全球海洋平均值为 0.31 μg/L(Falkowski et al.，2004)，因此，用传统的分光光度计测定外海叶绿素浓度需要浓缩大量的水样，即使用荧光分光光度计测定也需要至少过滤 500 mL 的水样，而且以上两种方法都需要用有机溶剂提取叶绿素之后才能测定。20 世纪 60 年代，活体叶绿素荧光技术被应用于测定海洋浮游植物叶绿素 a，1966 年 Carl Lorenzen 将海水直接泵到船甲板上的叶绿素荧光仪中，通过标样的浓度和荧光信号及海水的荧光信号，来计算海洋中叶绿素 a 的浓度。这一技术大大减少了人力，节约了测样时间，提高了效率，因此在测定原位叶绿素 a 浓度时被广泛采用。

20 世纪 80 年代以后，叶绿素荧光技术开始被用来测定原位浮游植物的最大光化学效率、有效光化学效率、光合电子传递速率、光系统Ⅱ有效吸收截面积等参数。研究主要集中在光强(Kishino et al.，1986；Morriso，2003；Alderkamp et al.，2010)、营养盐(Kolber et al.，1990；Balin et al.，1996；Liu et al.，2010；Gao et al.，2017)、铁离子浓度(Kolber et al.，1994；Behrenfeld et al.，1996；Coale et al.，2004；Peloquin et al.，2011)等对海洋浮游植物的最大光化学效率及光合电子传递速率影响的方面，另外也有学者将这一技术用于浮游植物响应海水酸化的研究中(Gao et al.，2012，2018；Wu et al.，2012)。此外，在最新的一项研究中，科学家通过运用最新的原位叶绿素荧光仪 in situ FIRe，对中国南海北部海域做了大面积的观测和调查(Jin et al.，2016)。研究结果显示，南海浮游植物群落的光系统Ⅱ有效吸收截面积(σ_{PSII}')呈现较大的保守性：几乎在所有站位的数值随着水体深度加深而逐渐增加；而有效光化学效率在受冲淡水和沿岸上升流影响较严重的站位与在远洋站位的表现却不相同(有效光化学效应在前者较高，后者较低)，因此 in situ FIRe 可以用来研究海洋原位浮游植物的光合生理对不同环境条件的响应。

叶绿素荧光技术也被用来估测海洋初级生产力或浮游植物固碳量(Gilbert et al.，2000；Jakob et al.，2005)。Kolber 等(1993)用叶绿素荧光技术推算的固碳量与用 ^{14}C 示踪法测定的固碳量相比较，有很好的线性关系(图 5-23)。值得注意的是，光呼吸会影响二者之间的线性关系(Genty et al.，1990)，当光呼吸增强时，基于荧光的光化学效率推测的固碳量与 ^{14}C 法示踪实测的固碳量的比值会升高，这是因为光呼吸会消耗光合电子传递的产物 ATP、NADPH 等，故导致光合固碳量降低。除了估测海洋初级生产力外，叶绿素荧光技术还可以用来分析太阳光被浮游植物吸收后的去向问题(Lin et al., 2016)。太阳光被浮游植物吸收后有三个去向：①用于进行光化学反应生成有机物；②以热量形式耗散掉；③以荧光形式猝灭掉。在最近的一项研究中，研究者测定了叶绿素荧光的寿命，以此计算出叶绿素荧光的绝对量子产量(猝灭掉的荧光)，根据测定的光化学转化效率，可以推算出光能以热耗散掉的比例，从而知晓太阳光能被浮游植物吸收后各个去向的分配比例。以此方法计算，全球海洋浮游植物吸收的太阳光能仅有 35%被用于光化学反应，60%的太阳光能以热的形式耗散出去，剩下约 5%以荧光形式猝灭掉(Lin et al., 2016)。此外，作者还将原位测定的叶绿素荧光与卫星遥感测定的叶绿素荧光进行比较，发现二者之间具有较弱的一致性。究其原因，首先，在大洋寡营养盐区，叶绿素浓度极低(<0.1 mg/m^3)，释放的荧光信号太弱，这种条件下使用卫星遥感技术测定时会有很大的“噪声”，从而影响其准确性；但是原位叶绿素荧光技术具有较高的灵敏度，在如此低的叶绿素浓度下仍旧具有很高的准确性。其次，这种不一致可能由使用卫星遥感技术时的“色素包装”效应和卫星遥感技术所使用算法的不确定性引起。因此，这种新型测定叶绿素荧光寿命的方法，在未来海洋学研究中可能具有广泛的应用前景。

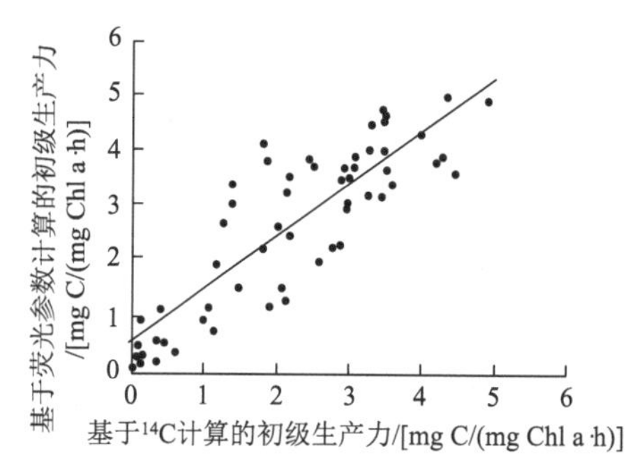

图 5-23　用有效光化学效率、光系统Ⅱ有效吸收截面积和单位叶绿素光系统Ⅱ反应中心等推算的浮游植物固碳量与用 ^{14}C 方法测定的固碳量之间的关系(改自 Kolber and Falkowski, 1993)
浮游植物水样取自北大西洋西部海域

二、原位叶绿素荧光测定仪器的选用

根据仪器的原理，目前市场上的原位叶绿素荧光仪可分为基于脉冲-振幅-调制(PAM)技术和基于快速重复荧光(fast repetition rate，FRR)技术的两类仪器，前者主要的产品是德国 WALZ 公司生产的 PAM，后者主要的产品是加拿大 Satlantic 公司生产的 FIRe 及英国 CTG 公司的 FRRF。基于这两种技术的两类仪器，孰优孰劣不易评价，基于 FRR 技术的仪器唯一明显的优势是能够给出光系统Ⅱ的有效吸收截面积，而 WALZ 最近推出的 Multi-Color-PAM 也能给出此参数。两种仪器测定出的参数数值也会有差异，有研究表明，在低光强时，PAM 测出的有效光化学效率会比 FRRF 测出的值高约 20%，但在高光强时二者趋于一致(Suggett et al., 2003)。另有报道显示，PAM 测出的可变荧光值比 FIRe 高 50%，F_v/F_m 高 10%～15%(Falkowski et al., 2004)。进一步的研究表明，两种仪器测定的参数可以相互转换(Röttgers, 2007)。

根据仪器性能，原位叶绿素荧光仪又可分为甲板型和水下型两种，前者是指仪器的检测限能够满足原位水体低浓度叶绿素的测定需求，但是仪器本身不能下水，只能将原位海水泵入或人工放入仪器中测定，主要用于原位培养的测定；后者是指仪器本身能够下水，可以直接放入海水中测定，主要用于原位的海洋调查。

选用何种仪器要根据实验目的和需求确定。如果做近海原位实验，可选用 WALZ 公司的 PAM，该公司产品的软件操作简单、功能较强，在室内藻类及高等植物、野外大型藻类和高等植物及近海浮游植物研究方面均有广泛应用。如果进行外海原位培养实验，可选用 Satlantic 公司的 FIRe，该仪器虽然是 DOS 操作系统，但灵敏度较高，能够在叶绿素浓度较低的条件下使用(图 5-24)；如果要测定原位不同深度浮游植物的光化学参数，可选用 Satlantic 公司的 in situ FIRe，该仪器可直接放入水中，可快速准确并且连续地测定浮游植物的活体叶绿素荧光，且灵敏度比 FIRe 高(图 5-25)。

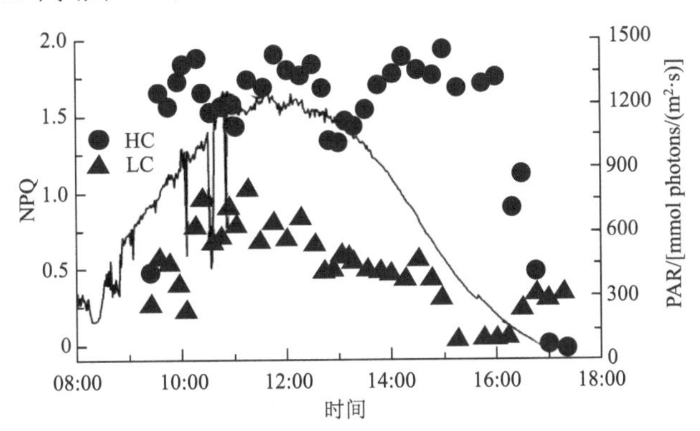

图 5-24　2010 年秋季航次南海 E606 站位低 CO_2(LC，385 μatm)和高 CO_2 分压(HC，800 μatm)下原位海水浮游植物群落的非光化学猝灭(NPQ) (Gao et al.，2012)

曲线表示可见光强度(PAR)

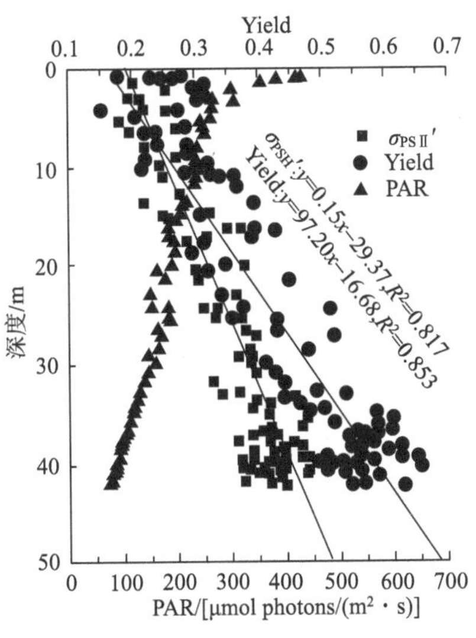

图 5-25　2012 年夏季航次南海 A8 站位水下光合作用有效光强(PAR)、有效光化学效率(F_q'/F_m')及光系统Ⅱ有效吸收截面积($\sigma_{PSⅡ}'$)剖面图(Jin et al.，2016)

三、方法优缺点分析及注意事项

与室内测定相比，原位浮游植物荧光参数的测定有很大不同，甲板型仪器和水下型仪器的使用方法也不同，为此，应认真阅读使用说明书后使用。

1) 海况通常不稳定，有时风浪很大，会导致船体摇摆幅度较大，因此甲板型仪器需要固定在甲板或实验台面上，以防仪器滑动。另外，操作人员在进行测定时也要特别注意样品杯，样品杯都是石英所制，较易碰碎。

2) 有时原位的叶绿素浓度会非常低，尤其是夏季表层海水中，这时仪器的信噪比就会相应低很多，测出的数据重复性较差，为了提高信噪比，可以将样品多测定几次取平均值(FIRe 软件上可以设置此参数)。

3) 对于水下叶绿素荧光仪来讲，仪器下放之前要与船上首席科学家商定好下放时间，因为船上会有其他仪器也需要下放，必须确定好下放顺序；同时在自己仪器下放之前需要观察是否还有其他仪器在水中，必须等其他所有仪器都上来之后才能下放，否则仪器下水后很可能会跟其他仪器缠在一起，造成无法挽回的局面。在测定过程中，要注意是否有其他仪器要下放，如果发现要马上制止。

4) 下放过程中注意控制下放速度(一般为 0.5～1.5 m/s)，以获得足够的数据。

5) 每艘科考船都有固定的停靠方位，下放仪器前应提前获悉科考船的停靠方位，要在船的迎风舷一侧下放仪器，以免因为风吹船走而导致仪器钻入船底。但有时船会停错方位，如发现仪器下水后钻入船底要马上收起，告知驾驶室重新调整船的方位或到船的另外一侧去下放仪器。

6) 仪器收起后要马上用淡水冲洗，以防止海水侵蚀仪器。

7) 因为在航次过程中，船停留在不同站位的时间段很可能不同，原位荧光参数会因不同时间段阳光辐射水平的不同而出现差异，站位之间的可比性较低。

8) 若固定站位或在近岸水域定点观测，可在不同的时间段，如早晨、中午、下午及晚上测定原位浮游植物群落的荧光参数，研究同一站位浮游植物群落在昼夜内的光合作用行为或推测其固碳能力。

四、原位叶绿素荧光仪使用实例

以下以 Satlantic 公司的 in situ FIRe 为例，介绍一下其具体使用步骤。

1) 使用 USB 电缆把设备连接到计算机，打开 FIReCom 软件，点击 Operation Settings 按照如下设置。

操作模式设为Continuous连续型；设置多选框为Transmit Raw Data on External Interfaces；在 SerialPort 界面，设置 Active Port 连接(RS-232 或者 RS-422)；使用长电缆 RS-422，使用波特率 9600。

2) 以上设置完成后，拔掉 USB 电缆，断开仪器电源，至少 20 s 后重新启动仪器。使用 RS-422 电缆连接设备到计算机，打开软件等待 60 s 后仪器会自动与软件建立连接，观察实时数据确定仪器是否已经正确配置。

3) 点击软件界面上的 Acquisition 按钮，开始获取数据。

4) 使用绳子固定好仪器然后放入水中，使其缓缓下落(速度为 0.5～1.5 m/s)，当达到需要测量深度时，开始回收仪器(速度为 0.5～1.5 m/s)。

5) 仪器回收到甲板后，关闭计算机软件，断开仪器与计算机连接，并立即使用淡水清洗仪器，避免腐蚀。

（高 光 金 鹏 高坤山）

参 考 文 献

韩博平, 韩志国, 付翔. 2003. 藻类光合作用机理与模型[M]. 北京: 科学出版社: 253.

韩志国, 雷腊梅, 韩博平. 2006. 角毛藻光合作用对连续强光照射的动态响应[J]. 热带亚热带植物学报, 14: 7-13.

林世青, 许春辉, 张其德, 等. 1992. 叶绿素荧光动力学在植物抗性生理学、生态学和农业现代化中的应用[J]. 植物学通报, 9: 1-16.

Alderkamp A C, de Baar H J W, Visser R J W, et al. 2010. Can photoinhibition control phytoplankton abundance in deeply mixed water columns of the Southern Ocean[J]. Limnoland Oceanogr, 55: 1248-1264.

Allen J F, Paula W B M, Puthiyaveetil S, et al. 2011. A structural phylogenetic map for chloroplast photosynthesis[J]. Trends Plant Sci, 16: 645-655.

Babin M, Morel A, Claustre H, et al. 1996. Nitrogen- and irradiance-dependent variations of the maximum quantum yield of carbon fixation in eutrophic, mesotrophic and oligotrophic marine systems[J]. Deep Sea Research, 43: 1241-1272.

Battchikova N, Wei L, Du L, et al. 2011. Identification of novel Ssl0352 protein（NdhS）, essential for efficient operation of cyclic electron transport around photosystem Ⅰ, in NADPH: plastoquinone oxidoreductase（NDH-1）complexes of *Synechocytis* sp. PCC 6803[J]. Biol Chem, 286: 36992-37001.

Behrenfeld M J, Bale A J. 1996. Confirmation of iron limitation of phytoplankton photosynthesis in the equatorial Pacific Ocean[J]. Nature, 383: 508-511.

Behrenfeld M J, Bale A J, Kolber Z S, et al. 1996. Confirmation of iron limitation of phytoplankton photosynthesis in the equatorial Pacific Ocean[J]. Nature, 383: 508-511.

Behrenfeld M J, Kolber Z S. 1999. Widespread iron limitation of phytoplankton in the south pacific ocean[J]. Science, 283: 840-843.

Behrenfeld M J, Prasil O, Kolber Z S, et al. 1998. Compensatory changes in photosystem Ⅱ turnover rates protect photosynthesis from photoinhibition[J]. Photosynthesis Research, 58: 259-268.

Belshe E F, Durako M J, Blum J E. 2008. Diurnal light curves and landscape-scale variation in photosynthetic characteristics of *Thalassia testudinum* in Florida Bay[J]. Aquatic Botany, 89: 16-22.

Bilger W, Björkman O. 1990. Role of the xanthophyll cycle in photoprotection elucidated by measurements of light-induced absorbance changes, fluorescence and photosynthesis in leaves of *Hedera canariensis*[J]. Photosynthesis Research, 25: 173-185.

Bilger W, Schreiber U. 1986. Energy-dependent quenching of dark-level chlorophyll fuorescence in intact leaves[J]. Photosynthesis Research, 10: 303-308.

Björkman O, Demmig B. 1987. Photon yield of O_2 evolution and chlorophyll fluorescence characteristics at 77 K among vascular plants of diverse origins[J]. Planta, 170: 489-504.

Bradbury M, Baker N R. 1981. Analysis of the slow phases of the *in vivo* chlorophyll fluorescence induction curve. Changes in the redox state of photosystem Ⅱ electron acceptors and fluorescence emission from photosystems Ⅰ and Ⅱ[J]. Biochimica et Biophysica Acta, 635: 542-551.

Bryant D A. 1994. The Molecular Biology of Cyanobacteria[M]. Alphen: Kluwer Academic Publishers.

Cailly A, Rizzal F, Genty B, et al. 1996. Fate of excitation at PSⅡ in leaves, the nonphotochemical side[C]. Florence: Abstract Book of 10th FESPP Meeting, 86.

Cerovic Z G, Bergher M, Goulas Y, et al. 1993. Simultaneous measurement of changes in red and blue fluorescence in illuminated isolated chloroplasts and leaf pieces: the contribution of NADPH to the blue fluorescence signal[J]. Photosynth Res, 36: 193-204.

Cesar H, Burke L, Pet-Soede L. 2003. The Economics of Worldwide Coral Reef Degradation[M]. Arnhem: Cesar Environment Economics Consulting: 23.

Coale K H, Johnson K S, Chavez F P, et al. 2004. Southern ocean iron enrichment experiment: carbon cycling in high-and low-Si waters[J]. Science, 304: 408-414.

Dai G Z, Deblois C P, Liu S W, et al. 2008. Differential sensitivity of five cyanobacterial strains to ammoniumtoxicity and its inhibitory mechanism on the photosynthesis of rice-field cyanobacterium Ge-Xian-Mi (*Nostoc*) [J]. Aquatic Toxicology, 89: 113-121.

Deng Y, Ye J Y, Mi H. 2003. Effects of low CO_2 on NAD(P)H dehydrogenase, a mediator of cyclic electron transport around photosystem Ⅰ in the cyanobacterium *Synechocystis* PCC6803[J]. Plant Cell Physiol, 44(5): 534-540.

Dimier C, Brunet C, Geider R, et al. 2009. Growth and photoregulation dynamics of the picoeukaryote *Pelagomonas calceolata* in fluctuating light[J]. Limnology and Oceanography, 54: 823-836.

Duysens L N M, Sweers H E. 1963. Mechanism of the two photochemical reactions in algae as studied by means of fluorescence[M]. *In*: Jso P. Physiologists. Studies on Microalgae and Photosynthetic Bacteria. Tokyo: University of Tokyo Press: 353-372.

Duysens L N M, Amesz J. 1957. Fluorescence spectrometry of reduced phosphopyridine nucleotide in intact cells in the near-ultraviolet and visible region[J]. Biochim Biophys Acta, 24: 19-16.

Eilers P H C, Peeters J C H. 1988. A model for the relationship between light intensity and the rate of photosynthesis in phytoplankton[J]. Ecological Modelling, 42: 199-215.

Emerson R. 1958. The quantum yield of photosynthesis[J]. Annual Review of Plant Physiology, 9(9): 1-24.

Falkowski P G, Koblížek M, Gorbunov M, et al. 2004. Development and application of variable chlorophyll fluorescence techniques in marine ecosystems[M]. *In*: Papageorgiou E, Govindjee G C. Chlorophyll a Fluorescence: A Signature of Photosynthesis. Dordrecht: Springer: 757-778.

Falkowski P G, Kolber Z S. 1995. Variations in chlorophyll fluorescence yields in phytoplankton in the world oceans[J]. Australian Journal of Plant Physiology, 22: 341-355.

Falkowski P G, Raven J A. 1997. Aquatic Photosynthesis[M]. Massachusetts: Blackwell Science Publishing.

Falkowski P G, Raven J A. 2007. Aquatic Photosynthesis[M]. Princeton: Princeton University Publishing.

Falkowski P G, Wyman K, Mauzerall D. 1984. Effects of continuous background irradiance on xenon-flash-induced fluorescence yields in marine microalgae[M]. *In*: Sybesma C. Advances in Photosynthesis Research. Vol 1. Hague: Martinus Nijhoff: 163-166.

Force L, Critchley C, Rensen J J S. 2003. New fluorescence parameters for monitoring photosynthesis in plants[J]. Photosynthesis Research, 78: 17-33.

Franklin D J, Cedrés C M M, Hoegh-Guldberg O. 2006. Increased mortality and photoinhibition in the symbiotic dinoflagellates of the Indo-Pacific coral *Stylophora pistillata* (Esper) after summer bleaching[J]. Marine Biology, 149: 633-642.

Franklin L A, Badger M R. 2001. A comparison of photosynthetic electron transport rates in macroalgae measured by pulse amplitude modulated chlorophyll fluorometry and mass spectrometry[J]. Journal of Phycology, 37: 756-767.

Gao G, Shi Q, Xu Z, et al. 2018. Global warming interacts with ocean acidification to alter PSⅡ function and protection in the diatom *Thalassiosira weissflogii*[J]. Environ Exp Bot, 147: 95-103.

Gao G, Xia J, Yu J, et al. 2017. Physiological response of a red tide alga (*Skeletonema costatum*) to nitrate enrichment, with special reference to inorganic carbon acquisition[J]. Mar Environ Res.

Gao K S, Xu J T, Gao G, et al. 2012. Rising CO_2 and increased light exposure synergistically reduce marine primary productivity[J]. Nature Clim Change, 2: 519-523.

Geider R J, LaRoche J, Greene R M, et al. 1993. Response of the photosynthetic apparatus of *Phaeodactylum tricornutum* (Baccilariophyceae) to nitrate, phosphate or iron starvation[J]. Journal of Phycology, 29: 755-766.

Genty B, Briantais J M, Baker N R. 1989. The relationship between the quantum yield of photosynthetic electron transport and quenching of chlorophyll fluorescence[J]. Biochimica et Biophysica Acta, 990: 87-92.

Genty B, Harbinson J, Baker N R. 1990. Relative quantum efficiencies of the two photosystems of leaves in photorespiratory and nonphotorespiratory conditions[J]. Plant Physiol Biochem, 28: 1-10.

Genty B, Harbinson J, Cailly A, et al. 1996. Fate of excitation at PS II in leaves: the non-photochemical side[J]. Sheffield: The Third BBSRC Robert Hill Symposium on Photosynthesis, University of Sheffield, Department of Molecular Biology and Biotechnology, Western Bank, 28.

Gielen B, Low M, Deckmyn G, et al. 2007. Chronic ozone exposure affects leaf senescence of adult beech trees: a chlorophyll fluorescence approach[J]. Journal of Experimental Botany, 58: 785-795.

Gilbert M, Domin A, Becker A, et al. 2000. Estimation of primary productivity by chlorophyll a *in vivo* fluorescence in freshwater phytoplankton[J]. Photosynthetica, 38: 111-126.

Gorbunov M Y, Falkowski P G. 2004. Fluorescence induction and relaxation (FIRe) technique and instrumentation for monitoring photosynthetic processes and primary production in aquatic ecosystems[M]. *In*: van der Est A, Bruce D. 13th International Congress of Photosynthesis Vol 2. Montreal: Allen Press: 1029-1031.

Govindjee R. 1995. Sixty-three years since Kautsky: chlorophyll a fluorescence[J]. Australian Journal of Plant Physiology, 22: 131-160.

Greene R M, Geider R J, Kolber Z, et al. 1992. Iron-induced changes in light harvesting and photochemical energy conversion processes in eukaryotic marine algae[J]. Plant Physiology, 100: 565-575.

Hall D O, Rao K K. 1994. Photosynthesis[M]. 3rd ed. Cambridge: Cambridge University Press.

Hill R, Bendall F. 1960. Function of two cytochrome components in chloroplasts: a working hypothesis[J]. Nature, 186: 136-137.

Jakob T, Schreiber U, Kirchesch V, et al. 2005. Estimation of chlorophyll content and daily primary production of the major algal groups by means of multiwavelength-excitation PAM chlorophyll fluorometry: performance and methodological limits[J]. Photosynthesis Research, 83: 343-361.

Jasby A D, Platt T. 1976. Mathematical formulation of the relationship between photosynthesis and light for phytoplankton[J]. Limnology and Oceanography, 21: 540-547.

Jin P, Gao G, Liu X, et al. 2016. Contrasting photophysiological characteristics of phytoplankton assemblages in the Northern South China Sea[J]. PLoS One, 11 (5): e0153555.

Joliot A, Joliot P. 1964. Etude cinétique de la réaction photochimique libérant l'oxygène au cours de la photosynthèse[J]. C R Acad Sci Paris, 258: 4622-4625.

Jones R J, Hoegh-Guldberg O, Larkum A W D. 1998. Temperature-induced bleaching of corals begins with impairment of the CO_2 fixation mechanism in zooxanthellae[J]. Plant Cell and Environment, 21: 1219-1230.

Juneau P, Qiu B S, Deblois C. 2007. Use of chlorophyll fluorescence as a tool for determination of herbicide toxic effect: review[J]. Toxicological and Environmental Chemistry, 89: 609-625.

Kautsky H, Franck U. 1943. Chlorophyll fluoreszenz und kohlensäureassimilation[J]. Biochemische Zeitschrift, 315: 139-232.

Kautsky H, Hirsch A. 1931. Neue versuche zur kohlensäureassimilation[J]. Naturwissenschaften, 19: 964.

Kishino M, Okami N, Takahashi M, et al. 1986. Light uilization efficiency and quantum yield of phytoplankton in a thermally stratified sea[J]. Limnol Oceanogr, 31: 557-566.

Kitajima M, Butler W. 1975. Quenching of chlorophyll fluorescence and primary photochemistry in chloroplasts by dibromothymoquinone[J]. Biochimica et Biophysica Acta, 376: 105-115.

Klughammer C, Schreiber U. 1994. An improved method, using saturating light pulses, for the determination of photosystem Ⅰ quantum yield via $P700^+$-absorbance changes at 830 nm[J]. Planta, 192: 261-268.

Klughammer C, Schreiber U. 1998. Measuring P700 absorbance changes in the near infrared spectral region with a dual wavelength pulse modulation system[M]. *In*: Grab G. Photosynthesis: Mechanism and Effects.Vol V. Dordrecht: Kluwer Academic Publishers: 4657-4660.

Klughammer C, Schreiber U. 2008. Complementary PSⅡ quantum yields calculated from simple fluorescence parameters measured by PAM fluorometry and the saturation pulse method[J]. PAM Application Notes, 1: 27-35.

Kolber Z S, Barber R T, Coale K H, et al. 1994. Iron limitation of phytoplankton photosynthesis in the equatorial Pacific Ocean[J]. Nature, 371: 145-149.

Kolber Z S, Dover C L V, Nidederman R A, et al. 2000. Bacterial photosynthesis in surface waters of the open ocean[J]. Nature, 407: 177-179.

Kolber Z S, Plumley F G, Lang A S, et al. 2001. Contribution of aerobic photoheterotrophic bacteria to the carbon cycle in the ocean[J]. Science, 292: 2492-2495.

Kolber Z S, Prasil O, Falkowski P G. 1998. Measurement of variable chlorophyll fluorescence using fast repetition rate techniques: defining methodology and experimental protocols[J]. Biochimica et Biophysica Acta, 1367: 88-106.

Kolber Z, Falkowski P G. 1993. Use of active fluorescence to estimate phytoplankton photosynthesis *in situ*[J]. Limnol Oceanogr, 38: 1646-1665.

Kolber Z, Wyman K D, Falkowski P G. 1990. Natural variability in photosynthetic energy conversion efficiency: a field study in the Gulf of Maine[J]. Limnol Oceanogr, 35: 72-79.

Kramer D M, Johnson G, Kiirats O, et al. 2004. New fluorescence parameters for the determination of QA redox state and excitation energy fluxes[J]. Photosynthesis Research, 79: 209-218.

Krause G H, Weis E. 1991. Chlorophyll fluorescence and photosynthesis: the basics[J]. Annual Review of Plant Physiology and Plant Molecular Biology, 42: 313-349.

Kühl M, Chen M, Ralph P J. 2005. A niche for cyanobacteria containing chlorophyll d[J]. Nature, 433: 820.

Lin H Z, Kuzminov F I, Park J, et al. 2016. The fate of photons absorbed by phytoplankton in the global ocean[J]. Science, 351: 264-267.

Liu H C, Gong G C, Chang J. 2010. Lateral water exchange between shelf-margin upwelling and Kuroshio waters influences phosphorus stress in microphytoplankton[J]. Mar Ecol Prog Ser, 409: 121-130.

Liu S W, Qiu B S. 2012. Different responses of photosynthesis and flow cytometric signals to iron limitation and nitrogen source in coastal and oceanic *Synechococcus* strains（Cyanophyceae）[J]. Marine Biology, 159: 519-532.

Lorenzen C J. 1966. A method for the continuous measurements of *in vivo* chlorophyll concentration[J]. Deep Sea Research, 13: 223-227.

Ma W, Shen Y K, Ogawa T, et al. 2007. Changes in cyclic and respiratory electron transport by the movement of phycobilisomes in the cyanobacterium *Synechocystis* sp. strain PCC 6803[J]. Biochimica et Biophysica Acta, 1767: 742-749.

Malkin R, Niyogi K. 2000. Photosynthesis[M]. *In*: Buchanan B B, Gruissem W, Jones R L. Biochemistry and Molecular Biology of Plants. American Society of Plant Physiology. Maryland: Rockville: 568-628.

Manzello D, Warner M, Stabenau E, et al. 2009. Remote monitoring of chlorophyll fluorescence in two reef corals during the 2005 bleaching event at Lee Stocking Island, Bahamas[J]. Coral Reefs, 28: 209-214.

Mi H, Endo T, Schreiber U, et al. 1992. Donation of electrons to the intersystem chain in the cyanobacterium *Synechocystis* sp. PCC7002[J]. Plant Cell Physiol, 33: 1099-1105.

Mi H, Klughammer C, Schreiber U. 2000. Light-induced dynamic changes of NADPH fluorescence in *Synechosystis* PCC6803 and its *ndh*B-defective mutant M55[J]. Plant Cell Physiol, 41: 1129-1135.

Morrison J R. 2003. *In situ* determination of the quantum yield of phytoplankton chlorophyll a fluorescence: a simple algorithm, observations, and a model[J]. Limnol Oceanogr, 48: 618-631.

Munekage Y, Hashimoto M, Miyake C, et al. 2004. Cyclic electron flow around photosystem Ⅰ is essential for photosynthesis[J]. Nature, 429: 579-582.

Negri A P, Flores F, Rothig T, et al. 2011. Herbicides increase the vulnerability of corals to rising sea surface temperature[J]. Limnology and Oceanography, 56: 471-485.

Nield J. 1997. Structural characterisation of photosystem Ⅱ [D]. London: University of London, PhD thesis.

Niyogi K, Wolosiuk R, Malkin R. 2015. Photosynthesis[M]. *In*: Buchanan B B, Gruissem W, Jones R L. Biochemistry and Molecular Biology of Plants. 2nd edition. Maryland: Rockville: 508-566.

Olaizola M, La Roche J, Kolber Z, et al. 1994. Non-photochemical fluorescence quenching and the diadinoxanthin cycle in a marine diatom[J]. Photosynthesis Research, 41: 357-370.

Olson J M, Amesz J. 1960. Action spectra for fluorescence excitation of pyridine nucleotide in photosynthetic bacteria and algae[J]. Biochim Biophys Acta, 37: 14-24.

Olson J M, Duysens L N M, Kronenberg G H M. 1959. Spectrofluorometry of pyridine nucleotide reactions in *Chromatium*[J]. Biochim Biophys Acta, 36: 125-131.

Orr L, Govindjee. 2007. Photosynthesis and the web: 2008[J]. Photosynthesis Research, 91: 107-131.

Oukarroum A, Madidi S E, Schansker G, et al. 2007. Probing the responses of barley cultivars（*Hordeum vulgare* L.）by chlorophyll a fluorescence OLKJIP under drought stress and re-watering[J]. Environmental and Experimental Botany, 60: 438-446.

Oxborough K, Baker N R. 1997. Resolving chlorophyll a fluorescence images of photosynthetic efficiency into photochemical and non-photochemical components - calculation of qP and F_v'/F_m' without measuring F_o'[J]. Photosynthesis Research, 54: 135-142.

Peloquin J, Hall J, Safi K, et al. 2011. The response of phytoplankton to iron enrichment in Sub-Antarctic HNLCLSi waters: results from the SAGE experiment[J]. Deep-Sea Res Part Ⅱ, 58: 808-823.

Perkins R G, Mouget J L, Lefebvre S, et al. 2006. Light response curve methodology and possible implications in the application of chlorophyll fluorescence to benthic diatoms[J]. Marine Biology, 149: 703-712.

Platt T, Gallegos C L, Harrison W G. 1980. Photoinhibition of photosynthesis in natural assemblages of marine phytoplankton[J]. Journal of Marine Research, 38: 687-701.

Quick W P, Horton P. 1984. Studies on the induction of chlorophyll fluorescence in barley protoplasts Ⅰ. Factors affecting the observation of oscillations in the yield of chlorophyll fluorescence and the rate of oxygen evolution[J]. Proceedings of the Royal Society of London B, 220: 361-370.

Ragni M, Airs R, Leonardos N, et al. 2008. Photoinhibition of PS Ⅱ in *Emiliania huxleyi*（Haptophyta）under high light stress: the roles of photoacclimation, photoprotection and photorepair[J]. Journal of Phycology, 44: 670-683.

Ralph P J, Gademann R. 2005. Rapid light curves: apowerful tool to assess photosynthetic activity[J]. Aquatic Botany, 82: 222-237.

Ralph P J, Gademann R, Dennison W C. 1998. In situ seagrass photosynthesis measured using a submersible, pulse-amplitude modulated fluorometer[J]. Marine Biology, 132: 367-373.

Ralph P J, Larkum A W D, Kühl M. 2005. Temporal patterns in effective quantum yield of individual zooxanthellae expelled during bleaching[J]. Journal of Experimental Marine Biology and Ecology, 316: 17-28.

Röttgers R. 2007. Comparison of different variable chlorophyll a fluorescence techniques to determine photosynthetic parameters of natural phytoplankton[J]. Deep-Sea Resh Part Ⅰ, 54: 437-451.

Schreiber U. 1986. Detection of rapid induction kinetics with a new type of high-frequency modulated chlorophyll fluorometer[J]. Photosynthesis Research, 9: 261-272.

Schreiber U. 2004. Pulse-Amplitude-Modulation （PAM） fluorometry and saturation pulse method: an overview[M]. *In*: Papageorgiou E, Govindjee G. Chlorophyll Fluorescence: a Signature of Photosynthesis. Berlin: Springer: 279-319.

Schreiber U, Bauer R, Franck U. 1971. Chlorophyll fluorescence induction in green plants at oxygen deficiency[M]. *In*: Forti G, Avron M, Melandri A. Proceedings of the 2nd International Congress on Photosynthesis. The Hague: Junk: 169-179.

Schreiber U, Bilger W, Neubauer C. 1994. Chlorophyll fluorescence as a non-intrusive indicator for rapid assessment of *in vivo* photosynthesis[M]. *In*: Schulze E D, Caldwell M M. Ecophysiology of Photosynthesis. Vol 100. Berlin: Springer-Verlag: 49-70.

Schreiber U, Bilger W, Schliwa U. 1986. Continuous recording of photochemical and non-photochemical chlorophyll fluorescence quenching with a new type of modulation fluorometer[J]. Photosynthesis Research, 10: 51-62.

Schreiber U, Endo T, Mi H, et al. 1995. Quenching analysis of chlorophyll fluorescence by the saturation pulse method: particular aspects relating to the study of eukaryotic algae and cyanobacteria[J]. Plant Cell Physiol, 36: 873-882.

Schreiber U, Gademann R, Ralph P J, et al. 1997. Assessment of photosynthetic performance of prochloron in *Lissoclinum patella* in hospite by chlorophyll fluorescence measurements[J]. Plant and Cell Physiology, 38: 945-951.

Schreiber U, Groberman L, Vidaver W. 1975. A portable solid state fluorometer for the measurement of chlorophyll fluorescence induction in plants[J]. Review of Scientific Instruments, 46: 538-542.

Schreiber U, Klughammer C. 2008. Saturation Pulse method for assessment of energy conversion in PS Ⅰ[J]. PAM Application Notes, 1: 11-14.

Serôdio J, Vieira S, Cruz S, et al. 2005. Short-term variability in the photosynthetic activity of microphytobenthos as detected by measuring rapid light curves using variable fluorescence[J]. Marine Biology, 146: 903-914.

Smith E L. 1936. Photosynthesis in relation to light and carbon dioxide[J]. Proceedings of the National Academy of Sciences, 22: 504-511.

Sosik H M, Olson R J. 2002. Phytoplankton and iron limitation of photosynthetic efficiency in the Southern ocean during late summer[J]. Deep Sea Research, 49: 1195-1216.

Steglich C, Behrenfled M, Koblíek M, et al. 2001. Nitrogen deprivation strongly affects photosystem Ⅱ but not phycoerythrin level in the divinyl-chlorophyll b-containing cyanobacterium *Prochlorococcus marinus*[J]. Biochimica et Biophysica Acta, 1503: 341-349.

Strasser B J, Strasser R J. 1995. Measuring fast fluorescence transients to address environmental questions: the JIP-test[M]. *In*: Mathis P. Photosynthesis: From Light to Biosphere.Vol V. Dordrecht: Kluwer Academic Press: 977-980.

Strasser R J, Govindjee. 1991. The F_0 and the O-J-I-P fluorescence rise in higher plants and algae[M]. *In*: Argyroudi-Akoyunoglou J H. Regulation of Chloroplast Biogenesis. New York: Plenum Press: 423-426.

Strasser R J, Govindjee. 1992. On the O-J-I-P fluorescence transients in leaves and D1 mutants of chlamydomonas reinhardtii[M]. *In*: Murata N. Research in Photosynthesis. Vol Ⅱ. Dordrecht: Kluwer Academic Press: 39-42.

Strasser R J, Srivastava A, Govindjee. 1995. Polyphasic chlorophylla fluorescence transient in plants and cyanobacteria[J]. Photochemistry and Photobiology, 61: 32-42.

Strasser R J, Tsimilli-Michael M, Srivastava A. 2004. Analysis of the chlorophyll a fluorescence transient[M]. *In*: Govindjee P G. Chlorophyll Fluorescence: Signature of Photosynthesis. Dordrecht: Springer Press: 321-362.

Suggett D J, Moore C M, Hickman A E, et al. 2009. Interpretation of fast repetition rate（FRR）fluorescence: signatures of phytoplankton community structure versus physiological state[J]. Marine Ecology Progress Series, 376: 1-19.

Suggett D J, Oxborough K, Baker N R, et al. 2003. Fast repetition rate and pulse amplitude modulation chlorophyll a fluorescence measurements for assessment of photosynthetic electron transport in marine phytoplankton[J]. Eur J Phycol, 38: 371-384.

Taiz L, Zeiger E. 1998. Plant Physiology[M]. 2nd ed. Sunderland: Sinauer Associates Inc.

Timmermans K R, Davey M S, van der Wagt B, et al. 2001. Co-limitation by iron and light of *Chaetoceros brevis*, *C. dichaeta* and *C. calcitrans*（Bacillariophyceae）[J]. Marine Ecology Progress Series, 217: 287-297.

van Kooten O, Snel J F H. 1990. The use of chlorophyll fluorescence nomenclature in plant stress physiology[J]. Photosynthesis Research, 25: 147-150.

Vassiliev I R, Kolber Z, Wyman K D, et al. 1995. Effects of iron limitation on photosystemⅡ composition and light utilization in *Dunaliella tertiolecta*[J]. Plant Physiology, 109: 963-972.

Vernotte C, Etienne A L, Briantais J M. 1979. Quenching of the systemⅡ chlorophyll fluorescence by the plastoquinone pool[J]. Biochimica et Biophysica Acta, 545: 519-527.

Vredenberg W J, Duysens L N M. 1963. Transfer of energy from bacteriochlorophyll to a reaction centre during bacterial photosynthesis[J]. Nature, 197: 355-357.

White A J, Critchley C. 1999. Rapid light curves: anew fluorescence method to assess the state of the photosynthetic apparatus[J]. Photosynthesis Research, 59: 63-72.

Wilkinson C. 2004. Status of Coral Reefs of the World[M]. Townsville: Townsville（Australian）Institute of Marine Science Publishing.

Wu X J, Gao G, Giordano M, et al. 2012.Growth and photosynthesis of a diatom grown under elevated CO_2 in the presence of solar UV radiation[J]. Fund Appl Limnol, 180: 279-290.

Xu J T, Gao K S. 2012. Future CO_2-induced ocean acidification mediates physiological performance of a green tide alga[J]. Plant Physiology, 160: 1762-1769.

第六章　光合与呼吸作用的测定与分析

第一节　光合放氧的测定

摘要　光合放氧速率是一项非常重要的生理指标，可以直接反映光合放氧生物对光照及无机碳的利用能力，通过用不同光合电子传递链抑制剂及人工电子供体/受体处理，也可以反映光合电子传递链各区段的活性。氧电极法是测定光合放氧速率的最常用方法，本节以几种蓝藻为例，详细介绍了 Clark 氧电极测定藻类光合放氧速率的工作原理、操作步骤、注意事项及该方法的优缺点等内容。

测定水溶液中溶解氧含量的变化常用 Clark 氧电极，它由镶嵌在绝缘材料上的银极(阳极)和铂极(阴极)构成，电极表面覆盖一层厚 20～25 μm 的聚四氟乙烯或聚乙烯薄膜，电极和薄膜之间填充半饱和的 KCl 溶液作为电解质，通过盐桥纸连接阳极和阴极。当两极间外加的极化电压超过氧分子的分解电压时，透过薄膜进入 KCl 溶液中的溶解氧便在铂极上还原($O_2 + 2H_2O + 4e^- \longrightarrow 4OH^-$)，银极上则发生银的氧化反应($4Ag + 4Cl^- \longrightarrow 4AgCl + 4e^-$)，此时电极间产生电解电流。由于电极反应的速度极快，阴极表面的氧浓度很快降低，溶液中的氧便向阴极扩散补充，使还原过程继续进行。由于氧在水中的扩散速度相对较慢，电极电流的大小受氧的扩散速度限制，这种电极电流又被称作扩散电流。在温度恒定的情况下，扩散电流受溶液与电极表面氧的浓度差控制。随着外加电压的增大，电极表面氧的浓度必然减小，溶液与电极表面氧的浓度差加大，扩散电流也随之增大。当外加的极化电压达到一定值时，阴极表面氧的浓度趋近于零，于是扩散电流的大小完全取决于溶液中的氧浓度。此时即使增加极化电压，扩散电流也不再增加，从而使极谱波(即电流-电压曲线)达到一个平台。将极化电压选定为平台中部时的电压，可以使扩散电流的大小基本不受电压微小波动的影响。因此，在极化电压与温度恒定的条件下，扩散电流的大小就可作为溶解氧定量测定的基础。电极间产生的扩散电流信号可通过电极控制器的电路转换成电压输出，用自动记录仪或计算机进行记录。

一、仪器设备

本节以 Hansatech 公司的 Clark 液相氧电极(Chlorolab 2，HansatechInsruments Ltd.，King's Lynn，Norfolk，UK)为例进行说明，氧电极配置见图 6-1。反应室一般用透明有机玻璃制成，容积一般约 2 mL，外有隔水套，通过连接恒温循环水浴满足所需温度。电极置于反应室的底部，反应室的塞子上有一小孔，以便在测定途中用微量注射器加入各种试剂。电极搅拌器位于反应室的下方，控制反应室内磁棒的转速，使反应室中样品均一分布而不下沉，从而可以真实测定样品的放氧速率。电极控制器用于提供极化电压，并将信号输出到计算机。

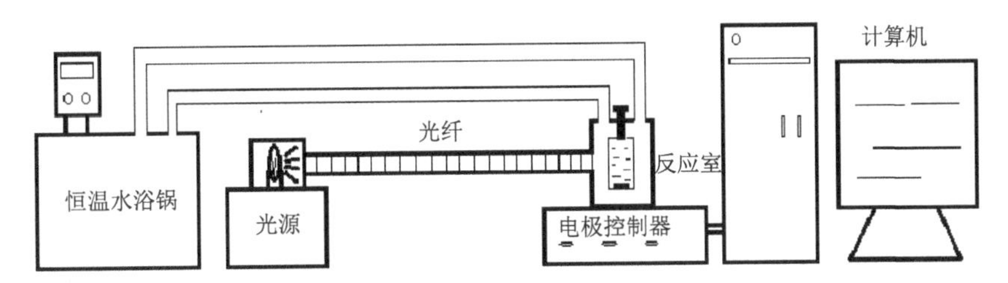

图 6-1　氧电极主要配置示意图

1) 恒温循环水浴锅(Cole-Parmer Instrument Co., Vernon Hills, IL. USA)。
2) 光源、光纤(A8, Hansatech)和具不同透光率的中性滤光片。
3) 照度计(QRT1, Hansatech)。
4) 离心机。

二、溶液配制

(一) 放氧测定反应液

向藻类培养液中补充 1 mol/L $NaHCO_3$(保证封闭测定环境中充足的碳供应),再加入一定浓度的 pH 缓冲剂(如 25 mmol/L Bis-Tris Propane), 调整 pH 至实验所需值。

(二) 无碳反应液

BG11 培养液是淡水藻类培养较为常用的培养液, 其无碳反应液配制如下: BG11 培养基不加入 Na_2CO_3, 并以等摩尔浓度的 KNO_3 代替 $NaNO_3$, 修改后的 BG11 培养基用作基本反应液。向基本反应液中加入 25 mmol/L NaCl 和 25 mmol/L Bis-Tis Propane(BTP)缓冲剂粉末, 用 1 mol/L HCl 调节 pH 至 1.0, 向液体中充入 30 min 纯净 N_2, 再用现配的过饱和 NaOH 溶液离心后的上清液回调 pH 至 8.0(碱性溶液易吸收 CO_2 而生成沉淀,离心以去除吸收的 CO_2), 即得到 BG11 无碳反应液(Cheng et al., 2008)。分装并装满 10 mL 离心管, 盖紧盖子并用封口膜密封(离心管内没有气泡残留), 防止空气中 CO_2 再次溶入反应液。

海洋藻可用人工海水培养液(如 f/2 培养液)加富后的海水, 经过孔径 0.22 μm 的滤膜过滤后进行培养, 其无碳反应液配制过程与上述类似, 具体操作如下: 向海水培养液中加入盐酸, 使 pH 降至 3.0 以下, 将海水中各种无机碳转变为 CO_2, 再向溶液中充入 N_2, 时间约 30 min(溶液体积较大可适当延长充气时间)。在完成充气之前, 边充气体边向海水中添加缓冲剂, 再加入现配的过饱和 NaOH 溶液离心后的上清液, 调整 pH 稳定至实验值, 即完成无碳反应液的配制(Gao et al., 1993; Chen et al., 2006)。

根据具体实验对 pH 的不同要求, 可选择合适的缓冲剂来固定 pH。光合放氧速率测定反应液中常见的缓冲剂有 MES、HEPES、BTP、TAPS、Tricine 等,使用浓度一般为 20～50 mmol/L。无碳反应液的配制过程要严格做到对外界"碳污染"的隔离, 不完全的无碳反应液会导致实验材料的碳枯竭时间延长, 易引起碳限制过程中光照对光系统的损伤。

三、操作步骤

（一）液相氧电极的安装

使用之前，用蘸有专用电极清洗剂（或牙膏）的棉签小心地清洁电极，直至电极表面光亮，以保证获得最佳的测定结果。

1）在圆形电极（铂极）的顶部滴加一滴电解液（半饱和 KCl 溶液，17.5 mmol/L），以液滴尽量覆盖电极而不流走为准。

2）取适当大小的盐桥纸（或卷烟纸）覆盖在电解液上，连接阴极和阳极，然后取一块电极膜覆盖在盐桥纸上。注意：盐桥纸和电极之间，以及电极膜与盐桥纸之间不要留有气泡。

3）将氧电极的小“O”型橡胶圈固定在装膜器的末端，然后将装膜器垂直于圆形电极的顶部，向下压装膜器的外套，从而将“O”型圈固定在覆有电极膜的电极上。

4）检查电极膜是否平滑，膜内不能有气泡，然后在电极（银极）凹槽内加入几滴电解液，并用枪尖小心地赶走凹槽内气泡，最后将外部大“O”型橡胶圈置于电极外部的凹槽内。

5）将电极室底座逆时针旋转取下，将电极放入电极室，顺时针拧紧底座，使覆有薄膜的阴极成为样品室的底部。

6）将安装好电极的样品室底座置于电极控制器上方的磁力搅拌器上，通过连接线连接电极与控制盒，为电极提供极化电压，并将电极控制器通过数据线与计算机相连。

7）连接恒温循环水浴锅，以保证测定过程中温度的恒定。

（二）液相氧电极的校准

向样品室内放入磁转子，并加入 2 mL 蒸馏水。用空气泵均匀地向样品室内通入空气，待信号线走平后，标定氧电极的氧饱和空气线。校满完成后，向样品室内加入少量 $Na_2S_2O_3$ 或 Na_2SO_3 粉末并密闭样品室（或向样品室内均匀通入高纯 N_2），测定信号将迅速下降，待信号线下降稳定后完成电极校零。因不同温度条件下 O_2 在水中的溶解度有所不同（表 6-1），利用液相氧电极测定光合放氧速率时需通过恒温循环水浴控制反应体系温度。光照由带有稳压装置的光源提供，通过光纤到达样品室，可利用具不同透光率的中性滤光片及调整光纤与样品室的距离调节光照强度，光照实际大小以照度计测定值为准。

表 6-1　不同温度条件下淡水和海水中氧的饱和溶解度

水温/℃	氧气的溶解度/(mmol/L)	
	淡水	海水
0	0.457	0.349
5	0.399	0.308
10	0.353	0.275
15	0.315	0.248
20	0.284	0.225
25	0.258	0.206

续表

水温/℃	氧气的溶解度/(mmol/L)	
	淡水	海水
30	0.236	0.190
35	0.218	0.176
40	0.202	0.165
45	0.189	0.154
50	0.177	0.146

(三)溶解氧的测定

Clark 液相氧电极可以测定溶液中藻类的光合放氧速率和暗呼吸速率(为避免光呼吸的影响，实验材料需在反应杯暗环境中维持约 15 min，然后测得稳定的氧气消耗速率即为暗呼吸速率)，测定类囊体膜的放氧反应需另外加入人工电子受体(如铁氰化钾、对苯醌等)。反应杯中氧浓度以控制在 0.1～0.2 mmol/L 为宜，氧浓度过高可能会对光合作用产生抑制作用，可向反应杯中适当充入 N_2 以降低氧含量。本节以测定葛仙米(*Nostoc sphaeroides*)和聚球藻(*Synechococcus* sp. PCC 7942)的光合放氧速率为例进行说明。根据实验需要调节温度和光强，离心收集藻细胞后用新鲜反应液重悬，将 2 mL 待测样品放入样品室中，启动转子搅动测定液，并记录测定信号。

通过测定不同光照强度或无机碳浓度条件下光合放氧速率的变化，可以得到光响应曲线(P-I 曲线)或溶解无机碳(DIC)响应曲线(P-C 曲线)。此外，向反应液中添加特定的光合电子传递抑制剂、电子受体和电子供体，测定样品的光合放氧或耗氧速率，可以计算出该样品不同区段的光合电子传递活性，下面将对这三种测定方法分别予以介绍。

1. P-I 曲线

收集葛仙米藻细胞，用新鲜 BG11 反应液(已加入 1 mmol/L $KHCO_3$ 碳源)重悬，测定不同光照强度条件下的光合放氧速率(图 6-2A)，光响应曲线参数的分析可参考 Henley(1993)的方法：

$$P = P_m \times \tanh(\alpha \times I/P_m) + R_D \tag{6-1}$$

$$I_k = P_m/\alpha \tag{6-2}$$

$$I_c = -R_D/\alpha \tag{6-3}$$

式中，I 代表光强；P 代表光强为 I 时相应的光合速率；P_m 代表最大光合速率(光饱和的光合速率)；I_k 代表光合作用饱和光强；I_c 代表光补偿点；α 代表光合作用在光限制部分的初始斜率；R_D 代表暗呼吸速率。

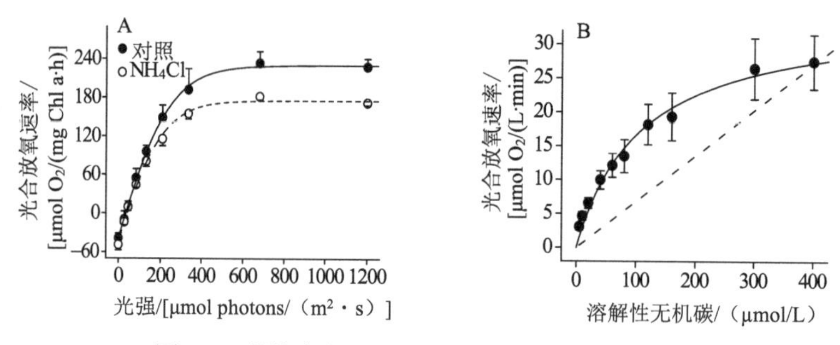

图 6-2　葛仙米(*N. sphaeroides*)的 P-I 与 P-C 曲线

A. 葛仙米在有无 1 mmol/L NH_4Cl 的 BG11 培养液中培养 96 h 的 P-I 曲线(Dai et al., 2008)；B. 葛仙米在碳枯竭后，光合放氧速率对添加不同浓度 HCO_3^-的响应曲线(P-C 曲线)(Qiu and Liu, 2004)；在 pH8.0 时，非催化条件下脱水生成 CO_2 的理论速率(图 6-2B 中虚线表示)的计算参见 Miller 和 Colman(1980)

2. P-C 曲线

用新鲜无碳 BG11 反应液重悬葛仙米藻细胞，以测定藻细胞光合放氧速率对体系中 DIC 浓度的响应曲线(图 6-2B)。细胞悬液在 240 μmol photons/(m^2·s)(适当降低光强，避免碳限制过程中高光强对光系统造成损伤)光强下进行光合放氧，待放氧停止即认定反应液中 DIC 已枯竭，碳枯竭通常耗时约 30 min。然后加入已知浓度的 $KHCO_3$ 溶液(0 μmol/L、5 μmol/L、10 μmol/L、20 μmol/L、50 μmol/L、100 μmol/L、200 μmol/L、400 μmol/L 和 800 μmol/L，浓度梯度的设置根据具体实验材料而定)，在 500 μmol photons/(m^2·s)(接近于光响应曲线计算得出的饱和光强)光强下测定光合放氧速率，通过 Michaelis-Menten 方程拟合不同 DIC 浓度下的净光合速率，得到光合放养速率-DIC 曲线的各参数。

$$v = V_{max} \times [S]/(K_m + [S]) \tag{6-4}$$

式中，v 代表净光合速率；V_{max} 代表最大净光合速率；[S]代表 DIC 浓度；K_m 代表净光合速率达到 V_{max} 一半时所需要的 DIC 浓度。

3. 光合电子传递活性

收集藻细胞，用新鲜 BG11 反应液重悬。测定 PSⅡ放氧活性时以 H_2O 为电子供体，*p*-benzoquinone(*p*-BQ，最终浓度 1 mmol/L)为电子受体。PSⅠ活性通过测定光依赖的耗氧速率确定，以还原型 $DCPIPH_2$ 作为电子供体，methyl viologen(MV)作为电子受体，测定时反应体系中加入 1 mmol/L NaN_3(抑制呼吸)、0.01 mmol/L 3-(3,4-dichlorophenyl-1, 1-dimethylurea)(DCMU，抑制 PSⅡ活性)、5 mmol/L ascorbate(将 DCPIP 还原为 $PCPIPH_2$)、0.1 mmol/L 2,6-dichlorophenol- indophenol(DCPIP)和 0.5 mmol/L MV。全链电子传递速率通过测量光照下的耗氧速率确定，其中 H_2O 是电子供体，MV 是电子受体，测量时反应体系中加入 1 mmol/L NaN_3 和 0.5 mmol/L MV(图 6-3)(Zhou et al., 2006)。

(四)样品放氧/耗氧速率的计算

根据实验要求，选取一段斜率比较稳定的记录结果，计算氧浓度变化速率，根据实际加入样品的质量、细胞数或叶绿素 a 含量，以及样品室中液体的体积进行换算，从而计算出光合或呼吸速率。例如，测定所得 *Synechococcus* sp. PCC 7942 光合放氧速率为 0.0163 μmol O_2/(mL·min)，Chl a 浓度为 12 μg/mL，那么以单位 Chl a 浓度表示的放氧速率为 1.36 μmol O_2/(mg Chl a·min)(Cheng et al.，2008)。此外，P-I 曲线及 P-C 曲线结果如图 6-2 所示。

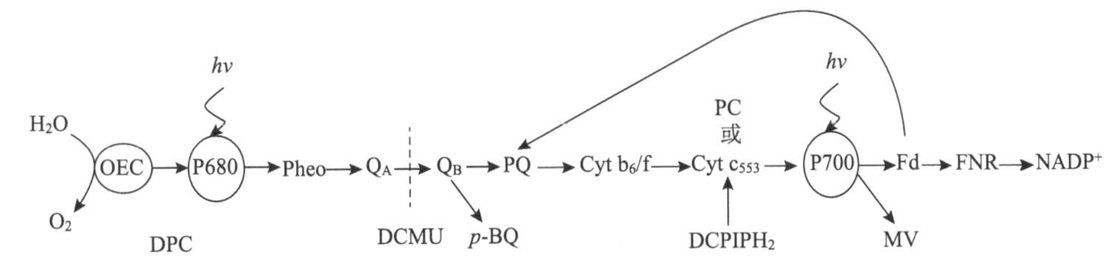

图 6-3　光合电子传递链及电子传递抑制剂、人工电子受体或供体的作用位点(Zhou et al.，2006)

在某些情况下，实验材料在经过较长时间的耗碳过程后仍不能让细胞完全碳枯竭，此时作出的 P-C 曲线与实际值有一定偏差，需要进行一定的补正(高坤山，1996)。补正的方法有三种：①可将实验作出的 P-C 曲线沿横轴(正值方向)平移，直至曲线与横轴的交点和原点重合。②使用高浓度无机碳下的测定数据，并将其转化为倒数后绘图，可回避低浓度下实际值与测定值之间较大的偏差。③以添加无机碳之前测定的放氧速率为背景值，将各浓度无机碳下的测定值减去背景值，再重新绘图。这种方法会导致 V_{max} 的变化，但适用于 K_m 值的推算。

四、该方法的优缺点及注意事项

用液相氧电极法测定藻类的光合放氧速率或呼吸速率，操作简单，可迅速追踪溶解氧含量的变化动态，并且可以记录其整个变化过程，测定快速，一次测定可在数分钟内完成。但是，该方法要求细胞浓度较高(叶绿素浓度控制在 0.4～4 mg/L 为宜)，野外采集的样品常需进行浓缩后方可进行测定。此外，相对于光合测定仪，如便携式光合作用分析仪(红外 CO_2 气体分析仪)，液相氧电极可同时测定的参数相对较少，且不易随身携带。使用液相氧电极测定光合放氧速率时需注意以下几点。

1) 所用电极膜必须无褶皱、无破损，并且不能直接用手接触。进行氧电极校零及样品测定过程中，应盖上样品室的盖子。

2) 氧电极对温度敏感，测定时要保持温度恒定。反应杯中不应有气泡，否则会造成信号不稳定。

3) 电极短期不用时，需向样品室中加少许蒸馏水，以防止电极膜内水分蒸发，导致 KCl 沉淀。长期不用时，应将电极清洁后放在干燥器中保存。电极工作过程中会在阳极形成一层氧化膜，影响电极的灵敏度，一次校正后最多可使用一周，使用完后需要用专用清洗剂(或牙膏)清洁干净。

4) 不同品牌的液相氧电极，响应时间与精确度不同，即使同一品牌也存在较大差异。因此，数据比较时需注意。

(戴国政　成慧敏　米华玲　印保胜)

第二节　利用同位素(^{14}C)示踪法测定光合固碳

摘要　测定浮游植物光合速率的方法很多，但在浮游植物丰度较低的水域，特别是大洋海域，利用放射性同位素(^{14}C)测定浮游植物固碳、估测水体生产力，是目前海洋初级生产力调查最常用、最精确的方法。为此，本节详细介绍了利用 ^{14}C 测定浮游植物光合固碳的方法与步骤，以及操作过程中的注意事项，并简述了 ^{14}C 方法在室内实验中的一些应用。

浮游植物利用光合作用，把无机物转化为有机物并释放氧气，给上层食物链提供食物和氧气，支撑着整个海洋生态系统。因此，测定水体浮游植物的光合速率及真光层水柱初级生产力，有助于更好地认识不同水域生产力、食物网及生态系统的变动。

估测浮游植物光合速率的方法很多，其中最直接、最常用的方法是测定其光合放氧或固碳。由于测定浮游植物光合放氧速率通常需要较高的生物量，如藻液 Chl a 浓度 50～100 μg/L (Campbell et al.，2013)，而在海洋特别是大洋海域浮游植物的生物量通常较低，如南海表层水体 Chl a 浓度不足 0.30 μg/L(Li et al.，2011a，2012a，2016a)，而印度洋表层甚至不足 0.10 μg/L (Li et al.，2012b，2012c)。因此，利用测定光合放氧速率来计算原位浮游植物光合速率的方法受到极大的限制。

利用放射性碳同位素(^{14}C)测定浮游植物(特别是原位浮游植物)光合速率的方法是迄今海洋初级生产力研究中最常用、最灵敏的方法。该方法于 20 世纪 50 年代首次被 Steeman-Nielsen(1952)使用，根据浮游植物单位时间内光合固定 $^{14}CO_2$ 的量来估测其固碳速率。固碳速率的高低可以反映原位浮游植物的生长和生理状况及环境因子如温度、盐度、营养盐等对其的影响(Li et al.，2011b)；浮游植物群落固碳量的多少还可以反映不同海域、不同季节生产力的高低，指示食物链及整个生态系统的动力学变化过程。

一、^{14}C 示踪法

利用 ^{14}C 测定海洋浮游植物生产力，是建立在浮游植物对 $^{14}CO_2$ 和 $^{12}CO_2$ 具有同等吸收能力(除特定的同位素差别因子外)的基础上的(Steeman-Nielsen，1952)。在海水碳酸盐缓冲体系中，无机碳以多种形态存在(CO_2、H_2CO_3、HCO_3^-、CO_3^{2-})，其中 HCO_3^-所占比例最高，超过 90%，因此放射性 ^{14}C 同位素以 $H^{14}CO_3^-$的形式引入。利用 ^{14}C 测定浮游植物固碳大致包括以下 3 个步骤。

(一)样品采集与处理

浮游植物水样通常用无毒的聚碳酸酯容器采集，为了防止容器内溶物对样品的污染，采样前必须用 1.0 mol/L HCl 对容器进行清洗。在样品的采集与运输过程中，避免与污染物如金属、橡胶等接触；同时，为了防止强光对浮游植物造成影响(特别是对深层水样品)，在运输过程中尽量避免阳光直射。在某些特定的实验设计中，若想排除浮游动物捕食对浮游植物的影响，通常用孔径 180 μm 的尼龙网滤除水样中绝大多数的浮游动物，但在去除浮游动物的过程中会去除部分浮游植物(特别是在近岸浮游植物生物量较高的海域，几个甚至几十个浮游植物细胞会连在一起，呈链状）。

（二）^{14}C 添加与培养

把经过处理的样品分装至培养瓶内（注意每个瓶上部预留一定空间，防止添加 ^{14}C 工作液时样品外溢），装至每个瓶内样品的体积大致相等即可，不需要严格一致。样品分装后，向每个培养瓶内加入一定体积 $NaH^{14}CO_3$ 工作液，每瓶样品中 ^{14}C 工作液的加入量需要严格一致（一般用连续加样器添加）；同时，取 2 个或 3 个样品用铝箔纸包好作为暗瓶，测定浮游植物对 ^{14}C 的暗吸收。

加入 ^{14}C 工作液后，把培养瓶固定在架子上（在外海航次实验中，受海浪影响船只会剧烈晃动，培养瓶的固定就越发显得重要），控温培养。最常用的控温方法有两种：①原位培养法，即将加有 ^{14}C 的样品放回原来采样位置培养。这种培养方法能真实地反映原位的状况，但在实际操作特别是外海航次实验中非常困难，甚至难以实现。②模拟原位培养法，即将加有 ^{14}C 的样品置于岸边或固定在甲板上的水槽中，持续向水槽中泵入表层海水进行控温培养。这种方法能较好地模拟原位温度，实际操作过程也非常方便，因此得到了广泛的应用。但是，在外海特别是在层化现象严重的海域，如南海海域，上部混合层（UML）较浅，在夏季 UML 深度不足 50 m，表层和混合层底部温差可达 8～10℃（图 6-4）。因此，用表层海水控温进行初级生产力的测定，会忽视原位温度随深度的垂直变化对固碳的影响，因此这种状况下必须考虑对所测生产力进行相应的校正。此外，光是驱动浮游植物光合固碳的动力，在海洋初级生产力测定的过程中必须测定阳光辐射强度及其在水体中的透射情况。

（三）收集、处理与测定

培养结束后，将样品遮光并迅速带回实验室，在室内弱光条件下把样品抽滤到玻璃纤维滤膜上。为减小实验误差，过滤顺序应由暗瓶、固碳量较低的样品至固碳量较高的样品依次进行（这在测定浮游植物光响应曲线时非常重要）。过滤结束后，将有浮游植物的滤膜置于液闪瓶内，然后放于一个酸化盒内并放入 1～2 个装有半瓶浓盐酸的液闪瓶，密封进行酸化处理。酸化结束后，将样品置于通风橱内 10～20 min，使凝结在液闪瓶壁的盐酸挥发掉，然后置于烘箱内（45～60℃）烘干（3～5 h），去除未被固定的 ^{14}C。最后向每个液闪瓶内加入液闪溶液，暗处静止 1 h 后用液闪仪计数。根据式（6-5）计算浮游植物的固碳量（Holm-Hansen and Helbling，1995）。

$$\text{固碳量}(\mu g\ C/L) = [(CPM_{(L)} - CPM_{(D)})/Ce] \times If \times DIC/[A \times (2.2 \times 10^6)] \quad (6\text{-}5)$$

式中，$CPM_{(L)}$代表接受光照处理样品中放射性物质每分钟计数值；$CPM_{(D)}$代表对照样品（暗瓶）中放射性物质每分钟计数值；Ce 代表仪器计数效率，该参数可以通过测定 ^{14}C 标准样获得；If 代表同位素差别因子（1.06），因为在 CO_2 同化过程中浮游植物细胞利用 ^{12}C 的效率比利用 ^{14}C 高 6%；DIC 代表培养水样中溶解无机碳浓度；A 代表所加放射性同位素（^{14}C）的量（μCi）。

利用固碳量除以单位水体内叶绿素的浓度和培养时间，即可得到光合固碳速率（同化系数），也可以用固碳量除以培养期间太阳辐射的累积量再乘以从日出至日落的辐射量，粗略估测单位水体的日固碳量，还可以用不同深度的日固碳量沿水深积分得到水柱的日固碳量（水体日生产力）。用这种方法估测日生产力的前提是不考虑光抑制（Gao et al.，2007a）。如果考虑正午时高光强对浮游植物光合固碳的抑制作用，比较理想的方法是测定浮游植物的光响应曲线（P-E 曲线），一般利用 Eilers 和 Peeters（1998）的模型：

$$P = E/(aE^2 + bE + c) \tag{6-6}$$

计算 a、b、c 三个校正系数（P 代表固碳量，E 代表光照强度），再根据 Behrenfeld 和 Falkowski（1997）的模型估测水体的日生产力（Gao et al.，2007b）：

$$\sum PP = \int_{t=\text{sunrise}}^{\text{sunset}} \int_{Z=0}^{\text{Zeu}} E(t,z)/[a \times E^2(t,z) + b \times E(t,z) + c] \tag{6-7}$$

此外，有些学者如 Fuentes-Lema 等（2015）还将海洋浮游植物光合固定的有机碳分为两部分，即保存在细胞内的部分——颗粒有机碳（particle organic carbon，POC）和释放到水体中的部分——溶解有机碳（dissolved organic carbon，DOC），分别进行测定，取二者之和作为浮游植物在单位时间内光合固定的总有机碳。处理过程如下：待培养结束后，在较低的压力下（50 mmHg，防止抽滤引起细胞破裂）用孔径为 0.2 μm 的聚碳酸酯滤膜过滤收集水体内的 POC（分子或细胞结构>0.2 μm）的同时，将液闪瓶直接置于滤膜下收集滤液，以测定释放至水体内的有机碳（DOC，<0.2 μm）。POC 的测定方法与上述固碳测定方法相同，DOC 在测定前则需进行以下处理：向装有滤液（5 mL）的液闪瓶内加入一定体积的盐酸溶液（50% HCl，200 μL），振荡摇匀过夜以去除未被固定的 ^{14}C，然后向液闪瓶内加入 5 mL 液闪溶液，利用液闪仪进行计数，最后用上述方法计算细胞释放至水体中 DOC 的量。

二、^{14}C 示踪法注意事项

（一）培养瓶体积

在现有的海洋浮游植物光合固碳研究中，所使用培养瓶的体积各异，从 10 mL 至 500 mL，甚至有的达 2.5 L（陈清潮和黄良民，1997；Huang et al.，1999；Chen et al.，2000；Gao et al.，2007a，2007b；Li et al.，2011a，2011b，2012a，2012c）。在近岸与河口海域，浮游植物生物量较高，水体悬浮颗粒较多，因此选用体积较小的如 30～50 mL 培养容器更为合适：一方面，浮游植物生物量高，较少体积的水样足以测出较强的 14C 信号；另一方面，在处理较多时（如浮游植物光响应曲线的测定），培养水样体积较小会节省过滤时间，减少实验操作误差（Gao et al.，2007a，2007b；Li et al.，2009）。在大洋海域，浮游植物生物量低，使用体积较小的培养容器测定初级生产力，实验操作误差通常较大，因此适宜选用体积较大的培养容器（Li et al.，2012a，2012c）；但若考虑减少过滤时间、降低实验误差，选用 150～200 mL 的培养容器较为理想。

（二）^{14}C 加入量

为得到较强的 ^{14}C 信号且考虑节省实验成本，利用 ^{14}C 测定原位浮游植物生产力需要考

虑加入适量的 ^{14}C 工作液。每个培养瓶中 ^{14}C 工作液的加入量可以根据水体 Chl a 浓度进行适量增减，如在近岸海域 Chl a 浓度通常为 2～5 μg/L，加入 5 μCi 的 ^{14}C 工作液(加入 ^{14}C 工作液的体积必须远小于水样的体积，^{14}C 母液一般稀释至 50 μCi/mL)，培养 2～4 h 即可以测出较强的 ^{14}C 信号(Gao et al.，2007a，2007b；Li et al.，2009，2011a；Li and Gao，2012)；在富营养化严重的养殖区或河口海域，Chl a 浓度一般高于 5 μg /L，此时可以适量减少 ^{14}C 工作液用量，如 2～2.5 μCi 培养 2～3 h 即可以测出较强的 ^{14}C 信号(Li et al.，2011b)。在大洋寡营养海域，Chl a 浓度甚至低于 0.1 μg/L，为了得到较强的 ^{14}C 信号必须适量增加 ^{14}C 工作液的量并延长培养时间(Li et al.，2012a，2012c)，如南海海域的表层水体，向 250 mL 水样中加入 10 μCi ^{14}C 工作液，培养 6～8 h 可以得到较强的固碳信号。

(三)培养时间

利用模拟原位培养法测定浮游植物生产力，通常是把装有 ^{14}C 水样的培养瓶置于水浴槽内并暴露于阳光下，用表层海水控温培养(接近原位温度)。浮游植物光合和呼吸作用是同时进行且方向相反的两个过程，培养时间过长，氧气的积累会加速呼吸进程，引发“瓶效应”，进而影响测定结果(Gao et al.，2012a)。培养容器越小越容易引发“瓶效应”，因此估测近岸海域初级生产力时培养时间不宜过长，以 2～3 h 较为理想(Gao et al.，2007a；Li et al.，2011a，2011b)。在外海海域，浮游植物浓度较低，可适当延长培养时间，以得到较强 ^{14}C 信号。同时，为了克服实际操作中的困难，外海初级生产力的测定通常在采自不同水层的水样中加入 ^{14}C 后，用表层海水控温培养。有些水域温度的垂直变化较大，如夏季南海海域层化现象严重，温跃层深度在 50 m 左右，表层与温跃层底部的温度差可达 8～10℃(图 6-4A)，因此必须考虑温度对浮游植物初级生产力的影响。据估测，在我国南海海域用表层海水控温测定初级生产力，会使叶绿素最大层(DCM)浮游植物生产力高估 5%～40%(图 6-4C，图 6-4D)。

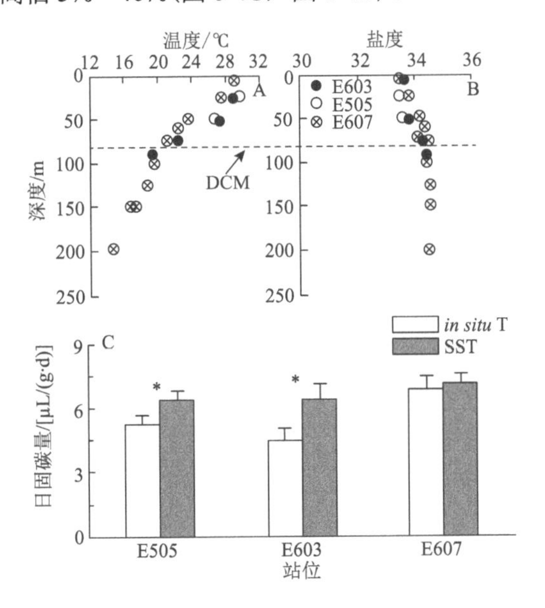

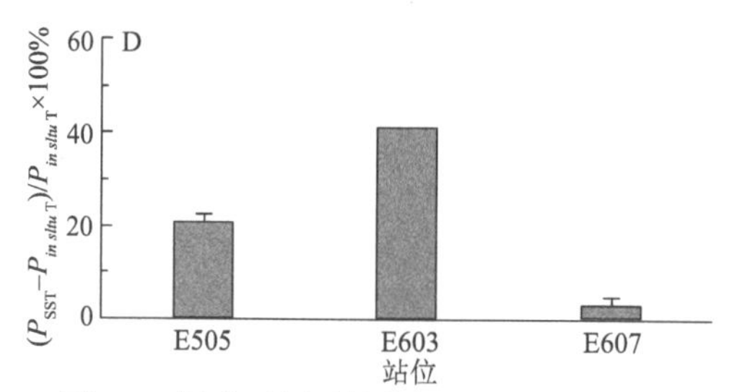

图 6-4　温度对浮游植物初级生产力的影响

A．海水温度随水深的变化；B．海水盐度随水深的变化（虚线指示 DCM 位置）；C．用表层海水控温和用原位温度水控温测得的 DCM 层浮游植物日固碳量；D．用表层海水控温对原位浮游植物生产力的高估率；采样测定位置：E505（18°36′N，113°09′E），E603（20°07′N，112°54′E），E607（18°30′N，114°30′ E）

三、^{14}C 示踪法优缺点分析

利用放射性碳（^{14}C）同位素测定海洋初级生产力是一个非常经典、非常灵敏的方法，也是目前海洋初级生产力调查最为常用的方法，它具有操作过程简单、灵敏度高等优点。但是，^{14}C 具有放射性而且部分以 $^{14}CO_2$ 形式存在，很容易通过呼吸进入体内，^{14}C 的半衰期很长（5200 年），易在体内积累，对人体产生伤害。另外，^{14}C 价格昂贵（5 mCi $NaH^{14}CO_3$ 溶液的价格超过 1 万元），利用 ^{14}C 示踪法测定海洋初级生产力的成本较高。同时，浮游植物细胞内光合生产和呼吸消耗是同时进行但方向相反的生理过程，因此利用 ^{14}C 测得的光合固碳量是二者平衡的结果，难以区分光合生产的和被呼吸消耗掉的含有 ^{14}C 的有机物。如果培养时间足够短，其合成的含有 ^{14}C 的有机碳还没来得及被呼吸消耗掉，得到的固碳量为毛固碳量；如果培养时间足够长，光合生产和呼吸代谢达到平衡，部分光合生产的含有 ^{14}C 的有机物被呼吸消耗掉，测得的固碳量为净固碳量。

四、^{14}C 示踪法在室内实验中的应用

放射性碳（^{14}C）示踪技术不仅被广泛应用于原位海洋生产力估测，也常被应用于室内光合固碳生理研究。例如，Yang 和 Gao（2012）利用 ^{14}C 示踪法在室内太阳模拟器下测定了单种模式硅藻伪矮海链藻（*Thalassiosira pseudonana*）的光响应曲线（P-I 曲线）和碳响应曲线（P-C 曲线）；Wu 等（2010）利用该方法在室内测定了单种硅藻三角褐指藻（*Phaeodactylum tricornutum*）的碳响应曲线（P-C 曲线）；同样，Xu 等（2011）和 Jin 等（2013）也分别用该方法在室内测定了颗石藻 *Emiliania huxleyi* 和 *Gephyrocapsa oceanica* 的光合作用固碳。室内固碳的处理与上述过程类似，首先培养加有一定量 ^{14}C 工作液的藻类培养液，培养一段时间后过滤收集藻类细胞，然后酸化、烘干以去除未被同化的 ^{14}C，最后加入一定量的液闪溶液，用液闪仪计数，计算固碳量。

（李　刚　吴亚平　高　光）

第三节　光呼吸及光下暗呼吸的测定

摘要　对藻类光呼吸速率的测定，主要有两种方法，一是采用间接法，测定两种氧浓度

下的光合放氧或固碳速率，将其差减值定为光呼吸速率；二是采用氧同位素法，区别光合放氧与呼吸耗氧。前者操作简单，耗时少，可以进行多样品的测定，但灵敏度低；而后者反应灵敏，但操作复杂，需要校正与计算，且一定时间内测定的样品数有限。

光呼吸是光合放氧生物依赖于光的耗氧并释放CO_2的过程，由Rubisco催化。为此，光呼吸速率依赖于该酶周边的CO_2与O_2比例。通过测定细胞在通常氧浓度和低氧(1%～2%)条件下的光合速率，得到其差值，可间接地获得光呼吸速率。一般认为，在低氧情况下，米勒反应仍然进行，但是由于Rubisco对氧的亲和力很低(高K_m值)，光呼吸的氧化作用大大降低(Osmond，1981)。为此，通过衡量不同氧浓度下的光合放氧速率来判断光呼吸速率是可行的(Björk et al.，1993)。另外，还可通过抑制光呼吸过程中关键酶的活性或突变体来进行研究。然而较为有效的方法是，改变Rubisco的特性(Bainbridge et al.，1995)，使其只进行羧化作用而不参与氧化作用，但是这个方法操作起来难度太大。另外，得到广泛认可的方法是氧同位素法，光合作用时，既存在放氧也存在耗氧，只有测定氧同位素的变化，才能实现光下耗氧的表观定量，再通过换算得出实际光下耗氧量，减去线粒体呼吸耗氧量，即为光呼吸耗氧量。在藻类光合生理研究中，应用最广泛的是高低氧浓度下光合速率差减法。下面主要介绍氧浓度差减法、氧同位素法及光下暗呼吸作用推算法的实验步骤。

一、氧浓度差减法实验步骤

1)取藻体或悬浮的藻细胞，在测定反应液中适应一定时间后进行测定。大型藻类切片，需要在反应液中适应一段时间以降低机械损伤所带来的影响。

2)配制正常(21%)与低氧(2%)水平的海水或淡水。实验用水需要首先灭菌，然后用缓冲剂和酸碱将pH稳定在培养水平；低氧水平的海水通过充入N_2，使氧气的含量下降到2%左右，而正常氧气水平的海水则通过泵入室外的空气使其达到饱和。

3)取一定体积氧浓度不同的海水分别放入反应槽中(反应槽需控温)。

4)放入藻体或藻细胞，调节转子的转动速度进行搅拌。

5)根据所设定的光强，打开光源。

6)记录数值，根据计算公式得到不同氧浓度下的放氧速率(图6-5)，然后差减，得到近似光呼吸速率。

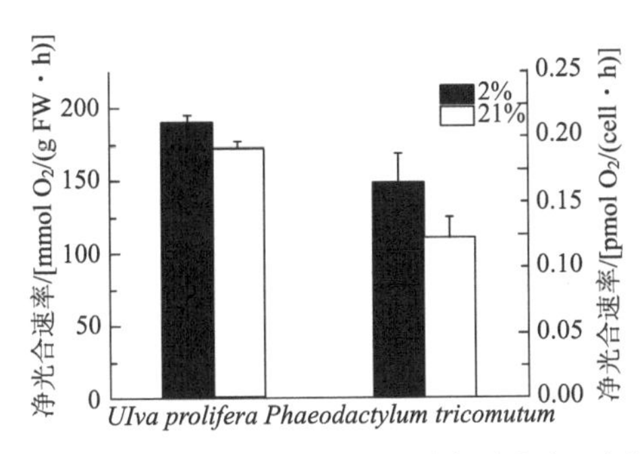

图6-5　绿藻浒苔和硅藻三角褐指藻在低氧(2%)和正常氧浓度(21%)海水中的光合速率(Gao and Campbell，2014)

二、$^{18}O_2$同位素方法

由于光合放氧与光呼吸耗氧同时发生，因此很难同时测定放氧与光呼吸耗氧的速率。但采用氧同位素法，可以测定光呼吸。可利用 MIMS 方法，向反应槽内注入 $^{18}O_2$气体，这样光合放氧产生的 $^{16}O_2$与光下耗氧导致的 $^{18}O_2$浓度变化，因分子质量的不同，可在气体质谱上明显地被显示出来。光下消耗的氧气包括了两种分子质量的 O_2 分子，因此需要校正计算（Radmer and Ollinger，1980），才能得到真正的光下耗氧速率（Gao et al.，1992）。光下耗氧量包括了线粒体呼吸的耗氧，为此可假定光下与暗处的线粒体呼吸速率相同，从光下耗氧量中减去暗处的，即为光呼吸耗氧量。另外，也可将藻细胞置于 $H_2{}^{18}O_2$的水中，测定 $^{18}O_2$的放氧速率，一定时间后，细胞内的普通水被耗竭，$H_2{}^{18}O_2$的裂解导致溶解 $^{18}O_2$会逐渐呈直线变化，而 $^{16}O_2$浓度变化说明光下耗氧的变化，因光下耗氧也包括了 $^{18}O_2$，同样需要校正计算。

三、光下暗呼吸作用的推算法

上述内容介绍了光呼吸的测定，这里再介绍下光下暗呼吸作用的测定。光下的暗呼吸作用与黑暗条件下的暗呼吸作用都为线粒体 CO_2释放过程，因此，光下暗呼吸作用即发生在光照条件下的线粒体 CO_2释放过程，它不是属于光呼吸。但在这里还是对光下暗呼吸作用的测定加以阐述。

通常认为，光下的暗呼吸速率（dark respiration in the light，R_L）与黑暗条件下的暗呼吸速率（dark respiration in darkness，R_D）大小是一样的，但是越来越多的证据表明，在陆生高等植物中，R_L 值是 R_D 值的 25%～100%，这表明，光照可以部分地抑制光合组织的暗呼吸作用（Shapiro et al.，2004），光强度在 3～50 μmol photons/（m^2·s）就可以对暗呼吸作用造成抑制，无论是红光、白光还是蓝光，都有这种效应（Atkin et al.，2005）。

以石莼干出状态下叶状体为例，介绍利用 LCA-4 光合作用仪（Analytical Development Co. 分析发展公司，英国），根据 Kok 方法，以推算法测定光下线粒体呼吸速率（R_L）。

用 LCA-4 光合作用仪的开放气路系统法测定石莼叶状体 CO_2 气体交换速率，测定温度为 20℃。CO_2 气体交换速率（P_n）按式（6-8）计算：

$$P_n = \Delta C \times F \times 60 \times 273/[(273 + T) \times 22.4 \times \mathrm{DW}] \tag{6-8}$$

式中，ΔC 代表气路经过叶室所造成的 CO_2 浓度差（μL/L）；F 代表气流量（L/min）；T 代表温度（℃）；DW 是干重（g，80℃，24 h）。在测定 CO_2 气体交换速率时，通过改变光源与叶室的距离来控制光强度[0～120 μmol photons/（m^2·s）内的 8 个不同光强水平]，从而得到 CO_2 气体交换速率-光强关系曲线。在光补偿点以上 4 个光照水平上，CO_2 气体交换速率与光照强度的响应曲线延长线和 Y 轴的交点，即为石莼的 R_L 值。在黑暗条件下测定的 CO_2 气体交换速率即为石莼的 R_D 值（图 6-6）。

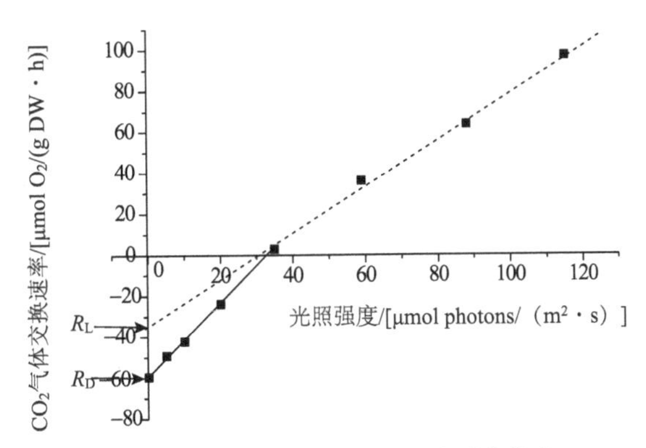

图 6-6 石莼藻类的 CO_2 气体交换速率-光强关系曲线(Zou et al.，2007)

四、注意事项

1) 在获得光合放氧或呼吸耗氧速率过程中，注意维持反应槽内物理与化学环境的稳定。

2) 制作不同氧浓度的海水时，灭菌后，要先用培养时的空气预先充气平衡 1～2 h，这样可以保证海水中的 CO_2 等气体恢复到实验培养水平。

3) 避免气体交换引起反应槽中氧浓度的变化。

4) 在低氧海水中培养的藻体，测定其光合作用一定要快，以保证介质中的溶解氧浓度变化未超过 3%。

5) 使用氧同位素法测定时，要充分掌握 MIMS 测定法的原理。

五、优缺点分析

1) 氧浓度差减法快捷和简单，实验所需的步骤少，操作相对简单，并且测定时间很短，适合多个样品的集中测定，适合于微藻和大型藻(Björk et al.，1993；Gao et al.，2012b)。

2) 与氧浓度差减法相比，氧同位素法比较复杂，且需要较昂贵的仪器(气体质谱仪)。

3) 氧浓度差减法获得的光呼吸速率是一个间接值，并且这个值建立在假设 2%～21%氧浓度内光呼吸速率呈直线形变化。

4) 在一些无机碳利用能力很强的藻类，或者具有 C_4 途径的藻类中，Rubisco 周围 CO_2 充足，有可能使光呼吸速率相对光合固碳速率来说低很多，这种情况下，采用同位素 ^{18}O 的方法较合适。

(邹定辉 徐军田 高坤山)

第四节 藻类无机碳浓缩与亲和力的测定与解析

摘要 光合作用速率主要是通过溶氧量或无机碳量的变化来计算的。光合固碳或放氧速率与无机碳浓度的关系，通常通过改变反应槽中无机碳浓度，测定不同无机碳浓度下的光合速率，求得光合放氧速率与无机碳浓度的关系曲线(P-C 曲线)进行分析。而细胞内的无机碳库或浓缩碳量，则需要通过硅油离心技术进行测定与分析。

藻类光合固碳的量及其特性，除与光、温度和营养盐等有关外，还与水中 pH、溶解无机碳(DIC)浓度及溶氧量有关。海水中的溶解无机碳形式，主要为 HCO_3^-，而作为光合作用的唯一底物——气态 CO_2 只有不到百分之一。因此，大多数藻类进化出无机碳浓缩机制(CCM)，主动吸收和浓缩无机碳，以提高细胞内的碳浓度，然而 CCM 易受环境变化的影响。因此，研究藻类的 CCM 及其胞内的无机碳库，是阐述其固碳过程、相关生理变化及其与环境变化关系的重要环节。本节介绍研究藻类光合固碳与 DIC 变化的几种方法，并分析其优劣点。

一、固碳法测定无机碳亲和力

(一)操作步骤

1. 无碳海水配制

向普通海水中加入盐酸，使得 pH 低于 5.0，然后充以 N_2 20 min(时间因温度与水量不同而不同)以上，将海水中无机碳以 CO_2 的形式去除干净，最后加入一定量的缓冲剂(也可不加，视实验目的选择)，并使用盐酸或者 NaOH 调节 pH 至所需的数值。

2. 藻液收集

用聚碳酸酯膜过滤或者离心并收集藻细胞，用上述无碳海水洗 3 次，然后将其悬浮于无碳海水中。根据测定仪器灵敏度不同，选择合适的细胞浓度，如用 ^{14}C 示踪法或者 PAM 测定，浓度控制在 1～5 μg Chl a/L 即可，而使用氧电极则需 500 μg Chl a/L 以上才可以获得比较理想的数据。

3. 胞内碳耗竭

在测定不同无机碳浓度下的光合速率时，藻细胞虽然悬浮于无碳海水中，然而其胞内仍含有一定量的无机碳，需要其利用光合作用将细胞内无机碳耗竭掉。所以，需要将细胞悬浮液置于一定水平的光强下让其进行光合作用，直至光合放氧与呼吸耗氧达到平衡，此时可假定胞内无机碳为零。一般使细胞内无机碳耗竭所需时间不能超过 30 min。

4. 不同无机碳浓度下光合速率的测定

加入不同浓度的碳酸氢钠母液，使得浓度为 50～4000 μmol/L，使用相关仪器在不同的无机碳浓度下测定光合速率。

5. 数据处理与分析

测定完毕后，便可得到一系列不同无机碳浓度下的光合速率，利用数据分析软件，如 Origin 创建米氏方程：

$$V = V_{max} \times S/(K_m + S) \tag{6-9}$$

式中，V 代表光合速率；S 代表底物的浓度，可以是 DIC(无机碳)的浓度，也可以是 CO_2 或 HCO_3^-的浓度，后两者可以通过软件计算得出(Lewis et al.，1998)；K_m 代表光合速率为最大值一半时的底物浓度，可以据此判断藻细胞光合作用对无机碳的亲和力(affinity)；V_{max} 代表在不受碳限制(饱和)时光合速率所能达到的最大速率。

(二)实例解析

1. 不同测定方法间比较

从图 6-7 中我们可以看出，两种处理下的细胞光合速率或电子传递速率都随着无机碳浓度的增加而上升，在达到一定浓度以后，趋势逐渐变缓，并最终保持稳定(图 6-7A，图 6-7B)。根据米氏方程的拟合结果可以发现，380 ppmv CO_2 下培养细胞的 K_m 要小于 1000 ppmv 下的，表明高 CO_2 下细胞对无机碳的亲和能力有所下降(图 6-7C)。同时发现，虽然在低 DIC 情况下，光合速率随着 DIC 浓度的增加而显著增加，但是对于天然海水中 DIC 浓度(约 2.2 mmol/L)，进一步添加 DIC 并不会显著提高光合速率(图 6-7A，图 6-7B)。利用测定光系统Ⅱ电子传递速率的方法也能获得 P-C 曲线，尽管 K_m 值与固碳或放氧测定法的结果有一定的差异，但能准确反映不同条件下藻类光合作用对无机碳的亲和力的变化情况，也是一种快速有效的方法(Wu et al.，2010；吴亚平，2010)。

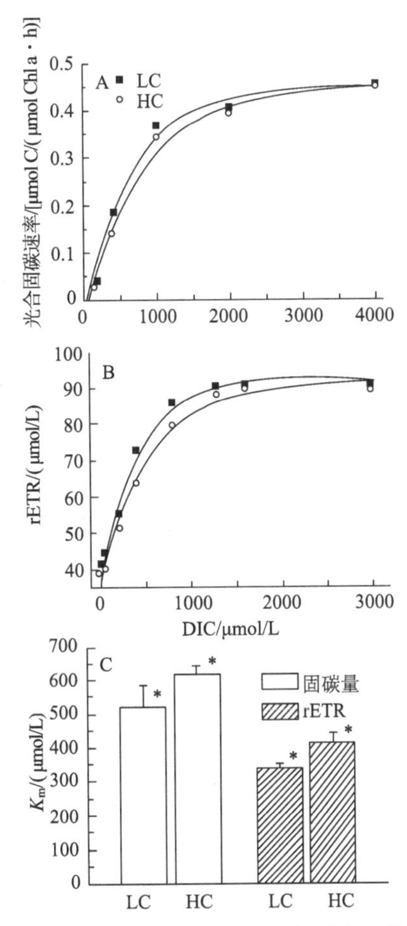

图 6-7　三角褐指藻在不同 DIC 浓度下，光合固碳速率(A)与相对电子传递速率 rETR(B)的变化，根据 P-C 曲线拟合求得的最大光合作用达一半时的 DIC 浓度 K_m(C)(改自 Wu et al.，2010)

三角褐指藻生长条件为：光强 400 μmol photons/(m^2·s)，pH8.15，低 CO_2 浓度(LC)380 ppmv，高 CO_2 浓度(HC)1000 ppmv

2. 细胞内“CO_2”调零不完全情况下的处理

细胞在经无碳海水洗涤，并于光照处理下碳耗竭后，有时反应池内的光合放氧长时间不停止，这意味着细胞内或者反应液中有残存的 DIC。此时若再次收集细胞，则有可能对藻造成机械损伤，若延长光处理时间则会对藻造成光损伤，影响到后续 P-C 曲线的测定结果。因此，可以使用以下几种校正方法进行补正，从而推测出 P-C 曲线的关键参数。第一种补正方法是将曲线(实线)沿着横轴平移，使得曲线与 X 轴的交点和原点重合(虚线)，然后计算相关参数(图 6-8)；第二种方法是，将各底物浓度下的光合速率减去未添加 $NaHCO_3$ 时的光合速率，重新使用米氏方程拟合，这会使得 V_{max} 发生变化，但可以得到准确的 K_m；第三种方法是，使用高浓度底物的数据，将其转化为倒数后线性拟合，利用高浓度底物下的光合速率推算 K_m 和 V_{max}(高坤山，1999)。

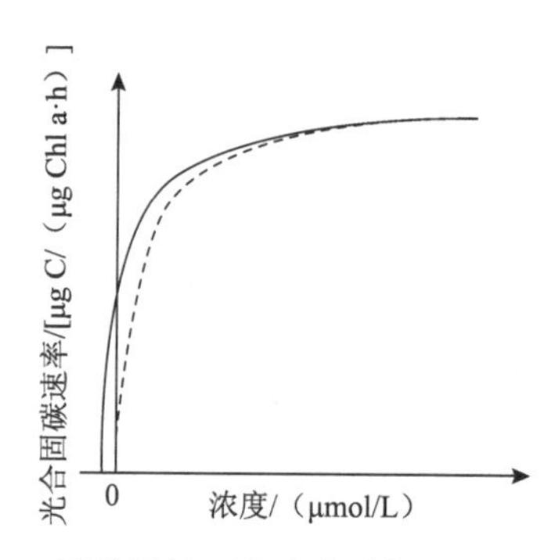

图 6-8　平移法补正未完全碳耗竭的 P-C 曲线

二、胞内碳库测定

(一)胞内碳库含量测定

1. 理论基础

在测定胞内碳库之前，为了消除胞内已有无机碳的干扰，首先需将细胞悬浮于无碳海水中照光进行碳耗竭，然后添加 ^{14}C 标记的 $NaHCO_3$ 并照光培养。外源的 CO_2/HCO_3^- 将会伴随光合作用通过碳浓缩机制(CCM)或扩散(CO_2)而穿透细胞膜进入胞内，从而充满胞内碳库。这一过程需时很短，如硅藻一般 10 s 左右碳库便可以完全充满。此时若能够将细胞从溶液中“取出”，测定其胞内总碳和有机碳的含量，得到的差值便为细胞碳库的容量(即胞内无机碳量)，然而，将细胞从溶液中快速取出的同时，如何避免溶液中 ^{14}C 的污染，是一个很大的难题。1957 年，Werkheiser 和 Bartley 发明了使用硅油离心分离细胞的方法，并被应用于胞内碳库的测定(Badger et al.，1980；Tortell et al.，2000)。硅油离心管分为三层，最底部为反应终止液，可以瞬间杀死细胞，中间层为一定密度的硅油，细胞则悬浮于硅油层之上(图 6-9)。在高速离心的情况下，细胞穿过硅油层，到达底部，从而与溶液分离开。然而无机碳在穿透细胞膜充满碳库的同时，有一部分会被光合作用固定为有机碳，这一部分碳会使得无机碳库被高估，因此在通过硅油离心技术收集细胞后，有一半的样品需要进行盐酸酸熏处理，测定有机碳含量，并在最终结果中扣除。

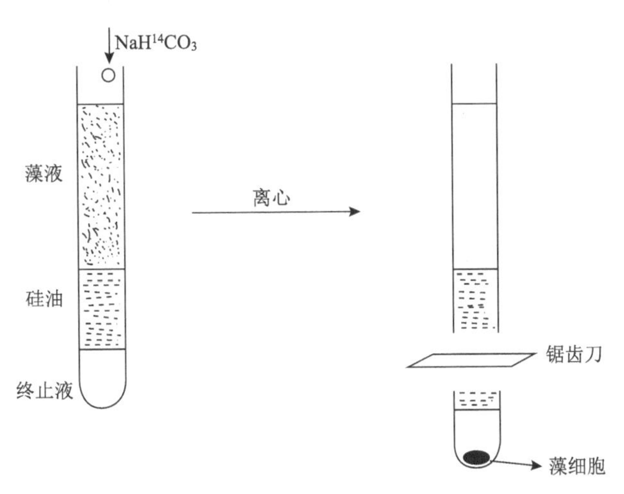

图 6-9　硅油离心技术分离细胞示意图

2. 操作步骤

1) 硅油离心管的制作：首先将 100 μL 配制好的终止液(含有 2.5 mol/L NaOH 的 10%甲醇溶液)加入到 0.5 mL 的离心管底部，然后加入 150 μL 按一定比例混合的硅油(AR20 与 AR200)，覆盖于终止液之上，按此方法制作两个硅油离心管(1#和 2#)。上述终止液和硅油的体积可根据实验要求做相应的调整，两种硅油的比例需要根据不同的藻细胞，经过预实验后方能确定。

2) 藻液收集：测定胞内无机碳的含量需要高浓度的藻液，理想的叶绿素浓度为 5 μg/mL 左右，在将藻细胞收集以后，用无碳海水冲洗，然后再悬浮至上述的浓度。

3) 碳耗竭：在加入 ^{14}C 之前，需要将藻液置于氧电极反应池中，照射 400 μmol photons/(m^2·s)的可见光，直至放氧速率为零。此时应立刻关闭光源，以免藻细胞在无碳情况下受到光损伤。

4) 放射性标记：用移液枪小心吸取两份 200 μL 藻液，分别慢慢覆于准备好的两个离心管中的硅油层之上。接着吸取两份 100 μL 5 μCi 的 ^{14}C 液体，枪头插入藻液中，慢慢注入 ^{14}C 液体。完毕后，来回抽提 3 次，使得 ^{14}C 均匀分布于藻液中，然后将离心管(1#和 2#)置于 400 μmol photons/(m^2· s)下照射 10 s，迅速取回放入离心机中。

5) 离心：以 14 000×g 以上的离心速度离心 40 s(具体时间设置以藻细胞完全离心至管底部为准)。

注：以上除需照光步骤外，均应在微光下操作！

6) 样品保存：离心完毕后，取出离心管并放入液氮中冷冻。

7) 测定前处理：使用锯齿刀将包含藻细胞的离心管(1#和 2#)底部切下，并分别放入到液闪瓶(1#和 2#)中保存。测定前，1#管加入 0.5 mL 0.5 mol/L 的 NaOH，2#管加入 0.5 mL 1 mol/L HCl，置于通风橱中过夜，使得 2#管中的无机碳彻底挥发。1#样品管用于测定有机碳与无机碳的总含量，2#样品管用于测定有机碳含量，两者的差值便为藻细胞总碳库的无机碳含量。

（二）胞内碳库体积定量

1. 理论基础

定量细胞体积时使用两种同位素，^3H 标记的氚水和 ^{14}C 标记的甘露醇。该方法的原理是，氚水可以在短时间内（1～2 min）穿透细胞膜，从而均匀分布于细胞壁与细胞质内，而甘露醇不能穿透细胞膜，只可以分布于细胞壁与细胞膜这一空间，两者的差值即为胞内碳库体积（图 6-10）。

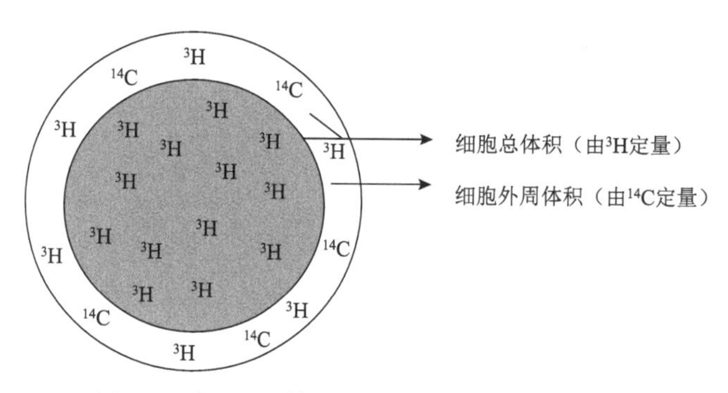

图 6-10　^3H_2O 与 ^{14}C 甘露醇在细胞内分布示意图

2. 操作步骤

体积定量操作步骤与胞内碳库含量测定操作步骤基本一致（仅同位素不同），添加氚水与甘露醇后，微光下静置 2 min，使两种同位素均匀分布于细胞内外。

3. 计算过程

1）单位细胞碳库无机碳含量：假定浓缩的藻液细胞浓度为 $1×10^7$ cells/mL，吸取了 200 μL 藻液，并加入了 100 μL 5 μCi 的 ^{14}C（DIC 浓度为 2200 μmol/L）。最终测定的 CPM 数值 1#管为（有机碳+无机碳）80 000，2#管（有机碳）40 000，液闪仪计数效率为 0.96，同位素差别因子为 1.06。则

$$\text{无机碳总 CPM} = 80\,000 - 40\,000 = 40\,000$$

$$\text{无机碳中 }^{14}\text{C 活度} = 40\,000/0.96/(2.2 \times 10^6) = 1.89 \times 10^{-2}\ \mu\text{Ci}$$

$$\text{细胞吸收的总无机碳量} = 1.89 \times 10^{-2}\ \mu\text{Ci}/5\ \mu\text{Ci} \times 100\ \mu\text{L} \times 2200\ \mu\text{mol/L} = 8.33 \times 10^{-4}\ \mu\text{mol}$$

$$\begin{aligned}\text{单位细胞碳库的无机碳含量} &= 8.33 \times 10^{-4}\ \mu\text{mol}/(200\ \mu\text{L} \times 1 \times 10^7\ \text{cells/mL}) \\ &= 4.17 \times 10^{-10}\ \mu\text{mol/cell}\end{aligned}$$

2）细胞有效容积：藻液浓度与体积如上，并加入 100 μL 5 μCi 的氚水（设为 3#管）或者 ^{14}C 甘露醇（设为 4#管），离心后分别吸取 50 μL 上清液至含 950 μL 蒸馏水的小瓶中，并进一步从中吸取 50 μL 至液闪瓶中（分别设为 5#管、6#管）。取完上清液后，将离心管用液氮冷冻，切除底部并放入液闪瓶中待测。假定最终测得的 CPM 值分别是，3#管（氚水在离心细胞中的含量）为 $2×10^4$，4#管（^{14}C 甘露醇在离心细胞中的含量）为 $5×10^3$，5#（稀释 20 倍后的氚水含量）为 $2×10^5$，6#管（稀释 20 倍后的 ^{14}C 甘露醇含量）为 $2.5×10^5$。则

所加藻液中细胞的总体积 $=(2\times10^4)/(2\times10^5)\times50\ \mu L/20$（稀释倍数）$=0.25\ \mu L$

所加藻液中细胞的总外周体积 $=(5\times10^3)/(2.5\times10^5)\times50\ \mu L/20$（稀释倍数）$=0.05\ \mu L$

单个细胞的总体积 $=0.25\ \mu L/(200\ \mu L\times1\times10^7\ cells/mL)=125\ \mu m^3$

单个细胞的外周体积 $=0.05\ \mu L/(200\ \mu L\times1\times10^7\ cells/mL)=25\ \mu m^3$

单个细胞的有效容积 $=125-25=100\ \mu m^3/cell$

3）胞内碳库浓度：　$4.17\times10^{-10}\ \mu mol/cell/(100\ \mu m^3/cell)=4.17\ mmol/L$。

提示：以上仅为示例，实际测定时需要设置足够多的平行样品，这样才可以使用数理统计方法处理数据。

三、方法优缺点分析

P-C 曲线反映藻类光合作用对无机碳的亲和力，既可通过放氧量和 DIC 吸收量的变化获得光合速率，也可通过 ^{14}C 示踪法测定光合速率。另外，还可通过荧光法测定电子传递速率，确定光合放氧速率与无机碳浓度的关系曲线。这些方法的优势与劣势如下。

1）光合放氧的测定简单，容易操作，但需藻量较大，需要控制反应槽中的温度。

2）DIC 变化量的测定需要有专门仪器，如用总碳分析仪测定溶解无机碳；也可用红外气体分析仪测定酸化后释放出来的 CO_2，根据标样，换算总 DIC 量。该方法也简单，但需要仪器投入较高，需藻量也较大，且需要确定采集海水样的最佳时间（必须取直线变化时间内的）。

3）^{14}C 示踪法的优点是可在短时间内完成，且需要细胞量较少（细胞量的多少根据培养时间与添加同位素的发射量成反比）。其缺点是操作较复杂，且需要准确计算，另外，其测定的固碳量可反映总光合速率（gross photosynthetic rate），也可反映净光合速率（net photosynthetic rate），与培养时间和藻类羧化效率有关。通常，可将数分钟或几十分钟内的固碳速率认为是总固碳速率，数小时的介于两者中间，12～24 h 以上的，可认为是净光合固碳量。因为 ^{14}C 示踪法灵敏度高，是短时间内或叶绿素浓度极低（如寡营养区外海海水）情况下，测定光合固碳量的最佳选择。

4）藻类细胞浓缩无机碳量的测定，目前被认可的方法只有上述的硅油离心法。该方法仅适合于微型藻类，若应用于大型藻类，需要做预实验，去除组织内或细胞间隙间储存的 ^{14}C，并需要知道单位藻体中的细胞数。若以单位质量或单位藻体面积间接替代细胞数，则可以给出单位藻量的 DIC 浓缩量。

（吴亚平　高坤山）

第五节　海水流通式藻类固碳的测定

摘要　定生藻类受海流与波浪影响，通常处于搅动或流动的海水中，且个体较大，难以在封闭小型容器中测定其整体光合固碳量。海水流通式测定法是将藻体置于流动海水中，同时测定同化管入口与出口处海水溶解氧或其他参数的变化，再结合海水流量与藻量计算出固碳速率。该方法的优点是可消除或减少藻体表面的扩散层厚度，能在更接近于原位条件下测定藻类光合或固碳速率。

藻类的光合速率，通常是通过测定溶解氧或无机碳浓度在一定时间内的变化，并根据水量、测定时间及藻量或叶绿素含量计算求得。这种测定通常在封闭系统(瓶)中进行。然而，光合作用会导致海水碳酸盐体系发生显著变化(pH 升高、pCO_2 减少)和溶解氧浓度过高，这些化学变化会导致测定过程中发生“瓶效应”，一方面会影响光呼吸，减少光合固碳量；另一方面会激发较多的活性氧损坏光合作用元件，难以反映稳定化学环境条件下的光合或固碳速率。

本节介绍的流通式测定法，能在维持碳酸盐体系相对稳定的条件下，测定定生藻类的光合固碳速率，且可容纳较大的藻量甚至群落。光合或固碳速率是根据同化管出口和入口处海水中溶解氧或总碱度的差值来计算的。当采用该系统并基于总碱度的变化来测定光合固碳速率时，可以得到珊瑚藻类甚至是钙化动物的钙化速率。另外，该系统还可在室内或室外条件下测定大型藻类甚至是动物的呼吸速率。

一、流通式开放系统的结构

该系统由一个透光性能良好的玻璃管或石英管(同化管)作为主体，配有流速计、氧气监测器探头、氧气检测控制器和海水供应槽或水泵(图 6-11)(Gao et al.，2012b)。

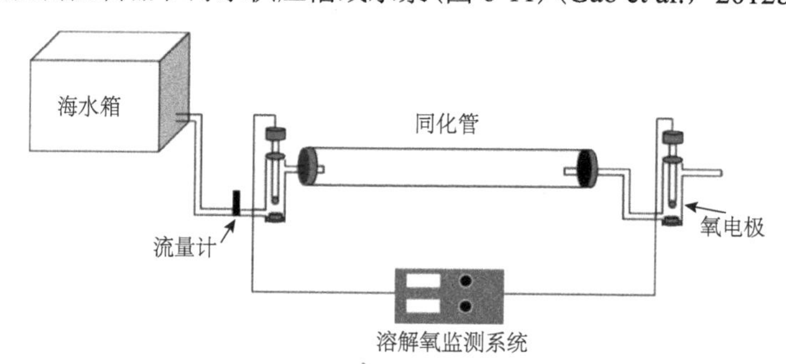

图 6-11 测定定生藻类光合或固碳速率的流通式系统示意图(Gao and Xu，2008)

同化管为透明材质的柱状管。同化管的末端最好呈圆锥形(示意图中显示的不同：即入口逐渐变粗，而出口逐渐变细)，连接塑料管，管内水流速度与同化管的横断面积成反比。海水是非压缩性液体，同化管内流速(V，cm/s)与内径(D，mm)和流量(F，L/min)的关系可用式(6-10)表示：

$$V = 2123 \times D - 2 \times F \tag{6-10}$$

流速是同化管内径的指数函数，随着内径的增大而减少。

藻体需要固定在丝状物或玻璃杆上，然后置于管内。在一定的时间内和流速下，流经同化管的海水的溶解氧浓度会发生变化，出口和入口处的溶解氧浓度可通过氧电极探头测定。光合放氧速率按照式(6-11)计算：

$$P = (B - A) \times F \times 60 \times W - 1 \tag{6-11}$$

式中，A 和 B 分别代表进口和出口处海水的溶解氧浓度；F代表流量；W代表藻体质量。

若要获得高 CO_2 浓度/低 pH 的实验条件，可将调控 CO_2 分压的装置连接在开放系统上(图 6-11)。实验所需的海水，可预先通过 CO_2 加富器向水槽中连续充气得到；也可将溶入高 CO_2 气体的海水储存于一个密闭水箱中，其一端连接开放系统，另一端连接充满特定 CO_2 浓度的气囊(图 6-12)，这样海水中的碳酸盐体系就可以一直稳定在所需的实验水平上(建议使用恒温循环水浴锅来控制水箱中的水温，同时可以起到搅拌混匀的效果；尤其适用于室外实验，因为室外的温度在改变)。

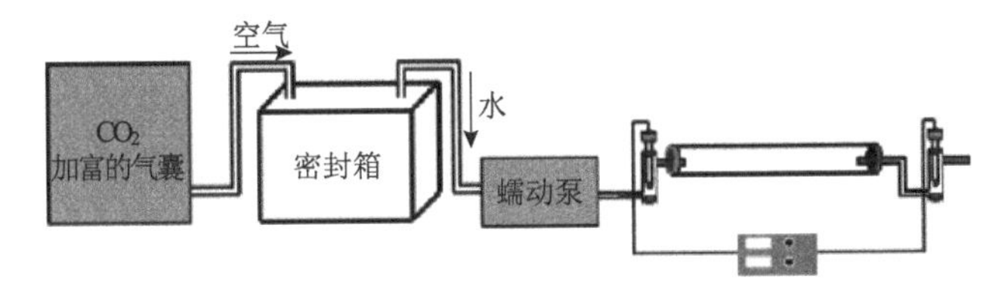

图 6-12　调控海水 CO_2 分压的流通式系统示意图

二、实验装置应用分析

1) 用流通式系统测定光合或固碳速率的准确度依赖于同化管入口和出口处海水中溶解氧浓度或总碱度的变化。如果同化管中所含实验生物量较少，需要降低水流速度以保证能测出入口和出口处海水中溶解氧浓度或总碱度的差异；如果同化管体积太大，则需要更多时间让出口处水中溶解氧等达到恒定(水流速度降低延长了海水在同化管内的滞留时间)。

2) 在室内恒定光强或在室外阳光辐射下，如果入口和出口处的溶解氧浓度或者总碱度的差异太小，会带来较大测定误差。这种情况下，可以使用循环开放或者循环封闭系统来代替全开放系统。前种方法，海水从出口再循环至入口(中间经过一个开放容器便于气体交换)。而后一种方法虽然是封闭系统，但海水在不断流动中，降低或延缓了“瓶效应”。这样，光合或固碳速率可以通过溶解氧浓度或总碱度的变化和系统中的海水体积(包括同化管内和连接管中的海水)及藻量而求得。当然，如果测定培养时间过长，这种封闭系统仍会发生“瓶效应”，并影响碳酸盐体系的平衡。

虽然在长时间测定的过程中，营养盐可能会有一定程度的影响，但是通过这两个系统仍可以得到理想的结果，尤其是在测定海水总碱度或钙浓度变化时。光合或者固碳速率的测定如图 6-13 所示，方程如下：

$$R = (C_1 - C_2) / (T_2 - T_1) / B \tag{6-12}$$

式中，R 代表光合或固碳速率；C_1 和 C_2 代表在 T_1 和 T_2 时间时海水的溶解氧浓度或总碱度；B 代表生物量。

因为随着时间的增加，溶解氧浓度或总碱度的变化渐渐偏离线性关系，所以在尽可能短的时间内完成测定是非常重要的。

钙化速率(G)按照式(6-13)计算：

$$G = -\Delta \text{TA}/2 \tag{6-13}$$

式中，ΔTA 代表总碱度在单位时间内单位生物量中的变化量。

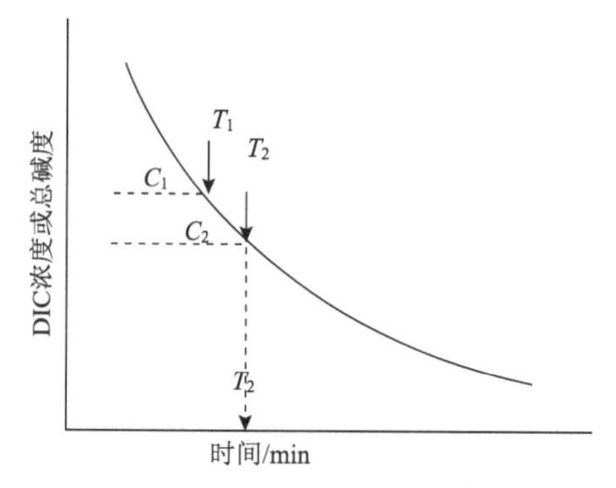

图 6-13　循环开放系统或封闭系统中海水 DIC 浓度(若是溶氧则是上升)或者总碱度随时间的变化(Gao et al.，2012b)

三、系统装置运用注意事项

1) 如果在入口和出口处使用两个不同的电极，实验前必须把这两个电极校正到同一水平，因为不同氧电极间有差异，故建议使用同一个电极。

2) 确定同化管中的样品是否会相互遮盖，若遮盖会影响藻体对光能的充分利用。

3) 由于海水在同化管内完全替换一遍需要一定的时间，因此要花几分钟让海水中的溶解氧浓度或总碱度达到恒定。不同的同化管体积和水流速度需要不同的滞留时间。

4) 确保入口和出口处溶解氧浓度具有明显的差异，这样才能减小测量误差。进行正式实验前必须通过预实验来确定最适生物量和流量。

5) 不同材料的同化管透光性不同，因此需根据实验需求选择不同材质的同化管。普通玻璃、聚碳酸酯或亚克力等透过 UV 辐射量很少，石英可透过全波段阳光辐射。

6) 用这种流通系统在室外阳光下进行实验时，阳光辐射强度和光合速率需要同步测定。

7) 氧电极在海水温度改变时要随时校正。

四、流通式测定法的优缺点

1) 有效降低“瓶效应”带来的不利影响。研究结果表明，通过本系统测定的红藻龙须菜的净光合速率比在封闭系统中所测的数值高出 76%，然而对呼吸作用影响不明显(Gao et al.，2012b)；在该系统中无柄珊瑚藻的净光合速率在 5 h 内保持恒定，然而在封闭系统中随着时间的延长而降低(图 6-14)。

2) 可以有效地维持海水碳酸盐体系的稳定。在此系统中，由于光合作用消耗无机碳，会引起 pCO_2 的轻微下降，pH 的轻微上升。当同化管中的水流速度和生物量保持恒定时，碳酸盐体系将稳定在一定水平上，而出口与入口处海水中溶溶解氧浓度相差 20%以上(Gao et al.，2012b)。

在 CO_2 浓度为 380 μatm 或 ppmv(充气中)条件下，出口和进口处海水碳酸盐体系各参数变化见表 6-2。

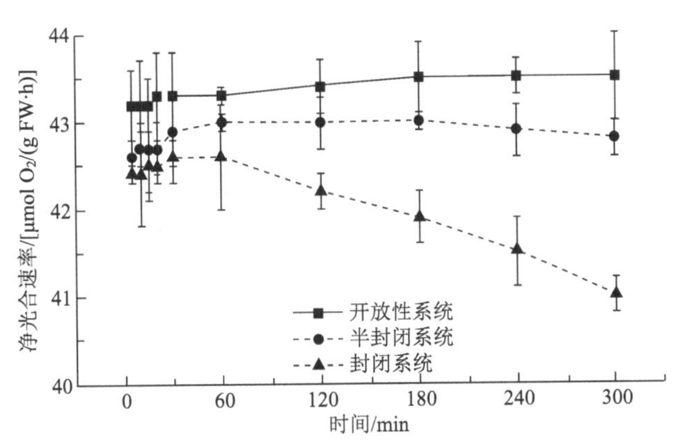

图 6-14　在开放性系统、半封闭系统、封闭系统中测得的珊瑚藻的净光合速率随时间的变化（郑仰桥，2009）

表 6-2　在 CO_2 浓度为 380 μatm 或 ppmv（充气中）条件下，出口和入口处海水碳酸盐系统各参数变化

（Gao et al.，2012b）

参数	入口	出口
DIC/（μmol/L）	2036±38[a]	2025±45[a]
HCO_3^-/（μmol/L）	1845±33[a]	1839±40[a]
CO_3^{2-}/（μmol/L）	178±12[a]	167±20[a]
pCO_2/（μmol/L）	15±2[a]	14±3[a]
TA（/μmol/L）	2316±22[a]	2310±45[a]
Ω_C	3.7±0.2[a]	3.7±0.5[a]
pH	8.4±0.1[a]	8.4±0.2[a]

注：DIC. 溶解性无机碳；TA. 总碱度；Ω_C. 碳酸钙饱和度

3）根据藻体的大小或生物量的多少选择适当的同化管，无须破坏藻体的完整性。这样以整个植株为研究对象，不仅可以有效解决由切片机械损伤所导致的影响，而且避免了不同部位光合作用的差异性为整体光合固碳量的评估带来的误差。

4）溶解氧浓度等指标的响应时间，与传统封闭瓶系统相比偏长。

5）实验操作相对封闭系统复杂，且不适合浮游植物，但能用于附着性微型藻类的研究。

6）虽然可用气囊（air bag）来持续稳定地维持 CO_2 浓度以研究 CO_2 浓度变化的效应（Gao and Zheng，2010），但实际操作比较烦琐。目前，有商业化的 CO_2 加富器（武汉瑞华），可实现自动控制。

（高坤山　徐军田）

第六节　浮游植物光系统Ⅱ光失活的测定

摘要　浮游植物利用光系统Ⅱ（photosystem Ⅱ，PSⅡ）复合体从光中吸收的能量裂解水，并将光能转化为化学能。然而，过量光辐射会使浮游植物 PSⅡ发生光失活。PSⅡ光失活，直接关系到固碳过程与固碳量，是重要的生态生理学过程。而量化 PSⅡ光失活的速率是研究 PSⅡ光失活的关键，为此，本节详细介绍了测定浮游植物 PSⅡ光失活的方法与步骤，以及操作过程中的注意事项。

浮游植物利用光能驱动光合作用，将无机碳转化为有机碳并释放氧气。光合作用能顺利进行的前提是利用 PSⅡ复合体从光中吸收的能量裂解水，并将水裂解释放的电子传递给质体醌，同时通过对水的氧化和对质体醌的还原在类囊体膜两侧建立质子(H^+)梯度，为还原力(ATP 和 NADPH)的形成准备原料和蓄积能量(Albertsson，2001；韩博平等，2003)。PSⅡ复合体由外周捕光色素(天线色素)蛋白复合体(LHCⅡ)、内周捕光色素(天线色素)蛋白复合体(CP43、CP47 等)、反应中心色素蛋白复合体(PSⅡ-RC)和锰簇合物及外周蛋白(33 kDa、17 kDa)等组成。去除 LHCⅡ后剩余的 PSⅡ复合体称为 PSⅡ核心复合体，而分离、纯化的 PSⅡ-RC 仅由 D1 蛋白、D2 蛋白、细胞色素 b559(Cyt b559)的 α 亚基和 β 亚基及 *PsbI* 基因产物 5 种蛋白质，以及其结合的叶绿素 a(Chl a)、脱镁叶绿素(Pheo)和 β 类胡萝卜素(Car)构成(韩博平等，2003)。

光是驱动浮游植物进行光合作用的动力，但光能过高又会使 PSⅡ发生失活。研究发现，高强度可见光光或 UV 辐射均会破坏光合生物 PSⅡ反应中心的蛋白亚基，特别是 D1 蛋白，使 PSⅡ发生失活，当失活速率大于修复速率，便产生光抑制，从而导致光合能力降低(Murata et al.，2007；Raven，2011)。PSⅡ光失活是指示光合生物光生理性能的指标之一，比较和认识 PSⅡ光失活有助于理解浮游植物对环境因子变化的生理响应与适应。

一、PSⅡ光失活测定

浮游植物 PSⅡ光失活速率的测定，是建立在有无 PSⅡ修复过程对比(如用蛋白合成抑制剂处理、切断光合蛋白修复过程)的基础上的；在照光特别是高光强条件下，PSⅡ的活性如最大光化学效率(F_v/F_m)或有活性的 PSⅡ(PSⅡ active)数量随照光时间延长或接受的光子量增加呈指数性降低(Campbell and Tyystjärvi，2012)。利用 F_v/F_m 变化计算浮游植物 PSⅡ光失活速率大致包括以下三个步骤。

(一)样品处理

为了获得稳定的浮游植物生理参数，首先需要获得在特定环境中稳定生长的藻类样品。通常认为，浮游植物在特定的生长环境中分裂 8 代以上即已适应了该环境(Wu et al.，2010；Li and Campbell，2013；Li et al.，2016a)。测定时，将适应该特定生长环境的藻类样品分装至两个培养瓶内，并向其中一个瓶内加入一定体积的蛋白合成抑制剂，如林可霉素(lincomycin)溶液(常用浓度为 500 mg/mL)，使藻液中 lincomycin 的最终浓度为 500 μg/mL，以切断 PSⅡ的修复(Wu et al.，2011，2012；Li and Campbell，2013)，以不添加抑制剂的藻类样品为对照。随后，将两种处理的样品置于暗处适应 10 min，使抑制剂充分进入细胞内并发挥抑制作用。

(二)荧光参数测定

将暗适应后的样品(处理与对照)放回处理光照下，分别照射不同时间后测定其最大光化学效率(F_v/F_m)。通常情况下，根据不同的实验目的设置不同强度的处理光照，若要探讨生长光强下 PSⅡ的光失活情况，则可直接在生长光强下测定(Li et al.，2016b)；若要探讨高光强下 PSⅡ的光失活(light shift 实验)，则可提高处理光照强度(Wu et al.，2011，2012)。同样，根据处理光照强度的高低和藻类对光照的耐受程度来确定照光时间，一般情况下可将测定时间间隔设置为 0 min、15 min、30 min、60 min 和 90 min(Li and Campbell，2013；Wu et al.，2011，2012)；若处理光强较低或藻类对光的耐受程度较强，测定时间间隔则应相应地延长，如 0 min、15 min、30 min、60 min 和 120 min(Li et al.，2016b)。在光照处理过程中，在不同时间点取藻类样品 3～5 mL 置于样品池内，暗适应 5 min（不同种类的藻类需要的暗适应时间长短不同，如硅藻暗适应 5 min 即可测定 F_v/F_m)，并在暗适应过程中控制其温度与培养温度一致。暗适应后用荧光仪(如 Xe-PAM、Waltz、Germany 或 FL 3600、Photon Systems Instruments、Czech Republic)测定 F_v/F_m。在高光强处理结束后，通常将样品转移至生长光强条件下进行恢复，测定对照组及 lincomycin 处理组 F_v/F_m 变化(30～60 min)。

(三)PSⅡ光失活速率计算

光照条件下，lincomycin 抑制剂处理的藻细胞内 PSⅡ损伤修复过程被打断后，其 F_v/F_m 会随光照时间延长呈指数性降低，因此，通常我们用该指数性降低的系数(k_{pi}，s^{-1})指代 PSⅡ发生光失活的速率。

$$F_v / F_{m(t)} = F_v / F_{m(t_o)} \times e^{-k_{pi} \times t} \tag{6-14}$$

式中，$F_v / F_{m(t)}$ 和 $F_v / F_{m(t_o)}$ 分别代表 t 和 t_o 时刻的最大光化学效率；t 代表照光时间。

上述方法适用于比较不同藻类样品在相同光照处理条件下的光失活速率(图 6-15)，但很难用于比较不同光照或变化的光照条件下的 PSⅡ光失活，因此又引入了另一个 PSⅡ光失活对藻类接受光子量的敏感性系数(σi，m^{-2} $quantum^{-1}$)，即每个光子可使多少 PSⅡ中心发生失活，表示为 $\sigma i = k_{pi}/Ji$，其中 Ji 指照光时间内藻细胞接受的光子数[quantum/(m^2·s)]。因此，上述公式可转换为

$$F_v / F_{m(t)} = F_v / F_{m(t_o)} \times e^{-\sigma i \times N_t} \tag{6-15}$$

式中，N_t 代表 t 时间内样品接受的光子数。

除了利用参数 F_v/F_m 随照光时间的变化来量化 PSⅡ失活的效率(积累光子数的敏感性)外，还可以用有活性的 PSⅡ(PSⅡ active)数量的变化代替 F_v/F_m 变化来直接量化 PSⅡ失活的速率。[PSⅡ active]测定过程(Wu et al.，2012)如下。

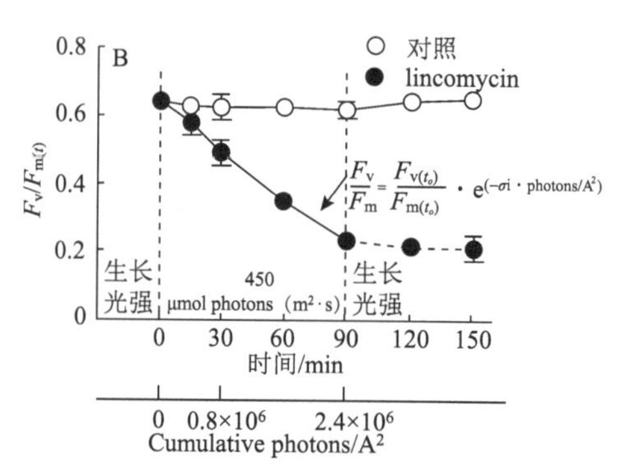

图 6-15　藻类细胞从生长光强转移至处理光强再返回生长光强时，最大光化学效率（F_v/F_m）随光照时间和细胞所接受光子量的变化

图中公式为光系统Ⅱ（PSⅡ）光失活敏感性计算方法

为了确保能在一定短的时间（如 5 min）内获得足够的 O_2 浓度变化信号，一般需要把藻液进行浓缩，如取一定体积的藻类培养液，培养温度下离心（4 000×g，10 min）浓缩，随后将浓缩收集到的藻细胞重新悬浮于 5 mL 培养基内（非新鲜培养基）。然后取 2.5 mL 浓缩藻液置于 1 cm×1 cm 装有氧电极（Ocean Optics or Pyro Science，Germany）及控温装置的比色杯中，同时将盛有样品的比色杯置入 PSI 荧光仪（L3500，Photon Systems Instruments，Czech Republic）测量装置内，该荧光仪自带的 LED 光源可以提供强度为 90 000 μmol photons/（m^2·s）、时间间隔为 2 μs 的闪光。在开启 PSI 荧光仪光源进行光合放氧测定前，需将浓缩样置于黑暗条件下暗适应 3～5 min，直至样品室内温度达到恒定，然后打开弱光[50 μmol photons/（m^2· s）]以确保开启闪光时电子在光系统Ⅱ和Ⅰ之间能够顺利传递（Kuvykin et al.，2008）。由于不同藻类在不同生理状态下所需的饱和闪光强度不同，因此需要开展预实验确定饱和光强度。例如，在光照强度 30 μmol photons/（m^2·s）蓝光条件下培养的硅藻 *Thalassiosira pseudonana*，其光合作用达到饱和时所需闪光（红光）强度为约 88 000 μmol photons/（m^2·s），使用 3000 次闪光（闪光时间 20 μs，黑暗间隔 50 ms，耗时 150 s）即可检测到藻液内稳定的 O_2 浓度变化；随后关闭光源测定细胞在黑暗状态下的呼吸耗氧速率，根据光照和黑暗条件下 O_2 浓度变化计算净光合放氧速率。待测定结束后，离心收集藻细胞，加入含 90%碳酸镁的饱和丙酮溶液黑暗过夜，提取色素，用分光光度法定量浓缩液中 Chl a 浓度（Jeffrey and Humphrey，1975）。根据 Chow 等（1989）的方法估算浓缩藻液中 PSⅡ active 的浓度：

$$\text{PSⅡ active/Chl a} = [\text{mol } O_2/(\text{L·s})] \times (5\times10^{-2}\ \text{s/flash cycle}) \times [(4\ \text{mol e})/\text{mol } O_2] \times [(1\ \text{flash cycle mol PSⅡ})/\text{mol e}]/(1\ \text{mol Chl a/L}) \qquad (6\text{-}16)$$

此外，藻类培养体系中叶绿素初始荧光值（F_o）的高低可指示 Chl a 浓度的高低，同时，参数有效吸收截面积（$\sigma_{PSⅡ}$）的大小可指示胞内 PSⅡ复合体的大小。Oxborough 等（2012）和 Silsbe 等（2015）引入一个新的参数 $F_o'/\sigma_{PSⅡ}$表示 PSⅡ active 数量的高低，并建立了相应的线性函数关系，因此利用该函数关系借助荧光技术快速量化 PSⅡ active（Chaw et al.，1989；Muphy et al.，2017）。

二、方法优缺点分析及误区

1) 由于不同种类的浮游植物在不同生理状态时所需要暗适应的时间长短不同，因此在测定 F_v/F_m 前，需要开展预实验确定对藻类样品进行暗适应的时间是否足够，如硅藻类暗适应 5 min 即可测得 F_v/F_m (Li and Campbell，2013；Wu et al.，2012)，而蓝藻类需要更长的暗适应时间 (Demmig-Adams et al.，1990)，或加入还原剂二硫苏糖醇 (DTT) 抑制胞内黄素脱氧化酶，阻止黄素依赖性非光化学猝灭 (Ni et al.，2017)，直接测定 F_v/F_m。

2) 用光合放氧量化 PSⅡ active，虽然能通过换算得到 PSⅡ active 的量，但是操作过程复杂、耗时长，而且需要大量的藻液才能获取高浓度的样品。

3) 利用荧光法量化 PSⅡ active 是新近发展起来的一种方法，测定快速、简洁，但必须考虑因光抑制引起 PSⅡ的失活会导致 F_o 的升高 (Ware et al.，2015)，影响 F_o/σ_{PSII}，进而影响 PSⅡ active 估测的准确性。Oxborough 和 Baker (1997) 引入 F_o'，通过校正非光化学猝灭 (NPQ) 的影响，排除了光失活引起的 F_o 升高，经过验证可以有效地估测细胞内 PSⅡ active 量 (Muphy et al.，2017)。

（李　刚　吴红艳　Douglas A. Campbell）

第七节　光系统损伤与修复的分析方法

摘要　光合固碳、光合放氧及光化学效率在一定程度上可以表征光合作用的大小。因此，可将不同光处理下光合作用随处理时间的变化情况与数学模型相结合，推算不同光处理对光系统的损伤及修复程度。本节简要介绍了如何利用软件，结合数学模型，分析不同光处理条件下光合作用随处理时间变化的数据，推测光系统损伤与修复的速率。

不同光处理下，藻细胞会受到一定程度的损伤，尤其是紫外辐射会使藻细胞内光系统Ⅱ(PSⅡ) 反应中心 D1 蛋白降解失活，影响 PSⅡ的电子传递，进而影响光合作用的暗反应和藻细胞对营养盐的吸收等。但藻类也进化出一系列的适应机制，如逃避、修复损伤、合成紫外吸收物质等。其中，修复损伤机制主要是指处于高光或紫外辐射 (UVR) 条件下的藻细胞，可自主提高 PSⅡ D1、D2 蛋白的更新速度及改变 D1 的类型来抵抗损伤 (Campbell et al.，1998；Vass et al.，2000)。Kok 在 1956 年发表的论文中指出，在光抑制条件下，藻细胞的修复与损伤是一个动态平衡的过程，并提出了 Kok 模型，后经 Lesser (1994)、Heraud 等 (2000) 的验证，该数学模型逐步应用于研究包括 UVR 在内的光照对光合固碳和光化学效率的影响。一致认为，藻细胞的修复速率 (r) 和损伤速率 (k) 的比值 (r/k) 在一定程度上体现了藻细胞对包括 UVR 在内的光照的整体反应，比值较高说明该光照条件下藻细胞具有较高的修复速率或较低的损伤速率，整体表现为该光强对藻细胞具有较低的抑制作用。赫氏颗石藻 (*Emiliania huxleyi*) 长期的室外培养实验显示，随着阳光辐射时间的延长，UVR 引起的光抑制程度下降，体现为随着适应时间的延长，r/k 值逐渐增加，但相对于可见光培养，该比值在 UVR 条件下显著降低 (Guan and Gao，2010)。同一光照条件下，相比于刚从表层海水中分离出来的品系而言，长期保存在室内的中肋骨条藻 (*Skeletonema costatum*) 具有较低的 r 值和较高的 k 值，即具有较

低的 r/k 值，这在一定程度上表明不同光背景条件下中肋骨条藻对阳光辐射的敏感性存在差异(Guan and Gao，2008)。经过 11 d 的阳光辐射后，旋链角毛藻(*Chaetoceros curvisetus*)的 r/k 值显著增加，说明其对阳光紫外辐射耐受性增加(Guan et al.，2011)。此外，藻细胞对光的响应还受到水体营养盐浓度的影响，如三角褐指藻(*Phaeodactylum tricornutum*)在高 CO_2(1000 μatm)和高氮浓度条件下具有较高的 r 值和较低的 k 值，即较高的 r/k 值(Li et al.，2012d)，这可能是因为低氮条件下转运蛋白及紫外吸收物质等的合成所需的 NO_3^-浓度降低(Beardall et al.，2009)。水体氮磷比同样可以影响甲藻(*Karenia mikimotoi*)响应紫外辐射的能力，随着氮磷比的升高，r 值逐渐增加，在氮磷比为 16∶1 时达到最大，随后开始逐渐下降。而 k 值却不受氮磷比的影响(Guan and Li，2017)。

本节以三角褐指藻(*Phaeodactylum tricornutum*)的研究结果为例，选取有效光化学效率(F_V'/F_m')为测试指标，结合 Kok 模型，介绍如何利用 Origin 软件计算 r 值、k 值(数据源于 Li et al.，2012e)。

一、修复速率(*r*)和损伤速率(*k*)的计算

不同光处理下，植物的光合速率随处理时间延长呈指数降低并逐渐趋于平稳，其趋势符合一元指数方程：$y = P_1 + P_2 \times e^{(-P_3 \times t)}$，其中 P_1、P_2 及 P_3 为拟合参数，可由 Origin 软件进行公式拟合，获得参数 P_1、P_2 及 P_3 的具体数值。

根据 Kok 模型 $\frac{P}{P_0} = \frac{r}{r+k} + \frac{k}{r+k} e^{[-(r+k) \times t]}$ 计算损伤速率(k，min^{-1})和修复速率(r，min^{-1})，这里的 P_0、P 分别代表不同光处理前及处理过程中的光化学效率(Heraud and Beardall，2000)、光合固碳速率(Lesser et al.，1994)或光合放氧速率，t 代表处理时间。

对比以上两个公式发现：$P_1 = \frac{r}{r+k}$；$P_2 = \frac{k}{r+k}$；$P_3 = r + k$，而拟合参数 P_1、P_2 及 P_3 已知，故可求得 $r = P_1 \times P_3$；$k = P_2 \times P_3$。

注意：在实际的拟合过程中，拟合参数 $P_1 + P_2 \neq 1$。所以，在计算 r、k 时只能按照 $r = P_1 \times P_3$；$k = P_2 \times P_3$ 进行。

二、实例分析

1. 实验材料

三角褐指藻(*Phaeodactylum tricornutum*)

2. 实验处理

高浓度(1000 μatm；HC)、低浓度(390 μatm；LC) CO_2 条件下培养的三角褐指藻[温度、光照强度分别为 20℃、70 μmol photons/(m^2·s)]在室内太阳模拟器(Sol 1200 W，A.G.，Hönle，Martinstried，German)下进行 UV 辐射处理，具体设置如下：①PA 处理，石英管包裹 Folex 320 滤光膜(Montagefolie，Folex，Dreieich，German)，藻细胞可接受 320 nm 以上波段的光；②PAB 处理，石英管包裹 Ultraphan Film 295 滤光膜(Digefra，Munich，Germany)，藻细胞

可接受 295 nm 以上波段的光。样品所接受的辐射强度采用三通道辐照测定仪(PAM2100，Solar Light)进行测定。可见光(PAR)、紫外 A(UV-A)及紫外 B(UV-B)的辐射强度分别为 63.5 W/m^2[约 290 μmol photons/($m^2 \cdot s$)]、23.1 W/m^2 和 1.20 W/m^2。装有样品的石英管置于水槽中，采用循环冷却装置(CTP-3000，Eyela，Tokyorikakikai Co. Ltd.，Japan)进行水浴控温，处理温度设置 3 个梯度，分别为 15℃、20℃及 25℃。

3. 实验结果

1) 以 15℃、LC 的 PAB 处理为例，实验结果如表 6-3 所示。

表 6-3 LC 条件下的三角褐指藻有效光化学效率随时间的变化(15℃)

时间/min	P	P/P_0
0	0.6271	1.000 000 000
1	0.4848	0.773 027 365
4	0.3985	0.635 485 106
7	0.3418	0.544 986 286
10	0.3255	0.519 072 527
13	0.2855	0.455 284 812
16	0.2598	0.414 301 206
20	0.2595	0.413 822 798
23	0.2335	0.372 360 783
26	0.2222	0.354 420 489
30	0.2385	0.380 334 248
33	0.2282	0.363 908 911
37	0.2082	0.332 094 789
40	0.2192	0.349 636 410
43	0.2155	0.343 656 312
46	0.1770	0.282 260 637
51	0.2058	0.328 108 056
54	0.1973	0.314 553 167
57	0.1823	0.290 632 774
60	0.2293	0.365 583 339

2) r、k 的计算。

将表 6-3 中的时间作为 x 轴，P/P_0 作为 y 轴输入 Origin 软件中，如图 6-16 所示。

File　Edit　View　Plot　Column

	A(X)	B(Y)
1	0	1
2	1	0.77303
3	4	0.63549
4	7	0.54499
5	10	0.51907
6	13	0.45528
7	16	0.4143
8	20	0.41382
9	23	0.37236
10	26	0.35442
11	30	0.38033
12	33	0.36391
13	37	0.33209
14	40	0.34964
15	43	0.34366
16	46	0.28226
17	51	0.32811
18	54	0.31455
19	57	0.29063
20	60	0.36558

图 6-16　原始数据输入 Origin 工作表中

选取所需的公式进行曲线拟合，如图 6-17 所示。

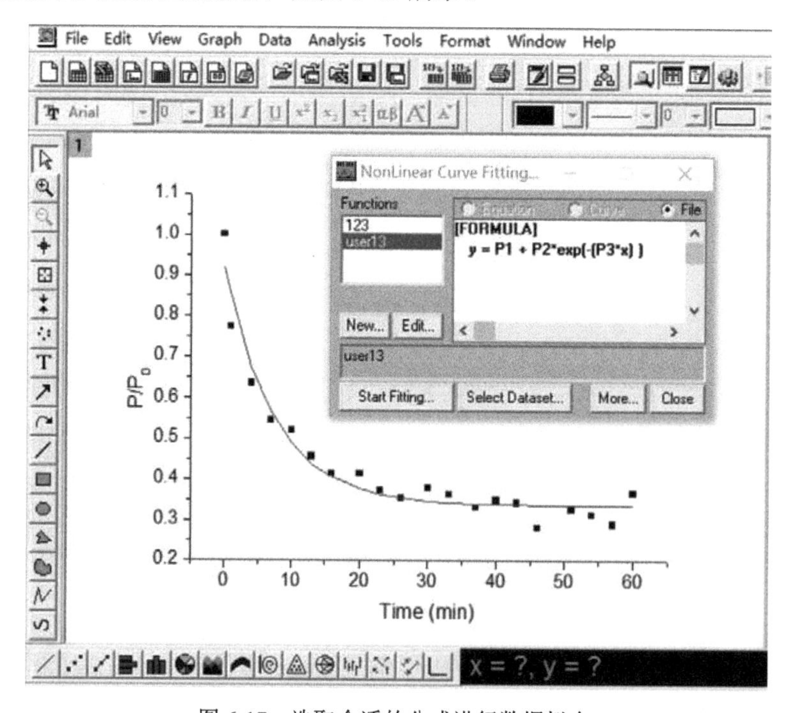

图 6-17　选取合适的公式进行数据拟合

拟合结果如图 6-18 所示。

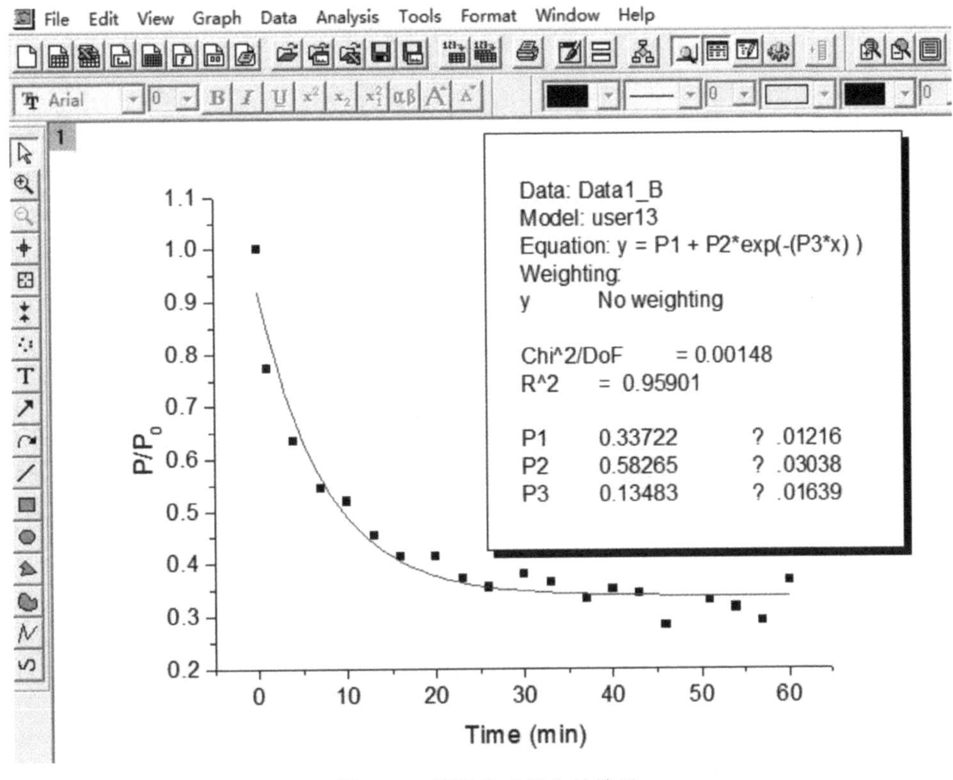

图 6-18　根据公式拟合的结果

根据拟合结果进行 r、k 的计算。

$$r = P_1 \times P_3 = 0.337\,22 \times 0.134\,83 = 0.045\,47$$

$$k = P_2 \times P_3 = 0.582\,65 \times 0.134\,83 = 0.078\,56$$

三、方法优缺点分析及注意事项

该方法依赖于样品的光化学效率和 Origin 数据处理作图软件，操作相对简单，但对样品、光照强度、照射时长等有一定的要求，具体如下。

1) 不同光处理条件下所有的光照强度要高于培养光强，即让藻细胞处于高光强度抑制的条件下才可以计算出合理的 r、k。

2) 不同藻种对光强的适应能力不同，光抑制发生时的光照强度也不同，实际实验中需考虑种间差异。

3) 在进行数据分析讨论时，要注意 r、k 仅代表的是不同处理间的相对状态。

（李亚鹤　关万春）

第八节　光合固碳作用光谱

摘要　作用光谱是用于评估不同波长光对于特定过程产生效应强弱的一种手段。在光合作用反应中，阳光既可以被用来驱动光合固碳(主要为可见光辐射)，也会对光合固碳产生一定的抑制作用(主要为紫外辐射)。因此，作用光谱既可用来衡量不同波长可见光辐射对光合固碳的促进效应，也可以反映不同波长紫外辐射对光合固碳的抑制效率。

阳光辐射波谱的范围很广，为199.5～10 075.0 nm，在穿透大气层时，波长小于280 nm的UVC被完全吸收，因此达到地球表面的阳光的波长均为280 nm以上。对于光合生物而言，只有可见光(PAR，400～700 nm)和紫外(UVR，280～400 nm)辐射会对其产生显著的影响，因此绝大多数的研究都是围绕PAR与UVR展开的。可见光作为光合生物的主要能量来源，对其波长效应已经研究得较为透彻。早期的作用光谱研究发现了爱默生增益现象，并由此得出光合生物细胞内存在两个光系统这一重要结论，是光合作用研究史上的一个重大里程碑。对于UVR，大量研究已经表明其对生物有明显的效应，而且一般将UVR分为两个部分，即UV-A(315～400 nm)和UV-B(280～315 nm)来加以研究，发现许多情况下UV-A的效应要明显大于UV-B，但显然不能反映UV-B更具损伤性这一事实。因此，有研究者将UV的效应与单波长UV辐射强度关联起来，以反映不同波长的生物学效应。本节将首先简要概述可见光作用光谱，然后通过具体实验步骤，介绍如何量化不同波长UV辐射的生物学效应。

一、可见光作用光谱

(一)色素的吸收光谱

光合生物含有多种色素，主要的有叶绿素、类胡萝卜素、藻红素、藻蓝素等(见第三章)。这些色素对光的吸收均为波长依赖性的，可以特定地吸收某些波段的光。图6-19为几种常见色素的吸收光谱，从中可以看出，不同色素的吸收峰均不相同。由于光合作用依赖于色素对光能的吸收与转化，因此两种不同波长的光，如445 nm和600 nm，虽然所包含的能量可能相当，但是前者更易被叶绿素a所吸收，因此对光合作用的效应会远大于600 nm的。当然，这还会受到细胞内其他捕光色素的影响。为此，科学家使用不同波长的可见光照射光合生物，测定此期间的光合作用速率，从而得到了光合作用与波长的关系，即传统意义上的作用光谱。

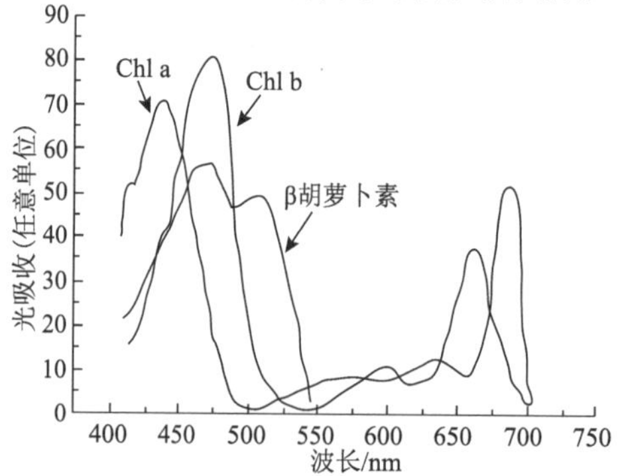

图6-19　叶绿素a、b和β胡萝卜素在丙酮溶液中的吸收光谱示意图(重建自Ruggaber et al.，1994)

(二)作用光谱的制作

可见光作用光谱的制作：一般使用单色仪发出的狭窄波段的光来照射光合生物，或通过各种滤光片获得不同波段的光，并同步测定光合速率，如放氧或者固碳速率，然后将光合速率标准化到单位光强(光子)，便可得到相同能量情况下不同波长的光对光合速率的贡献。由于光合速率依赖于色素对光能的吸收与转化，因此一般来说光合生物对光的吸收光谱与其作用光谱具有一致性。图 6-20 是一种紫菜的藻红蛋白提取液和藻体的吸收光谱及其作用光谱。可以看出，480～570 nm 区域的作用光谱与藻体和藻红蛋白提取液的吸收光谱具有较高的一致性，而在波长低于 480 nm 的区域，作用光谱随着藻红蛋白吸光值的下降而下降，与藻体吸收光谱无关，这表明藻红蛋白在该藻的光合过程中承担主要作用。

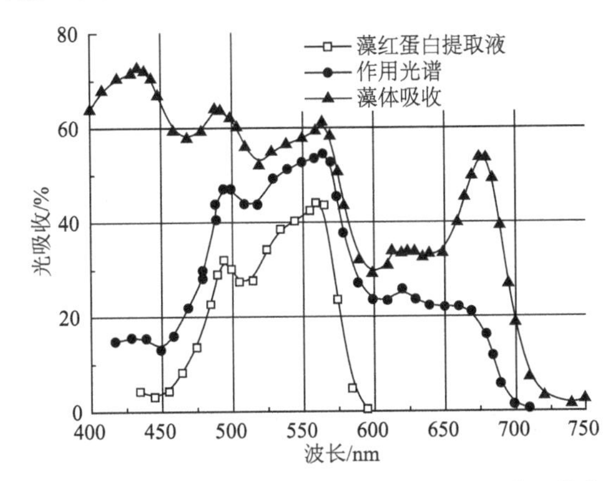

图 6-20 红藻 *Porphyra nereocystis* 的藻红蛋白提取液、作用光谱和藻体吸收示意图(重建自 Haxo and Blinks，1950)

二、紫外辐射作用光谱

本节中介绍的紫外辐射作用(biological weighting function，BWF)光谱的制作方法是，在不同的紫外滤光片下培养浮游植物，测定其光合固碳速率，然后根据差值，建立不同波段紫外辐射下的抑制率与辐射的关系，得到作用光谱图。

(一)样品采集

实验样品除了浮游植物外，还可以为室内培养的微藻、大型海藻、浮游动物等，测定指标多种多样，主要取决于研究者的关注点，如浮游植物的光合固碳速率、生长速率、光系统Ⅱ活性、浮游动物存活率及摄食率等。下面以表层海水的浮游植物群落为例进行说明。

(二)太阳光辐射监测

本实验采用 ELDONET 辐射检测仪(德国)记录太阳辐射，该仪器可同时监测 PAR(400～700 nm)、UV-A(315～400 nm)和 UV-B(280～315 nm)三个波段的太阳光辐射强度，每秒检测一次，每分钟记录平均值并储存到计算机中。

（三）紫外辐射处理

光学处理采用了 WG280、WG295、WG305、WG320、WG350 和 GG395 6 种滤光片，它们分别在 280 nm、295 nm、305 nm、320 nm、350 nm 及 395 nm 处截断（50%最大透光率）阳光辐射（图 6-21）。将这些滤光片盖在装有海水样品的石英管上，每种滤光片下有 3 个重复，使浮游植物暴露于不同波段的太阳紫外辐射下。

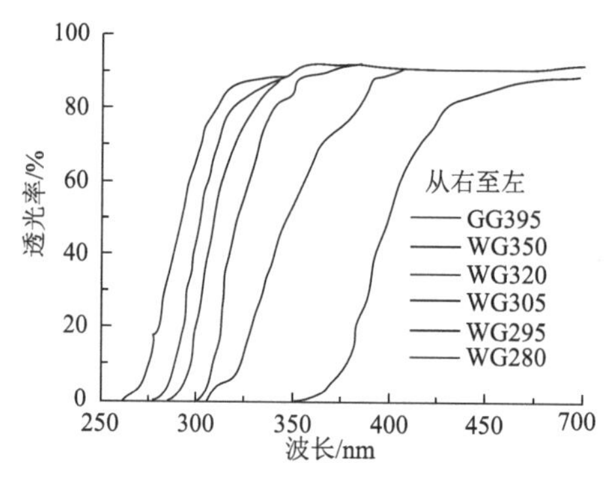

图 6-21　不同滤光片（GG395、WG350、WG 320、WG 305、WG 295、WG 280）的透光特性（吴亚平和高坤山，2011）

（四）光合固碳速率测定

光合固碳速率的测定采用 ^{14}C 示踪法。

（五）BWF 计算过程

光合固碳速率：在本实验中，以广东省汕头市南澳岛海域浮游植物的光合固碳速率为指标（表6-4），来计算不同波段紫外辐射的抑制效应，计算紫外辐射作用大小并拟合出其曲线。

表 6-4　不同辐射处理下浮游植物的光合固碳速率

辐射处理/nm	光合固碳速率[μg C/(μg Chl a·h)]		
	第一天	第二天	第三天
280	7.50	4.58	7.44
295	10.16	4.98	8.71
305	10.41	5.15	8.97
320	11.42	5.31	9.72
350	12.39	5.70	11.18
395	13.31	6.47	12.79

不同波段紫外辐射强度的计算：紫外辐射强度，特别是短波长的辐射强度，主要受平流层臭氧浓度的影响，因此，需要用 StarSci 软件（Ruggaber et al.，1994），结合 ELDONET 测定的数据及各个滤光片的实际透光光谱来计算不同波段（280～295 nm、295～305 nm、305～320 nm、320～350 nm 和 350～395 nm）紫外辐射的强度。当然，如果已经有光谱仪，如 Ocean

Optics 的光纤光谱仪，则可以直接测得照光处理时（即滤光片之下）不同波长紫外辐射的强度。具体计算步骤如下（吴亚平，2006）。

1）通过 TOMS 网站（http://toms.gsfc.nasa.gov/）查得实验当天的臭氧浓度。

2）打开 StarSci 软件，检查 wavelength field 是否选择 UV-1nm. wvl，若不是，点击该按钮选择，detector geometry 选择 global irradiance，点击 file-open，打开名为 Xiamen 的文件。

3）在 date 处输入日期，在 time 处输入时间，注意该时间为国际标准时间，需用当地时间减去所在时区的时差，如厦门正午 12 点的阳光辐射光谱，则输入 04 00。

4）在 O_3 的 profile 处选择臭氧形式，如 summer、winter 等，输入查得的臭氧浓度，点击 file-save as，保存为一个文件（名字自取），点击 Star-calculate-inputfile，选中所保存的文件，点击 OK 即可计算，重复以上步骤计算出培养期间的某几个时刻的阳光辐射光谱（如每隔 30 min）。

5）在 C:\Programme\Starsci\output\Spectral 依次打开计算出的几个时刻的光谱，把每个时刻光谱中每纳米的光强（W/m^2）从 280 nm 加到 315 nm，315 nm 加到 400 nm 得到 UV-B 与 UV-A 的理论光强，再将 UV-B 和 UV-A 在不同时刻的强度依照时间积分，然后除以时间，得到培养期间的理论平均 UV-B 与 UV-A 强度，最后将 ELDONET 在同一时间测得的平均 UV-B 与 UV-A 光强分别除以这两个平均值（即 $I_{测量值}/I_{理论值}$），得到校正系数 f_1 和 f_2。

6）把要计算的 $I_{(UVx1\text{-}UVx2)}$ 同样像第 5 步那样积分求得理论平均值。

7）将 f_1 与 f_2 分别乘以由软件计算的 $I_{(UVx1\text{-}UVx2)}$（如 $I_{(296\text{-}305\ nm)}$ 乘以 f_1，$I_{(321\text{-}350\ nm)}$ 乘以 f_2），即可得到实际照射到浮游植物样品的不同波段紫外辐射的强度。

紫外辐射加权抑制率的计算如下。

首先，用式（6-17）计算各滤光片下紫外辐射的相对抑制率：

$$\text{Inh} = (P_{PAR} - P_{UVx}) / P_{PAR} \times 100\% \tag{6-17}$$

式中，P_{PAR} 和 P_{UVx} 分别代表在 PAR 和不同 UV 辐射处理下的光合固碳速率，如第一天 280 nm 和 295 nm 滤光片下 UV 辐射引起的固碳抑制率（%）分别为

$$(13.31 - 7.50) / 13.31 \times 100\% = 44\%$$

$$(13.31 - 10.16) / 13.31 \times 100\% = 24\%$$

然后，将相邻滤光片下紫外辐射的抑制率相减，即得到相邻滤光片间 UV 波段产生的抑制率，如第一天 280～295 nm 波段的抑制率即为 44% − 24% = 20%；同时，根据 StarSci 软件、ELDONET 数据及滤光片透光光谱计算得到第一天 280～295 nm 波段的辐射强度为 1.27 mW/m^2，由此可计算得到该波段单位光能的抑制率（加权抑制率），即生物量（biological weight）为 20% ÷ 1.27 = 0.16 mW /m^2。

拟合：依据上述方法，分别计算出各个波段的加权抑制率，然后以不同波段的波长中位数为横坐标，对应的加权抑制率为纵坐标（对数刻度），在 Origin 软件里用一元三次方程拟合，得到 BWF 的最佳拟合曲线（图 6-22）。

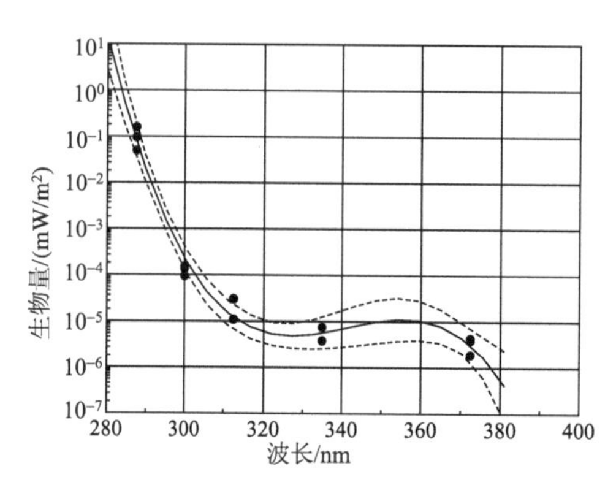

图 6-22 UV 辐射抑制浮游植物固碳速率的作用光谱(虚线代表 95%的置信度)(改自吴亚平和高坤山，2011)

三、方法的优缺点分析

可见光作用光谱分析技术已经非常成熟，在技术层面上的可提升空间现已经比较小，但在解决实际科学问题上还是有较广泛的应用空间待发掘。例如，不同环境条件下，藻类的光合色素组成可能会发生改变，通过作用光谱便可反映出藻体对不同波长光利用能力的变化。水体对不同波长光的消减不一样，这就导致了随着深度的增加，水体中光谱也随之发生改变，若能将水下光谱与作用光谱相结合，可以更精准地估测初级生产力。

对于紫外辐射作用光谱，本节介绍的为其计算方法中较为简便的一种，该方法能够量化不同波长紫外辐射的效应，可以比较可靠地反映不同波长紫外辐射的生物学效应。该方法与 Cullen 等(1992)提出的不同紫外辐射处理 P-E 曲线法相比，具有操作简单，对实验设备要求不高，成本低廉等优点。然而，后者由于制作了 P-E 曲线，可以反映不同强度紫外辐射的效应，这样也可以寻找到适合的强度，更加精准地体现紫外辐射的抑制率。

(吴亚平　李　刚　高坤山)

第九节　膜进样质谱仪在光合作用研究中的应用

摘要　膜进样质谱仪(membrane inlet mass spectrometer，MIMS)用于同时、实时监测溶液中不同分子质量气体组分含量的变化，可方便、直接地测定光合、呼吸作用及光呼吸过程中的各种气体交换，检测与光合过程相关过程的变化。

MIMS 是由美国人 Hoch 和 Kok(1963)基于质谱开发出来的，用于在线分析水中和空气中挥发性物质及气体的一套装置。可利用装有气体过滤膜的反应瓶或取样探针从液体中直接将气体吸入质谱仪真空分析室，经过离子化，由质谱仪检测器得出不同分子质量气体的组成和相对含量。该方法非常灵敏，可快速、高精度地同时测定溶解于水中的气体含量(图 6-23)，被广泛应用于光合作用等生理过程的研究。

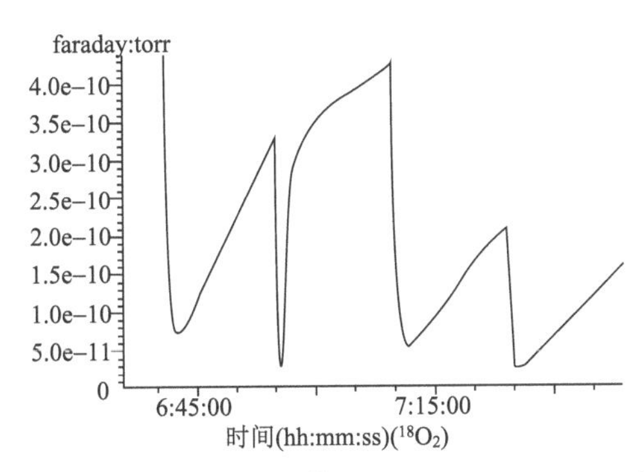

图 6-23　离体电子传递链在混有 $H_2^{18}O$ 的培养基中裂解水产生 $^{18}O_2$ 的过程

图中最低点是黑暗处理结束光源打开时 $^{18}O_2$ 水平，而最高点是光照结束时 $^{18}O_2$ 水平

一、方法及应用

MIMS 是通过一种半透膜(如聚二甲基硅氧烷橡胶)，让溶解于液体中的气体(如 O_2、CO_2、N_2、气态 H_2O 等)透过，进而对其进行检测。其在光合固碳方面的应用具体如下。

(一)实时测量生物耗氧和放氧速率

光合过程中，通常释放的氧气为 $^{16}O_2$(自然界水中氧同位素均为 ^{16}O)。为此，可以利用氧的同位素 ^{18}O 示踪光合过程中的耗氧量(线粒体呼吸与光呼吸)。可根据实验目的的不同，选用 $H_2^{18}O$ 或 $^{18}O_2$ 进行示踪。因为光合作用释放的氧气是 $^{16}O_2$，加入 $^{18}O_2$ 后，两种同位素氧均被消耗。如图 6-24 所示，当溶液中藻类可利用的 O_2 只含有 $^{18}O_2$，或[$^{16}O_2$]/[$^{18}O_2$]值极小时，可将 $^{18}O_2$ 的减少量看作浮游植物对氧的吸收量，而 $^{16}O_2$ 的增加量则为浮游植物的光合放氧量。然而，实验过程中，溶液总是不可避免地混有一些 $^{16}O_2$，这样计算耗氧、放氧速率时就需要一系列的校正，以求得真正的光下耗氧速率。校正方法参照 Radmer 等(1980)的文献。

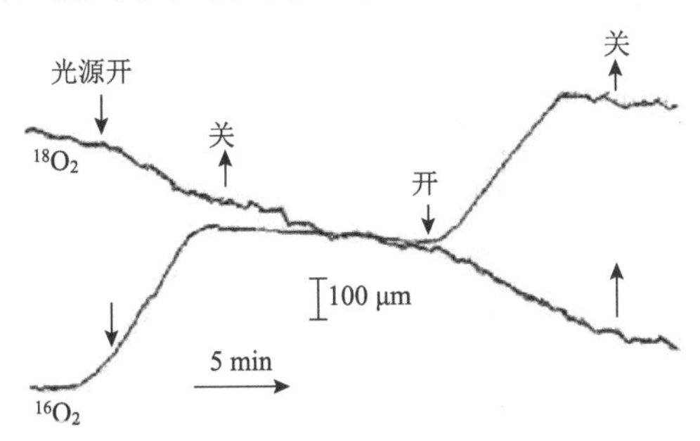

图 6-24　条斑紫菜光合作用时放氧与耗氧速率的同步测定(重建自 Gao et al.，1992)

(二)实时测量藻类呼吸和光合固碳速率

藻类呼吸时，释放 CO_2，进行光合作用时，吸收 CO_2，当给藻类照光时，溶液中 CO_2 浓度发生变化，而溶液中的 HCO_3^-、CO_3^{2-} 则不能透过半透膜，利用 MIMS 可实时测量溶液中 CO_2 的浓度变化(图 6-25)。因为溶液中的碳酸盐体系会变化，所以如果不使用缓冲液的话，pH 会升高，如此需结合 pH 变化才能获得总 DIC 的变化量，进而得到实际的固碳量或呼吸速率。

（三）测量碳酸酐酶活性

根据双标记的碳酸氢钠 $NaH^{13}C^{18}O_3$ 中 ^{18}O 的丰度变化，计算浮游植物碳酸酐酶的活性。碳酸酐酶双向催化 $HCO_3^-+H^+=H_2O+CO_2$ 反应，因此会导致 H_2O 中的氧和 HCO_3^- 中的氧相互交换（Silverman，1982），为此，通过测定有无碳酸酐酶抑制剂（DBS）情况下 $C^{18}O_2$ 的变化（来自 $NaH^{13}C^{18}O_3$），即减少速率的变化，可算出碳酸酐酶的活性（Badger and Price，1989）（图 6-26）。

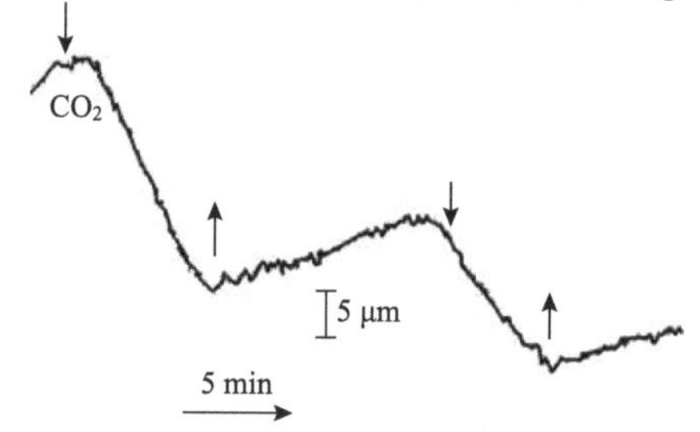

图 6-25　条斑紫菜光合和呼吸时 pCO_2 的变化（重建自 Gao et al.，1992）

箭头指向曲线表示电源开，背离表示电源关

$C^{18}O_2$ 中 ^{18}O 丰度：

$$^{18}\mathrm{O}\ \log(\mathrm{enrichment}) = \log\frac{\left[{}^{13}\mathrm{C}^{18}\mathrm{O}_2\right]\times 100}{\left[{}^{13}\mathrm{CO}_2\right]} = \log\frac{49\times 100}{45+47+49} \tag{6-18}$$

45、47、49 均为对应原子质量 CO_2 的浓度。

碳酸酐酶的活性：

$$U=\log\frac{(S_2-S_1)\times 100}{S_1\times \mathrm{mg\ Chl\ a}} \tag{6-19}$$

式中，S_1、S_2 分别代表加细胞前后 CO_2 中 ^{18}O 丰度（取对数后的）变化速率。^{18}O 的交换最终会达到平衡，但在较短的时间内 CO_2 中 ^{18}O 丰度的对数变化是近似为一条直线的，图 6-26 为约 5 min 时间内其的变化。

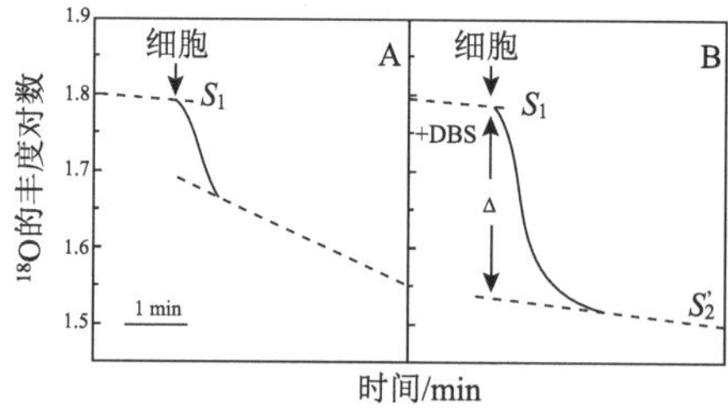

图 6-26　活体测量胞内（A）和胞外（B）碳酸酐酶活性中双标记的 CO_2 中 ^{18}O 的丰度变化

图中 DBS 是一种抑制剂，S_1、S_2 是加入细胞前后的直线斜率

加入细胞后丰度突然下降，是因为新加入的无机碳（包括细胞内碳库和加入的细胞液中的无机碳）瞬间导致反应槽中 ^{18}O 丰度下降。S_1、S_2 是加入细胞前后的直线斜率（Rost et al.，2003）。

（四）利用 MIMS 测定 H_2O_2 的产生和清除

在叶绿体中，H_2O_2 是由超氧化物歧化酶（SOD）催化超氧阴离子产生的，Asada 和 Badger（1984）在完整叶绿体中添加了 $H_2{}^{18}O_2$ 后，检测光下 $^{16}O_2$ 和 $^{18}O_2$ 产生的比例，发现了不依赖过氧化氢酶（catalase）的活性氧清除途径——依赖光的过氧化物酶途径，过氧化物酶利用光还原产物（$e^- + H^+$）对 $H_2{}^{18}O_2$ 还原的计算如下：

$$2H_2{}^{16}O \longrightarrow 4H^+ + 4e^- + {}^{16}O_2\text{（PSⅡ）} \tag{6-20}$$

$$2H_2{}^{18}O_2 + 4e^- + 4H^+ \xrightarrow{\text{（过氧化物酶）}} 4H_2{}^{18}O \tag{6-21}$$

$$2H_2{}^{16}O + 2H_2{}^{18}O_2 \longrightarrow 4H_2{}^{18}O + {}^{16}O_2\text{（总和）} \tag{6-22}$$

Miyake 等（1991）利用同样的原理，研究了蓝藻过氧化物酶清除活性氧的途径。

（五）其他测定

产甲烷菌代谢过程中产生的甲烷、固氮浮游植物进行固氮引起藻液中 N_2 的减少、海洋浮游植物产生的 DMS 等，都可以用 MIMS 检测。

由于质谱仪的检测原理与半透膜的特性，在测定溶液中气体浓度时，要排除水和仪器本身的影响。由于 MIMS 不能直接给出溶液中气体的绝对浓度，因此必须用已知浓度的气体进行标定。测量水中溶解气体时，要求反应槽密封性好，以免漏气。硅橡胶膜对温度很敏感，因此要随时对反应溶液进行控温。

二、方法优缺点分析

该方法的优点是可长时间、同时监测溶液中多种气体浓度的变化，还可使用含有原子质量不同的各类化合物探索新的应用技术。其缺点是，仪器昂贵，操作与浓度校正等较为复杂。另外，由于仪器真空系统本身的特性，要达到相对的稳定状态需要较长时间，而且随着时间的推移，仪器真空系统的真空压减小，进而影响显示的系数。为此，需要在测定开始与结束时，用已知浓度的气体进行两次校正。另外，因为一次只能测定一个样品，重复测定耗时，存在不能同步测定的缺陷。

（高坤山　米华玲）

参考文献

陈清潮，黄良民. 1997. 南沙群岛海域生态过程研究[M]. 北京：科学出版社：1-15.

高坤山. 1999. 藻类光合固碳的研究技术与解析方法[J]. 海洋科学，6：37-41.

韩博平，付翔，韩志国. 2003. 藻类光合作用机理与模型[M]. 北京：北京出版社.

吴亚平，高坤山. 2011. 夏季南海浮游植物光合固碳对不同波长阳光紫外辐射的响应[J]. 海洋学报，33：146-151.

吴亚平. 2006. 南海近岸海域浮游植物初级生产力与阳光辐射关系的研究[D]. 汕头：汕头大学硕士学位论文.

吴亚平. 2010. 硅藻对海洋酸化及 UV 辐射的生理学响应[D]. 厦门: 厦门大学博士学位论文.

郑仰桥. 2009. CO_2浓度和阳光紫外辐射变化对珊瑚藻生理生化的影响[D]. 汕头: 汕头大学博士学位论文.

Adada K, Badger M R. 1984. Photoreduction of $^{18}O_2$ and $H_2{}^{18}O_2$ with concomitant evolution of $^{16}O_2$ in intact spinach chloroplasts: evidence for scavenging of hydrogen peroxide by peroxidase[J]. Plant and Cell Physiology, 25: 1169-2807.

Albertsson P. 2001. A quantitative model of the domain structure of the photosynthetic membrane[J]. Trends in Plant Science, 6(8): 349-354.

Atkin O K, Bruhn D, Hurry V M, et al. 2005. The hot and the cold: unraveling the variable response of plant respiration to temperature[J]. Functional Plant Biology, 32: 87-105.

Badger M R, Kaplan A, Berry J A. 1980. Internal inorganic carbon pool of *Chlamydomonas reinhardtii*-evidence for a carbon-dioxide concentrating mechanism[J]. Plant Physiology, 66: 407-413.

Badger M R, Price G D. 1989. Carbonic anhydrase activity associated with the cyanobacterium *Synechococcus* PCC7942[J]. Plant Physiology, 89: 51-60.

Bainbridge G, Madgwick P, Parmar S, et al. 1995. Engineering Rubisco to change its catalytic properties[J]. Journal of Experimental Botany, 46: 1269-1276.

Beardall J, Sobrino C, Stojkovic S. 2009. Interactions between the impacts of ultraviolet radiation, elevated CO_2, and nutrient limitation on marine primary producers[J]. Photochemical Photobiological Sciences, 8(9): 1257-1265.

Behrenfeld M J, Falkowski P G. 1997. A consumer's guide to phytoplankton primary productivity models[J]. Limnology and Oceanography, 42: 1479-1491.

Björk M, Haglund K, Ramazanov Z, et al. 1993. Inducible mechanisms for HCO_3^- utilization and repression of photorespiration in protoplasts and thalli of 3 species of *Ulva* (Chlorophyta) [J]. Journal of Phycology, 29: 166-173.

Campbell D, Eriksson M J, Öquist G, et al. 1998. The cyanobacterium *Synechococcus* resists UV-B by exchanging photosystem II reaction-center D1 proteins[J]. Proceedings of the National Academy of Sciences, USA, 95: 364-369.

Campbell D A, Hossain Z, Cockshutt A M, et al. 2013. Photosystem II protein clearance and FtsH function in a diatom *Thalassiosira pseudonana*[J]. Photosynthesis Research, 115(1): 43-54.

Campbell D A, Tyystjärvi E. 2012. Parameterization of photosystem II photoinactivation and repair[J]. Biochimica et Biophysica Acta Bioenergetics, 1817: 258-265.

Chen X W, Qiu C E, Shao J Z. 2006. Evidence for K^+-dependent HCO_3^-- utilization in the marine diatom *Phaeodactylum tricornutum*[J]. Plant Physiology, 141: 731-736.

Chen Y L. 2000. Comparisons of primary productivity and phytoplankton size structure in the marginal regions of southern East China Sea[J]. Cont Shelf Res, 20: 437-458.

Cheng H M, Dai G Z, Yu L, et al. 2008. Influence of CO_2 concentrating mechanism on photoinhibition in *Synechococcus* sp. PCC7942 (Cyanophyceae) [J]. Phycologia, 47: 588-598.

Chow W S, Hope A B, Anderson J M. 1989. Oxygen per flash from leaf disks quantifies photosystem II [J]. Biochimicaet Biophysica Acta, 973: 105-108.

Cullen J J, Neale P J, Lesser M P. 1992. Biological weighting function for the inhibition of phytoplankton photosynthesis by ultraviolet radiation[J]. Science, 258: 646-650.

Dai G Z, Deblois C P, Liu S W, et al. 2008. Differential sensitivity of five cyanobacterial strains to ammonium toxicity and its inhibitory mechanism on the photosynthesis of rice-field cyanobacterium Ge-Xian-Mi (Nostoc) [J]. Aquatic Toxicology, 89: 113-121.

Demmig-Adams B, Adams III W W, Czygan F C, et al. 1990. Differences in the capacity for radiation less energy dissipation in the photochemical apparatus of green and blue-green algal lichens associated with differences in carotenoid composition[J]. Planta, 180: 582-589.

Eilers P H C, Petters J C H. 1988. A model for the relationship between light intensity and the rate of photosynthesis in phytoplankton[J]. Ecol Model, 42: 199-215.

Fuentes-Lema A, Sobrino C, González N, et al. 2005. Effect of solar UVR on the production of particulate and dissolved organic carbon from phytoplankton assemblages in the Indian Ocean[J]. Marine Ecology-Progress Series, 535: 47-61.

Gao K, Aruga K, Ishihara T, et al. 1992. Photorespiration and CO_2 fixation in the red alga *Porphyra yezoensis Ueda*[J]. Japanese Journal of Phycology, 40: 373-377.

Gao K, Aruga Y, Asada K, et al. 1993. Calcification in the articulated coralline alga *Corallina pilulifera*, with special reference to the effect of elevated CO_2 concentration[J]. Marine Biology, 117: 129-132.

Gao K, Campbell D A. 2014. Photophysiological responses of marine diatoms to elevated CO_2 and decreased pH: a review[J]. Functional Plant Biology, 41: 449-459.

Gao K, Li G, Helbling E W, et al. 2007a. Variability of UVR-induced photoinhibition in summer phytoplankton assemblages from a tropical coastal area of the South China Sea[J]. Photochemistry and Photobiology, 83: 802-809.

Gao K, Wu Y, Li G, et al. 2007b. Solar UV radiation drives CO_2 fixation in marine phytoplankton: a double-edged sword[J]. Plant Physiology, 144: 54-59.

Gao K, Xu J. 2008. Effects of solar UV radiation on diurnal photosynthetic performance and growth of *Gracilaria lemaneiformis* (Rhodophyta) [J]. European Journal of Phycology, 43: 297-307.

Gao K, Xu J, Gao G, et al. 2012a. Rising CO_2 and increased light exposure synergistically reduce marine primary productivity[J]. Nature Climate Change, 2: 519-523.

Gao K, Xu J, Zheng Y, et al. 2012b. Measurement of benthic photosynthesis and calcification in flowing-through seawater with stable carbonate chemistry[J]. Limnology and Oceanography Methods, 10: 555-559.

Gao K, Zheng Y. 2010. Combined effects of ocean acidification and solar UV radiation on photosynthesis, growth, pigmentation and calcification of the coralline alga *Corallina sessilis* (Rhodophyta) [J]. Global Change Biology, 16: 2388-2398.

Guan W C, Li P. 2017. Dependency of UVR-induced photoinhibition on atomic ratio of N to P in the dinoflagellate *Karenia mikimotoi*[J]. Marine Biology, 164: 31.

Guan W C, Li P, Jian J B, et al. 2011. Effects of solar ultraviolet radiation on photochemical efficiency of *Chaetoceros curvisetus* (Bacillariophyceae) [J]. Acta Physiological Plant, 33: 979-986.

Guan W C, Gao K S. 2008. Light histories influence the impacts of solar ultraviolet radiation on photosynthesis and growth in a marine diatom, *Skeletonema costatum*[J]. Journal of Photochemistry and Photobiology B: Biology, 91: 151-156.

Guan W C, Gao K S. 2010. Impacts of UV radiation on photosynthesis and growth of the coccolithophore *Emiliania huxleyi* (Haptophyceae) [J]. Environmental and Experimental Botany, 67: 502-508.

Haxo F, Blinks L. 1950. Photosynthetic action spectra of marine algae[J]. J Gen Physiol, 33: 389-422.

Henley W J. 1993. Measurement and interpretation of photosynthetic light-response curves in algae in the context of photoinhibition and diel changes[J]. Journal of Phycology, 29: 729-739.

Heraud P, Beardall J. 2000. Changes in chlorophyll fluorescence during exposure of *Dunaliella tertiolecta* to UV radiation indicate a dynamic interaction between damage and repair processes[J]. Photosynthetic Research, 63: 123-134.

Hoch G, Kok B. 1963. A mass spectrometer inlet system for sampling gases dissolved in liquid phases[J]. Archives of Biochemistry and Biophysics, 101: 160-170.

Holm-Hansen O, Helbling E W. 1995. Técnicas para la medición de la productividadprimaria en el fitoplancton[M]. *In*: Alveal K, Ferrario M E, Oliveira E C, et al. Manual de MétodosFicológicos. Concepción: Universidad de Concepción : 329-350.

Huang B, Hong H, Wang H. 1999. Size-fractionated primary productivity and the phytoplankton-bacteria relationship in the Taiwan Strait[J]. Marine Ecology Progress Series, 183: 29-38.

Jeffrey S W, Humphrey G F. 1975. New spectrophotometric equations for determining chlorophylls a, b, c1 and c2 in higher plants, algae, and natural phytoplankton[J]. Biochem Physiol Pflanz, 167: 191-194.

Jin P, Gao K, Villafañe V E, et al. 2013. Ocean acidification alters the photosynthetic responses of a coccolithophorid to fluctuating ultraviolet and visible radiation[J]. Plant Physiology, 162: 2084-2094.

Kok B. 1956. On the inhibition of photosynthesis by intense light[J]. Biochimica et Biophysica Acta, 21: 234-244.

Kuvykin I V, Vershubskii A V, Ptushenko V V, et al. 2008. Oxygen as an alternative electron acceptor in the photosynthetic electron transport chain of C_3 plants[J]. Biochemistry (Mosc), 73: 1063-1075.

Lesser M P, Cullen J J, Neale P J. 1994. Carbon uptake in a marine diatom during acute exposure to ultraviolet B radiation: relative importance of damage andrepair[J]. Journal of Phycology, 30: 183-192.

Lewis E, Wallace D, Allison L J. 1998. Program developed for CO_2 system calculations[J]. Carbon Dioxide Information Analysis Center, Oak Ridge National Laboratory, Oak Ridge, TN.

Li G, Brown C M, Jeans J A, et al. 2015. The nitrogen costs of photosynthesis in a diatom under current and future pCO_2[J]. New Phytologist, 205 (2): 533-543.

Li G, Campbell D A. 2013. Rising CO_2 interacts with growth light and growth rate to alter photosystem II photoinactivation of the coastal diatom *Thalassiosira pseudonana*[J]. PLoS One, 8 (1): e55562.

Li G, Campbell D A. 2017. Interactive effects of nitrogen and light on growth rates and RUBISCO content of small and large centric diatoms[J]. Photosynthesis Research, 131 (1): 93-103.

Li G, Gao K. 2012. Variation in UV irradiance related to stratospheric ozone levels affects photosynthetic carbon fixation of winter phytoplankton assemblages in the South China Sea[J]. Marine Biology Research, 8: 670-676.

Li G, Gao K, Gao G. 2011a. Differential impacts of solar UV radiation on photosynthetic carbon fixation from the coastal to offshore surface waters in the South China Sea[J]. Photochemistry and Photobiology, 87: 329-334.

Li G, Gao K, Yuan D, et al. 2011b. Relationship of photosynthetic carbon fixation with environmental changes in the Jiulong River estuary of the South China Sea, with special reference to the effects of solar UV radiation[J]. Marine Pollution Bulletin, 62: 1852-1858.

Li G, Huang L, Liu H, et al. 2012a. Latitudinal variability (6°S-20°N) of early-summer phytoplankton species composition and size-fractioned productivity from the Java Sea to the South China Sea[J]. Marine Biology Research, 8: 163-171.

Li G, Ke Z, Lin Q, et al. 2012c. Longitudinal patterns of spring-intermonsoon phytoplankton biomass, species compositions and size structure in the Bay of Bengal[J]. Acta Oceanology Sinica, 31: 121-128.

Li G, Lin Q, Ni G, et al. 2012b. Vertical patterns of early-summer chlorophyll a concentration in the Indian Ocean, with special reference to the variation of deep chlorophyll maximum[J]. J Mar Biol, e801248.

Li G, Ni G, Shen P, et al. 2016a. Spatial variability in summer phytoplankton community from offshore to coastal surface waters of the Northwestern South China Sea[J]. Tropical Geography, 36 (1): 101-107.

Li G, Wu Y, Gao K. 2009. Effects of typhoon Kaemi on coastal phytoplankton assemblages in the South China Sea, with special reference to the effects of solar UV radiation[J]. J Geophys Res, 114: G04029.

Li G, Talmy D, Campbell D A. 2017. Diatom growth responses to photoperiod and light are predictable from diel reductant generation[J]. Journal of Phycology, 53 (1): 95-107.

Li G, Woroch A, Donaher N, et al. 2016b. A hard day's night: diatoms continue recycling photosystem II in the dark[J]. Frontiers in Marine Science, 3: 218.

Li W, Gao K S, Beardall J. 2012d. Interactive effects of ocean acidification and nitrogen-Limitation on the diatom *Phaeodactylum tricornutum*[J]. PLoS One, 7: e51590.

Li Y, Gao K S, Villafañ V, et al. 2012e. Ocean acidification mediates photosynthetic response ti UV radiation and temperature increase in the diatom *Phaeodactylun tricornutum*[J]. Biogeosciences, 9: 3931-3942.

Miller A G, Colman B. 1980. Evidence for HCO_3^-- transport by the blue-green alga (Cyanobacterium) *Coccohloris peniocystis*[J]. Plant Physiology, 65: 397-402.

Miyake C, Michihata F, Asada K. 1991. Scavenging of hydrogen peroxide in prokaryotic and eukaryotic algae: acquisition of ascorbate peroxidase during the evolution of cyanobacteria[J]. Plant and Cell Physiology, 32: 33-34.

Murata N, Takahashi S, Nishiyama Y, et al. 2007. Photoinhibition of photosystem II under environmental stress[J]. Biochimica et Biophysica Acta, 1767: 414-421.

Murphy C D, Ni G, Li G, et al. 2017. Quantitating active photosystem II reaction center content from fluorescence induction transients[J]. Limnology and Oceanography Methods, 15: 54-69.

Ni G, Murphy C D, Zimbalatti G, et al. 2017. Arctic *Micromonas* uses non-photochemical quenching to cope with temperature restrictions on metabolism[J]. Photosynthesis Research, 131 (2): 203-220.

Osmond C. 1981. Photorespiration and photoinhibition: some implications for the energetics of photosynthesis[J]. Biochimica et Biophysica Acta, 639: 77-98.

Oxborough K, Baker N R. 1997. Resolving chlorophyll a fluorescence images of photosynthetic efficiency into photochemical and non-photochemical components-calculation of qP and F_v'/F_m' without measuring F_o'[J]. Photosynthesis Research, 54: 135-142.

Oxborough K, Moore C M, Suggett D J, et al. 2012. Direct estimation of functional PS II reaction center concentration and PS II electron flux on a volume basis: a new approach to the analysis of Fast Repetition Rate Fuorometry (FRRf) data[J]. Limnology and Oceanograohy Methods, 10: 142-154.

Qiu B S, Liu J Y. 2004. Utilization of inorganic carbon in the edible cyanobacterium Ge-Xian-Mi (Nostoc) and its role in alleviating photoinhibition[J]. Plant Cell & Environment, 27: 1447-1458.

Radmer R, Ollinger O. 1980. Measurement of the oxygen cycle: the mass spectrometric analysis of gases dissolved in a liquid phase[J]. Methods in Enzymology, 69: 547-560.

Raven J A. 2011. The cost of photoinhibition[J]. Physiologia Plantarum, 142: 87-104.

Rost B, Riebesell U, Burkhardt S. 2003. Carbon acquisition of bloom-forming marine phytoplankton[J]. Limnology and Oceanography, 48: 55-67.

Ruggaber A, Dlugi R, Bott A, et al. 1997. Modelling of radiation quantities and photolysis frequencies in the troposphere[J]. J Atmos Chem, 18: 171-210.

Shapiro J B, Griffin K L, Lewis J D, et al. 2004. Response of *Xanthium strumarium* leaf respiration in the light to elevated CO_2 concentration, nitrogen availability and temperature[J]. New Phytologist, 162: 377-386.

Silsbe G M, Oxborough K, Suggett D J, et al. 2015. Toward autonomous measurements of photosynthetic electron transport rates: an evaluation of active fluorescence-based measurements of photochemistry[J]. Limnology and Oceanography Methods, 13: 138-155.

Silverman D N. 1982. Carbonic anhydrase. Oxygen-18 exchange catalyzed by an enzyme with rate-contributing proton-transfer steps[J]. Methods in Enzymology, 87: 732-752.

Steeman-Nielsen E. 1952. The use of radiocarbon (^{14}C) for measuring organic production in the sea[J]. J Cons Int Explor Mer, 18: 117-140.

Tortell P D, Rau G H, Morel F M M. 2000. Inorganic carbon acquisition in coastal Pacific phytoplankton communities[J]. Limnology and Oceanography, 45: 1485-1500.

Vass I, Kirilovsky D, Perewoska I, et al. 2000. UV-B radiation induced exchange of the D1 reaction centre subunits produced from the psbA2 and psbA3 genes in the cyanobacterium *Synechocystis* sp. PCC 6803[J]. European Journal of Biochemistry, 267: 2640-2648.

Ware M A, Belgio E, Ruban A V. 2015. Photoprotective capacity of non-photochemical quenching in plants acclimated to different light intensities[J]. Photosynthesis Research, 126: 261-274.

Werkheiser W C, Bartley W. 1957. The study of steady-state concentrations of internal solutes of mitochondria by rapid centrifugal transfer to a fixation medium[J]. Biochemical Journal, 66: 79-91.

Wu H, Roy S, Alami M, et al. 2012. Photosystem II photoin activation, repair and protection in marine centric diatoms[J]. Plant Physiology, 160: 464-476.

Wu H, Cockshutt A M, Campbell D A. 2011. Distinctive PS II photoin activation and protein dynamics in centric diatoms[J]. Plant Physiology, 156: 2184-2195.

Wu Y, Gao K, Riebesell U. 2010. CO_2-induced seawater acidification affects physiological performance of the marine diatom *Phaeodactylum tricornutum*[J]. Biogeoscience, 7: 2915-2923.

Xu K, Gao K, Villafañe V E, et al. 2011. Photosynthetic responses of *Emiliania huxleyi* to UV radiation and elevated temperature: roles of calcified coccoliths[J]. Biogeosciences, 8: 1441-1452.

Yang G, Gao K. 2012. Physiological responses of the marine diatom *Thalassiosira pseudonana* to increased pCO_2 and seawater acidity[J]. Marine Environmental Research, 79: 142-151.

Zhou W B, Juneau P, Qiu B S. 2006. Growth and photosynthetic responses of the bloom-forming cyanobacterium *Microcystis aeruginosa* to elevated levels of cadmium[J]. Chemosphere, 65: 1738-1746.

Zou D H, Gao K S, Xia J R, et al. 2007. Responses of dark respiration in the light to desiccation and temperature in the intertidal macroalga, *Ulva lactuca*（Chorophyta）during emersion[J]. Phycologia, 46: 363-370.

第七章 相关生化与分子生物学方法

第一节 常用生化抑制剂

摘要 生化抑制剂常被用于代谢机制或途径方面的研究，这些抑制剂一般为专一性的，即只针对某一种反应起作用，在与酶或者离子通道等上面的特定位点结合之后，使之失活，而对其他生理过程没有直接的影响。本节主要介绍与藻类光合固碳相关的几种抑制剂。

抑制剂可以选择性地阻止某一反应的进行，因此在生物学的研究过程中，经常会使用它来阻断某种生化途径来开展相关的机制研究。细胞从结构上看，包括细胞膜、细胞质及细胞器等，在这些亚细胞结构上存在许多的离子通道、酶类和功能蛋白复合体等，利用特定的抑制剂可以使之失活，以达到关闭某种功能的目的，从而有助于探讨与之相关的科学问题。

一、细胞膜

1) 乙酰唑磺胺(acetazolamide，AZ)，该抑制剂可以专一地和碳酸酐酶结合，并使之丧失催化活性。该抑制剂不可以透过细胞膜，因此只能够对分泌到胞外的酶发挥作用，参考终浓度为 100 μmol /L(Chen and Gao，2004a)。

2) 左旋糖酐磺胺(dextran-bound sulfonamide，DBS)，该抑制剂可以专一地和碳酸酐酶结合，并使之丧失催化活性。该抑制剂不可以透过细胞膜，因此只能够对分泌到胞外的酶发挥作用，参考终浓度为 200 μmol/L(Nimer et al.，1999)。

3) 4,4′-二异硫氰-2,2′-芪二磺酸二钠盐(4,4′-diisothiocyano-2,2′-stilbenedisulfonic acid，DIDS)，为阴离子交换蛋白抑制剂，可以专一地使细胞膜上的阴离子交换蛋白丧失功能，从而阻止阴离子进入细胞内。一般可用该抑制剂研究无机碳中碳酸氢根离子吸收机制，参考终浓度为 200 μmol /L(Chen and Gao，2004a)。

4) 羟基亚乙基二膦酸钠(1-hydroxyethylidene-1,1-biphosphonic acid，HEBP)，可以抑制各种结晶，如珊瑚的碳酸钙骨骼等的形成，参考终浓度为 0.5 mmol /L(Herfort et al.，2008)。

二、叶绿体

1) 乙氧苯并噻唑磺胺(ethoxyzolamide，EZ)，该抑制剂可以专一地和碳酸酐酶结合，并使之丧失催化活性。由于该抑制剂可以透过细胞膜，因此会对胞内和胞外的碳酸酐酶同时发挥作用，一般溶于碱性溶液中，参考终浓度为 100 μmol/L(Chen and Gao，2004a)。

2) 林可霉素(lincomycin)，该抑制剂可以专一地抑制叶绿体内蛋白质合成，从而阻断光系统Ⅱ蛋白质的周转。该抑制剂一般溶于蒸馏水中，参考终浓度为 500 μg/mL(Wu et al.，2011)。

3) 二氯苯基二甲脲(DCMU)，别名敌草隆，它抑制 PSⅡ中的从 Q 向 PQ 的电子传递，参考终浓度为 50 μmol/L (Msilini et al., 2011)。

4) 阿特拉津 (atrazine)，该抑制剂可以与光系统Ⅱ的质体醌特异性结合，从而阻断了光合电子传递，参考终浓度为 6 μmol/L (SchÄfer et al., 1992)。

5) 3,3-dichloro-2-dihydroxyphosphinoylmethyl-2-propenoate (DCDP)，该抑制剂结构与磷酸烯醇丙酮酸 (PEP) 类似，可专一性地抑制磷酸烯醇丙酮酸羧化酶的活性，在 C_4 固碳途径研究中屡被使用，参考终浓度为 750 μmol/L (Reinfelder et al., 2004)。

三、线粒体

1) 鱼藤酮 (rotenone)，抑制电子在 NADH-Q 还原酶内的传递，因此阻断了电子由 NADH 至 CoQ 的传递，参考终浓度为 0.4 μmol/L (Ernster et al., 1963)。

2) 安密妥 (amytal)，抑制电子在 NADH-Q 还原酶内的传递，阻断了电子由 NADH 至 CoQ 的传递，参考终浓度为 2 mmol /L (Ernster et al., 1963)。

3) 抗霉素 A (antimycin A)，抑制电子从还原型 CoQ (QH_2) 到细胞色素 c1 的传递，参考终浓度为 2 μg/mL (Walther et al., 2010)。

四、其他

1) 钒酸盐 (vanadate)，能够专一性地抑制 H^+-ATPase，参考终浓度为 0.5 mmol/L (Araie et al., 2011)。

2) 二氧化锗 (GeO_2)，对硅藻的硅壳形成具有专一性的抑制作用，借此可杀死硅藻，一般用来抑制大型海藻表面的硅藻附着，参考终浓度为每升海水加入 0.1～0.5mL 饱和 GeO_2 (Shea and Chopin, 2007)。

3) 红霉素 (erythromycin)，该抑制剂与 50S 核糖体结合，抑制蛋白质的合成，可直接导致细胞死亡，一般在研究中会使用一系列的浓度梯度 (Champney and Burdine, 1996)。

五、注意事项

在使用抑制剂时，需要注意药品的各种理化特性，如可溶性、起效时间和持续作用时间，以及特定实验条件下，如温度、光照、紫外辐射等对药品活性的潜在影响。

（吴亚平　高坤山）

第二节　颗粒有机碳、氮和磷测定

摘要　碳、氮和磷元素是生物的基本组成元素，是有机物和生物大分子的核心成分，因此成为海洋元素循环的研究热点。本节介绍了颗粒有机碳、氮和磷的测定方法，详细给出了相关测定原理、取样方法、仪器操作、注意事项和计算方法，并针对方法的局限性，介绍了数据质控的经验。

地球上所有的生命都是碳基生物，生物有机大分子的主要组成元素为碳、氮、磷、氢、氧和硫等。海洋藻类的碳、氮和磷相对含量有一定的保守性和规律性(Redfield，1958)。海洋是地球上最大的碳库，吸收了大量由人类活动排放的 CO_2(Prentice et al.，2001；Sabine et al.，2004)。海洋藻类的总生物量远低于陆地植物，但其初级生产力与陆地植物相当(Field et al.，1998)。除近岸海区和淡水水体外，大洋表层海水中氮和磷的浓度较低，成为藻类生长的主要限制因素(Tyrrell，1999；Moore et al.，2013)。藻类通过光合作用合成有机物输出到深海，这一过程是海洋碳、氮、磷元素循环的重要组成部分。此外，通过分析颗粒有机物中碳、氮、磷的比例，可以判断藻类生长受到何种营养的限制；不同藻类对营养元素的需求不同，还可以根据海水的营养组成预测浮游植物群落结构的变化趋势(Quigg et al.，2003；Hutchins et al.，2009)。

一、颗粒有机碳(POC)和颗粒有机氮(PON)的测定

固体样品中的碳和氮含量一般用元素分析仪来测定。一些元素分析仪可以用一个样品测定碳、氮两种元素的含量，如 Costech elemental combustion system、PerkinElmer elemental analyzer、Elemental Vario-TOC 等。元素分析仪的原理是通过高温灼烧使所有碳都转化为 CO_2，然后通过红外 CO_2 检测器测量 CO_2 的含量；而氮在高温下氧化生成多种氧化物，经还原生成 N_2 后，检测 N_2 浓度。因此，这些元素分析仪测定的是全氮和全碳。有些元素分析仪仅能测定有机物中的碳含量，需要借助其他仪器或方法来测定 PON。

在海洋碳循环的研究中，常常需要区分无机碳和有机碳。常用的方法是通过前处理去除无机碳，测定有机碳和全氮。最常用的测定有机碳和有机氮的标准化学品是邻苯二甲酸氢钾，用无机氮标准品建立的标准曲线可能不能用于有机氮的分析测定。为了确保仪器工作状态良好，每次上机测定样品前均需建立新的标准曲线。样品需压制成紧实颗粒，排除气体。如果是收集了样品的 GF/F 玻璃纤维素膜(GF/F 玻璃纤维素膜预先在 500℃下处理 3 h，冷却备用)，干燥到恒重后用锡箔包好，然后用配套工具压制成紧实的颗粒；如果是大型藻类样品，干燥并研磨成粉末，然后装到锡杯中压成颗粒。

在测定 POC 的前处理上，钙化藻类和非钙化藻类的方法稍有差异。对于钙化微藻，如颗石藻，在低压下(<200 Mbar)将细胞过滤收集到 GF/F 玻璃纤维素膜上。用浓 HCl 熏 12 h 以去除无机碳，剩下的则是有机碳(POC)。如果样品 GF/F 玻璃纤维素膜不去除无机碳，则其碳含量称为总碳(TC)，跟 POC 的差值即为钙化作用所产生的颗粒无机碳(PIC)。POC 生产速率(POC production rate)为单位细胞的 POC 含量与比生长率(μ)之积。大型钙化藻类干燥研磨成粉末后，用浓 HCl 熏 12 h 以去除无机碳，然后称取样品上机测定。非钙化藻类不需要去除无机碳，直接收集细胞或粉碎组织后即可用于测定。

二、颗粒有机磷(POP)测定

(一)基本原理和试剂配方

POP 测定的基本原理是：通过高温将有机磷转变为无机磷，水解样品后，再跟混合试剂(主要由钼酸铵、抗坏血酸和酒石酸氧锑钾组成)发生颜色反应，磷含量决定了产生的蓝色物

质的量，用分光光度计测定正磷酸的浓度(Solorzano and Sharp，1980)。所需试剂的配方如下。

1)0.024 mol/L 钼酸铵溶液：将 15 g 四水合钼酸铵[$(NH_4)_6Mo_7O_{24}·4H_2O$，相对分子质量 1235.86]添加到 500 mL 蒸馏水中，室温下在深色玻璃瓶中可保存数月。

2)2.4 mol/L 硫酸：将 140 mL 浓硫酸稀释到 1 L，可长久保存。

3)0.31 mol/L 抗坏血酸溶液：将 1.1 g 抗坏血酸(相对分子质量 176.12)加到 20 mL 蒸馏水中。这个试剂在使用前配制，如在航次中使用，可预先称好药品。

4)0.004 mol/L 酒石酸氧锑钾：将 0.34 g $K(SbO)C_4H_4O_6·1/2H_2O$(相对分子质量 667.85)添加到 250 mL 蒸馏水中，在深色玻璃瓶中可保存数月。

5)混合试剂：将钼酸铵、硫酸、抗坏血酸和酒石酸氧锑钾按 2∶5∶2∶1 的比例混合，常常配制 100 mL 混合试剂，可用于测定 200 个样品。

6)0.17 mol/L Na_2SO_4：将 12 g 无水 Na_2SO_4 溶解到 500 mL 去离子水中，可在室温下保存几个月。

7)0.017 mol/L $MgSO_4$：将 2 g 无水 $MgSO_4$(或 4.2 g $MgSO_4·7H_2O$)溶解到 1 L 去离子水中，可在室温下保存几个月。

8)0.20 mol/L HCl：将 16 mL 浓 HCl 用 1 L 去离子水稀释，可在室温下保存几个月。

(二)标准曲线

1)磷酸标准溶液的配制：首先配制 5 mmol/L 的磷酸母液。将 0.6807 g 干燥 KH_2PO_4(相对分子质量 136.09)加到 1 L 蒸馏水中，母液可在室温下保存很长时间。次级母液是将 1 mL 母液稀释到 100 mL，其磷酸浓度为 50 μmol/L。每个批次的样品进行测定都需要作标准曲线，用次级母液配制磷酸标准溶液，浓度梯度为 1 μmol/L、5 μmol/L、10 μmol/L 和 15 μmol/L。

2)准备 5 mL(可根据比色皿体积进行调整)的标准溶液(3 个重复)(表 7-1)、去离子水(空白，3 个重复)和样品溶液(2 个重复)。

表 7-1　5 mL 标准溶液的配制

50 μmol/L 标准溶液/mL	水/mL	最终浓度/(μmol/L)
0.1	4.9	1
0.5	4.5	5
1.0	4.0	10
1.5	3.5	15

3)添加 0.5 mL 混合试剂(体积可与步骤 2)做同样调整)，反应 1 h。

4)将波长设置在 885 nm，记录吸收值读数。

5)标准曲线的计算公式为

$$Y = aX + b \tag{7-1}$$

式中，X 代表标准溶液吸收值减去空白；Y 代表标准溶液的浓度；a 和 b 分别代表斜率和截距。对于 1 cm 的比色皿，理想的 a 值为 50。

(三)样品收集及前处理

1)低压下(约 50 mmHg)，用 GF/F 玻璃纤维素膜(预先在 500℃下灼烧 3 h 以去除有机污染物)收集样品。

2)用 0.17 mol/L Na_2SO_4 溶液将膜洗两次，每次 2 mL。然后将膜转移到玻璃液闪瓶中(液闪瓶用锡箔盖住瓶口，在 500℃下灼烧 2 h，然后用 10% HCl 浸泡 24 h，用去离子水清洗后烘干)。

3)加 2 mL 0.017 mol/L $MgSO_4$，使 GF/F 玻璃纤维素膜完全浸泡在溶液中，然后在 95℃下蒸干。

4)再次用锡箔盖住瓶口，在 500℃下灼烧 2 h。

5)冷却后，添加 5 mL 0.2 mol/L HCl，拧紧塑料瓶盖，在 80℃下加热 30 min。

6)冷却后，往 5 mL 样品中添加 0.5 mL 的混合试剂。

7)1 h 后，记录 885 nm 下的吸收值读数。GF/F 玻璃纤维素膜作空白，处理方法与收集了细胞的 GF/F 玻璃纤维素膜一致。

8)计算公式如下：

$$\text{POP/cell} = [a\times(\text{ABSs}-\text{ABSb})+b]\times 10/\text{cell number} \tag{7-2}$$

式中，a 和 b 分别代表标准曲线的斜率和截距；ABSs 和 ABSb 分别是 885 nm 下样品和空白的吸收值读数。

三、注意事项及数据质控

在海洋元素循环、海洋生态及气候变化等研究领域，颗粒有机碳、氮、磷含量是最关键的数据，因此必须确保其数据质量可靠。在实际研究中，由于实验规模、“瓶效应”及处理条件等因素，常常导致没有足够的生物量来测定每一个参数。而颗粒有机碳、氮、磷的测定与仪器的精度有关，可以根据仪器的测量精度和使用经验，以及正常情况下生物碳、氮、磷的比例来推算需要的生物量。根据测算，每个颗粒有机碳/氮样品至少要包含 0.1 mg 有机碳才能获得质量较好的数据(Xu et al.，2014；Xu and Gao，2015)，而 POP 需要约 0.05 mg 有机碳(Xu et al.，2014)。如果藻类处于营养盐限制条件下，有可能导致氮/磷相对于碳的含量降低，需要大幅提高生物量才能确保含量处于仪器的测定范围内。大型海藻一般较易获取，不存在以上问题。

(许　凯　高坤山　付飞雪　David Hutchins)

第三节　细胞器分离

摘要　藻类细胞器，如叶绿体和类囊体膜是研究光合作用生理生化的基础材料。本节简单地介绍了真核藻的代表种——莱茵衣藻的叶绿体和原核藻的代表种——集胞蓝藻细胞质膜和类囊体膜的分离方法。

叶绿体是真核藻类细胞的能量转化细胞器，是进行光合作用的场所，和线粒体一样，它含有能进行自我复制的遗传物质——环状 DNA，属于半自主性细胞器。分离叶绿体、细胞质膜和类囊体膜是研究光合作用生理生化过程的常用技术，它有助于进行新蛋白质的定位和功能研究，也是研究叶绿体遗传的物质基础。

一、莱茵衣藻叶绿体的分离

莱茵衣藻 CW-15 生长至对数阶段中后期时，将细胞于 3000×*g*、4℃条件下离心 5 min，用预冷的缓冲液［0.45 mol/L 山梨醇，10 mmol/L HEPES-NaOH，5 mmol/L 磷酸钠(pH7.5)，10 mmol/L $MgCl_2$，10 mmol/L NaCl，5 mmol/L EDTA］洗涤一次，再次离心后将细胞悬浮于上述缓冲液中(加入 20%甘油)。破碎时细胞悬浮液置于预先冷却的 Yeda Press 的样室中，加压至 140 kg/m^2 后，缓慢地松开阀门，使压榨样品一滴一滴地流出至冰浴的容器中。另外，需预先用 40%和 60% Percol 配制梯度细胞分离液。将破碎的细胞液小心地置于梯度分离液液面上方，最好使用水平转头，在 4000×*g* 条件下离心 10 min 后，在 40%和 60% Percol 梯度分离液收集完整叶绿体。

二、蓝藻类囊体膜的粗分离

蓝藻类囊体膜粗提物的制备采用 Mi(2001)的方法。当蓝藻细胞生长至对数期(A_{730}= 0.4～0.8)时，将细胞于 5000×*g* 条件下离心 5 min 收集，细胞用预冷的缓冲液 A［10 mmol/L HEPES-NaOH，5 mmol/L sodium phosphate(pH7.5)，10 mmol/L $MgCl_2$，10 mmol/L NaCl］洗涤一次，再次离心后将蓝藻细胞悬浮于含 20%(体积比)甘油的缓冲液 A 中。收集的细胞放置于冰浴中，用 Bead-Beater(Biopsec，日本)破碎，破碎 20 s 后停滞 3 min，重复 5 次。细胞匀浆于 5000×*g* 条件下离心 5 min 以去除未破碎的细胞和残渣，得到的上清液再于 140 000×*g* 条件下离心 40 min，收集沉淀获得类囊体膜，所有的离心过程都在 4℃条件下完成。

三、蓝藻类囊体膜和细胞质膜的分离

培养 10 L 集胞藻细胞，当细胞生长至对数期后期(A_{730}=0.8)时通空气培养 1 d 后，按上述方法分离得到粗提膜蛋白，重悬于 5 mL 磷酸钾缓冲液[20 mmol/L KH_2PO_4/K_2HPO_4(pH7.5)]中，储存于−80℃待用。

根据改进后水溶性聚合物二相系统分离法(aqueous polymer two-phase system，简称二相法)，对粗提膜蛋白混合物进行进一步分离(Norling et al.，1998)。按照表 7-2 分别配制 6 个 40 g 分离系统和 1 个 10 g 分离系统，水溶性聚合物葡聚糖(Dextran T-500)和聚乙二醇(PEG-3350)终浓度均为 5.8%。所有步骤必须在低于 2℃条件下完成。首先将不含样品的 40 g 系统在 5000×*g* 条件下离心 10 min，分层后所有上层都转移至新管中，分别标记为 T1、T2、T3、T4、T5 和 T6，下层留在原管中分别标记为 B1、B2、B3、B4、B5 和 B6，置于冰上待用。

表 7-2　二相法的配方

溶液	分离系统	
	5.8% 10 g	5.8% 40 g
Dextran T-500（18.87%）	3.0737 g	12.295 g
PEG 3350（40%）	1.45 g	5.80 g
蔗糖（1 mol/L）	1.5630 g	10.0 g
H_2O	0.1633 g	11.905 g
膜蛋白样品	3.75 g	

按照表 7-2 配制 10 g 分离系统，并加入预先保存的 3.75 g 膜蛋白样品，混合 30～40 次，在 4℃、5000×*g* 条件下离心 10 min 后，分离的两相分别标记为上层 T0（橙褐色，含细胞质膜）和下层 B0（暗绿色，含类囊体膜）；将 T0 转入刚才准备好的 B1 中，按照同样的方法混合离心分层后，将上层命名为 T1′，弃下层，并重复刚才的步骤，以此类推得到 T2′、T3′、T4′、T5′、T6′组分，此时的下层应逐渐褪为无色，T6′即为纯化后的细胞质膜组分（橙色）。如果此时得到的下层仍能萃取出绿色，根据需要再配制 40 g 系统，按上述过程萃取至无色为止。另外，下层 B0 相应转移至刚才准备好的 T1 中，按相同方法混合离心分层后，弃上层，下层命名为 B1′，重复此步骤，以分别得到 B2′、B3′、B4′、B5′和 B6′组分，此时丢弃的上层应逐渐退为无色，B6′即为纯化的类囊体膜组分（绿色）。如果此时得到的上层仍能萃取出橙色，则需要继续萃取分离。分离过程见图 7-1。

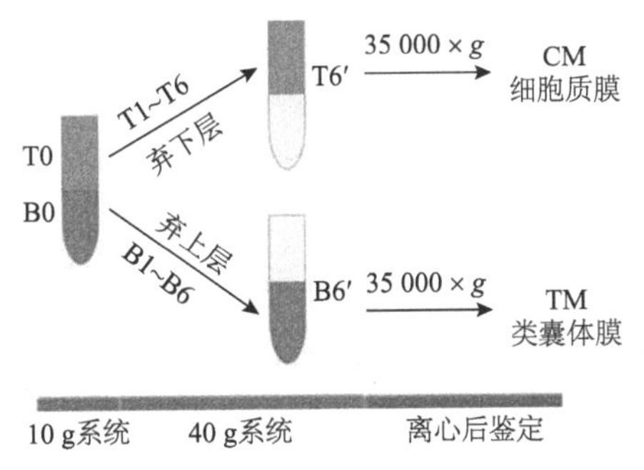

图 7-1　两相法分离基本过程图（彩图请扫封底二维码获取）

将最后得到的样品 T6′和 B6′在 4℃、35 000×*g* 条件下离心 10 min，沉淀即分别为细胞质膜（cytoplasma membrane，CM）和类囊体膜（thylakoid membrane，TM），加入少量的磷酸钾缓冲液后于−80℃避光保存。

四、优缺点分析及注意事项

二相法能有效地分离细胞质膜和类囊体膜，但需要注意以下几点：第一，所有的样品混合萃取过程都需保证在 2℃以下进行；第二，二相(Dextran 和 PEG-3350)中都会残留少量细胞质膜或者类囊体膜，所以要用相应的标记蛋白抗体鉴定样品中残留组分的情况，以辅助判断目的蛋白的定位。

（徐　敏　米华玲）

第四节　钙化与硅化定量分析

摘要　地球上的生物矿化以钙化和硅化为主，光合生物也不例外。藻类因此在全球的碳、硅和钙元素循环中扮演重要角色。本节以最有代表性的颗石藻和硅藻为例分别介绍钙化和硅化的测定方法，并介绍了相关测定原理、取样方法、仪器操作、注意事项和计算方法。

能钙化的光合生物广泛分布于各种水体，海洋中的钙化藻类主要有大型钙化红藻，以及一些单细胞的颗石藻和少数甲藻，淡水中的钙化藻类主要是蓝藻(Raven and Giordano，2009)。除少数可以硅化的甲藻外，硅藻是主要的硅化藻类，也广泛分布于各种水体(Raven and Waite，2004)。生物矿化和生命的进化史紧密关联，而海洋水占全球水量的 97%，是生物硅化和钙化的主要场所(Knoll，2003；Raven and Giordano，2009)。在海洋中，颗石藻的钙化量占整个海洋生物钙化总量的一半以上，而大型海藻是近岸海域最重要的碳酸钙来源(Milliman，1993；Mazarrasa et al.，2015)。海洋中溶解态硅的迁出主要由硅藻完成(Conley，2002)。硅藻被认为贡献了全球海洋约 50%的初级生产力，颗石藻贡献了 1%～10% (Field et al.，1998；Poulton et al.，2007)。

由于矿化作用，硅藻和颗石藻的密度高、沉降速度快，成为海底沉积物的主要来源，进而在全球的元素循环中发挥了重要作用(Klaas and Archer，2002)。随着大气 CO_2 浓度持续增加，以及全球气候变暖，这些矿化生物受到了广泛关注。对生物矿化的影响将改变相关元素循环的速度和周期，还可能影响到生物的生存竞争能力，进而改变生态群落结构。

一、钙化的测定

现代海洋中，颗石藻通过钙化作用产生颗石片，主要成分是 $CaCO_3$，也包括少量的 $MgCO_3$(物质的量比约 5%) (Stanley，2008)。$CaCO_3$ 晶体结构特殊，可以嵌合起来包裹住细胞，是颗石藻快速沉降的主要原因(Klaas and Archer，2002)。钙化的测定方法主要有两个思路：元素含量和钙化速率。元素含量主要测定两种：颗粒无机碳含量和钙含量。同位素的分辨力高，通过加入少量碳和钙同位素即可测定钙化速率。钙化作用消耗钙离子降低海水总碱度，因而可以通过测量总碱度的变化来计算钙化速率。另外，可以用扫描电镜来观察颗石片结构，评估颗石藻的钙化作用对环境变化的响应。

(一) 元素含量的测定

1. 颗粒无机碳(PIC)含量的测定

每份颗石藻培养液取两个重复样品，在低压下(<200 Mbar)过滤到 GF/F 玻璃纤维素膜上

(GF/F 玻璃纤维素膜预先在 500℃下灼烧 3 h，冷却备用)。其中一张膜用培养液冲洗；另一张膜用培养液冲洗，然后用浓 HCl 熏 12 h 以去除 PIC。两张膜都在 50℃下烘干后分别测定其碳含量。前一张膜包含 PIC 和 POC，其碳含量称为总碳(TC)；而后一张膜仅含 POC。两张膜的差值即为 PIC，计算公式如下：

$$\text{PIC/cell} = (\text{TC}-\text{POC})/\text{cell number} \tag{7-3}$$

$$\text{PIC production rate} = \text{PIC/cell} \times \mu \tag{7-4}$$

式中，TC 和 POC 代表膜上的碳含量；PIC production rate(PIC 生产速率)为单位细胞的 PIC 含量与比生长速率(μ)之积。另外，可通过几个小时的短期培养，测定前后 PIC 的差值计算 PIC 生产速率。大型钙化藻类则是干燥研磨成粉末后，用浓 HCl 熏 12 h 以去除 PIC。

用元素分析仪测定碳含量对制样有要求，需要将 GF/F 玻璃纤维素膜用锡箔包好制成紧实的颗粒，或直接将粉末装到锡杯中压成小颗粒。有多种元素分析仪可以测定有机物的碳含量，如 Costech elemental combustion system、PerkinElmer elemental analyzer、Elemental Vario-TOC、Tailin HTY-CT1000A 等。其原理都是通过高温灼烧使所有碳都转化为 CO_2，然后通过红外分析装置检测 CO_2 的含量。一般用邻苯二甲酸氢钾作为有机碳的标准物质，每次上机测定样品前均需建立新的标准曲线。

2. 钙含量的测定

真核藻类颗石藻利用钙离子作为信号分子，除去形成 $CaCO_3$ 晶体的细胞器——颗石囊，细胞所含的钙非常低(Brownlee and Taylor，2004)。有很多种仪器可以用来测定细胞的钙含量，如原子吸收光谱仪、电感耦合等离子体光谱仪、质谱仪、HPLC 仪等(Gao et al.，1993；Müller et al.，2008；Katagiri et al.，2010)。将细胞过滤收集到聚碳酸酯膜上(膜预先用 0.05 mol/L 的 HCl 浸泡 24 h，然后用超纯水清洗浸泡)，或直接将大型海藻研磨粉碎。然后用 0.25 mol/L 的 HCl 浸泡溶解 $CaCO_3$，收集溶解的 $CaCO_3$ 即可用于测定。测量钙含量的同时，往往也测量镁含量，用于分析 $CaCO_3$ 晶体的溶解度及其对环境变化的响应规律。

3. 注意事项及数据质控

钙化作用所需的能量来源于光合作用。因此，在一个光周期的光照期内，细胞的钙化量会随光照时间的延长而增加(Zondervan et al.，2002)。因此，要尽量在相同的时间取样。实验室的环境条件可控性好，能大量培养颗石藻，数据质量一般较好。在航次调查研究中，颗石藻水华暴发时也可以获得较好的数据。颗石藻丰度较低时，难以得到较好的数据，甚至可能出现负值，因为要用两个较大的值(TC 和 POC)计算较小的差值(PIC)。影响数据质量的常见原因有：培养光强过低，生长状态不好，颗石藻品系钙化程度不高或不钙化等。

(二)钙化速率的测定

1. ^{14}C 示踪法

^{14}C 示踪法可以用于测量钙化速率，具有测定时间短、分辨力高的特点，因此对样品生物量的要求不高(Paasche，2002)。首先是将少量的 ^{14}C($NaH^{14}CO_3$)添加至 2 个重复样品中，

培养一段时间后，低压过滤，用培养基冲洗，其中一张膜用浓 HCl 熏 12 h。两张膜的差值即为钙化作用吸收无机 ^{14}C 的量，再根据叶绿素浓度（或细胞数量）和培养时间计算出钙化速率，这种方法称为差值法。计算公式如下：

$$钙化速率 = (CPM_c - CPM_a)/Ce \times If \times DIC / CPM_t / Chl\ a/time \tag{7-5}$$

式中，CPM_c 和 CPM_a 分别代表未酸化和酸化膜所含的放射性物质每分钟计数值；Ce 代表仪器计数效率，液闪仪计数效率可通过测定 ^{14}C 标准样品获得；If 代表同位素差别因子，在碳吸收利用过程中，细胞对 ^{14}C 和 ^{12}C 利用率存在差异，^{12}C 同化率比 ^{14}C 快 6%，故 If 为 1.06；DIC 代表培养水样溶解无机碳浓度；CPM_t 代表样品中添加的 ^{14}C 的放射性物质每分钟计数值，直接将一定体积 ^{14}C 用液闪溶液消化后测定，购买回来的 ^{14}C 稀释分装后，其放射性物质含量会快速降低（如果密封性不好，^{14}C 母液的读数可在一年内降低 3 个数量级，无法用于实验），因此不能根据 ^{14}C 母液浓度计算；Chl a 代表叶绿素 a 浓度（μg Chl a/L），可以用细胞浓度代替；time 代表培养时间。计算得到的钙化速率单位为 μg C/（μg Chl a·h），或 μg C/（cell·h）。

2. ^{45}Ca 示踪法

操作方法与 ^{14}C 示踪法一样，但与 ^{14}C 相比，不容易将没有被细胞吸收利用的 ^{45}Ca 冲洗干净（Fabry and Balch，2010）。

3. 根据海水碱度变化计算钙化速率

钙化作用每生产 1 个单位的 $CaCO_3$，消耗 1 个单位的 Ca^{2+}，导致海水碱度降低 2 个单位。而其他生理过程，如 N 元素的吸收利用、光合作用和呼吸作用对碱度的影响很小，可以忽略（Zeebe and Wolf-Gladrow，2001）。因此可以通过测量碱度的变化来计算钙化速率（Gattuso et al.，1999；Gao and Zheng，2010；Gao et al.，2012）。海水碱度一般通过电位滴定法测定（Zeebe and Wolf-Gladrow，2001；Dickson et al.，2003）。碱度测定的主要步骤：海水样品低压过滤去除细胞，将样品瓶尽量装满，加 $HgCl_2$（最终浓度约 0.12 mg/L）在 4℃下保存待测，用标准海水（由 Dickson 实验室标定）或优级纯及以上级别的 Na_2CO_3 标定 HCl 浓度，然后用已知浓度的 HCl 滴定海水样品。

4. 注意事项及数据质控

与 PIC 的测定类似，光强、生物量、颗石藻品系的钙化程度和培养时间都会影响钙化速率的数据质量。实验室条件下，*Emiliania huxleyi* 细胞浓度达到 5×10^4 cells/mL，加入 ^{14}C 培养 2 h 即可获得重复性较好的数据。Paasche 和 Brubak（1994）对这种方法进行了改进：将用 ^{14}C 培养的样品收集到 GF/F 玻璃纤维素膜上，然后将膜放在液闪瓶中，加 1 mL 稀磷酸（1%）后马上盖好密封放置 24 h，细胞中的无机碳以 CO_2 形式释放，液闪瓶盖上附有浸泡过苯乙胺（0.2 mL，CO_2 吸收剂）的 GF/F 玻璃纤维素膜，测定瓶盖上膜的 ^{14}C 活性即可用于计算钙化速率。改进方法的优点是可直接测定钙化固定的 ^{14}C，即便钙化固定的 ^{14}C 很少，但测出的均是正值，这种方法可以称为直接法。也可用碳稳定同位素 ^{13}C 替代 ^{14}C，操作方法一样，但要用稳定同位素质谱仪测定。^{45}Ca 示踪法和利用碱度计算钙化速率的优缺点与 ^{14}C 示踪法类似，提高数据质量的方法主要是从生物量和培养时间上加以调控。

(三)颗石片形态观察

将颗石藻培养液低压(<200 Mbar)过滤收集到聚碳酸酯膜上，50℃下烘干。喷金后即可用扫描电镜观察。可以通过颗石片的形态来对颗石藻分类(Paasche，2002；Young et al.，2003)，不同颗石片形态的 *Emiliania huxleyi* 对酸化的响应不同(Beaufort et al.，2011)。还可根据 $CaCO_3$ 晶体的形态将颗石片分为 4 种：正常，生长不完全，畸形，生长不完全且畸形。颗石片常用的测量参数有长度、宽度和中心区域面积等。颗石片的形态受环境因素的影响很大，如 CO_2 浓度、光强、营养盐等(Riebesell et al.，2000；Paasche，2002；Young et al.，2003；Xu and Gao，2015)。

二、硅化的测定

水体中的硅主要以正硅酸[$Si(OH)_4$]形式被硅藻吸收，用来合成无定形硅($SiO_2 \cdot nH_2O$)，组成硅藻的硅质壳。与钙化作用类似，硅化作用也是硅藻快速沉降并向深海输送大量有机碳的主要原因(Klaas and Archer，2002)。

1. 硅含量的测定

最简单快捷的硅含量测定方法是分光光度法(Brzezinski and Nelson，1995；Thamatrakoln and Hildebrand，2008)。用聚碳酸酯膜收集细胞，膜的孔径取决于样品中硅藻的大小。然后用过滤海水清洗 2 次后，装到 15 mL 的塑料离心管中(用 0.2 mol/L HCl 浸泡 24 h 并清洗过)，50℃下烘干。

二氧化硅能溶于浓热的强碱溶液，产生硅酸钠。因此首先将样品膜用 0.25 mol/L NaOH 完全浸泡，沸水浴中处理 30～40 min。取出冷却后，添加 1 mol/L HCl 中和 NaOH。取上清液添加钼酸铵溶液，混合后放置 10 min。然后加 3 mL 还原试剂，混合后盖好放置 2～3 h。还原试剂由 Metol-sulphite(0.01 mol/L 亚硫酸钠和 0.058 mol/L Metol)、草酸(0.79 mol/L)、硫酸(9 mol/L)和蒸馏水按体积比 5∶3∶3∶4 混合而成。分光光度计波长设置在 810 nm，记下不同浓度标准溶液的吸光值读数。用不含样品的膜作为空白，用硅标准溶液来制作标准曲线。根据读数和标准曲线，即可计算单位细胞所含的生物硅量。测定短期培养(培养时间可短至 1 h)前后硅含量的差值，即可计算细胞硅化速率。所有测定相关的容器、移液枪头都需要用 0.1 mol/L 稀 HCl 浸泡 24 h，然后用去离子水清洗后才能使用。

2. 硅化速率测定

硅有 3 种稳定同位素：^{28}Si、^{29}Si 和 ^{30}Si，在自然界中的比例分别为 92.2%、4.7%和 3.1%。因此将已知浓度的 $^{30}Si(OH)_4$ 添加到培养液中培养几个小时后，收集细胞测定即可计算 $Si(OH)_4$ 的吸收速率。

首先需要购买纯度超过 94%的 $^{29}SiO_2$ 和 $^{30}SiO_3$，分别制成 $^{29}Si(OH)_4$ 和 $^{30}Si(OH)_4$(Nelson and Goering，1977)。前者用作载体溶液，浓度为 20 μg ^{29}Si/mL；后者用作示踪溶液，浓度为 10 μg ^{30}Si/mL。这两种溶液可以在聚乙烯瓶中长久保存，但要避免在低温下产生硅酸聚合物。培养液中不能添加太多 ^{30}Si 导致硅浓度大幅度增加，以低于 20%为宜，减少对硅化、光合作用等生理过程的影响。培养样品的体积、培养时间及添加 ^{30}Si 的量等可以根据具体情况进行调整，尽量让收集的样品处于质谱仪的最适测定范围。

培养结束后，用聚碳酸酯膜收集细胞。将膜在900℃下灼烧成灰，冷却后添加6滴49%的HF，然后加入1 mL $^{29}Si(OH)_4$，所有的SiO_2转变为H_2SiF_6。加入$^{29}Si(OH)_4$可以增加样品中Si的含量，进而产生较强的质谱仪检测信号(Nelson and Goering，1977)。再加入4滴5%的$BaCl_2 \cdot 2H_2O$，收集生成的$BaSiF_6$沉淀用质谱仪测定。

3. *注意事项及数据质控*

硅化的测定主要有两种方法：分光光度法和同位素示踪法，前者测定硅含量，后者测定硅化速率。当然，也可以根据硅含量的变化来得到硅化速率；或者通过乘以比生长率得到硅化的比生长速率。相对而言，分光光度法简单易行。提高数据质量的方法与钙化类似，主要从生物量和培养时间上调控。

（许　凯　高坤山　David Hutchins）

第五节　转录组学、宏基因组学和宏转录组学在藻类研究中的应用

摘要　本节主要介绍了转录组学的基本原理及其在藻类研究中的应用。最新研究成果展示了如何利用转录组学技术探究藻类对环境变化响应的分子机制。转录组学技术在藻类领域的成功应用，说明转录组学技术具有重要使用价值，对探究藻类的生理学机制有支撑作用。此外，本节还介绍了在海洋生态学领域有广泛应用的宏基因组和宏转录组学技术。

在后基因组时代，转录组学、蛋白质组学和代谢组学等各种组学技术为解释生物学过程中的分子机制提供了强大的技术支持。在这些组学技术当中，转录组学是率先发展起来及应用最广泛的技术。另外，近年来，宏基因组学和宏转录组学在海洋生态学研究中发挥的作用越来越重要。本节介绍了转录组学、宏基因组学及宏转录组学的一些基本概念和应用实例。

一、转录组学基本原理

信使RNA(mRNA)将DNA的信息传递到蛋白质，是基因表达的第一步，也是基因表达调控的关键环节，mRNA被认为是DNA与蛋白质之间生物信息传递的一个“桥梁”。所有mRNA综合起来称作转录组(ranscriptome)(Wang et al.，2009)。RNA-Seq(转录组测序)利用高通量测序技术对由组织或细胞中所有mRNA反转录而成的cDNA文库(mRNA不稳定)进行测序，并进行统计分析。转录组在不同生长时期和生长条件下有很大的差异，比较不同生长条件和生长时期的转录组，能揭示基因的差异表达情况，从而探究细胞在不同生长条件下和不同生长时期转录组水平上的分子响应机制。转录组可以提供特定条件下特定基因表达的信息，并据此推断相应基因的功能，揭示特定基因在特定条件下的作用机制(Mutz et al.，2013)。转录组研究主要包括如下几个步骤：①提取某种生物特定组织或者特定时期下的所有mRNA(Mutz et al.，2013)。②检验后建立cDNA文库并进行高通量测序。③生物信息学

分析。经过一系列的生物信息学分析后可以找到生物体不同时期、不同组织或不同个体间差异表达的 mRNA，再通过软件进行功能注释，可以得到 mRNA 在生物体中参与的生命活动的一个基因网络图谱。

二、藻类基因组

虽然转录组技术不依赖基因组信息，但是基因组信息对进行转录组数据的深度分析有很好的支撑作用。随着测序成本的下降，包括绿藻莱茵衣藻（*Chlamydomonas reinhardti*）(Merchant et al.，2007)、硅藻假微型海链藻(*Thalassiosira pseudonana*)(Armbrust and Palumbi，2015)和硅藻三角褐指藻(*Phaeodactylum tricornutum*)(Bowler et al.，2008)、金藻赫氏颗石藻(*Emiliania huxleyi*)(Dassow et al.，2009)、蓝藻束毛藻(*Trichodesmium erythraeum* IMS 101)(Walworth et al.，2015)等在内的模式藻类全基因组测序已经完成。越来越多的藻类全基因组测序的完成，将进一步推动转录组学技术在藻类领域应用和发展。

三、转录组学在藻类研究中应用的实例

利用转录组学技术能分析藻类(有参考基因组和无参考基因组)应对环境变化的分子机制。研究藻类固碳和固氮的分子机制有利于更深一步探索藻类在碳和氮循环中的作用。为此，许多研究集中解析藻类固碳和固氮的分子机制。

三角褐指藻作为一种模式硅藻，其基因组较小，转录组测序成本较低，利用转录组学技术研究其应对不同环境变化的分子机制较为便利。基于全基因组测序的信息可知，三角褐指藻具有编码 C_3 和 C_4 途径的基因。Valenzuela 等(2012)利用转录组学技术发现三角褐指藻在不同 DIC 浓度时启用不同的碳利用机制：在 DIC 浓度较高时，三角褐指藻启用 C_3 途径；而在 DIC 浓度较低时，三角褐指藻才启用碳利用效率较高的 C_4 途径。

颗石藻是现代海洋中钙质微型浮游生物的主要组成部分。赫氏颗石藻是一种模式颗石藻，对其进行过较多的生理生态方面的研究。Dassow 等(2009)测定了单倍体和二倍体赫氏颗石藻的转录组，鉴定出了和钙化相关的基因，为揭示赫氏颗石藻钙化的分子机制，进一步探索颗石藻对环境变化如海洋酸化的分子响应奠定了基础。Benner 等(2013)利用转录组学技术，探索在海洋酸化条件下培养 700 代的赫氏颗石藻的分子响应，发现之前认为和钙化相关的基因并没有对海洋酸化条件有特别明显的响应。

固氮蓝藻束毛藻对热带和亚热带海域中氮、碳循环有非常重要的意义。束毛藻转录组分析结果显示束毛藻只有 60%的基因组编码蛋白质。除了大量的已知转座子之外，还有数量很多的非编码转录本(Walworth et al.，2015)。在长期海洋酸化处理后发现，负责 DNA 甲基化从而控制转座子活跃程度的 DNA 甲基化酶明显上调，推测转座子的活跃程度与束毛藻适应长期酸化密切相关(祁云霞等，2011)。该项研究说明，对酸化响应的基因并不局限于固碳和固氮基因，这充分说明了利用转录组学技术能更好地了解基因对环境变化的响应。

虽然随着测序成本的下降，越来越多的藻类已经完成全基因组测序，但是大多数藻类的基因组还待解析。转录组学技术还能运用于无参考基因组的藻类的研究。骨条藻是一种分布广泛的硅藻，也是一种常见的无毒赤潮硅藻。虽然玛氏骨条藻(*Skeletonema marinoi*)的全基

因组尚未全面解析，但是以转录组信息为基础，可以分析其固碳代谢途径。利用转录组数据，共发现 18 种酶对应的 34 个编码基因，构建了玛氏骨条藻的碳代谢途径通路图，发现其含有类似于陆地 C_4 植物 CO_2 浓缩机制所需要的全部酶类，并推测出这是该类群在 CO_2 浓度限制环境下仍然可以形成很高初级生产力的主要原因(刘乾等，2016)。同时，比较了玛氏骨条藻在不同生长时期的转录组数据，发现 C_3 途径中决定碳素最终分配去向的果糖二磷酸醛缩酶的编码基因在衰亡期有明显上调，而 C_4 途径中的限速酶丙酮酸磷酸双激酶的编码基因在稳定期和衰亡期也显著上调，研究结果为深入了解藻类固碳代谢机制及碳的生物地球化学循环提供了支持(刘乾等，2016)。

四、宏基因组学和宏转录组学

宏基因组学(metagenomics)通过直接从环境样品中提取全部生物的 DNA，研究环境样品所包含的全部生物的遗传组成和群落功能。宏转录组学(metatranscriptomic)通过直接从环境样品中提取全部生物的 RNA，研究在某一特定环境或特定时期群体生物的全基因组转录情况及转录调控(图 7-2)。随着分子生物学技术的发展和测序成本的下降，宏基因组学和宏转录组学技术应用的领域越来越广泛。对于海洋生态学研究来说，对一些复杂的、难以培养的海洋生物种类，宏基因组学和宏转录组学技术有着传统研究手段不可比拟的优势。通俗的说，宏基因组学技术能提供环境中物种的信息，宏转录组学技术能提供环境中活跃的基因和代谢途径。浮游植物作为海洋生态系统当中的初级生产者，采用宏基因组学和宏转录组学技术对其进行研究已成为热点，并取得了丰厚的研究成果。

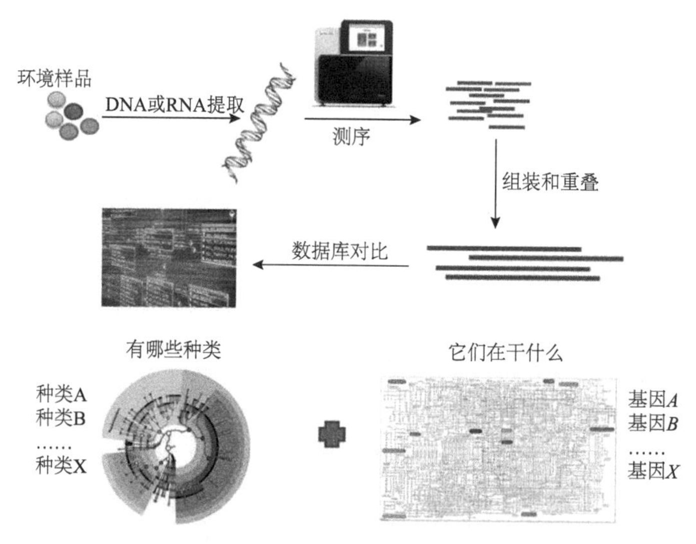

图 7-2　宏基因组学和宏转录组学研究的实验主要流程

宏基因组学和宏转录组学技术应用最突出的例子是：2009～2013 年，来自世界各地的科学家搭载法国科考船 Tara，对航行过程中采集的海洋病毒、浮游植物、浮游动物等 35 000 个样品进行了宏基因组和宏转录组测序及分析，获得了几百万个新的基因，分析了全球海区海洋微生物的多样性数据，并探寻了它们之间的相互关系，以及它们是如何被环境因子所影响的。这些数据库非常巨大，为科学界提供了一个前所未有的新资源，有可能改变科学家探索海洋和环境变化的研究方式。相关研究已发表在2015年5月22日《科学》杂志专刊上(Sunagawa et al., 2015；Lima-Mendez et al.，2015；Armbrust and Palumbi，2015；Brum et al.，2015)。

五、方法优缺点分析

转录组学技术相比之前的基因芯片技术有很多优势：①不存在传统基因芯片的交叉反应和背景噪声问题。②可以直接测定每个转录本片段序列，具有单核苷酸分辨率的精确度。③具有高灵敏度，能够检测到细胞中少至几个拷贝的稀有转录本。④不需要全基因组信息就能够对任意物种进行转录组分析。⑤转录组学技术能够同时检测定量稀有转录本(表达量很低的转录本)和正常转录本(表达量较高)，而基因芯片技术对表达过高和过低的基因缺乏敏感性。对于有可参考基因组的转录组，还可以把转录本映射回基因组，确定转录本位置、剪切情况等更为全面的遗传信息，并且检测可变剪接造成的不同转录本的表达，发现新的转录本。总而言之，转录组学技术能够提供更精确的数字化信号，更广泛的检测范围，以及更高的检测通量，对探究生理学机制有支撑作用(图7-3)。

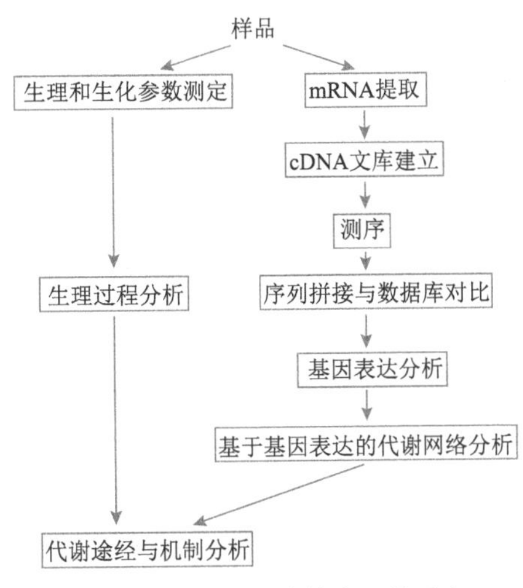

图7-3　转录组学支撑生理学研究

(林　昕)

第六节　氮固定测定方法

摘要　固氮蓝藻或细菌的固氮作用，为生物生产物质提供了可利用的氮源，在生态系统及生物地球化学循环中起着重要的作用。准确测定固氮速率，是研究固氮作用的重要环节。本节介绍了常用的测定固氮速率的乙炔还原法及^{15}N同位素示踪法，分析了方法的优缺点，并指出了测定过程中应该注意的事项。

固氮微生物是指能够还原分子态氮为氨态氮的微生物，包括自生固氮微生物(如固氮蓝藻类)、共生固氮微生物(如与豆科植物互利共生的根瘤菌)和联合固氮微生物(固氮特点介于自生固氮和共生固氮之间，如固氮螺菌等)。

光合生物中的固氮蓝藻，分布于海洋、淡水及陆地生态系统中，有具有异形胞的，也有不具有异形胞的。淡水、海产固氮蓝藻分别在淡水环境(如稻田中)和寡营养海域中起着重要的施肥作用。

因为固氮酶对氧气特别敏感，通常固氮蓝藻的固氮作用发生在异形胞(起着隔离氧气的作用)中。然而，海洋中的束毛藻不具备异形胞，因此具有特别的固氮机制(Berman-Frank et al.，2001)，其固氮作用向表层海水输入“新”氮源，是寡营养海域生产力的主要贡献者。研究显示，远洋海域生物总固氮量为100～200 Tg N/年(1 Tg=10^{12} g)，束毛藻的全球固氮量是60(Mahaffey et al.，2005)～80 Tg N/年(Capone and Carpenter，1999)，其贡献高达海洋总固氮量的一半(Mahaffey et al.，2005)，在寡营养海域更是最主要的固氮生物(Falkowski，1997)。同时，束毛藻可以DON或DIN的形式，将30%～50%新固定的氮释放到环境中去(Glibert and Bronk，1994；Mulholland et al.，2004)，促进其他浮游植物的生长(Chen et al.，2011；Sipler et al.，2013)，从而间接影响海洋初级生产力水平，在全球氮和碳的生物地球化学循环中起重要作用。

总之，固氮作用，无论在海洋还是淡水生态系统中，均对光合生物的同化作用起着重要作用。因此，准确评估其固氮能力或测定固氮速率，是研究生态系统过程不可或缺的重要环节。

一、方法

(一)乙炔还原法

乙炔还原法是测定生物固氮活性和海洋固氮生物固氮速率的最常用方法。该方法基于催化固氮反应的固氮酶也可将乙炔(C_2H_2)还原为乙烯(C_2H_4)，而产生的乙烯能被气相色谱灵敏地检测到的重要发现(Capone，1993)，这样就能通过测定乙烯生成速率来估算固氮速率。Capone(1993)已详细介绍了乙炔还原法。我们将Wilson等(2012)和Capone(1993)的方法进行综合分析，给出下文所述的实验流程。

1. 乙炔气体制备

乙炔可通过购买商品化压缩气体或在实验现场通过碳化钙与水反应等方法获得。用于乙炔还原分析的乙炔，应在使用前现场制备。为制取乙炔气体，可将6 g碳化钙(CaC_2；Sigma)添加到含150 mL去离子水的250 mL玻璃烧瓶(带收集气体管)中，反应式如下：

$$Ca_2C_2 + 2H_2O \longrightarrow C_2H_2 + Ca(OH)_2 \tag{7-6}$$

用胶塞迅速封上烧瓶口后，转移气体到收集用的血清瓶内(先让气体置换数秒)。产生的乙炔气体依次通过烧瓶支管、1/8 in①(内径)聚四氟乙烯或聚乙烯导管，穿透血清瓶密封隔膜

① in. 英寸，1 in=2.54 cm

后进入瓶内。也就是说，用乙炔对去离子水充气，并充分振荡 5 min(去除其他成分)。将注射器针头插入隔膜并用注射器抽取乙炔，将乙炔迅速通入到含去离子水的血清瓶中，获得纯净乙炔。任何混杂在乙烯中的杂质都需进行严谨的初始定量，并设置空白对照。

2. 样品采集与培养

海水样品或培养物采集后应转移到酸洗、烧烘过的铝盖密封惠顿瓶(Wheaton bottle)中，或硼硅酸玻璃瓶内。将乙炔气体通入到含 2/3 体积的水样、1/3 气相的培养瓶中。在一定的时间后，取等量气相进行乙烯含量分析。例如，对于 25 mL 血清瓶，可用气密注射器移除 2 mL 空气，然后将 2 mL 乙炔注射到瓶中。培养过程中，通过轻微振荡，使瓶内气相与水相间的乙炔达到平衡。对照组，将含有用 2 μm 孔径滤膜过滤的海水或培养基与 2 mL 乙炔共同培养。在所设计的条件下，同步开展实验组和对照组的受控培养。为获得较理想的测定值，典型培养周期为 2 h，然而少数情况下培养周期可延长到 6 h。定时采样，测定固氮速率随时间的波动时，每个待测样本应多次取样。每次测定应同样注入新的乙炔。培养一段时间后(约数小时)，用气密注射器对瓶内气体取样并用配备火焰离子化检测器(FID)或光离子化检测器(PID)的气相色谱(GC)仪对乙烯浓度进行分析。色谱柱为 2 m×1/8 in 的、填充有 Porapak R 或 N 填料的不锈钢色谱柱。用于气相色谱分析的乙烯注射体积无须固定，但应保持统一。乙炔还原分析所获得的结果，以单位生物量每小时生成的乙烯分子数或单位生物量每小时转化的氮原子数表示。3∶1(C_2H_2 还原分子数与 N_2 分子数的比值)作为乙烯产生速率(乙炔还原速率)与固氮速率的理论比值被广泛认同。这是因为一个乙炔分子还原为一个乙烯分子需两个氢离子，而将一个氮分子还原为一个氨分子需 6 个氢离子。然而，自从混合体系中氢气释放与单个氮分子还原相联系后，4∶1 也被采用(Capone，1993)。

3. 乙烯产量计算

水相与气相间平衡后，培养瓶空余空间内的乙烯浓度，可通过比对乙烯标准曲线获得。标准曲线范围可通过对浓度为 100 ppm 的乙烯气体连续稀释、测定来确定。如果标准曲线高度线性，则位于标准曲线中点的单个单一标准量就可用于获得线性回归因子。任何时间、任意分析器皿内产生的总乙烯含量$(C_2H_4)_T$(单位 nmol)可用式(7-7)计算：

$$(C_2H_4)_T = \frac{\text{样本峰高或峰面积}}{\text{标准品峰高或峰面积}} \times \text{std} \times \text{GPV} \times \text{SC} \tag{7-7}$$

式中，std 代表标准品乙烯浓度(nmol/mL)；GPV 代表气相体积(mL)，即血清瓶内体积与水样本体积间的差；SC 代表乙烯在液相中的溶解度校正因子，即血清瓶中总乙烯含量和气相中乙烯含量的比值。如果分析器皿中液相体积相对较大，则相当一部分乙烯溶于液相中，此时计算分析容器内生成的乙烯总量时应包括溶解于液相中的乙烯。气相中乙烯含量乘以溶解度校正因子可获得容器内生成的乙烯总量。溶解度校正因子可用式(7-8)计算：

$$\text{SC} = 1 + \alpha \times p \times \frac{\text{液相体积}}{\text{气相体积}} \tag{7-8}$$

式中，α 代表乙烯 Bunsen 溶解度系数[mL C_2H_4/(mL·液相 atm)]；p 代表干燥空气的大气压

(atm)。固氮活性则可按式(7-9)计算：

$$\frac{(C_{sf}-C_{bf})-(C_{si}-C_{bi})}{T_f-T_i}=\text{nmol } C_2H_4/\text{单位时间} \tag{7-9}$$

式中，C_{sf}和 C_{si}分别代表培养结束时间点 T_f和起始时间点 T_i的 C_2H_4的含量(nmol)；C_b代表空白处理下 C_2H_4含量。

(二)$^{15}N_2$示踪剂分析法

固氮速率可用 ^{15}N 示踪技术直接测定。然而，在过去的数十年内，由于质谱分析的复杂性，其被应用的不多。原位固氮速率的测定，通常用 ^{15}N 示踪技术。针对 $^{15}N_2$示踪技术，不少研究证明，无论是通过气泡或是溶解于无菌海水等形式将 $^{15}N_2$气体引入到海水样品中时，将以微粒形式回收的 ^{15}N 数量存在显著差异。用气泡形式将 $^{15}N_2$引入到含有多种固氮生物混合集群的远洋海水水样中或固氮生物瓦氏鳄球藻(*Crocosphaera watsonii*)培养物中时，均有报道显示，可能低估 N_2同化速率(Mohr et al.，2010；Großkopf et al.，2012；Wilson et al.，2012；Klawonn et al.，2015；Bottjer et al.，2017)。因此，与将 $^{15}N_2$气体以气泡形式添加相比，将其以溶解态形式添加能增加 ^{15}N 的回收率。下面将介绍以气泡形式(Montoya et al.，1996)和溶解于海水水样形式添加 $^{15}N_2$的方法(Klawonn et al.，2015)。

1.改进后的 $15N^2$ 气泡添加法测定固氮速率

使用改进型气泡添加法时，$^{15}N_2$添加物在无菌过滤海水中的溶解量超过 N_2标准溶解度的同时使用相对统一的搅拌速率剧烈混合溶液，以确保整个实验过程中 $^{15}N_2$原子数百分比的波动最小化。改进型气泡添加法避免了添加预先制备的 $^{15}N_2$高浓度储备液而将示踪元素污染的风险。将待测样本倒入 250 mL 派热克斯瓶(Pyrex bottle)中，直至灌满溢出为止，再用隔膜盖(具 Teflon 垫层的丁基橡胶)小心密封。将 0.5 mL $^{15}N_2$(98% ^{15}N，剑桥同位素实验室)注入瓶内。样本瓶在漩涡振荡器上剧烈混匀至少 5 min。将 0.5 mL $^{15}N_2$气体注入 250 mL 水样中后向派热克斯瓶中部压入 0.5 mL 过滤海水以压缩气泡体积，再将其培养于实验条件下 24 h。每次培养结束时，将 25 mm 的 GF/F 玻璃纤维素膜预烧烘(450℃维持 12 h)后对每瓶培养物进行适度真空过滤，收集颗粒。过滤完成后迅速冷冻滤膜并储存于冰箱内直至分析前。

2. $^{15}N_2$溶解液法测定 $^{15}N_2$固定速率

海水除气：将 2 L 用孔径 0.2 μm 滤膜过滤的海水灌入到耐低压的 4 L 真空过滤烧瓶内。将该完全气密的烧瓶置于磁力搅拌台上，并用气密管(5 mm 内径)与真空泵相连，最大真空压为 950 Mbar，除气时剧烈搅拌瓶内液体(磁力搅拌棒规格为 40 mm×8 mm，转速为 1400 r/min)。在 950 Mbar 压力下持续除气 5～10 min。完成除气后停止搅拌且液体涡流消失时迅速关闭真空泵。

制备 $^{15}N_2$富集海水：用气密管(透明聚乙烯，外径 8 mm，内径 5 mm)通过虹吸效应将除气海水从过滤烧瓶中转移到硼硅酸玻璃血清瓶中。气密管末端应分别置于血清瓶和过滤烧瓶瓶底以限制液体与空气的接触。用厚胶塞封上上部卷边密封区无空余的血清瓶以使瓶内维持高压。至于 $^{15}N_2$加富海水制备，以超出 N_2标准溶解度的浓度向无菌过滤除气海水中添加 $^{15}N_2$

并剧烈混合溶液，建议使用漩涡振荡器混匀至少 5 min。例如，将 2.5 mL $^{15}N_2$ 注入完全充满上部卷边密封区的 160 mL 过滤除气海水中，并振荡 5 min。至于 $^{15}N_2$ 分析，样本初始处理为每升水样添加 20 mL $^{15}N_2$ 加富海水，然后使血清瓶上部卷边密封区无孔隙。添加 $^{15}N_2$ 后将水样漩涡振荡 1～5 min 再培养于实验条件下 24 h。培养结束时，用 25 mm 预烧烘(precombusted)(450℃维持 12 h)的 GF/F 滤膜对每瓶培养物进行适度真空过滤，收集颗粒。过滤完成后迅速冷冻滤膜并储存于冰箱内直至分析前。

$^{15}N_2$ 丰度计算：将 GF/F 玻璃纤维素膜揉成团置入锡杯前应在 60℃下彻夜烘干，然后置于一台与同位素比值质谱仪匹配的元素分析器上进行分析。大气 N_2 作为参考标准($^{15}N/^{14}N$ = 0.003 676 5，$\delta^{15}N = 0‰$)。然后，分别量化 POC 和 PON 及同位素比值(^{15}N-atom%)。固氮速率可用式(7-10)计算：

$$N_2\text{固定速率} = \frac{A^{PN}_{\text{样本}} - A^{PN}_{\text{对照}}}{A_{N_2} - A^{PN}_{\text{对照}}} \times \frac{PN}{\Delta T} \times \frac{1}{2} \tag{7-10}$$

式中，A 代表 N_2 溶解库(A_{N_2})和颗粒物质(A^{PN})所含的 ^{15}N 原子数百分数；PN 代表颗粒氮浓度。由式(7-10)给出的 A_{N_2} 参数，是限定于 N_2 溶解库中的 ^{15}N 原子百分数，因此是自然丰度和人工添加量的总和。ΔT 代表培养时间，而 $\frac{1}{2}$ 用来将固定的氮原子量转换为 N_2 分子质量。

二、方法优缺点分析

两种固氮速率测定方法，乙炔还原法简单、成本低，仅需要气相色谱即可；而 ^{15}N 示踪法需要质谱仪。前者要求单位水体的生物量较高，而后者可用于生物量低的寡营养盐水域，并适用于航次或原位实验。

应该注意的是，乙炔还原法不能直接测定水生固氮生物的 N_2 固定速率，它得到广泛应用是因为它能高灵敏度地、廉价和快速地测定样品固氮酶活性。在计算 N_2 固定速率时，通常采用乙炔还原摩尔数∶氮固定摩尔数=3∶1 的理论比例，来把乙烯释放速率(或乙炔还原速率)转换为固氮速率(Montoya et al.，1996)。这个转换比例的依据是一分子乙炔还原为一分子乙烯需要 2 个氢离子，而一分子 N_2 还原为两分子 NH_3 需要 6 个氢离子。但是实际观察到的乙炔和 $^{15}N_2$ 的比值范围很广，有 0.93～7.26(Capone et al.，2005)、6.7～11.6(Graham et al.，1980)、3.3～56(Mague et al.，1974)，也有 1.9～9.3(Montoya et al.，1996)。研究者对导致理论值与实际值存在差异的原因进行了详细研究和讨论(Flett et al.，1976；Graham et al.，1980；Giller，1987)，认为设定一个固定的转换系数是不可靠的。因此，基于乙炔还原法测定的 N_2 固定速率可能因使用不同的转换比例而无法进行相互比较。

此外，在应用乙炔还原法时，必须注意碳化钙制备的乙炔并不纯净，含有乙烯等杂质(Hyman and Arp，1987)，可能会产生误差，因此必须校对。初始样品的测定对校正非常重要。

到目前为止，$^{15}N_2$ 示踪法是直接测定固氮生物样品 N_2 固定速率唯一的可行方法，该方法的应用极大促进了人们对全球氮循环的理解。研究表明，过去常用的 $^{15}N_2$ 示踪法是在水中直接通入 $^{15}N_2$ 气体形成气泡，导致真正的固氮速率被显著低估。为了避免这个问题，$^{15}N_2$ 标志

物可以通过 $^{15}N_2$ 加富的海水加入，确保培养过程中加入恒定的 $^{15}N_2$ 标志物(Mohr et al.，2010)。然而由于这些海水的加入可能会导致样品培养液中一些微量元素，如 Fe 的浓度增加。因此，该方法不适合测量 Fe 限制区域样品的 N_2 固定速率，如大西洋南部或部分中央北部和南太平洋环流等区域(Klawonn et al.，2015)，由于微量元素污染风险较低，推荐采用改进的气泡添加法

另外，对无异型胞的束毛藻，甚至有异形胞的固氮蓝藻来说，测定的固氮速率往往与细胞内及溶液中的 O_2 浓度有关。因此，需要根据实验设计的需要，尽量减少人为的干扰，获得与实验设计相符的数据。

（付飞雪　David Hutchins　姜海波　高坤山）

第七节　海水痕量金属洁净培养技术

摘要　痕量金属参与了海洋生命的多种代谢途径，可以影响海洋浮游植物的生长和生产力，进而影响海洋生态系统的种群结构和生态功能，在海洋的碳和氮的生物地球化学循环中起到重要的作用。然而，由于海水中尤其是大洋海水中许多种痕量金属元素的浓度很低，在很多海域中浮游植物的生长可能受限于海水中痕量金属元素的生物可利用性，如 Fe、Zn 和 Co。一方面，科考船和实验室内环境都极易造成痕量金属的污染，因此在研究浮游植物对痕量金属元素的吸收，以及进行痕量金属限制性培养实验和在采样分析过程中，要注意采用痕量金属洁净实验操作技术。另一方面，在实验室内培养实验中，为了提供足够的浮游植物生长所必需的痕量金属元素，并精准地调节痕量金属元素的浓度，在海水培养基中通常需要加入特殊配制的金属缓冲试剂。本节主要针对研究浮游植物和痕量金属相互关系的培养实验所必需的痕量金属洁净培养技术进行阐述，并以实验室内和船载现场培养实验为例，介绍在相关培养实验中海水培养基的配制方法。

海洋浮游植物的生长不仅需要大量营养元素，如 C、N、P 和 Si 等，而且需要多种微量或痕量元素(如 Fe、Mn、Co、Cu、Mo、Zn 和 Cd 等)。在海水特殊的化学环境中，这些生物必需金属元素的溶解度往往较低，只有极少量以游离态的金属离子形式存在，因此被划分为微量或是痕量元素(浓度分别＜50 μmol/kg 和 0.05 μmol/kg)。在痕量金属元素中，Fe 是所有生物生长所必需的，也是最重要且被广泛研究的元素，在浮游植物的光合电子转移、呼吸电子转移、硝酸盐和亚硝酸盐还原、硫酸盐还原及固氮作用等生化过程中起到重要作用。在典型的高营养盐低叶绿素(HNLC)海域，如南大洋、亚极地和赤道太平洋，以及一些太平洋东边界近岸上升流海域，Fe 的生物可利用性被发现可以限制浮游植物的生长并调控这些海域的初级生产力和生态系统结构，从而在全球碳循环中起到重要的作用(Martin et al.，1993；Sunda and Huntsman，1995a；Coale et al.，1996；Hutchins and Bruland，1998；Boyd et al.，2000)。Mn 是光合作用中水氧化中心的重要组分，因此也是浮游植物生长的必需元素，尤其是在光强较低的环境中可以限制浮游植物生长(Sunda and Huntsman，1998)。Zn 是生成碳酸酐酶的重要组分，在无机碳的输运及固定过程中起到重要作用，并参与浮游植物吸收有机磷所需碱性磷酸酶的合成(Morel et al.，1994)。Co(和 Cd)在某些特定条件下可以作为替代碳酸

酐酶中 Zn 的元素(Morel et al., 1994；Sunda and Huntsman, 1995b)，是某些蓝细菌和定鞭藻生长的必需元素(Sunda and Huntsman, 1995b；Saito et al., 2002)。与 Fe 不同，其余金属元素(如 Zn、Co、Mn 等)只是对某些特定海区或偶被发现对浮游植物生长有限制作用，但是由于不同浮游植物种群对不同痕量金属元素的需求存在种间差异，因此这些元素也会起到调节自然浮游植物群落结构的重要作用。

随着分析化学和现代仪器分析技术的发展，特别是火焰原子吸收、电化学技术等的逐步发展与完善，化学海洋学家得以准确地分析海水中的痕量金属元素。由于痕量金属元素在海水中的本底浓度较低，而在陆上实验室、科考船等实验空内金属元素(尤其是 Fe)又无处不在，极易对样品或者培养体系造成污染。因此为了准确地分析测定或者准确地控制培养体系中痕量金属的浓度，在研究浮游植物对痕量金属元素的吸收，以及进行痕量金属限制性培养实验和在采样分析过程中，要格外注意防止污染，采用痕量金属洁净实验操作技术。例如，设置洁净操作空间，使用特定材料制成的实验容器，对操作中使用的器具进行特殊清洗，以及对培养实验中所用到的化学试剂中可能残留的痕量金属元素采用离子交换等化学方法进行清除等。

此外，海水是一个含有多种盐分的弱碱性水溶液，自由金属离子浓度较低，很多金属离子与海水中的络合体结合以络合态存在，络合体的存在可以提高痕量金属在海水中的溶解度及生物可利用性(Bruland and Lohan, 2003)。海洋中真核浮游植物主要通过细胞膜蛋白输送系统从海水介质中吸收溶解态的无机金属元素(如 Fe、Cu、Zn、Mn 等)，存在于细胞膜表面的输运蛋白与海水中较不稳定的金属络合物可进行配位体交换，从而使其被吸收进细胞体内参与细胞代谢过程。因此络合体与痕量金属结合的强弱程度又可以影响浮游植物对这些元素的吸收利用。在浮游植物实验室培养过程中，为了提供足够的痕量金属元素以供浮游植物生长，或者是进行痕量金属限制或加富培养时，以及测定浮游植物对痕量金属吸收速率等研究过程中需要精准地调节海水培养基中痕量金属的浓度时，往往需要在海水介质中加入络合剂，其中乙二胺四乙酸(EDTA)是目前被最为广泛使用的无机络合剂(Morel et al., 1979；Price et al., 1988；Sunda, 1988)，其加入到海水介质中可以与金属离子生成弱的络合体，当海水中游离态金属离子被浮游植物吸收导致浓度降低时，其可以向海水介质中释放出自由金属离子，从而以缓冲溶液的形式调节海水培养基中痕量金属的浓度及生物可利用性。

本节将针对实验室内及船载现场浮游植物培养实验中所涉及的痕量金属相关洁净实验技术及相关实验中所采用的海水培养基进行介绍，旨在对研究藻类和痕量金属相互作用的相关实验，如藻类对痕量金属吸收、痕量金属对藻类的限制及痕量金属加富培养实验等起到帮助指导作用。

一、实验方法

(一)痕量金属洁净培养操作技术

1. 洁净实验空间的建立

“痕量金属洁净”实验室的概念最早由美国加州理工学院(California Institute of Technology)的 Patterson 教授提出。环境空气中的颗粒物含量往往较高，一般在未采取洁净控制的实验室中空气颗粒物的浓度大概在 200 μg/m^3，而在工业活动较多区域甚至会更高。其中各种元素的百分比约为 Ca 10%、Fe 3%、Al 1.5%、Ni1.5%、Mn 0.5%、Cu 0.5%。而相比之下，海水中的浓度却极低，只有 ppm 甚至是 ppb 量级，极易受到污染。此外，在常规实验室及钢铁船体的科考船上，金属制品的存在也大大增加了金属污染的可能性。为了避免无处不在的金属污染，藻类培养实验涉及的一些实验操作，如海水培养基的配制、海水及浮游植物样品的采集和分析等，需要在特殊的洁净空间内进行。洁净实验空间需要配置高效颗粒空气过滤(HEPA)装置，用于除去空气当中颗粒物所带来的污染，尤其是对于涉及痕量金属分析的操作，一般要求过滤等级达到 100 级(每立方米空间大于 0.3 μm 的颗粒少于 100 个)。实验室范围内应该保持过滤空气正压流动。需要注意的是，随着空气流动的方向洁净度逐渐降低，应以此作为 HEPA 过滤装置安放的原则。在实际操作中，如果实验空间及条件有限，也要保证实验操作尽可能在超净工作台内进行。在船载现场实验中，最好使用独立的集装箱式移动洁净实验室，也可通过塑料布/帘与超净工作台/HEPA 过滤装置组合的方式临时搭建起密闭的洁净操作空间。

另外需要注意的是，在洁净实验空间内不该出现裸露的金属器具，实验室的墙面及天花板保持密闭，与样品产生接触的实验台面等应该采用相对洁净、惰性的材质，如聚丙烯(PP)、聚乙烯(PE)或聚四氟乙烯(PTFE，又称特氟龙)材质。实验空间的其他部分，如实验室墙面、天花板、抽柜拉手、水龙头等，需要用无金属污染的相应材质物品遮盖或者替代，以达到尽可能减少污染的目的。

实验操作人员应尽量穿连体实验防护服，需用长纤维制成，最好为无纺布，少缝线和口袋，并采用塑料发套遮盖头发，避免使用化妆品和佩戴首饰，进入洁净实验空间前最好用风淋吹净衣服表面的尘埃颗粒，在操作过程中应佩戴 PE 材质的手套(应避免使用乳胶手套，如必须使用，则在外面再罩一层或数层 PE 手套)。

2. 实验用器具的要求及清洗

应采用 PE、PP、聚碳酸酯(PC)、PTFE 或是石英材质。

实验中清洗器具的用水应是超纯水(一般采用 Milli-Q 水，电阻率为 18.2 MΩ/cm)。与样品接触的试剂瓶、培养瓶等器具在使用前需要进行酸洗和浸泡以除去表面可能附着的金属元素等污染物。主要的清洗方法如下。

新购买的器具可以先用溶剂或专用洗涤剂清洗以除去表面油质等物质，如 Decon®-Clean、Micro®试剂等。在去除粗略杂质后，所有的器具都需要用酸洗和浸泡的方法进一步清洁。在浮游植物培养相关实验中，一般采用的是 10% HCl 溶液。所有器具需要在 10% HCl 溶液中浸泡 3 d 后再用超纯水润洗 5 遍左右直至洗净容器表面残留的 HCl。对于某些连续培养装置中的管路，由于难以浸泡，通常使用蠕动泵将 10% HCl 溶液连续泵入管路中进行酸洗，随后再泵入超纯水进行彻底清洗。在科考航次运输过程中，为避免污染，一般将这些器具装取少量的 10% HCl 溶液或浸泡于 10% HCl 溶液中，直到培养实验开始前在船载洁净实验室内再用超纯水清洗干净。对于培养实验中使用的培养瓶和实验管路，需在培养实验开始前采用未经污染的相应海域过滤海水进行润洗。

对于某些要求严格的分析实验，根据 NBS 标准，则需要进行多步酸洗步骤。

PTFE 容器：洗涤剂(77℃)洗涤后加入浓 HCl、浓 HNO_3 和超纯水体积比为 12∶5∶18 的混合溶液浸泡数日，然后用超纯水清洗干净。PE 容器：于浓 HCl 中在室温下浸泡 3 d 后用超纯水清洗，随后于 55℃下浸泡在 1% HCl 溶液中 3 d 后水洗，再于室温下浸泡在 1% HCl 溶液中 3 d，最后用超纯水润洗干净。

3. 培养及采样过程中的洁净操作

船载培养实验中海水(包含浮游植物)的采取也需要特殊的痕量金属洁净操作。应采用有 PTFE 内衬的采水器并避免水样与金属材质接触，水文绳应以非金属材质(如 PTFE、PE 等)喷涂或以钢丝绳代替。为了避免船体的污染，应采用向风逆流采样，或者待科考船发动机关闭后，在船体仍在缓慢前进时于船头将漂浮式采水器尽力向前抛出采取水样。采集大体积海水时可使用严密的泵吸系统，并采用特殊装置(如支撑杆等)使进水口尽量远离船体；在条件允许时，也可采用小船采样方式，使用橡皮艇等非金属材质制成的小船航行至远离大船污染的范围(几百米)内进行采样后带回大船进行培养实验。

在船载甲板及实验室内培养实验过程中，都要注意培养体系的密闭，以避免来自于周围环境的金属污染。在采样过程中，如需打开培养瓶盖，需要在洁净实验室或超净工作台中进行。直接与样品接触的塑料制品必须提前进行酸洗。针对船载甲板现场培养，Hutchins 等(2003)设计了一套可控温的连续培养装置(图 7-4)，具有很好的可操控性，可用于现场痕量金属吸收和加富相关的实验研究中。

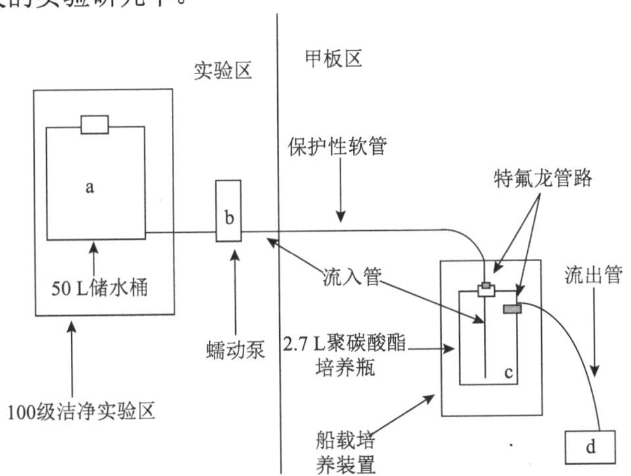

图 7-4　可用于痕量金属相关实验研究的船载连续培养装置示意图(Hutchins et al.，2003)

a. 在 100 级洁净实验实验区，有三个装有通过洁净采样方法采集的加富或不加富、0.2 μm 孔径滤网过滤海水的 50 L 储水桶，作为培养瓶中海水培养基的来源；b. 采用可调节的蠕动泵从储水桶中泵取海水培养基，并通过连接的特氟龙管路流入甲板上培养体系中；c. 船载培养装置——采用有机玻璃制成的支架上装有数个 2.7 L 的聚碳酸酯培养瓶，每个培养瓶瓶盖上通过连接头连接特氟龙管路作为培养基的入口(inflow)，在瓶颈处连有流出管路接取连续培养流出液(outflow)，每个培养瓶中大概装取 2.5 L 含有自然浮游植物群落的全海水，有机玻璃支架连有气动装置起到定期晃动培养瓶的作用，保证瓶内的浮游植物细胞保持混匀悬浮状态；d. 流出液存取瓶，在培养装置外部放置

4. 试剂配制中的洁净操作

痕量金属洁净培养实验中的试剂也需要采用超纯水进行配制，实验中尽可能采取纯度较高(优级纯、色谱纯或者超纯试剂)的化学试剂。在藻类加富培养实验中，向海水培养介质添

加的化学试剂需要进行特殊的去除金属处理，通常采用螯合离子交换树脂去除的方法。在实际操作中最为常用的是 Chelax-100 离子交换树脂，其对重金属离子(如 Fe、Cu 等)具有良好的选择性。

Chelax-100 离子交换树脂是二乙烯基苯乙烯的共聚物，其含有亚氨基二乙酸离子，可作为结合多价态金属离子的螯合基团。虽然含有羧酸基团，导致 Chelax-100 离子交换树脂具有弱酸性，但是其具有很好的金属离子选择性和较强的结合能力，优于其他常规交换树脂。

在使用 Chelax-100 离子交换树脂前需要进行纯化(Price et al.，1988)，具体纯化及使用步骤如下。

1)根据需要称取一定质量的 Chelax-100 离子交换树脂，一般的原则是每 100 mL 溶液需 5 g 树脂，并将其在室温下浸泡于甲醇中(树脂质量与甲醇体积比例为 1∶5，*w*/*V*)3～4 h 后用 750 mL Milli-Q 水润洗。

2)将润洗后的树脂在 1 mol/L HCl 溶液中浸泡过夜，然后用 1 L Milli-Q 水润洗。

3)在 3 mol/L NH_4OH 溶液中浸泡 1 星期，之后用 1 L Milli-Q 水润洗。

4)在 0.1 mol/L HCl 溶液中浸泡 10 min 后用 2 L Milli-Q 水润洗，随后用 200 mL 人工海水润洗。

5)加入 200 mL 需要纯化的海水介质溶液或者营养盐溶液，使树脂再悬浮后采用 1 mol/L NaOH 溶液将介质溶液缓慢滴定至 pH8.1。

6)最后将树脂转移到容器中，使用时采用一次性搅拌法(batch method)或者离子交换柱法(column method)。

一次性搅拌法(batch method)：直接向需要去除重金属离子的溶液中加入通过 1)～5)步骤纯化后的 Chelax-100 离子交换树脂并进行 1 h 的适度连续搅拌(或摇晃)，最后将树脂从溶液中过滤干净得到最终的痕量金属洁净溶液，需要注意在过滤操作中保持洁净操作(例如，容器及搅拌子的预先酸洗在洁净工作台上进行)。

离子交换柱法(column method)：把离子交换树脂装入柱子中，然后将溶液通过该离子交换柱实现分离。将纯化后的树脂悬浊液填入交换柱中，为确保填充效果，可分数次填入。之后向填充柱中轻轻倒入需要纯化的溶液，注意避免搅动交换柱内的树脂。最后，待 500 mL 初始溶液流出后，从填充柱的另一端接取纯化后的溶液。

关于用 Chelax-100 树脂去除海水中痕量金属离子的操作，也可具体参考表 7-3 中相关文献。

表 7-3　Chelax-100 离子交换树脂在海水介质中的应用

从海水介质中去除的金属	参考文献
Cd、Co、Cu、Fe、Mn、Ni、Pb、Zn	Kingston et al.，1978
Cd、Zn、Pb、Fe、Mn、Cu、Ni、Co、Cr	Sturgeon et al.，1980
Fe、Cd、Zn、Cu、Ni、Pb、U、Co	Mykytiuk et al.，1980
Cd、Pb、Ni、Cu、Zn	Rasmussen，1981

续表

从海水介质中去除的金属	参考文献
Cd、Ce、Co、Cu、Fe、Mn、Mo、Ni、Pb、Sc、Sn、Th、U、Zn	Kingston et al.，1984
Fe、Mn、Cu、Ni、Cd、Pb、Zn	Paulson，1986

(二)痕量金属培养实验相关常用海水培养基的配制

1. Aquil*培养基(Sunda et al.，2005)

Aquil*培养基是一种在痕量金属培养实验中常用的人工海水(synthetic ocean water，SOW)培养基，配制过程中需要向人工海水介质中添加一定量的大量营养元素及微量元素。Aquil*是在早期的Aquil培养基(Morel et al.，1979；Price et al.，1988)的基础上由Sunda等(2005)改进而成。在此配方配制中，除了痕量金属和维生素之外的所有溶液需要预先通过Chelax-100离子交换柱，最后再加入金属离子EDTA缓冲液以控制最终培养基中金属离子的形态和浓度。其中人工海水配方详见表7-4，在配制过程中无水盐和含水盐溶液分别配制：先用600 mL Milli-Q水溶解无水盐，为达到较好的溶解效果，盐分应该按顺序依次加入溶液中，待一种盐分溶解完毕后再加入下一种；含水盐溶液采用300 mL Milli-Q水依次溶解盐分配制；最后将两种盐溶液进行混合并定容至1 L。大量营养盐配方见表7-5，其中各营养盐溶液应该分别配制母液(stock solution)，每升人工海水中需加入1 mL的各营养盐母液。痕量金属母液配方详见表7-6，在加富培养实验操作中，为达到分别准确调节各痕量金属元素浓度的目的，也可分别配制各金属-EDTA缓冲溶液。维生素溶液配方详见表7-7，首先分别用Milli-Q水配制维生素B_{12}和生物素(维生素H)的母液，然后再向950 mL Milli-Q水中加入1 mL维生素B_{12}和生物素的母液，并加入100 mg维生素B_1，溶解完全后定容至1 L。最后向每升人工海水培养基中加入痕量金属溶液和混合维生素溶液各1 mL。

表7-4　Aquil*培养基所采用的人工海水(SOW)配方

组分	每升人工海水应添加质量/(g/L)	最终浓度/(mol/L)
无水盐		
NaCl	24.54	4.2×10^{-1}
Na_2SO_4	4.09	2.88×10^{-2}
KCl	0.70	9.39×10^{-3}
$NaHCO_3$	0.20	2.38×10^{-3}
KBr	0.10	8.4×10^{-4}
H_3BO_3	0.0030	4.85×10^{-4}
NaF	0.0030	7.14×10^{-5}
含水盐		
$MgCl_2\cdot6H_2O$	11.09	5.46×10^{-2}
$CaCl_2\cdot2H_2O$	1.54	1.05×10^{-2}
$SrCl_2\cdot6H_2O$	0.0170	6.38×10^{-5}

表 7-5　Aquil*培养基大量营养盐配方

组分	母液浓度/(g/L)	每升人工海水中添加体积/mL	最终浓度/(mol/L)
$NaH_2PO_4 \cdot H_2O$	1.38	1	1.00×10^{-5}
$NaNO_3$	8.50	1	1.00×10^{-4}
$Na_2SiO_3 \cdot 9H_2O$	28.40	1	1.00×10^{-4}

表 7-6　Aquil*培养基痕量金属溶液配方(每升人工海水中最终添加 1 mL 痕量金属溶液以达到最终浓度)

组分	母液浓度/(g/L)	每升 Milli-Q 水中添加量	人工海水培养基最终浓度/(mol/L)
EDTA		29.200 g	1.00×10^{-4}
$FeCl_3 \cdot 6H_2O$		0.270 g	1.00×10^{-6}
$ZnSO_4 \cdot 7H_2O$		0.023 g	7.97×10^{-8}
$MnCl_2 \cdot 4H_2O$		0.0240 g	1.21×10^{-7}
$CoCl_2 \cdot 6H_2O$		0.0120 g	5.03×10^{-8}
$Na_2MoO_4 \cdot 2H_2O$		0.0242 g	1.00×10^{-7}
$CuSO_4 \cdot 5H_2O$	4.9	1 mL	1.96×10^{-8}
Na_2SeO_3	10.9	1 mL	1.00×10^{-8}

表 7-7　Aquil*培养基混合维生素溶液配方(每升人工海水中最终添加 1 mL 混合维生素溶液)

组分	母液浓度/(g/L)	每升 Milli-Q 水中添加量	人工海水培养基最终浓度/(mol/L)
维生素 B_1		100 mg	2.97×10^{-7}
生物素(维生素 H)	5.0	1 mL	2.25×10^{-9}
维生素 B_{12}	5.5	1 mL	3.70×10^{-10}

2. YBC-Ⅱ培养基

YBC-Ⅱ培养基是一种用来培养海洋固氮蓝藻束毛藻(*Trichodesmium*)的专用人工海水培养基，次培养基中不含有氮源(Chen et al.，1996)。其中人工海水的配方详见表 7-8。首先用 900 mL Milli-Q 水溶解表 7-8 中的各种盐分，并按表 7-9 中体积加入各金属溶液及 f/2 维生素溶液(表 7-10)，随后定容至 1 L，并采用 NaOH 调节人工海水的 pH 为 8.15～8.2。

表 7-8　YBC-Ⅱ培养基人工海水配方

组分	每升人工海水中含量/g	最终浓度/(mol/L)
NaCl	24.55	4.20×10^{-1}
KCl	0.75	1.00×10^{-2}
$NaHCO_3$	0.21	2.50×10^{-3}
H_3BO_3	0.036	5.80×10^{-4}
KBr	0.1157	9.72×10^{-4}
$MgCl_2 \cdot 6H_2O$	4.07	2.00×10^{-2}
$CaCl_2 \cdot 2H_2O$	1.47	1.00×10^{-2}
$MgSO_4 \cdot 7H_2O$	6.18	2.50×10^{-2}

表 7-9　金属溶液配方

组分	配置每升储备溶液所需质量/g	储备溶液浓度/(mol/L)	每升海水培养基中所需储备溶液体积/mL	最终培养基中浓度/(mol/L)
NaF	2.94	7.00×10^{-2}	1	7.00×10^{-5}
$SrCl_2\cdot6H_2O$	17.4	6.50×10^{-2}	1	6.50×10^{-5}
KH_2PO_4	6.8	5.00×10^{-2}	1	5.00×10^{-5}
EDTA-Na_2	0.74	2.00×10^{-3}	1	2.00×10^{-6}
$FeCl_3\cdot6H_2O$	0.11	4.07×10^{-4}	1	4.07×10^{-7}
$MnCl_2\cdot4H_2O$	0.04	2.00×10^{-4}	0.100	2.00×10^{-8}
$ZnSO_4\cdot7H_2O$	0.012	4.00×10^{-5}	0.100	4.00×10^{-9}
$Na_2MoO_4\cdot2H_2O$	0.027	1.10×10^{-4}	0.100	1.10×10^{-8}
$CoCl_2\cdot6H_2O$	0.06	2.50×10^{-4}	0.010	2.50×10^{-9}
$CuSO_4\cdot5H_2O$	0.025	1.00×10^{-4}	0.010	1.00×10^{-9}
f/2 混合维生素			1.2	

表 7-10　f/2 混合维生素溶液配方（Guillard，1975；Guillar and Ryther，1962）

组分	母液浓度/(g/L)	每升 Milli-Q 水中添加量	每 1 L 人工海水培养基添加 1 mL 母液后最终浓度/(mol/L)
维生素 B_1		100 mg	2.96×10^{-7}
生物素（维生素 H）	0.1	10 mL	2.05×10^{-9}
维生素 B_{12}	1.0	1 mL	3.69×10^{-10}

2. 海水培养基灭菌等其他注意事项

在实验室内培养实验中，海水培养基一般需要灭菌处理。为了避免高温高压灭菌过程中器具的污染，痕量金属培养实验相关培养基通常采用微波炉灭菌或者是采用 0.2 μm 孔径滤膜过滤除菌的方式。

二、注意事项

由于痕量金属在大气颗粒物中含量较高，而一般的实验室培养空间和船载甲板培养实验场所由实际情况所限，达不到洁净空间的标准，往往在这些培养场所有多种金属制品存在，导致培养实验中存在着潜在的金属污染可能性。因此，在培养实验进行中，一般要特别注意保持培养瓶的密封，以免受到外界环境中金属元素的污染。任何打开培养瓶盖将培养海水暴露于外界空气中的操作都必须转移到 100 级洁净空间内进行，如接种，海水及自然浮游植物群落的分装，添加营养盐，采样等。

此外，培养实验中所采用的不同材质的容器（培养瓶）对痕量金属吸附/释放的能力可能不同，而一般较新的培养瓶其中所含的潜在污染物也可能较多，因此在同一个培养实验中，平行样及不同处理组间一定要保证培养容器材质、新旧统一，且洁净处理过程中酸洗浸泡时间要尽量统一，以减少潜在的容器污染对实验结果的对比分析造成大的误差干扰。

痕量金属的污染是无处不在的，由此造成的误差也是一直存在的，实验操作人员一定要在实验过程中注意，分析和防范每一步操作可能带来的污染并尽可能加以避免。

需要格外注意的是，在痕量金属限制培养实验中浮游植物对痕量金属的需求往往还会受到其他环境因子的影响。例如，光照强度和亮暗周期对 Fe 和 Mn 的吸收和利用有较强的影响；氮源对 Fe、Mo 和 Ni 相关的研究、P 的来源对 Zn 限制相关的研究均意义较大；CO_2浓度对 Zn、Co 和 Cd 限制研究的影响尤为明显。因此，在未来痕量金属限制相关的培养实验设计和操作中，环境因子对浮游植物吸收和利用痕量金属的潜在影响也需要被考虑在内，并由此合理地设置其他环境因子的条件和水平。

（冯媛媛　付飞雪　David Hutchins）

参 考 文 献

刘乾, 米铁柱, 甄毓, 等. 2016. 基于玛氏骨条藻(*Skeletonema marinoi*)转录组的碳固定代谢途径分析[J]. 科学通报, 61: 2483-2493.

祁云霞, 刘永斌, 荣威恒. 2011. 转录组研究新技术: RNA-Seq 及其应用[J]. 遗传, 33(11): 1191-1202.

Araie H, Sakamoto K, Suzuki I, et al. 2011. Characterization of the selenite uptake mechanism in the coccolithophore *Emiliania huxleyi* (Haptophyta) [J]. Plant and Cell Physiology, 52: 1204-1210.

Armbrust E V, Palumbi S R. 2015. Uncovering hidden worlds of ocean biodiversity [J]. Science, 348: 865-867.

Beaufort L, Probert I, de Garidel-Thoron T, et al. 2011.Sensitivity of coccolithophores to carbonate chemistry and ocean acidification[J]. Nature, 476(7358): 80-83.

Benner I, Diner R E, Lefebvre S C, et al. 2013. *Emiliania huxleyi* increases calcification but not expression of calcification-related genes in long-term exposure to elevated temperature and pCO_2[J]. Philosophical Transactions of the Royal Society B Biological Sciences, 368: 20130049.

Berman-Frank I, Lundgren P, Chen Y B, et al. 2001. Segregation of nitrogen fixation and oxygenic photosynthesis in the marine Cyanobacterium *Trichodesmium*[J]. Science, 294(5546): 1534-1537.

Bottjer D, Dore J E, Karl D M, et al. 2017. Temporal variability of nitrogen fixation and particulate nitrogen export at Station ALOHA[J]. Limnology and Oceanography, 62: 200-216.

Bowler C, Allen A E, Badger J H, et al. 2008. The *Phaeodactylum* genome reveals the evolutionary history of diatom genomes[J]. Nature, 456: 239-244.

Boyd P W, Watson A J, Law C S, et al. 2000. A mesoscale phytoplankton bloom in the Polar Southern Ocean stimulated by iron fertilization[J]. Nature, 407: 695-702.

Brownlee C, Taylor A. 2004. Calcification in coccolithophores: a cellular perspective[M]. *In*: Thierstein H R, Young J R. Coccolithophores: From Molecular Processes to Global Impact. Berlin: Springer: 31-49.

Bruland K W, Lohan M C. 2003. Controls of trace metals in seawater[J]. Treatise on Geochemistry, 6: 23-47.

Brum J R, Ignacioespinoza J C, Roux S, et al. 2015. Patterns and ecological drivers of ocean viral communities[J]. Science, 348: 1261498-1-11.

Brzezinski M A, Nelson D M. 1995. The annual silica cycle in the Sargasso Sea near Bermuda[J]. Deep Sea Research Part I: Oceanographic Research Papers, 42(7): 1215-1237.

Capone D. 1993. Determination of nitrogenase activity in aquatic samples using the acetylene reduction procedure[M]. *In*: Kemp P F, Sherr B F, Sherr E B, et al. Handbook of Methods in Aquatic Micro-bial Ecology. Boca Raton: Lewis Publishers: 621-631.

Capone D G, Burns J A, Montoya J P, et al. 2005. Nitrogen fixation by *Trichodesmium* spp.: an important source of new nitrogen to the tropical and subtropical North Atlantic Ocean[J]. Global Biogeochemical Cycles, 19(2): GB2024.

Capone D, Carpenter E. 1999. Nitrogen fixation by marine cyanobacteria: historical and global perspectives[J]. Bull Inst Oceanogr, 19: 235-256.

Champney W S, Burdine R. 1996. 50S ribosomal subunit synthesis and translation are equivalent targets for erythromycin inhibition in *Staphylococcus aureus*[J]. Antimicrobial Agents and Chemotherapy, 40: 1301-1303.

Chen X W, Gao K S. 2004a. Roles of carbonic anhydrase in photosynthesis of *Skeletonema costatum*[J]. Journal of Plant Physiology and Molecular Biology, 30: 511-516.

Chen X W, Gao K. 2004b. Photosynthetic utilisation of inorganic carbon and its regulation in the marine diatom *Skeletonema costatum*[J]. Functional Plant Biology, 31: 1027-1033.

Chen Y B, Zehr J P, Mellon M. 1996. Growth and nitrogen fixation of the diazotrophic filamentous nonheterocystous cyanobacterium *Trichodesmium* sp. IMS 101 in defined media: evidence for a circadian rhythm[J]. J Phycol, 32: 916-923.

Chen Y, Tuo S, Chen H Y. 2011. Co-occurrence and transfer of fixed nitrogen from *Trichodesmium* spp. to diatoms in the low-latitude Kuroshio Current in the NW Pacific[J]. Marine Ecology Progress Series, 421: 25-38.

Coale K H, Johnson K S, Fitzwater S E, et al. 1996. A massive phytoplankton bloom induced by a ecosystem-scale iron fertilization experiment in the equatorial Pacific Ocean[J]. Nature, 383: 495-501.

Conley D J. 2002. Terrestrial ecosystems and the global biogeochemical silica cycle[J]. Global Biogeochemical Cycles, 16(4): 1121.

Dassow P V, Ogata H, Probert I, et al. 2009. Transcriptome analysis of functional differentiation between haploid and diploid cells of Emiliania huxleyi, a globally significant photosynthetic calcifying cell[J]. Genome Biology, 10: R114.

Dickson A, Afghan J, Anderson G. 2003. Reference materials for oceanic CO_2 analysis: a method for the certification of total alkalinity[J]. Marine Chemistry, 80(2-3): 185-197.

Ernster L, Dallner G, Azzone G F. 1963. Differential effects of rotenone and amytal on mitochondrial electron and energy transfer[J]. Journal of Biological Chemistry, 238: 1124-1131.

Fabry V J, Balch W M. 2010. Direct measurements of calcification rates in planktonic organisms[M]. *In*: Riebesell U, Fabry V J, Hansson L, et al. Guide to Best Practices in Ocean Acidification Research and Data Reporting. Luxembourg: Publications Office of the European Union: 41-52.

Falkowski P G. 1997. Evolution of the nitrogen cycle and its influence on the biological sequestration of CO_2 in the ocean[J]. Nature, 387(6630): 272-275.

Field C B, Behrenfeld M J, Randerson J T, et al. 1998. Primary production of the biosphere: integrating terrestrial and oceanic components[J]. Science, 281(5374): 237-240.

Flett R J, Hamilton R D, Campbell N E. 1976. Aquatic acetylene-reduction techniques: solutions to several problems[J]. Canadian Journal of Microbiology, 22(1): 43-51.

Gao K, Zheng Y. 2010. Combined effects of ocean acidification and solar UV radiation on photosynthesis, growth, pigmentation and calcification of the coralline alga *Corallina sessilis* (Rhodophyta)[J]. Global Change Biology, 16(8): 2388-2398.

Gao K, Aruga Y, Asada K, et al. 1993. Calcification in the articulated coralline alga *Corallina pilulifera*, with special reference to the effect of elevated CO_2 concentration[J]. Marine Biology, 117(1): 129-132.

Gao K, Xu J, Zheng Y, et al. 2012. Measurement of benthic photosynthesis and calcification in flowing-through seawater with stable carbonate chemistry[J]. Limnology and Oceanography: Methods, 10: 555-559.

Gattuso J P, Frankignoulle M, Smith S V. 1999. Measurement of community metabolism and significance in the coral reef CO_2 source-sink debate[J]. Proceedings of the National Academy of Sciences, 96(23): 13017-13022.

Giller K E. 1987. Use and abuse of the acetylene reduction assay for measurement of "associative" nitrogen fixation[J]. Soil Biology and Biochemistry, 19(6): 783-784.

Glibert P M, Bronk D A. 1994. Release of dissolved organic nitrogen by marine diazotrophic Cyanobacteria *Trichodesmium* spp[J]. Applied and Environmental Microbiology, 60(11): 3996-4000.

Graham B M, Hamilton R D, Campbell N E R. 1980. Comparison of the nitrogen-15 uptake and acetylene reduction methods for estimating the rates of nitrogen fixation by freshwater blue-green algae[J]. Canadian Journal of Fisheries and Aquatic Sciences, 37(3): 488-493.

Großkopf T, Mohr W, Baustian T, et al. 2012. Doubling of marine dinitrogen-fixation rates based on direct measurements[J]. Nature, 488: 361-364.

Guillard R R L. 1975. Culture of phytoplankton for feeding marine invertebrates[M]. *In*: Smith W L, Chanley M H. Culture of Marine Invertebrate Animals. New York: Plenum Press.

Guillard R R L, Ryther J H. 1962. Studies of marine planktonic diatoms. I. *Cyclotella nana* Hustedt and *Detonula confervacea* (Cleve) Gran[J]. Can J Microbiol, 8: 229-239.

Herfort L, Thake B, Taubner I. 2008. Bicarbonate stimulation of calcification and photosynthesis in two hermatypic corals[J]. Journal of Phycology, 44: 91-98.

Hutchins D A, Bruland K W. 1998. Iron-limited diatom growth and Si: N uptake in a coastal upwelling regime[J]. Nature, 393: 561-564.

Hutchins D A, Mulholland M R, Fu F X. 2009. Nutrient cycles and marine microbes in a CO_2-enriched ocean[J]. Oceanography, 22(4): 128-145.

Hutchins D A, Pustizzi F, Hare C E, et al. 2003. A shipboard natural community continuous culture system for ecologically relevant low-level nutrient enrichment experiments[J]. Limnol Oceanogr Methods, 1: 82-91.

Hutchins D A, Walworth N G, Webb E A, et al. 2015. Irreversibly increased nitrogen fixation in *Trichodesmium* experimentally adapted to elevated carbon dioxide[J]. Nature Communications, 6: 1-7.

Hyman M R, Arp D J. 1987. Quantification and removal of some contaminating gases from acetylene used to study gas-utilizing enzymes and microorganisms[J]. Applied Environmental Microbiology, 53: 298-303.

Katagiri F, Takatsuka Y, Fujiwara S, et al. 2010. Effects of Ca and Mg on growth and calcification of the coccolithophorid *Pleurochrysis haptonemofera*: Ca requirement for cell division in coccolith-bearing cells and for normal coccolith formation with acidic polysaccharides[J]. Marine Biotechnology, 12(1): 42-51.

Kingston H M, Barnes I L, Brady T J, et al. 1978. Separation of eight transition elements from alkali and alkaline earth elements in estuarine and seawater with chelating resin and their determination by graphite furnace atomic absorption spectrometry[J]. Anal Chem, 50(14): 2064-2070.

Kingston H M, Greenberg R R. 1984. An elemental rationing technique for assessing concentration data from a complex water system[J]. Environ Inter, 10(2): 153-161.

Klaas C, Archer D E. 2002. Association of sinking organic matter with various types of mineral ballast in the deep sea: implications for the rain ratio[J]. Global Biogeochemical Cycles, 16(4): 63-61-63-14.

Klawonn I, Lavik G, Böning P, et al. 2015. Simple approach for the preparation of $^{15}N_2$-enriched water for nitrogen fixation assessments: evaluation, application and recommendations[J]. Frontiers in Microbiology, 6: 769.

Knoll A H. 2003. Biomineralization and evolutionary history[J]. Reviews in Mineralogy and Geochemistry, 54(1): 329-356.

Lima-Mendez G, Faust K, Henry N, et al. 2015. Determinants of community structure in the global plankton interactome[J]. Science, 348: 1262073.

Mague T H, Weare N M, Holm-Hansen O. 1974. Nitrogen fixation in the North Pacific Ocean[J]. Marine Biology, 24(2): 109-119.

Mahaffey C, Michaels A F, Capone D G. 2005. The conundrum of marine N_2 fixation[J]. American Journal of Science, 305: 546-595.

Martin J H, Fitzwater S E, Gordon R M, et al. 1993. Iron, primary production and carbon–nitrogen flux studies during the JGOFS North Atlantic Bloom Experiment[J]. Deep-Sea Res, 40: 115-134.

Mazarrasa I, Marbà N, Lovelock C E, et al. 2015. Seagrass meadows as a globally significant carbonate reservoir[J]. Biogeosciences, 12(16): 4993-5003.

Merchant S S, Prochnik S E, Vallon O, et al. 2007. The chlamydomonas genome reveals the evolution of key animal and plant functions[J]. Science, 318: 245-250.

Mi H, Deng Y, Tanaka Y, et al. 2001. Photo-induction of an NADPH dehydrogenase which functions as a mediator of electron transport to the intersystem chain in the cyanobacterium *Synechocystis* PCC 6803[J]. Photosynth Res, 70: 167-173.

Milliman J D. 1993. Production and accumulation of calcium carbonate in the ocean: budget of a nonsteady state[J]. Global Biogeochemical Cycles, 7(4): 927-957.

Mohr W, Großkopf T, Wallace D W R, et al. 2010. Methodological underestimation of oceanic nitro- gen fixation rates[J]. PLoS One, 59: e12583.

Montoya J P, Voss M, Kahler P, et al. 1996. A simple, high-precision, high-sensitivity tracer assay for N_2 fixation[J]. Applied and Environmental Microbiology, 62: 986-993.

Moore C M, Mills M M, Arrigo K R, et al. 2013. Processes and patterns of oceanic nutrient limitation[J]. Nature Geoscience, 6(9): 701-710.

Morel F M M, Reinfelder J R, Roberts S B, et al. 1994. Zinc and carbon co-limitation of marine phytoplankton[J]. Nature, 369: 740-742.

Morel F M M, Reuter J, Anderson D, et al. 1979. Aquil: a chemically defined phytoplankton culture medium for trace metal studies[J]. Limnol Oceanogr, 36: 27-36.

Msilini N, Zaghdoudi M, Govindachary S, et al. 2011. Inhibition of photosynthetic oxygen evolution and electron transfer from the quinone acceptor QA^- to QB by iron deficiency[J]. Photosynthesis Research, 107: 247-256.

Mulholland M, Bronk D, Capone D. 2004. Dinitrogen fixation and release of ammonium and dissolved organic nitrogen by *Trichodesmium* IMS101[J]. Aquatic Microbial Ecology, 37: 85-94.

Müller M N, Antia A N, La Roche J. 2008. Influence of cell cycle phase on calcification in the coccolithophore *Emiliania huxleyi*[J]. Limnology and Oceanography, 53: 506-512.

Mutz K O, Heilkenbrinker A, Lönne M, et al. 2013. Transcriptome analysis using next-generation sequencing[J]. Current Opinion Biotechnology, 24: 22-30.

Mykytiuk A P, Russell D S, Sturgeon R E. 1980. Simultaneous determination of iron, cadmium, zinc, copper, nickel, lead, and uranium in sea water by stable isotope dilution spark source mass spectrometry[J]. Anal Chem, 52(8): 1281-1283.

Nelson D M, Goering J J. 1977. A stable isotope tracer method to measure silicic acid uptake by marine phytoplankton[J]. Analytical Biochemistry, 78(1): 139-147.

Nimer N A, Brownlee C, Merrett M J. 1999. Extracellular carbonic anhydrase facilitates carbon dioxide availability for photosynthesis in the marine dinoflagellate *Prorocentrum micans*[J]. Plant Physiology, 120: 105-112.

Norling B, Zak E, Andersson B, et al. 1998. 2D-isolation of pure plasma and thylakoid membranes from the cyanobacterium *Synechocystis* sp. PCC 6803[J]. Febs Letters, 436(2): 189-192.

Paasche E. 2002. A review of the coccolithophorid *Emiliania huxleyi* (Prymnesiophyceae), with particular reference to growth, coccolith formation, and calcification-photosynthesis interactions[J]. Phycologia, 40(6): 503-529.

Paasche E, Brubak S. 1994. Enhanced calcification in the coccolithophorid *Emiliania huxleyi* (Haptophyceae) under phosphorus limitation[J]. Phycologia, 33(5): 324-330.

Paulson A J. 1986. Effects of flow rate and pretreatment on the extraction of trace metals from estuarine and coastal seawater by Chelex-100[J]. Anal Chem, 58(1): 183-187.

Poulton A J, Adey T R, Balch W M, et al. 2007. Relating coccolithophore calcification rates to phytoplankton community dynamics: regional differences and implications for carbon export[J]. Deep-Sea Research II, 54(5): 538-557.

Prentice I C, Farquhar G D, Fasham M J R, et al. 2001. The carbon cycle and atmospheric carbon dioxide[J]. Climate change: the scientific basis-contribution of working group I to the third assessment report of the intergovernmental panel on climate change. Cambridge and New York: Cambridge University Press: 183-237.

Price N M, Harrison G I, Hering J G, et al. 1988. Preparation and chemistry of the artifical algal culture medium Aquil[J]. Biol Oceanogr, 5: 43-46.

Quigg A, Finkel Z V, Irwin A J, et al. 2003. The evolutionary inheritance of elemental stoichiometry in marine phytoplankton[J]. Nature, 425: 291-294.

Rasmussen L. 1981. Determination of trace metals in sea water by Chelex-100 or solvent extraction techniques and atomic absorption spectrometry[J]. Anal Chim Acta, 125: 117-130.

Raven J A, Giordano M. 2009. Biomineralization by photosynthetic organisms: evidence of coevolution of the organisms and their environment[J]. Geobiology, 7(2): 140-154.

Raven J A, Waite A M. 2004. The evolution of silicification in diatoms: inescapable sinking and sinking as escape[J]. New Phytologist, 162(1): 45-61.

Redfield A C. 1958. The biological control of chemical factors in the environment[J]. American Scientist, 46(3): 205-221.

Reinfelder J R, Milligan A J, Morel F M. 2004. The role of the C_4 pathway in carbon accumulation and fixation in a marine diatom[J]. Plant Physiology, 135: 2106-2111.

Riebesell U, Zondervan I, Rost B, et al. 2000. Reduced calcification of marine plankton in response to increased atmospheric CO_2[J]. Nature, 407(6802): 364-367.

Sabine C L, Feely R A, Gruber N, et al. 2004. The oceanic sink for anthropogenic CO_2[J]. Science, 305(5682): 367-371.

Saito M A, Moffett J W, Chisholm S W, et al. 2002. Cobalt limitation and uptake in *Prochlorococcus*[J]. Limnol Oceanogr, 47: 1629-1636.

SchÄfer C, Simper H, Hofmann B. 1992. Glucose feeding results in coordinated changes of chlorophyll content, ribulose-1,5-bisphosphate carboxylase-oxygenase activity and photosynthetic potential in photoautrophic suspension cultured cells of *Chenopodium rubrum*[J]. Plant, Cell and Environment, 15: 343-350.

Shea R, Chopin T. 2007. Effects of germanium dioxide, an inhibitor of diatom growth, on the microscopic laboratory cultivation stage of the kelp, *Laminaria saccharina*[J]. Journal of Applied Phycology, 19: 27-32.

Sipler R E, Bronk A D, Seitzinger S P, et al. 2013. *Trichodesmium*-derived dissolved organic matter is a source of nitrogen capable of supporting the growth of toxic red tide *Karenia brevis*[J]. Marine Ecology Progress Series, 483: 31-45.

Solorzano L, Sharp J H. 1980. Determination of total dissolved phosphorus and particulate phosphorus in natural waters1[J]. Limnology and Oceanography, 25(4): 754-758.

Stanley S M. 2008. Effects of global seawater chemistry on biomineralization: past, present, and future[J]. Chem Rev, 108(11): 4483-4498.

Sturgeon R E, Berman S S, Desaulniers J A H, et al. 1980. Comparison of methods for the determination of trace elements in seawater[J]. Anal Chem, 52(11): 1585-1588.

Sunagawa S, Coelho L P, Chaffron S, et al. 2015. Structure and function of the global ocean microbiome[J].

Science, 348: 1261359.

Sunda W G, Huntsman S A. 1995a. Iron uptake and growth limitation in oceanic and coastal phytoplankton[J]. Mar Chem, 50: 189-206.

Sunda W G, Huntsman S A. 1995b. Cobalt and zinc inter replacement in marine phytoplankton: biological and geochemical implications[J]. Limnol Oceanogr, 40: 1404-1407.

Sunda W G, Huntsman S A. 1998. Interactive effects of external manganese, the toxic metals copper and zinc, and light in controlling cellular manganese and growth in a coastal diatom[J]. Limnol Oceanogr, 43: 1467-1475.

Sunda W G, Price N, Morel F M M. 2005. Trace metal ion buffers and their use in culture studies[M]. *In:* Andersen R A. Algal Culturing Techniques. Amsterdam: Acad. Press/Elsevier: 35-63.

Sunda W G. 1988. Trace metal interactions with marine phytoplankton[J]. Biol Oceanogr, 6: 411-442.

Thamatrakoln K, Hildebrand M. 2008. Silicon uptake in diatoms revisited: a model for saturable and nonsaturable uptake kinetics and the role of silicon transporters[J]. Plant Physiology, 146(3): 1397-1407.

Tirichine L, Bowler C. 2011. Decoding algal genomes: tracing back the history of photosynthetic life on earth[J]. The Plant Journal, 66: 45-57.

Tyrrell T. 1999. The relative influences of nitrogen and phosphorus on oceanic primary production [J]. Nature, 400(6744): 525-531.

Valenzuela J, Mazurie A, Carlson R P, et al. 2012. Potential role of multiple carbon fixation pathways during lipid accumulation in *Phaeodactylum tricornutum*[J]. Biotechnology for Biofuels, 5: 40.

Walther T, Novo M, Rossger K, et al. 2010. Control of ATP homeostasis during the respiro-fermentative transition in yeast[J]. Molecular Systems Biology, 6: 344.

Walworth N, Pfreundt U, Nelson W C, et al. 2015. *Trichodesmium* genome maintains abundant, widespread noncoding DNA in situ, despite oligotrophic lifestyle[J]. Proceedings of National Academy of Sciences of the United States of America, 112: 4251-4256.

Wang Z, Gerstein M, Snyder M. 2009. RNA-Seq: a revolutionary tool for transcriptomics[J]. Nature Reviews Genetics, 10: 57-63.

Wilson S T, Bottjer D, Church M J, et al. 2012. Comparative assessment of nitrogen fixation methodologies conducted in the oligotrophic North Pacific Ocean[J]. Applied Environmental Microbiology, 78: 6516-6523.

Wu H, Cockshutt A M, McCarthy A, et al. 2011. Distinctive photosystem II photoinactivation and protein dynamics in marine diatoms[J]. Plant Physiology, 156: 2184.

Xu K, Fu F X, Hutchins D A. 2014. Comparative responses of two dominant Antarctic phytoplankton taxa to interactions between ocean acidification, warming, irradiance, and iron availability[J]. Limnology and Oceanography, 59(6): 1919-1931.

Xu K, Gao K. 2015. Solar UV irradiances modulate effects of ocean acidification on the coccolithophorid *Emiliania huxleyi*[J]. Photochemistry and Photobiology, 91(1): 92-101.

Xu M, Ogawa T, Pakrasi H B, et al. 2008. Identification and localization of the CupB protein involved in constitutive CO_2 uptake in the cyanobacterium, *Synechocystis* sp. strain PCC 6803[J]. Plant Cell Physiol, 49: 994-997.

Young J R, Geisen M, Cros L, et al. 2003. A guide to extant coccolithophore taxonomy[J]. J Nannoplankton Res, 1: 1-125.

Zeebe R E, Wolf-Gladrow D A. 2001. CO_2 in Seawater: Equilibrium, Kinetics, Isotopes[M]. Amsterdam: Elsevier.

Zondervan I, Rost B, Riebesell U. 2002. Effect of CO_2 concentration on the PIC/POC ratio in the coccolithophore *Emiliania huxleyi* grown under light-limiting conditions and different daylengths[J]. Journal of Experimental Marine Biology and Ecology, 272: 55-70.

第八章　动物与病毒的相关研究方法

第一节　鱼类神经电生理记录方法

摘要　鱼类电生理学是研究鱼类呼吸活动和神经传导等基本生理活动的重要途径。其中神经电生理记录已被广泛用于研究水体中物理因子（声、光、电和 pH 等）和化学因子（水化学污染物）变化对鱼类感觉和行为的影响。本节将主要介绍鱼类神经电生理研究的发展、所需设备和基本流程。

自从 18 世纪 70 年代 John Walsh 在实验中发现电鳗和电鳐等发电鱼类可产生电火花和电击，Luigi Galvani 利用蛙腿进行生物组织中生物电效应的研究，开创了电生理学这门新学科（Piccolino，1998）。电生理学是生理学的一个分支，主要研究生物细胞和组织的电特性。伴随着生物电概念的发展，进行电生理研究的方法和工具也在不断发展，从 Galvani 利用莱顿瓶（Leyden jar）进行实验到 Neher 和 Sakmann 的高阻封接膜片钳（giga-seal patch-clamp）技术的发明，利用现代电生理学技术已经可以测量从单一离子通道蛋白到整个器官的电压或者电流变化（Verkhratsky and Parpura，2014）。

动物组织中的生物电参与许多基本生理过程，如肌肉收缩和神经传导。在鱼类生理学研究中，可以通过测量与心率和呼吸活动相关的电信号来了解鱼体生理状况（Spoor et al.，1971）。例如，利用心电图（electrocardiogram，ECG）和电呼吸描记图（electropneumogram，EPG）研究环境因子对大西洋鲑（*Salmo salar*）心脏活动和呼吸的影响（Bakhmet，2005）。也可利用全细胞记录（whole-cell recording）方法研究水中多环芳烃对鱼类心脏产生毒性作用的机制（Brette et al.，2017）。在神经科学领域，研究者从最初的利用神经解剖和免疫组化技术进行神经系统的结构研究，逐渐转向神经系统的功能学研究，利用电生理技术研究神经系统的电生理特性。利用电生理技术既可以观测神经元的电活动，也可以观测神经系统大范围的电信号，如脑电图（electroencephalography）。

常用的神经电生理技术包括细胞外记录（extracellular recording）、细胞内记录（intracellular recording）和膜片钳技术（patch-clamp technique）。在鱼类神经生理学研究中，细胞外电生理记录方式应用较广泛，即研究中枢神经系统单个或多个神经元的电位场的特性和神经元在不同行为状态下的放电形式。例如，利用细胞外电生理技术记录鱼类嗅觉表皮和嗅球的气味诱发场电位，以此研究水体中亚致死浓度的农药杀虫剂（铜、有机磷酸酯和拟除虫菊脂）对银鲑（*Oncorhynchus kisutch*）嗅觉功能的影响（Sandahl et al.，2004）。利用听觉诱发电位（auditory evoked potential，AEP）研究人为产生（轮船、声呐、风力发电和水涡轮机等）的低频噪声对鱼类听力敏感性的影响（Halvorsen et al.，2011）。利用闪烁视网膜电图（flicker electroretinogram，F-ERG）研究海洋酸化对珊瑚礁鱼类视觉功能的影响（Chung et al.，2014）。

细胞外神经电生理记录方法可以快速灵敏地检测鱼类脑部活动，但是无法将记录电极准确地放置在特定的脑核(Baraban，2013)。伴随着分子遗传学技术的发展，在模式种斑马鱼和青鳉的研究中，可以利用转基因技术让其特定的脑核或特定的细胞类型携带荧光报告基因(Zhao and Wayne，2013)，从而提高了细胞外记录电极放置在脑区的准确性。

一、电生理记录常用设备

生物电变化非常微弱，通常仅有微伏级或毫伏级，只有借助放大器将微弱的电信号增大十万甚至百万倍以上才能将静息电位、动作电位、突触后电位等各种生物电信号选择出来，然后在示波器或其他显示器上显示出来。

基本电生理仪器按照功能可以分为以下几部分(图 8-1)。

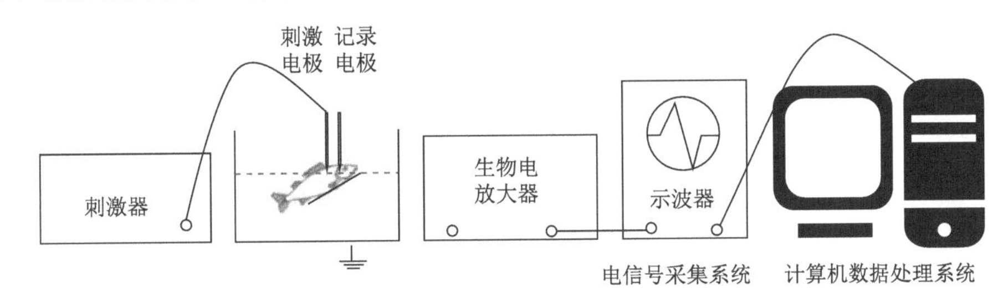

图 8-1　电生理实验基本仪器

1) 输入部件：电极、刺激器等。生物组织只有在刺激条件下才能产生神经反应。电刺激是常用的人工刺激方式，常用可控制的电子刺激器作为刺激源。电极按照用途分为刺激电极和记录电极，将电刺激器产生的电流或电压引导到组织的电极是刺激电极，而将生物电信号引导到电生理记录设备的是记录电极。

2) 放大部件：放大器(如前置放大器、功率放大器等)。从记录电极引导出的电信号较微弱，这些电极直接与放大器连接，可将电信号放大。放大器可以按照它在信号处理链中的物理位置来分类，如信号通常是经过前置放大器放大并进行噪声处理后再进行后续的处理。为了记录到稳定、可靠的信号，并减少因导线过长导致的传导误差，通常将前置放大器安置在记录电极附近。而功率放大器主要是能产生最大功率输出以驱动某一负载的放大器，它通常是最后一个放大器，位于信号处理链的最后阶段。

3) 输出部件：各种示波器、记录器、分析装置、数据处理机、计算机等。可用数字存储示波器把电信号以数字形式存储起来，并可将存储的数据模拟输出，送入计算机接口进行记录、存储和数据分析。

除了上述基本设备外，防震台、显微镜、微操纵器、玻璃电极拉制仪、微电极夹持器等，也是电生理实验的常用仪器设备。

二、鱼类神经电生理记录基本流程

在鱼类的神经电生理研究中，因实验目的不同，研究的脑区可能不同，所采取的电生理记录方法也不同，但实验的基本流程主要包括以下 3 个步骤。

(一)实验装置准备

1. 解剖给水呼吸装置

在进行实验鱼解剖实验前，需要将实验鱼进行麻醉，麻醉后的鱼不能进行主动呼吸，需要从口部被动给水，以维持其呼吸。解剖时的给水呼吸装置见图 8-2。通常是将实验鱼放在低沿的实验盘中，方便双手进行解剖操作。在解剖盘中放置一块塑料泡沫，根据实验鱼的体形和大小，在泡沫上抠出一个鱼形凹槽，将鱼背面朝上正好放入其中，然后再通过大头针固定，不让其向侧面倾倒。给水呼吸装置是通过蠕动泵将蓄水槽中的养殖用水经解剖盘的进水管输入鱼的口中，然后再经鳃孔流出，从盘子对侧的出水管流入蓄水槽中。可以通过调节蠕动泵转速和出水管的阀门控制水位，以控制鱼体浸入水体的位置，让鱼体始终保持湿润。

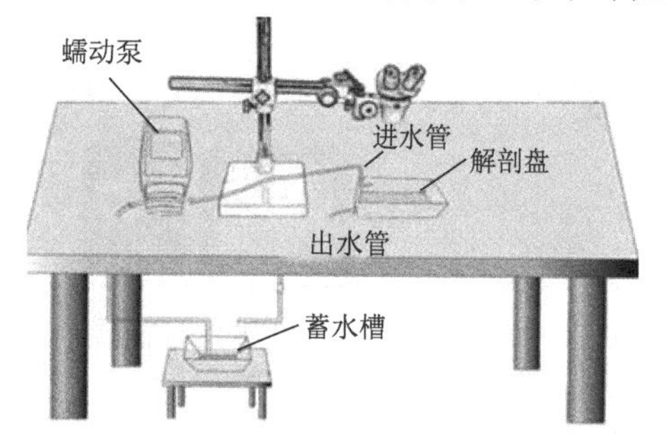

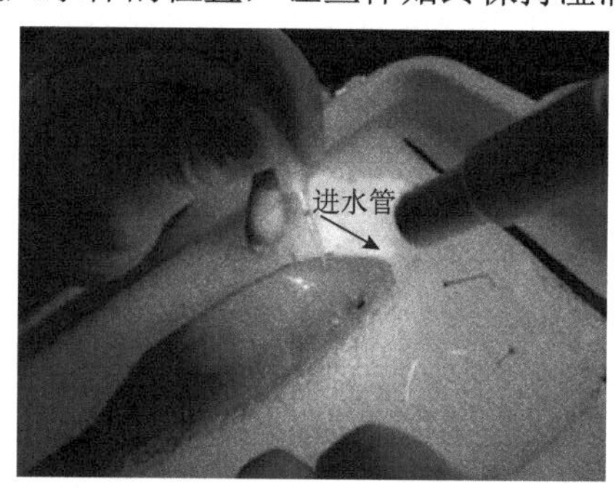

图 8-2　手术解剖时实验鱼的给水呼吸装置图

2. 电生理记录时的给水呼吸装置

在进行电生理实验时，为保持记录信号的稳定性，通常是将实验水槽放在防震台上，而将其他产生震动的装置放于屏蔽笼之外。如图 8-3 所示，可以利用水泵将水输入鱼的口中，将出水管设计为可调节液面高度的活动出水管，然后让水通过重力流入地面上的蓄水槽中。另外需要通过固定装置将实验鱼固定，同时让实验鱼的记录脑区露出水面，可以在鱼体腹面放置一个支持物，或者采用头部螺丝钉固定。

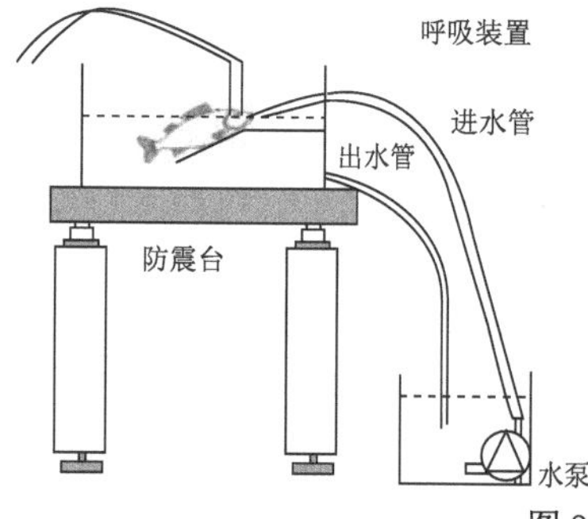

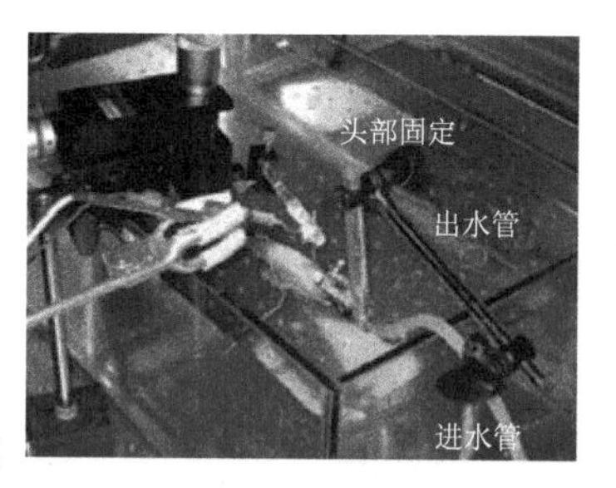

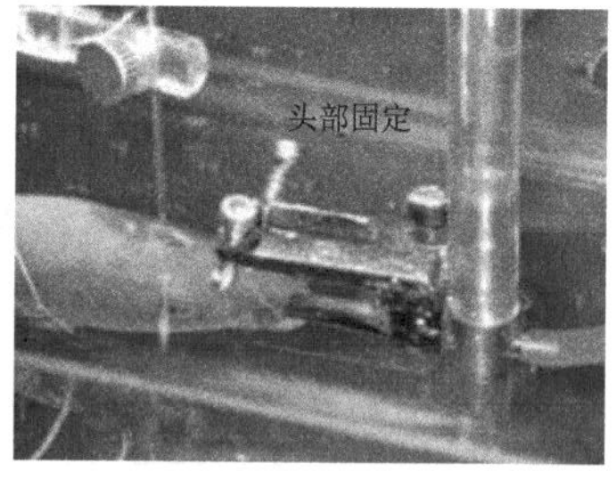

图 8-3　电生理记录时实验鱼给水呼吸装置

3. 电极的制备

玻璃微管电极目前在细胞电生理记录中应用最广泛，它是由直径 1.0～2.0 mm 的有机玻璃管，利用玻璃微管拉制仪拉制而成。首先，根据电生理记录的记录方法确定哪种形状的玻璃管尖部适合，然后，通过拉制仪上的参数设定所需玻璃管尖部。电极使用时通常注入一种盐溶液，盐溶液的成分可由实验者根据实验要求决定。进行细胞外电生理记录时通常会用 NaCl 溶液，用注射器将 NaCl 溶液注入玻璃微电极管内，排出气泡，然后将与放大器连接的氯化银导线接入到微玻璃管内的电解质溶液中。

（二）脑部解剖手术

取 1 L 实验鱼养殖用水，加入 0.03%～0.05%的 MS-222（Sigma）对鱼进行麻醉，大约 2 min，实验鱼停止游动沉入水底，鳃盖不动，将其捞到解剖盘中进行解剖。首先，打开给水呼吸装置，让出水管稳定出水，并排出水管中的气泡，以防止气泡进入鱼体造成缺氧窒息。其次，将进水管接入鱼的口中，调节蠕动泵的转速，让解剖盘中的水淹没鱼体的大部分。再次，在解剖镜下利用牙科电钻在鱼头盖硬骨上打孔，小心暴露出实验脑区。可利用 10 μL 移液器枪头连接橡胶管，橡胶管的另一端含在实验鱼的口中，将覆盖在实验脑区周围的脑脊液和血液等吸出（图 8-2）。为了防止在解剖实验过程中实验鱼苏醒乱动，可以在蓄水槽中加入 0.003%的 MS-222。如果实验时间较长，可用湿纱布覆盖在鱼体背面，防止鱼体失水变干。

（三）电生理记录

脑部解剖手术完成后，将实验鱼放到进行电生理实验的水槽中，接上给水呼吸装置，利用头部或躯体固定装置将鱼体固定，让手术部位露出水面。首先，利用微操纵器将参考电极插入鱼的鼻孔，或者躯干部表皮下。其次，在解剖镜下，控制微操纵器将记录电极放入脑部开孔处，插入到目的脑区。注意，记录电极不要插入太深，否则记录到的电信号可能较弱。再次，收集和分析记录电极和参考电极之间的电信号差，得到细胞外神经电生理的记录信号。通常需要记录正常生理活动情况下的基线至少 15 min。最后，再给予各种机械或水化学刺激，记录受到刺激后的神经电信号变化。如果实验过程顺利，一尾实验鱼可以记录 2～3 h 的神经活动。

电生理实验结束后，首先采用过量麻醉剂对实验鱼实施安乐死，然后用断头法将其致死。将玻璃微管电极回收到尖锐物品回收盒，统一处理。

三、方法优缺点分析及注意事项

在 200 多年前，Galvani（1791）发现神经系统与电活动有内在的联系，自此之后，一代代研究人员投入大量的精力去制造能够测量和控制电活动的实验方法和设备。现代电生理学工具以前所未有的灵敏度和时间分辨率，让我们不仅能够研究单个离子通道的特性，甚至可以研究神经元网络中数百个细胞的活动。因此神经电生理学帮助我们理解从分子到行为不同层面的神经系统的功能。

通过使用金属、玻璃或硅电极来记录跨细胞膜的电信号，电生理学方法让我们能够以极高的信噪比（signal-to-noise ratio）来直接聆听神经元的“声音”，直接记录电活动，这是电生理学方法的主要优点。但同时是电生理方法的一个主要弱点，因为要记录神经系统的电信号需要利用电极与组织进行直接接触，这样在实验操作时会对神经元和脑区造成机械伤害。目前，正在进行尝试利用纳米技术制造尖端口径小于 1 μm 的超细电极（Krapf et al.，2006），这种电极不仅能够记录细微组织结构（如棘突）的电活动，而且在细胞外记录时可提高信噪比，同时由于其精细的口径，当插入脑区时对组织的伤害将减少至最低。

在进行电生理实验时，需要尽量减少噪声，提高信噪比。而噪声主要来源于实验仪器，可以通过使用低噪声的探头和放大器将信噪比最大化，并且利用千兆欧姆高阻封接也能够显著降低微电极尖端周围的背景噪声，减少信号丢失。为了减少微电极和前置放大器产生的噪声，需遵从 2 个原则：①尽可能缩短电极与放大器之间的连接导线长度；②把要记录的样本尽可能靠近一个已接地的前置放大器连接的金属盘附近。

（王晓杰）

第二节　贝类心率测定方法

摘要　心跳频率（心率）是指示生物生理代谢水平的重要指标，测定不同环境条件下生物的心率可从生理水平上分析生物应对环境胁迫的内在机制。心率测定技术应用广泛，可用于研究贝类对环境因子的适应机制，水产经济动物优良性状选种，以及生物毒理学研究。本节主要介绍利用红外线探头测定贝类生物心率的设备和分析方法。

生物心率可有效地指示机体的生理状态，因此测量心率可了解生物对环境胁迫的生理响应。有关贝类心率测定的报道已有几十年的历史。1967 年，Helm 和 Trueman（1967）研究了干露对贻贝（*Mytilus edulis*）的影响，发现在干露状态下贻贝心率会逐渐变慢，并推测这与氧气含量降低有关。与其他生理指标相比，心率指标有其特有的优势：第一，可在个体水平上分析生物对环境因子的耐受能力，而其他大部分生理指标（如半致死温度）只能在群体水平上分析生物对环境因子的耐受能力；第二，可连续监测生物受到应激后的整个生理响应过程，分析不同强度的环境胁迫对生物的影响；第三，可进行无损检测，即在不损伤生物的情况下进行心率测定。由于具有以上优势，近年来心率这一生理指标被广泛应用到不同的研究领域，主要包括潮间带生物的温度适应能力分析（Stillman and Somero，1996；Dong and Williams，2011；Han et al.，2013），水产经济动物优良性状选种（Chen et al.，2016；Xing et al.，2016），以及潮间带生物对毒性物质的生理适应机制（Curtis et al.，2000）。在全球变化生物学研究领域，整合生物的心率数据与环境数据，可计算生物的温度安全区间（thermal safety margin，TSM），分析生物对未来气候变化的敏感性，为准确预测气候变化导致的生态效应提供数据支持（Sinclair et al.，2016；Dong et al.，2017）。

一、心率测定设备与方法

（一）常见心率测定设备比较

测定贝类心率最初采用的是侵入式的方法（Helm and Trueman，1967）：将电极伸入生物的围心腔内，通过两根电极间电阻的变化来测定生物的心脏跳动频率。由于这种方法需要对生物体进行钻孔，会在一定程度上影响生物体的生理状态，因此逐渐被其他非侵入式方法替代。近年来逐渐发展出两种基于红外线的非侵入式的测定方法：一种是将红外线光电二极管（infrared light emitting diode）和光电晶体管检测器（phototransistor detector）组合成红外线传感器(infrared sensor)，检测到的电信号经过放大并过滤后传输到计算机，计算机软件可以自动记录并计算生物的心率(Depledge and Andersen，1990)。缺点是动物活动产生的信号畸变会影响到心率测定的准确性，如滨螺类生物的足部运动、腹足类生物的齿舌活动和双壳类水管的虹吸活动。海洋贝类外壳的厚度和形状也会限制该方法的应用，太厚的外壳会使红外线信号无法穿过(Burnett et al.，2013)；另一种是利用红外线容积描记器(infrared photoplethysmogram，IR-PPG)，根据光强度的变化分辨生物的心率。该方法的缺点是足部肌肉的活动、双壳类壳的闭合等会产生假信号，降低了心率测定结果的准确性(Seo et al.，2016)。采用红外线光电二极管的方法具有适用范围广泛、设备费用低廉、非侵入式等优点，已在贝类研究中广泛采用，因此本节主要基于此种方法对心率测定方法进行介绍。

(二)红外线光电二极管心率测定设备的组成与连接方法

红外线光电二极管心率测定设备主要由4部分组成，分别是红外线探头、红外线信号放大器、示波器和计算机及相关软件(图 8-4)。将红外线探头插入红外线信号放大器，红外线放大器由两节 5 号电池供电，红外线信号放大器与示波器之间通过卡扣配合型连接器(bayonet nut connector，BNC)线缆连接，示波器与计算机之间通过USB数据线连接。将红外线探头粘贴在生物的围心腔正上方，检测到的红外线信号经红外线信号放大器放大后传输到示波器，示波器将信号转换、过滤后传输到计算机，计算机软件会自动记录并生成以时间为横轴的波形文件。常用的示波器有两种，一种是ADInstruments公司生产的PowerLab产品，该设备通道数多，配套的LabChart软件功能丰富，易用性高。另一种是Pico Technology公司生产的PicoScope 2000系列产品，体积小巧，不需要额外供电，可在野外使用，但是通道数较少，软件易用性较低。

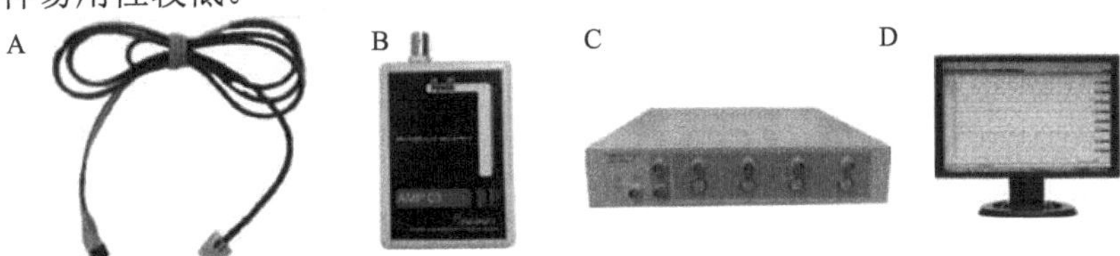

图 8-4　心率测定设备的组成

A. 红外线探头(IR-EX，Newshift，Portugal)；B. 红外线信号放大器(AMP03，Newshift，Portugal)；C. 示波器(Powerlab 4/35，ADInstruments，Australia)；D. 计算机及其软件(LabChart，ADInstruments，Australia)

(三)红外线探头的粘贴方法

红外线探头的粘贴位置一般选择在生物围心腔的正上方。很多贝类外壳并不规则，很难准确地将探头放置在围心腔的正上方，需要经过反复的尝试才能找到最佳的粘贴位置(图 8-5)。常见潮间带生物的探头粘贴位置为：甲壳类动物如螃蟹的粘贴位置在围心腔的正上方，帽贝类生物在壳顶处，具有螺旋形外壳的腹足类在壳口斜上方，双壳类生物在韧带附近。根据生物外壳形状和实验环境(海水或空气)的差异，可以选用蓝丁胶(Blu-Tack，Bostik，Australia)或者是快干胶(Super Glue，Loctite，USA)粘贴。蓝丁胶的优点是适用于不规则的外壳，实验完成后可轻易地将探头与实验生物分离并去除探头上残留的蓝丁胶，缺点是遇水后黏性会大大降低，因此不适用于在海水中测定心率。快干胶的优点是黏性强，遇水后黏性也不会变化。缺点是残留在探头上的胶不易去除，需用锉刀等工具将残留胶水去掉，容易使探头损坏。

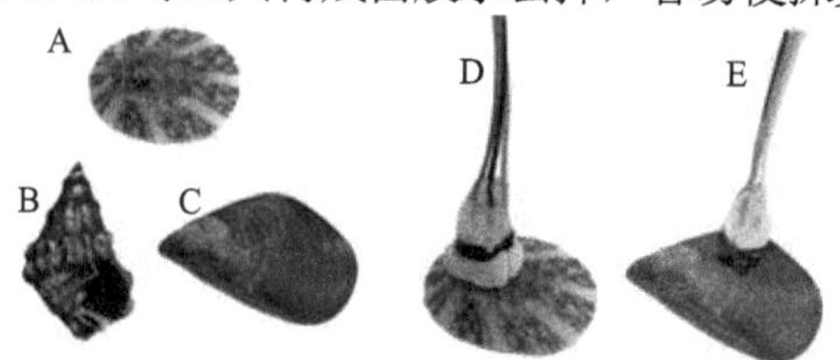

图 8-5　红外线探头粘贴位置与方法

A. 嫁蝛(*Cellana toreuma*)；B. 塔结节滨螺(*Echinolittorina malaccana*)；C. 紫贻贝(*Mytilus galloprovincialis*)；D. 利用蓝丁胶将红外线探头粘贴在嫁蝛壳上；E. 利用快干胶将红外线探头粘贴在紫贻贝壳上

(四)心率计算方法

分析 LabChart 软件储存的波形文件，根据计数 1 min 内的心脏跳动次数，就可以计算出生物的心率。波形文件的横轴为时间，纵轴为电位，一个波动周期表示心脏跳动一次(图 8-6)。虽然 LabChart 软件提供了自动计数波动周期的功能，但是不同的生物波形差别很大，自动计数功能很难得到准确的结果，一般需要手动进行计数。对于大多数潮间带生物来说，一个波动周期内只有一个波峰(图 8-6A)，而有些贝类在一个波动周期内会出现 2 个甚至更多波峰(图 8-6B，图 8-6C)。

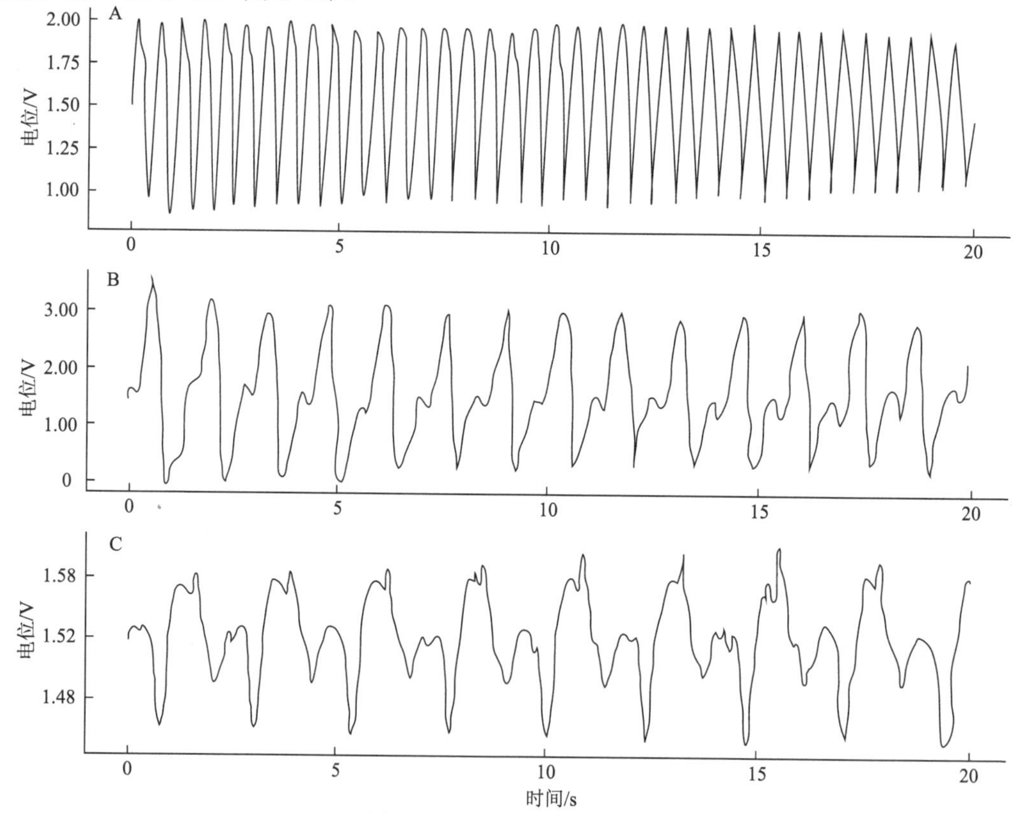

图 8-6　几种贝类的心跳信号

A. 嫁蝛在空气中的心跳信号；B. 紫贻贝在海水中的心跳信号；C. 条纹隔贻贝(*Septifer virgatus*)在空气中的心跳信号

二、心率分析实例——温度对潮间带贝类心率的影响

潮间带贝类的心率随着体温变化而变化，在适宜温度下，心跳缓慢而平稳；随着体温上升，心率不断加快，当体温达到一定的阈值时，心率达到最大值；此时如果温度继续上升，心率会迅速下降为零，这条心率随着温度变化的曲线称为心脏性能曲线(图 8-7)。心率开始下降时的温度为 ABT(arrhenius break temperature)，心率下降为零时的温度为 FLT(flat line temperature)。ABT 和 FLT 是有效指示生物温度耐受能力的生理指标：当体温超过 ABT 后，生物无法继续通过提高代谢速率的方式抵抗温度应激，虽然多数生物的心率可以恢复，但是细胞已经受到损伤，因此 ABT 被认为是亚致死温度；当体温超过 FLT 后，大部分生物体的心率难以再恢复，因此 FLT 被认为是致死温度。以下内容介绍如何利用心率测定设备获得生物的 ABT 和 FLT。

1) 组装心率测定设备并连接到计算机，打开 LabChart 软件，软件会自动识别设备并连接，将时间模式设置为显示当日实际时间。

2) 点击软件上的开始按钮，不断尝试探头在生物体上的粘贴位置，直到可以在软件界面中观察到清晰规律的波形，标记下探头的位置。

3) 用合适的胶水将探头粘贴在标记好的位置上，打开水浴锅，将温度设定在加热起始温度，放入生物恢复适应 30 min 后再开始实验。

4) 以一定的升温速率开始对生物进行加热，使用电偶式温度计记录生物的体温，记录间隔为每分钟一次。在 LabChart 软件中新建 Chart 窗口文件，正式记录生物的心跳信号。

5) 当在软件中无法看到清晰的波形时，关闭水浴锅，停止加热。在 LabChart 软件中点击停止，保存波形文件。关闭温度计并导出温度数据。

6) 根据实验的实际时间将心率数据与温度数据对应起来，心率下降为 0 时对应的温度为 FLT。

7) 将心率与温度数据导入 R 软件，心率取自然对数，温度转换为 1000/K，利用 Segmented 软件包计算 ABT。

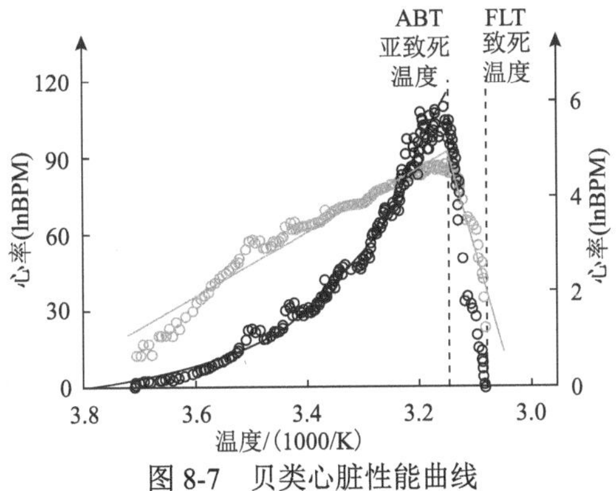

图 8-7　贝类心脏性能曲线

心率随温度升高先升高后降低(如黑色圆圈和黑色曲线所示)；FLT 为心率下降为 0 的温度；ABT 为心率随温度升高由上升转为下降的温度，数据转换后做线性拟合(如灰色圆圈和灰色直线所示)，两侧线性拟合的交点即为 ABT

三、红外线光电二极管心率测定方法使用注意事项

利用红外线光电二极管心率测定设备测定贝类心率时，只需要将红外线探头粘贴在贝类围心腔的正上方，实验操作简单并且不会对所测贝类造成损伤。但是该方法的应用也有一定的限制性：第一，该方法不适用于个体太小的贝类，如果贝类个体小于红外探头两个光电二极管之间的间距，将难以检测出贝类的心脏跳动信号；第二，动物活动产生的信号畸变会影响到心率测定的准确性，如滨螺类生物的足部运动、腹足类生物的齿舌活动和双壳类水管的虹吸活动；第三，海洋贝类外壳的厚度和形状也会限制该方法的应用，形状非常不规则的外壳会使探头无法粘贴在贝类外壳上，贝类外壳太厚则会使红外线信号无法穿过(Burnett et al.，2013)。

（韩国栋　李晓旭　董云伟）

第三节　植食性浮游动物摄食率测定方法

摘要　浮游动物作为水生生态系统次级生产力的主要贡献者，其摄食活动对食物链能量、物质的传递起到关键作用。有关植食性浮游动物摄食率的测定，常用方法包括稀释法、肠道色素法、同位素示踪法、饵料荧光标记法、饵料浓度差减法等，本节将对这些测定方法进行简要介绍。

自然水体中浮游动物类群较多，包括桡足类、轮虫、纤毛虫、鞭毛虫等。根据浮游动物体长大小的不同，一般可将浮游动物划分为巨型(>20 mm)、大型(2～20 mm)、中型(200～2000 μm)、小型(20～200 μm)及微型(2～20 μm)(大森信池田勉，1990；李少菁等，2001)。根据浮游动物的食性，可划分为植食性、杂食性及肉食性。有关浮游动物摄食生态的研究在20世纪初就已有开展，主要涉及摄食机制、食性、摄食率测定等方面(郑重，1987)。植食性浮游动物主要通过附肢摆动配合其上附着的羽状刚毛形成的滤网来(滤食)筛选、滤过浮游植物。其中，体形大小不同的浮游动物对浮游植物的摄食偏好性(食物的种类、大小、形态、浓度、品质等)将决定其对浮游植物的摄食压力，从而对初级生产力起到调节作用。

研究浮游动物摄食活动，最初的方法是在假设的基础上进行估算的(Beers and Stewart，1971)。20世纪30年代后期有关摄食的研究发展较为迅速，产生较多的测定方法，主要包括间接测定(利用微型浮游动物的现存量估计摄食压力、外推法)和直接测定(稀释法、肠道色素法、同位素示踪法、饵料荧光标记法、饵料浓度差减法等)。上述各种测定方法从方法学上看各有优缺点，且对从食物链、能量和物质流动的角度阐释初级生产力、次级生产力，以及从生态系统层次了解物种间的相互关系与环境因子变动的调节效应具有深远意义。

一、浮游动物摄食率的间接估计方法

(一)利用微型浮游动物的现存量估计摄食压力

此方法对调查水域微型浮游动物主要类群(鞭毛虫、纤毛虫等)、浮游植物及细菌的现存

量进行测定，将实验室或野外实验已获得的各类群浮游动物的摄食率(Lessard and Swift，1985；Sherr et al.，1986)与其现存量的乘积表示为该类群的摄食率。此方法假设各类群浮游动物摄食率及摄食饵料不变，即认为鞭毛虫只摄食细菌和 2 μm 以下的浮游植物，纤毛虫和腰鞭毛虫主要摄食 2～20 μm 的浮游植物，浮游动物的滤水率随温度发生改变。

(二)外推法

外推法估计浮游动物摄食率主要是将室内实验测定的摄食率，或者在某些水体中通过原位实验测定获取的摄食率外推到其他相关水体(Andersen and Sørensen，1986；Beers and Stewart，1970；Takahashi and Hoskins，1978)。此方法可以在不对浮游动物进行干扰的基础上估测其摄食率，但通过微型浮游动物现存量或外推法估测摄食率，因水体各生物及非生物成分的差异，可能无法准确反映原位水体的真实情况，从而使估测结果的准确性无法得到保障。

二、浮游动物摄食率的直接测定方法

(一)稀释法

稀释法最早由 Landry 和 Hassett(1982)提出，此方法被广泛应用于小型及微型浮游动物(<200 μm)摄食研究。使用此方法测定浮游动物摄食率建立在 3 个假设基础上：①浮游植物增长速率不受其细胞浓度变化的影响；②浮游动物的清滤率不受饵料浓度变化的影响；③浮游植物的生长符合指数增长模型，可以用式(8-1)来表示：

$$P_t = P_0 e^{(k-g)t} \tag{8-1}$$

式中，P_t代表 t 时刻浮游植物的数量、叶绿素或特征色素含量；P_0代表初始时刻浮游植物的数量、叶绿素或特征色素含量；k 代表浮游植物的增长率；g 代表浮游动物的摄食率。

稀释法具体测定过程如下：①取一定体积的水样，先使用 200 μm 孔径的筛绢滤去大型浮游动物，然后将水样分成两个部分，一部分使用 0.22 μm 或 0.45 μm 孔径的滤膜进行过滤，获得无颗粒水，然后将此无颗粒水与原水样(含浮游植物及微型浮游动物)按一定比例进行混合使无颗粒水所占比例呈梯度变化(稀释)，如可将稀释度设置为 100%、75%、50%、25%(每个处理 3 个重复)，即将原水样与无颗粒水按 1∶0、3∶1、1∶1、1∶3 进行配比获得各稀释度的水样，每个处理下 3 个重复培养，培养体积可选择 2 L 或 3 L；②在设置的测定条件下培养一定时间(如 24 h)后记录各处理下浮游植物细胞浓度或色素的变化，按照下述的计算方式进行摄食率计算。

因假设浮游植物增长速率 k 不变(培养时间较长可能导致浮游植物的生长受营养盐限制，因此通常需要对水样进行营养盐加富处理)，但各处理稀释度存在差别，故摄食率在上述各稀释度下分别为 0.25 g、0.5 g、0.75 g、1.0 g。因此，浮游植物的表观增长率(μ)的表达公式为：

$$P_t = P_0 e^{(k-g)t} \quad \Rightarrow \quad \mu = (1/t)\ln(P_t/P_0) = k - g \tag{8-2}$$

$$P_t = P_0 e^{(k-0.25g)t} \quad \Rightarrow \quad \mu = (1/t)\ln(P_t/P_0) = k - 0.25g \tag{8-3}$$

$$P_t = P_0 e^{(k-0.5g)t} \quad \Rightarrow \quad \mu = (1/t)\ln(P_t/P_0) = k - 0.5g \tag{8-4}$$

$$P_t = P_0 e^{(k-0.75g)t} \quad \Rightarrow \quad \mu = (1/t)\ln(P_t/P_0) = k - 0.75g \tag{8-5}$$

培养前后 P_t 和 P_0 通过测定可得，将上述建立的有关 k 和 g 的一系列方程联立，即可求得浮游植物增长率 k(拟合方程的截距)及浮游动物摄食率 g(拟合方程的负斜率)。

稀释法是研究浮游动物摄食率最常用的方法，该方法人为干扰相对较少，通过该方法可同时获得浮游植物的内禀增长率和浮游动物摄食率，然而此方法也有一定的缺陷。例如，用来表征浮游植物生物量变动的指标——叶绿素 a 的含量在培养过程中可能会受其他环境因子(光照、营养盐等)的影响而发生变化；不同稀释度下因饵料浓度存在差别，微型浮游动物的增殖速率可能有很大差别；营养盐的添加可能会对浮游动物产生影响(张武昌和王荣，2001；周林滨等，2013)。

(二)肠道色素法

肠道色素法最早由 Mackas 和 Bohrer(1976)、Nemoto(1968)等使用，该方法同样是建立在一定的假设基础之上，即测试桡足类肠道内容物含量为摄食与排泄平衡的结果，依据测定的桡足类肠道色素含量及肠道排空速率即可求得该动物的摄食率，具体公式如下(Mackas and Bohrer，1976)：

$$I = G/T(1-A) \tag{8-6}$$

式中，I 代表摄食率；G 代表肠道色素含量；T 代表肠道排空时间；A 代表肠道色素损失。其中，肠道色素含量主要包括两个指标即叶绿素 a 及脱镁叶绿素 a(叶绿素 a 的主要降解产物)含量，因桡足类在摄食过程中肠道色素含量存在降解为非荧光物质的可能，且降解的程度受多种因素影响(实验条件、测试对象种类等)，所以通过肠道色素法测定浮游动物摄食率时需要考虑肠道色素损失。肠道排空时间则需要通过实验测定得到。

肠道排空时间的测试方法：通常是将饱食后的动物置于无饵料的自然水体中(可使用 Whatman 0.22 μm 滤膜过滤)，在一定时间内多次取样(如在 15 min、30 min、60 min、120 min、180 min 时取样)，对其肠道色素含量进行测定。每次取一定数量的桡足类个体(筛绢过滤，如 25～100 只，具体数量根据实际需要确定)，蒸馏水多次冲洗后置于培养皿中并放置于−20℃冰箱内冷冻待测。肠道色素(叶绿素 a、脱镁叶绿素 a)使用 90%的丙酮过夜提取后使用荧光光度计进行测定。测定肠道排空时间，通常需假设有无饵料存在对其肠道排空时间无影响。测定记录肠道色素含量变化的过程，肠道色素含量的变化符合指数模型(Wang and Conover，1986)：

$$G_t = G_0 \cdot e^{-rt} \tag{8-7}$$

式中，G_t 代表 t 时刻肠道色素含量；G_0 代表初始肠道色素含量；r 代表肠道排空率；排空时

间 T 为 r 的倒数，即

$$T = 1/r \tag{8-8}$$

肠道色素法测定浮游动物摄食率的优点在于该方法无须对浮游动物进行人为干扰，通过直接测定肠道色素含量即可求得其摄食率，广泛应用于桡足类摄食研究。但该方法也有一定的缺点，如肠道色素降解为非荧光类物质的程度将会直接影响摄食率的计算结果；肠道排空率测定时不可避免地将会对浮游动物产生一定影响(密封环境、人为干扰等)，测得的肠道排空率与实际情况可能有一定差别；杂食性浮游动物摄食对象可能不仅仅是浮游植物，还有可能涉及小型浮游动物或碎屑等，部分类群通过肠道色素法得到的摄食率可能会低估。

(三)同位素示踪法

同位素示踪法最早由 Lessard 和 Swift(1985)提出，此方法对饵料浮游植物进行同位素标记，培养一定时间后，将标记后的浮游植物收集作为饵料喂食浮游动物。经过一段时间(如72 h，较长时间培养可保证所有浮游植物固定的 ^{14}C 处于相同水平)的摄食，将浮游动物过滤并置于苏打水中麻醉处理，然后使用蒸馏水冲洗后置于液闪瓶中，加入一定体积的液闪溶液后对浮游动物及饵料浮游植物内的稳定同位素含量进行测定。为提高浮游动物组织的溶解性，在加入液闪溶液前可将 0.4 mL Soluene 350 tissue solubilizer(United Packard)加入到液闪瓶中，在 60℃下放置 12 h。浮游植物干重(dry weight，DW)与其浓度的关系可通过分光光度计(720 nm 处的吸光值)提前建立，实验时直接根据饵料浮游植物在 A_{720} 下的吸光值确定浮游植物干重(Adrian，1991)。滤水率与摄食率的计算具体如下(Peters，1984)：

$$\text{滤水率}[\text{mL}/(\text{ind}\cdot\text{h})] = A_a \times 60/A_s \times N \times t \tag{8-9}$$

$$\text{摄食率}[\text{mg DW}/(\text{ind}\cdot\text{h})] = \text{滤水率} \times S \tag{8-10}$$

式中，A_a 代表浮游动物放射性强度；A_s 代表浮游植物放射性强度；N 代表浮游动物个体数；t 代表摄食时间(min)；S 代表浮游植物浓度(mg DW/L)。

同位素示踪法测定摄食率，摄食时间相较于饵料浓度差减法或肠道色素法要少 10～20 min，一般短于浮游动物肠道排空时间，因此可以忽略因摄食时间增加而导致的浮游植物浓度或群落组成上的变化。然而，使用此方法研究浮游动物对原位水体浮游植物摄食时，为保证浮游植物对 ^{14}C 的固定处于同一水平，需进行时间较长的培养，这一过程将可能会使浮游植物群落结构及浓度发生改变。

(四)饵料荧光标记法

饵料荧光标记法(FLB/FLA)最早由 Sherr 和 Sherr(1987)采用，通过对细菌或浮游植物进行荧光标记，研究原生动物摄食。经过不同学者对该方法的改进，此方法的测定便捷性及效果已得到很大提高。例如，洪华生等(2001)通过改进的荧光标记法研究了具沟急游虫(*Strombidium sulcatum*)的摄食速率，并对改进后的方法的优缺点进行了分析。该实验不进行膜滤收集纤毛虫，而改为原位分离、室内繁殖纤毛虫，使用微吸管吸取纤毛虫于载玻片上；

使用荧光染料将饵料细菌染色(2 mg DTAF 染色 10 min，60℃水浴 2 h)，然后将一定浓度的FLB/FLA 投喂测试动物，在显微镜下记录摄食一定时间后动物体(>20 只个体)内摄食的 FLB 含量。通过对不同时间点测试动物摄食细菌或藻细胞的数量进行回归，可计算出单位时间单位个体的摄食率。

改进后的荧光标记法操作便捷，省去了 DAPI 染色处理，有效改善了与纤毛虫类似的碎屑被染色而产生的干扰；此方法对实验室实验非常适用，但不适合原位实验，且对实验人员的操作技术要求比较高，如纤毛虫分离、微吸管操作等过程需要非常熟练。

(五)饵料浓度差减法

此方法由 Frost(1972)最早提出，主要依据一定时间内浮游动物摄食前后饵料浓度(叶绿素 a 或细胞浓度)的变化值计算浮游动物滤水率及摄食率。原位采集的浮游动物挑出后，暂养于室内。将一定数量的实验浮游动物(5～10 只)放入 1 L 聚碳酸酯瓶中，内含设定浓度的浮游植物，另外将只添加浮游植物而不添加浮游动物的瓶作为对照组，置于暗处培养一定时间(如 12 h 或 24 h)。滤水率及摄食率根据实验瓶、对照瓶中细胞浓度的变化，按照式(8-11)和式(8-12)进行计算。

滤水率[mL/(ind·h)]：

$$F = V/N \times (\ln C_t - \ln C_{tf})/t \tag{8-11}$$

摄食率[cells/(ind·h)]：

$$G = V/N \times (\ln C_t - \ln C_{tf})/t \times (C_{tf} - C_0)/(\ln C_{tf} - \ln C_0) \tag{8-12}$$

式中，F 代表滤水率；V 代表摄食实验容器体积；N 代表浮游动物个体数；t 代表摄食时间；C_0 代表浮游植物初始浓度；C_{tf} 代表实验结束后浮游植物浓度；C_t 代表摄食实验结束后对照瓶中浮游植物细胞浓度(不含浮游动物)。

通过饵料浓度差减法测定浮游动物摄食率操作简便，可直接在原位开展，亦可以在实验室开展。因浮游动物摄食活动与饵料浓度关系紧密(Frost，1972)，使用此方法需要考虑饵料浓度的设置(图 8-8)(Ma et al.，2012)，浓度过高可能无法监测到因摄食而导致的浓度变化，浓度设置过低则会影响浮游动物的摄食。

三、影响浮游动物摄食的因子

浮游动物的摄食可受多种因素的影响。根据影响摄食的类型划分，包括内因性影响和外因性影响两大类。其中内因性影响主要与浮游动物自身的特征有关，如不同年龄、发育阶段、性别等可导致同种浮游动物摄食率之间具有显著差异。影响浮游动物摄食的外在因素较多，主要与浮游动物周围的环境特征有关，这些外在因素可显著调节浮游动物的摄食(李超伦和王克，2002)。例如，在一定范围(1～15℃)内温度升高可显著促进水蚤 *Centropages hamatus* 的摄食(Kiørboe et al.，1982)，摄食率与水温具有显著回归关系(刘光兴和李松，1998)；光照强度增加与摄食呈负相关性(Stearns，1986)；饵料浮游植物的类型、浓度、粒径大小及营养品质、毒性等不同也都会对其摄食率产生影响(Ger et al.，2016；Liu et al.，2016；Nejstgaard et al.，1995；Sipaúba-Tavares et al.，2001；曾祥波等，2006；陈洋等，2005；李超伦等，2007)。因此，在开展浮游动物摄食研究时，一般需要考虑测试动物生活的环境特征，尽可能模拟原位状态的各种理化因子及参数，避免因人为干扰而使测定结果不准确。

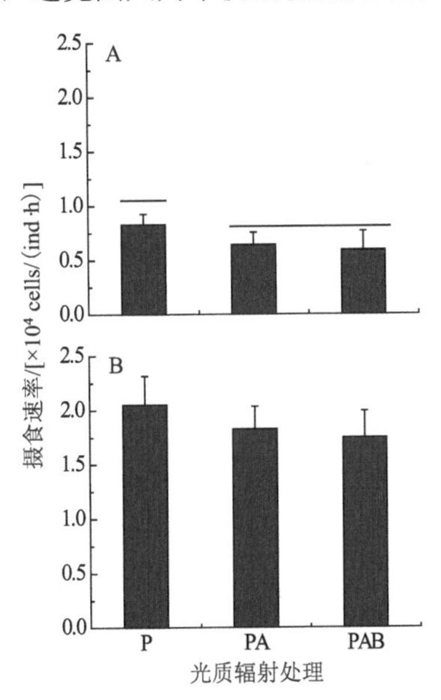

图 8-8　不同光质辐射下太平洋纺锤水蚤(*Acartia pacifica*)对低浓度和高浓度三角褐指藻(*Phaeodactylum tricornutum*)摄食速率的影响(n=3)(Ma et al.，2012)

A. 低浓度(2.5×10^4 cells /mL)；B. 高浓度(2.5×10^5 cells/mL)

四、方法优缺点分析及注意事项

上述各种测定摄食率的方法各有优缺点，因此在研究浮游生物摄食时，需要根据实验需求及实际情况选择最适合的方法。间接测定摄食率的方法，因不能直接对摄食过程进行测定，计算结果多为估算而来，所以不能准确反映原位水体的真实情况。通过实验室直接测定浮游动物摄食率的各种方法，同样存在一定的局限性，如测试浮游动物的摄食活动会受到食物种类、浓度、饵料粒径大小、实验其他条件的影响，可能会高估(实验条件优于原位水体)或低估(实验条件存在各种胁迫)自然状态下浮游动物的摄食，因而不能真实反映原位水体浮游动物的摄食情况。因此，通过直接测定法测定摄食率时，应在以下方面加以注意。

1)选取目标浮游动物进行测定前，尽量使受试对象经过一定时间的适应，避免因为人为扰动(如应激)造成摄食率测定的不准确。

2)测定时控制浮游动物密度(尽量结合原位水体实际密度情况)，避免出现拥挤效应，影响测定结果。

3)摄食测定前后的培养环境尽可能地模拟原位水体的理化条件(温度、光照强度、培养期间的光暗比、水体扰动等)，投喂饵料类型、浓度、营养品质等应根据实验需要设置。

4)直接测定摄食率多选择单种桡足类进行，对于原位状态下存在捕食者、多种浮游动物(种内、种间竞争)、多种藻类(选择性摄食)共存时的情况，未能充分考虑，结论推导需要谨慎。

(李　伟　马增岭)

第四节　病毒与浮游植物关系的研究方法

摘要　病毒是水环境中数量最丰富的生命形式，与浮游植物的关系非常密切。病毒对浮游植物的裂解作用是造成浮游植物死亡的主要因素。评估病毒诱导的浮游植物死亡率的方法包括改良稀释法，以及通过病毒生产力、病毒感染频率、病毒接触率、病毒降解率进行换算。改良稀释法是唯一能够直接测定病毒诱导的浮游植物死亡率的方法，且不引进易产生误差的转换因子；同时，该方法需要精确测定浮游植物的丰度，进行严格的统计分析，并且要求裂解和捕食造成的浮游植物死亡率之间存在显著差异，因此在病毒诱导死亡率较低情况下应用受到一定的限制。

一、病毒简介

病毒是一类超显微、营细胞内寄生或游离存在的非细胞结构的生命有机体。病毒的个体微小，平均大小为 100 nm，变化范围多为 20～350 nm。病毒结构简单，主要是由蛋白质外壳和由外壳包裹的核酸所组成。核酸位于病毒粒子的中心，是病毒感染宿主的物质基础；蛋白质包围在核酸周围，构成病毒粒子的壳体。部分病毒的结构中还含有少量的糖类或脂类物质。每种病毒往往只含有一种类型的核酸物质(单链 DNA、双链 DNA、单链 RNA、双链 RNA)。通常情况下，病毒以细胞外和细胞内两种状态存在，在细胞外，病毒以蛋白质外壳包裹核酸的有机大分子形式存在，在此期间，病毒没有生物活性。一旦进入宿主细胞内，病毒通过控制宿主的代谢机制开始进行自我复制，合成基因组和衣壳蛋白，并组装新的病毒粒子，直到释放出来，开始新一轮的循环。

海洋病毒主要包括噬菌体(bacteriophage，即感染细菌的病毒)和真核藻类病毒(phycovirus)。藻类病毒没有囊膜，粒子直径为 100～220 nm，目前发现的藻类病毒核酸类型多为双链 DNA，基因组大小为 100～560 kb。除了双链 DNA 病毒外，近来还发现了一些感染单细胞藻类的单链 DNA 病毒和单链或双链 RNA 病毒，这些感染真核藻类的新病毒的发现，极大地丰富了真核藻类病毒的分类和系统进化关系。

病毒是水环境中数量最丰富的生命形式，其在海水中的浓度平均约为 3×10^6 个/mL，总数则达到惊人的 4×10^{30} 个(Wommack and Colwell，2000；Weinbauer，2004)。病毒在水环境生态系统的能量和物质循环中发挥重要作用(Fuhrman，1999)。与捕食者等对浮游植物的捕食作用一样，病毒对浮游植物的裂解作用也是造成浮游植物死亡的主要因素。不同于捕食所造成的浮游植物生产力和生物量向食物网上层传递，病毒裂解使得浮游植物生产力和营养物质重新回到或保持在可以被其他微生物利用的水平，形成了水环境生态系统中物质和能量循环的“微生物环”之外的“病毒环”。研究表明，海洋环境中光合作用所固定的碳有 6%～26%经过“病毒环”回流到海洋溶解性有机物库。

病毒与藻类、细菌的关系非常密切。在近岸海域和大洋中，当藻类大量繁殖，特别是春秋季赤潮发生时，藻类生长旺盛，与病毒接触的概率增大，受感染的机会也增加，从而导致病毒的丰度升高。随着时间的积累，病毒含量越来越高，直至藻类生长开始衰退，病毒含量才会随之减少。由于工业和生活废水的排放及河流的汇入，将大量有机物携带入海水中，近岸海水富营养化，藻类和细菌大量繁殖，随之带来病毒的大量增殖。在自然水体和围隔(mesocosm)实验中都已经观察到某些特定的病毒与藻类水华密切相关。Brussaard 等(1996)观察到赫氏颗石藻水华经常有剧烈的衰减，大约有半数的细胞被似病毒粒子感染。

二、病毒研究方法

病毒个体小、数量大，因此病毒的生态学研究依赖于高精度和高通量的技术手段，其中较为常用的包括电子显微镜技术、荧光显微镜技术和流式细胞技术。环境样品或者实验室培养样品中的病毒颗粒通过过滤、离心等手段富集之后，在金属网格上用重金属染料进行负染，然后在透射电子显微镜下进行观察，可以确定病毒的形态特征，如头部大小、尾部长度，以及其他的一些附属结构如触角或尾丝，这些特征为确定病毒的种类提供了基本的信息，同时可以计数样品中病毒的数量。通过电子显微镜对浮游植物细胞观察，可以研究已经被病毒侵染并复制出成熟子代病毒的宿主细胞，进而评估病毒释放量，以及病毒造成的浮游植物死亡率等。荧光显微镜技术则是将病毒颗粒过滤到 0.02 μm 孔径的滤膜上，通过染料(常用 SYBR Gold 或者 SYBR Green Ⅰ)对病毒颗粒的核酸进行染色，进而在荧光显微镜下进行病毒颗粒的计数。荧光显微镜技术在病毒计数方面比电子显微镜技术更加准确和简单，但限于分辨率，无法提供病毒形态和大小方面的信息。流式细胞技术利用生物颗粒的生理生态特性，实现对不同微生物类群和细胞的快速检测，进而进行丰度、群落结构、生物量方面的分析。利用与荧光显微镜技术所用燃料类似的染料对含有病毒颗粒的液体样品进行染色，可以在具高灵敏度的流式细胞仪上分辨出核酸含量不同的病毒类群，并进行数量上的统计和分选。一般而言，人们认为真核藻类的病毒的 DNA 含量较高，在流式细胞仪上荧光强度较高。也可以使用免疫标记或病毒特异性探针，通过流式细胞术来检测受感染的细胞。流式细胞技术具有灵敏度高、分析速度快和重复性好的特点，近年来广泛应用于水环境病毒生态学研究中。由于病毒类群进化速度极快和多样性极高，没有一个类似细菌 16S rRNA 基因的系统发育基因来全面研究病毒的多样性和种群结构，但某些病毒类群(如蓝藻病毒)具有较为普遍的功能基因或者结构蛋白基因，可以用于病毒多样性和群落结构的分子生态学研究及特定病毒的定量。宏基因组学技术和高通量测序技术的发展，大大提高了我们对病毒多样性的认识。通过以上技术手段的结合，可以研究水环境中病毒形态、丰度、生产力、降解率、多样性、群落结构等生态学参数，也可以对病毒侵染藻类的情况进行评估。

三、病毒诱导的浮游植物死亡率的测定

目前关于自然水环境中病毒诱导的浮游植物死亡率及其对当地和全球碳循环影响的研究仍然十分有限。最主要的原因是缺乏评估病毒诱导的浮游植物死亡率的方法。为了研究病毒对宿主类群的影响，人们提出了各种各样的研究方法(Proctor and Fuhrman，1990；Heldal and

Bratbak，1991；Steward et al.，1992；Weinbauer et al.，1993；Noble and Fuhrman，2000；Wilhelm et al.，2002；Parada et al.，2008），其中大多数是针对浮游细菌类群的，并不适用于浮游植物。早期传统的方法是通过透射电子显微镜确定病毒侵染宿主细胞的频率，进而计算病毒裂解的细胞数量。最常见的方法是根据病毒随时间的净增长，以及通过用放射性同位素标记无机磷酸盐检测病毒 DNA 的合成速率，推断出病毒的生产速率(即病毒的生产力)和宿主细胞的裂解速率，进而计算病毒引起的宿主死亡率(Steward et al.，1992；Weinbauer et al.，1993)。此外，还有采用 Murray 和 Jackson(1992)的接触率模型和通过病毒的降解率估算病毒引起的宿主死亡率的方法。以上方法都是通过评估病毒的变化，如病毒丰度、生产力或降解率，间接获得病毒诱导的宿主死亡率。

"改良稀释法"是一种直接测定特定浮游植物死亡率的方法。Landry 和 Hassett 提出的原始稀释法广泛运用于浮游植物生长和微型浮游动物捕食过程的研究，"改良稀释法"是在原始稀释法的基础上进行改进(Gallegos，1989；Landry et al.，1995；Worden and Binder，2003)。其原理是将原位海水与去除捕食者的海水按不同比例进行混合，捕食作用的影响将随着稀释倍数的增加逐渐减小，经过一定时间(通常为 24 h)的培养，浮游植物净生长速率与实验稀释度(D)进行线性回归分析可以获得没有捕食作用下的生长速率(y 轴截距)和捕食导致的死亡率(斜率)。因为在去除捕食者的海水中，大部分病毒被保留。所以"改良稀释法"中增加了一个稀释步骤，即将原位海水与去除病毒的海水按不同比例进行混合，从而直接测定捕食诱导的死亡率与捕食和病毒共同诱导的总死亡率。病毒诱导的浮游植物的死亡率则可以通过两者差减获得。

浮游植物暴发或生产力高、近岸或含有沉积物的海水需预过滤，以防止在接下来的过滤过程中造成堵塞。过滤过程必须缓慢进行且避免空气鼓泡，从而防止捕食者、病毒和浮游植物群落被损坏。由于浮游植物细胞分裂和昼夜变化对病毒侵染潜在影响的同步性，因此实验应在同一天的同一时间进行。过滤和处理需在原位温度下进行。对于无法进行原位培养的自然样品，实验环境应尽可能接近原位温度和光照(包括明暗阶段)。

"改良稀释法"的有效性取决于两个效率，捕食压力梯度的效率和病毒梯度的效率。"改良稀释法"基本假设之一是浮游植物的死亡是捕食者和被捕食者碰撞的结果，捕食作用随着稀释度变化而变化。同样的，碰撞的概念也是"改良稀释法"的基础。由于培养开始时浮游植物细胞可能已经被病毒侵染，因此这部分细胞的裂解将不随稀释度变化而变化。实验过程中，只有新发生的病毒侵染和裂解才能被检测到。培养过程中是否发生再侵染并不重要，因为被新释放的病毒侵染的细胞在实验结束前不会发生裂解。实验最佳培养时长为 24 h，短时间培养不适合藻类生长的研究，长时间培养容易产生"瓶效应"。营养盐添加实验表明，浮游植物的生长速率不受稀释效应影响。但不建议添加营养盐，因为营养盐的添加可能导致生长速率与自然情况下的生长速率存在差异。

自 2003 年以来，"改良稀释法"被应用于多种不同的环境，包括半自然围格实验(Evans et al.，2003)、近海(Baudoux et al.，2006；Kimmance et al.，2007)、河口(Tsai et al.，2015b)、开放海洋(Brussaard et al.，2008)和寡营养海域(Baudoux et al.，2007；Baudoux et al.，2008)，以测试其检测自然浮游植物群落病毒裂解率的效果。已发表的研究结果表明，生长速率在不同环境条件和不同藻类种群中存在差异。Evans 等(2003)通过这种方法确定病毒诱导的 *Micromonas* spp.死亡率为 0.10～0.29 个/d，每天高达 34%的 *Micromonas* spp.被病毒裂解。Baudoux 等(2006)的研究表明，这个方法也能够成功运用于 *Phaeocystis globosa* 的暴发中。在具高生产力的沿海系统，病毒诱导的死亡率较高，甚至占 *Phaeocystis globosa* 总死亡率的 66%，裂解速率最大达到 0.35 个/d。以上两个研究中，浮游植物种群占据主导地位，病毒是导致浮游植物死亡的主要因素。在亚热带东北大西洋，Baudoux 等(2007)发现病毒诱导的死亡率占据微型真核生物总死亡率的 50%～100%，死亡率高达 0.1～0.8 个/d。在北大西洋的纬度梯度研究中，病毒裂解是低中纬度地区浮游植物死亡的重要因素，在高纬度地区则是微型浮游动物的捕食作用占主导。原核浮游植物的病毒研究主要着眼于病毒对聚球藻的裂解压力(Mojica et al.，2016)。在热带河口区，病毒裂解是聚球藻主要的致死因素，超过了微型鞭毛虫的摄食，可达到 0.033～0.099 个/h(Tsai et al.，2015a)。对亚热带西太平洋沿海的研究表明，在夏季，病毒对聚球藻的裂解作用要小于微型鞭毛虫的摄食作用，但裂解作用在夜晚更强一些(Tsai et al.，2012)；而在冬季，病毒是超过微型鞭毛虫摄食导致聚球藻死亡的主导因素(Tsai et al.，2015a)。

四、方法评估

通过电子显微镜观察测定病毒诱导的浮游植物死亡率的优势是无须经过培养，透射电子显微镜技术的检测限虽高(10^5 particles/mL)，但误差范围(20%～25%)大，特别是在对寡营养海区的低丰度病毒样品进行检测时，由于还需要对样品进行预浓缩，因此误差更大(Weinbauer and Suttle，1997)。另外一个限制因素是该方法需要估计可见的病毒粒子在裂解周期中的比例，以及病毒潜伏期等参数，然而目前关于病毒-浮游植物系统的相关参数极为缺乏(Proctor and Fuhrman，1990；Brussaard et al.，1996)。此外，透射电子显微镜昂贵，样品的准备和分析程序复杂，检测时间长，对操作者的专业水平要求也比较高。通过病毒生产力和降解率计算病毒诱导的浮游植物死亡率是较为常用的方法，但该类方法高度依赖采样频率和采样时间，需要根据特定的浮游植物类群的病毒释放量等参数进行计算，同时，这类方法测定的病毒生产力具有一定的偏差，因为病毒同时在发生一定程度的降解。

“改良稀释法”是唯一能够直接测定病毒诱导的浮游植物死亡率的方法，且不引进易产生误差的转换因子；还是唯一能够同时对捕食诱导的死亡率和病毒诱导的死亡率进行检测的方法。但该方法要求精确测定浮游植物丰度，并且即使是在最低稀释度情况下浮游植物和捕食者/病毒丰度必须达到足够高的碰撞速率水平。“改良稀释法”中衡量病毒裂解率是否有效取决于两个斜率之间的差异是否可检测。在病毒诱导死亡率很低的情况下，对这一差异进行检测存在困难。例如，在贫营养的环境中使用这个方法不一定能够获得显著的病毒裂解速率。在北海寡营养条件下，病毒对真核生物的实际裂解速率为 0.16～0.23 个/d，几乎接近于零(Baudoux et al.，2008)。Kimmance 等(2007)在西部英吉利海峡的沿海未检测到有效的病毒诱导的死亡率，该海域主要是微型浮游植物占主导地位。在南太平洋，浮游植物群落的裂解率较低(0.09～0.18 个/d)且不具有显著意义(Brussaard et al.，2008)。因此，为了确定“改良稀释法”精确检测低病毒裂解率的能力，还需要进行更多的研究。同时，我们应对室内培养系统中不同宿主密度条件下的病毒动态进行调查。通过模拟各种浮游植物种群中病毒-宿主的碰撞率和侵染率可以确定灵敏度范围，即使用该方法可以检测到的最高和最低病毒裂解率。

（张 锐 徐大鹏）

参 考 文 献

曾祥波，黄邦钦，陈纪新，等. 2006. 台湾海峡小型浮游动物的摄食对夏季藻华演替的影响[J]. 海洋学报，28: 107-116.

陈洋，颜天，周名江. 2005. 有害赤潮对浮游动物摄食的影响[J]. 海洋科学，29: 81-87.

大森信池田勉. 1990. 海洋浮游动物生态学的研究方法[M]. 北京：农业出版社.

洪华生，柯林，等. 2001. 用改进的荧光标记技术测定具沟急游虫的摄食速率[J]. 海洋与湖沼，32: 260-266.

李超伦，孙松，王荣. 2007. 中华哲水蚤对自然饵料的摄食选择性实验研究[J]. 海洋与湖沼，38: 529-535.

李超伦，王克. 2002. 植食性浮游桡足类摄食生态学研究进展[J]. 生态学报，22: 593-596.

李少菁，许振祖，黄加祺，等. 2001. 海洋浮游动物学研究[J]. 厦门大学学报（自然科学版），40: 574-585.

刘光兴，李松. 1998. 厦门港瘦尾胸刺水蚤体长、体重与摄食率的季节变化[J]. 海洋学报，20(3): 104-109.

张武昌，王荣. 2001. 海洋微型浮游动物对浮游植物和初级生产力的摄食压力[J]. 生态学报，21: 1360-1368.

郑重. 1987. 郑重文集（续）[M]. 北京：海洋出版社.

周林滨，谭烨辉，黄良民. 2013. 微型浮游动物摄食实验-稀释法中浮游植物负生长的可能原因分析[J]. 热带海洋学报，32(1): 48-54.

Adrian R. 1991. Filtering and feeding rates of cyclopoid copepods feeding on phytoplankton[J]. Hydrobiologia, 210: 217-223.

Andersen P, Sørensen H. 1986. Population dynamics and trophic coupling in pelagic microorganisms in eutrophic coastal waters[J]. Marine Ecology Progress Series, 33: 99-109.

Bakhmet I N. 2005. Electrophysiological study of effects of environmental factors on respiration and cardiac activity in the fry of the Atlantic salmon *Salmo salar*[J]. Journal of Evolutionary Biochemistry and Physiology, 41(2): 176-184.

Baraban S C. 2013. Forebrain electrophysiological recording in larval zebrafish[J]. Journal of Visualized Experiments Jove, 71: e50104

Baudoux A C, Veldhuis M J W, Noordeloos A A M, et al. 2008. Estimates of virus- vs. grazing induced mortality of picophytoplankton in the North Sea during summer[J]. Aquatic Microbial Ecology, 52: 69-82.

Baudoux A C, Veldhuis M J W, Witte H J, et al. 2007. Viruses as mortality agents of picophytoplankton in the deep chlorophyll maximum layer during IRONAGES Ⅲ[J]. Limnol oceanogy, 52: 2519-2529.

Baudoux A-C, Noordeloos A A M, Veldhuis M J W, et al. 2006. Virally induced mortality of *Phaeocystis globosa* during two spring blooms in temperate coastal waters[J]. Aquatic Microbial Ecology, 44: 207-217.

Beers J R, Stewart G L. 1971. Micro-zooplankters in the plankton communities of the upper waters of the eastern tropical Pacific[J]. Deep Sea Research and Oceanographic Abstracts, 18: 861-883.

Beers J R, Stewart G L. 1970. The ecology of the plankton off La Jolla, California, in the period April through September, 1967[J]. Bulletin Scripps Institution of Oceanography, 17: 67-87.

Brette F, Shiels H A, Galli G L, et al. 2017. A novel cardiotoxic mechanism for a pervasive global pollutant[J]. Scientific Reports, 7: 41476.

Brussaard C P D, Kempers R S, Kop A J, et al. 1996. Virus-like particles in a summer bloom of *Emiliania huxleyi* in the North Sea[J]. Aquatic Microbial Ecology, 10: 105-113.

Brussaard C P D, Timmermans K R, Uitz J, et al. 2008. Virioplankton dynamics and virally induced phytoplankton lysis versus microzooplankton grazing southeast of the Kerguelen (Southern Ocean) [J]. Deep Sea Research Part Ⅱ: Topical Studies in Oceanography, 55: 752-765.

Burnett N P, Seabra R, de Pirro M, et al. 2013. An improved noninvasive method for measuring heartbeat of intertidal animals[J]. Limnology and Oceanography: Methods, 11: 91-100.

Chen N, Luo X, Gu Y, et al. 2016. Assessment of the thermal tolerance of abalone based on cardiac performance in *Haliotis discus hannai*, *H. gigantea* and their interspecific hybrid[J]. Aquaculture, 465: 258-264.

Chung W S, Marshall N J, Watson S A, et al. 2014. Ocean acidification slows retinal function in a damselfish through interference with $GABA_A$ receptors[J]. Journal of Experimental Biology, 217 (Pt 3): 323.

Curtis T M, Williamson R, Depledge M H. 2000. Simultaneous, long-term monitoring of valve and cardiac activity in the blue mussel *Mytilus edulis* exposed to copper[J]. Marine Biology, 136: 837-846.

Depledge M H, Andersen B B. 1990. A computer-aided physiological monitoring system for continuous, long-term recording of cardiac activity in selected invertebrates[J]. Comparative Biochemistry and Physiology Part A: Physiology, 96: 473-477.

Dong Y W, Li X X, Choi F, et al. 2017. Untangling the roles of microclimate, behavior and physiological polymorphism in governing vulnerability of intertidal snails to heat stress[J]. Proceedings of The Royal Society B, 284: 20162367.

Dong Y W, Williams G A. 2011. Variations in cardiac performance and heat shock protein expression to thermal stress in two differently zoned limpets on a tropical rocky shore[J]. Marine Biology, 158: 1223-1231.

Evans C, Archer S D, Jacquet S, et al. 2003. Direct estimates of the contribution of viral lysis and microzooplankton grazing to the decline of a *Micromonas* spp. population[J]. Aquatic Microbial Ecology, 30: 207-219.

Frost B. 1972. Effects of size and concentration of food particles on the feeding behavior of the marine planktonic copepod *Calanus pacificus*[J]. Limnology and Oceanography, 17: 805-815.

Fuhrman J A. 1999. Marine viruses and their biogeochemical and ecological effects[J]. Nature, 399 (6736): 541-548.

Gallegos C L. 1989. Microzooplankton grazing in phytoplankton in the Rhode River, Maryland: nonlinear feeding kinetics[J]. Marine Ecology Progress Series, 57: 23-33.

Galvani L. 1791. De viribuselectricitatis in motu musculari, commentarius[J]. Bononiae Ex Typographia Instituti Scientiarium, 7: 364-415.

Ger K A, Faassen E J, Pennino M G, et al. 2016. Effect of the toxin (microcystin) content of *Microcystis* on copepod grazing[J]. Harmful Algae, 52: 34-45.

Halvorsen M B, Carlson T J, Copping A E. 2011. Effects of tidal turbine noise on fish hearing and tissues-draft final report-environmental effects of marine and hydrokinetic energy[R]. Office of Scientific and Technical Information Technical Reports.

Han G D, Zhang S, Marshall D J, et al. 2013. Metabolic energy sensors (AMPK and SIRT1), protein carbonylation and cardiac failure as biomarkers of thermal stress in an intertidal limpet: linking energetic allocation with environmental temperature during aerial emersion[J]. Journal of Experimental Biology, 216: 3273-3282.

Heldal M, Bratbak G. 1991. Production and decay of viruses in aquatic environments[J]. Marine Ecology Progress Series, 72: 205-212.

Helm M M, Trueman E R. 1967. The effect of exposure on the heart rate of the mussel, *Mytilus edulis* L[J]. Comparative Biochemistry Physiology, 21: 171-177.

Kimmance S A, Wilson W H, Archer S D. 2007. Modified dilution technique to estimate viral versus grazing mortality of phytoplankton: limitations associated with method sensitivity in natural waters[J]. Aquatic Microbial Ecology, 49: 207-222.

Kiørboe T, Møhlenberg F, Nicolajsen H. 1982. Ingestion rate and gut clearance in the planktonic copepod

Centropages hamatus (Lilljeborg) in relation to food concentration and temperature[J]. Ophelia, 21: 181-194.

Krapf D, Wu M, Smeets R M M, et al. 2006. Fabrication and characterization of nanopore-based electrodes with radii down to 2 nm[J]. Nano Letters, 6(1): 105-109.

Landry M R, Kirshtein J, Constantinou J. 1995. A refined dilution technique for measuring the community grazing impact of microzooplankton, with experimental tests in the central equatorial Pacific[J]. Marine Ecology Progress Series, 120: 53-63.

Landry M, Hassett R. 1982. Estimating the grazing impact of marine micro-zooplankton[J]. Marine Biology, 67: 283-288.

Lessard E J, Swift E. 1985. Species-specific grazing rates of heterotrophic dinoflagellates in oceanic waters, measured with a dual-label radioisotope technique [J]. Marine Biology, 87: 289-296.

Liu H, Chen M, Zhu F, et al. 2016. Effect of diatom silica content on copepod grazing, growth and reproduction[J]. Frontiers in Marine Science, 3.

Ma Z, Li W, Gao K. 2012. Impacts of solar UV radiation on grazing, lipids oxidation and survival of *Acartia pacifica* Steuer (Copepod) [J]. Acta Oceanologica Sinica, 31: 126-134.

Mackas D, Bohrer R. 1976. Fluorescence analysis of zooplankton gut contents and an investigation of diel feeding patterns[J]. Journal of Experimental Marine Biology and Ecology, 25: 77-85.

Mojica K D, Huisman J, Wilhelm S W, et al. 2016. Latitudinal variation in virus-induced mortality of phytoplankton across the North Atlantic Ocean[J]. ISME J, 10: 500-513.

Murray A G, Jackson G A. 1992. Viral dynamics: a model of the effects of size shape, motion and abundance of single-celled olanktonic organisms and other particles[J]. Marine Ecology Progress Series, 89: 103-116.

Nejstgaard J C, Båmstedt U, Bagøien E, et al. 1995. Algal constraints on copepod grazing. Growth state, toxicity, cell size, and season as regulating factors[J]. ICES Journal of Marine Science, 52: 347-357.

Nemoto T. 1968. Chlorophyll pigments in the stomach of euphausiids[J]. J Oceanogr Soc Jpn, 24: 253-260.

Noble R T, Fuhrman J A. 2000. Rapid virus production and removal as measured with fluorescently labeled viruses as tracers[J]. Applied and Environmental Microbiology, 66: 3790-3797.

Parada V, Baudoux A C, Sintes E, et al. 2008. Dynamics and diversity of newly produced virioplankton in the North Sea[J]. ISME J, 2: 924-936.

Peters R H. 1984. Methods for the study of feeding, grazing and assimilation by zooplankton[M]. *In*: Downing J A, Rigler F H. A Manual on Methods for the Assessment of Secondary Productivity in Fresh Waters. 2nd ed. Oxford: Blackwell: 334-411.

Piccolino M. 1998. Animal electricity and the birth of electrophysiology: the legacy of Luigi Galvani[J]. Brain Research Bulletin, 46(5): 381-407.

Proctor L M, Fuhrman J A. 1990. Viral mortality of marine bacteria and cyanobacteria[J]. Nature, 343: 60-62.

Sandahl J F, Baldwin D H, Jenkins J J, et al. 2004. Odor-evoked field potentials as indicators of sublethal neurotoxicity[J]. Canadian Journal of Fisheries and Aquatic Sciences, 61 (61): 404-413.

Seo E, Sazi T, Togawa M, et al. 2016. A portable infrared photoplethysmograph: heartbeat of *Mytilus galloprovincialis* analyzed by MRI and application to *Bathymodiolus septemdierum*[J]. Biology Open, 5: 1752-1757.

Sherr B, Sherr E, ,Andrew T, et al. 1986. Trophic interactions between heterotrophic protozoa and bacterioplankton in estuarine water analysed with selective metabolic inhibitors[J]. Marine Ecology Progress Series, 32: 169-179.

Sherr E B, Sherr B F. 1987. High rates of consumption of bacteria by pelagic ciliates[J]. Nature, 325(6106): 710-711.

Sinclair B J, Marshall K E, Sewell M A, et al. 2016. Can we predict ectotherm responses to climate change using thermal performance curves and body temperatures[J]? Ecology Letters, 19: 1372-1385.

Sipaúba-Tavares L H, Bachion M A, Braga F M D S. 2001. Effects of Food Auality on Growth and Biochemical Composition of a Calanoid Copepod, *Argyrodiaptomus furcatus* , and Its Importance as A Natural Food Source for Larvae of Two Tropical Fishes[M]. Berlin: Springer.

Spoor W A, Neiheisel T W, Drummond R A. 1971. An electrode chamber for recording respiratory and other movements of free-swimming animals[J]. Transactions of the American Fisheries Society, 100(1): 22-28.

Stearns D E. 1986. Copepod grazing behavior in simulated natural light and its relation to nocturnal feeding[J]. Marine Ecology Progress Series, 30: 65-76.

Steward G F, Wikner J, Cochlan W P, et al. 1992. Estimation of virus production in the sea[J]. Marine Microbial Food Webs, 6: 79-90.

Stillman J, Somero G. 1996. Adaptation to temperature stress and aerial exposure in congeneric species of intertidal porcelain crabs (genus *Petrolisthes*): correlation of physiology, biochemistry and morphology with vertical distribution[J]. Journal of Experimental Biology, 199: 1845-1855.

Takahashi M, Hoskins K. 1978. Winter condition of marine plankton populations in Saanich Inlet, BC, Canada. II. Micro-zooplankton[J]. Journal of Experimental Marine Biology and Ecology, 32: 27-37.

Tsai A Y, Gong G C, Hu S L. 2015a. Virus effect on marine *Synechococcus* spp. loss in Subtropical Western Pacific Coastal waters during winter[J]. Terrestrial, Atmospheric and Oceanic Sciences, 26: 613-617.

Tsai A Y, Gong G C, Huang Y W, et al. 2015b. Estimates of bacterioplankton and *Synechococcus* spp. mortality from nanoflagellate grazing and viral lysis in the subtropical Danshui River estuary[J]. Estuarine, Coastal and Shelf Science, 153: 54-61.

Tsai A Y, Gong G C, Sanders R W, et al. 2012. Viral lysis and nanoflagellate grazing as factors controlling diel variations of *Synechococcus* spp. summer abundance in coastal waters of Taiwan[J]. Aquatic Microbial Ecology, 66: 159-167.

Verkhratsky A, Parpura V. 2014. History of Electrophysiology and the Patch Clamp. Patch-Clamp Methods and Protocols[M]. New York: Springer.

Wang R, Conover R J. 1986. Dynamics of gut pigment in the copepod *Temora longicornis* and the determination of in situ grazing rates[J]. Limnology and Oceanography, 31: 867-877.

Weinbauer M G, Fuks D, Peduzzi P. 1993. Distribution of viruses and dissolved DNA along a coastal trophic gradient in the Northern Adriatic Sea[J]. Applied and Environmental Microbiology, 59: 4074-4082.

Weinbauer M G, Suttle C A. 1997. Comparison of epifluorescence and transmission electron microscopy for counting viruses in natural marine waters[J]. Aquatic Microbial Ecology, 13: 225-232.

Weinbauer M G. 2004. Ecology of prokaryotic viruses[J]. FEMS Microbiol Rev, 28: 127-181.

Wilhelm S W, Brigden S M, Suttle C A. 2002. A dilution technique for the direct mesurement of viruses production: a comparison in stratified and tidally mixed coastal waters[J]. Microbial Ecology, 43: 168-173.

Wommack K E, Colwell R R. 2000. Virioplankton: viruses in aquatic ecosystems[J]. Microbiology and Molecular Biology Reviews, 64: 69-114.

Worden A Z, Binder B J. 2003. Application of dilution experiments for measuring growth and mortality rates among *Prochlorococcus* and *Synechococcus* populations in oligotrophic environments[J]. Aquatic Microbial Ecology, 30: 159-174.

Xing Q, Li Y P, Guo H B, et al. 2016. Cardiac performance: a thermal tolerance indicator in scallops[J]. Marine Biology, 163: 244.

Zhao Y, Wayne N L. 2013. Recording electrical activity from identified neurons in the intact brain of transgenic fish[J]. Journal of Visualized Experiments, 864-867(74): e50312.